KB053352

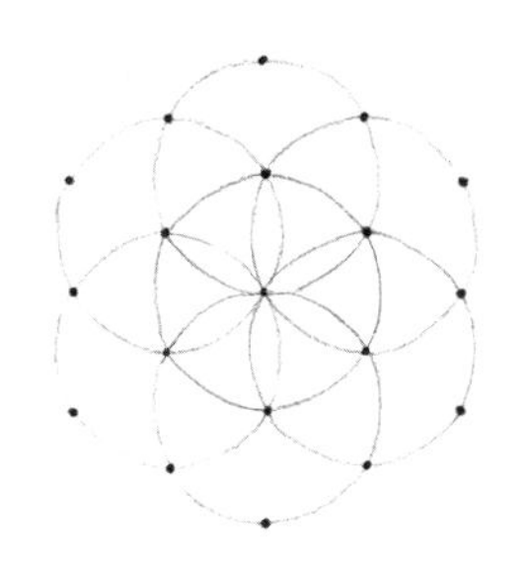

발도르프학교의

수학

Teaching Mathematics in Rudolf Steiner Schools_How to become holistic and imaginative

발도르프학교의 수학_ 수학을 배우는 진정한 이유

1판 2쇄 발행 · 2016년 8월 25일

지은이 · 론 자만
옮긴이 · 하주현

펴낸이 · 발도르프 청소년 네트워크 도서출판 푸른씨앗

책임 편집 · 백미경 | 편집 · 백미경, 최수진
디자인 · 유영란, 이영희
번역 기획 · 하주현
마케팅 · 남승희 | 해외 마케팅 · 이상아
총무 · 이미순

등록번호 · 제 25100-2004-000002호
등록일자 · 2004.11.26.(변경신고일자 2011.9.1.)
주소 · 경기도 의왕시 청계동 440-1번지
전화번호 · 031-421-1726
전자우편 · greenseed@hotmail.co.kr
홈페이지 · www.greenseed.kr

값 25,000원
ISBN 979-11-86202-05-0 63410

• 이 책은 재생용지에 콩기름 잉크로 인쇄하였습니다.
겉지_한솔제지 앙코르 190g/m² | 속지_전주페이퍼 Green-Light 80g/m²

발도르프학교의

수학

수학을 배우는 진정한 이유

론 자만 지음

하주현 옮김

도서출판
ㅍㄹㅆㅇ
푸른씨앗

일러두기

1. 저자의 주석은 책 말미에 실었습니다. 한국 독자의 이해를 돕기 위한 역자의 주석은 각주로 추가했습니다.

2. 본문 중 문제와 숫자들은 가능한 선에서 여러 번 검토, 확인하여 오류를 최소화 하려고 노력하였습니다. 그래도 발생할 수 있는 오류와 질문, 그 외 여러 가지 제안은 출판사 홈페이지로 보내주시기 바랍니다.

83161 1/2 : 97
35
41
?
Be quiet, WILL you!
MA DONNA
HAR VARD
OXFORD UNI SITY
CAM BRIDG

감사의 글

원고를 꼼꼼히 읽고 귀한 의견을 주고, 문제를 모두 풀어 정답을 확인해준 바바라 로우Barbara Low와 조나단 스완Jonathan Swann에게 감사를 전합니다. 그래도 남아있는 오류는 모두 저자의 책임입니다. 삽화를 그려준 엘리사 와너트Elisa Wannert에게도 특별한 감사를 보냅니다.

차례

추천의 글

크리스 클라크Chris Clarke/ 영국 윈스톤 발도르프학교 교사

수학은 가르치기 쉽지 않은 과목이다. 자칫하면 아이들이 수학을 무시무시한 괴물로 여기면서 마음의 문을 굳게 닫아걸기 일쑤이기 때문이다. 수학은 우리에게 세상의 위대한 아름다움을 펼쳐 보여주는 학문이자, 퍼즐 같은 지적인 유희로 사고를 자극하는 즐거움을 줄 뿐만 아니라 인간이 살아가는데 꼭 필요한 '언어'이자 삶의 기술인데 왜 이런 일이 벌어질까?

1990년 영국 정부는 아이들이 암산에 필요한 기초실력이 부족하다는 사실에 다시 한 번 깊은 우려를 표했다. 상황의 심각성을 몸 바쳐 입증하고 싶었는지 한 교육부 각료가 최근 텔레비전 인터뷰에서 '7×8=54'라고 답하는 웃지 못 할 실수를 저지르기도 했다!

이 책의 저자인 론 자만의 말을 빌자면 '모든 교사의 목표는 가르치는 학생들에게 확실하고 자신감 있는 능력을 일깨워주는 것'이다. 지금까지 내가 참관했던 수학 수업 대부분은 아이들의 세계와 거리가 먼 '차가운 추상'으로 시작했다. 어떤 교사는 네 살짜리 아이들에게 좋아하는 음식을 그림으로 그려 교실 벽에 붙이라는 과제를 냈다. '~보다 많은'과 '~보다 적은'을 가르치려 했던 것 같다.

아이들을 그렇게 일찍부터 추상의 세계로 데리고 들어가는 것이 과연 옳은 방법일까? 정작 아이들은 그 그림을 보며 각자의 내면에서 무엇이 다르다고 여겼을까? 어쩌면 수의 많고 적음이 아닌, 나중에 수에 대

한 이해를 일깨울 중요한 사전 경험인 색깔이나 움직임, 재질의 차이를 보고 있지는 않았을까? 아이들은 어떻게 느낄까? 어린아이들의 감정을 고려한 수학 교육은 어떤 모습이어야 할까?

교육은 아이들의 상태와 존재 자체에서 출발해야 한다. 1학년 아이들은 아주 작은 땅속 난쟁이, 꼬마 요정, 난쟁이, 거인*이 12개의 돌로 징검다리가 놓인 개울을 각각 몇 걸음에 건너는지를 비교한다. '깡충 걸음'으로는 한 번에 징검다리 두 개, 또는 서너 개를 건널 수 있다.(12=6×2, 4×3, 3×4) 짧은 다리로 '종종 걸음'을 걷는 땅속 난쟁이는 징검다리를 한 번에 하나씩 디뎌야 한다.(12=12×1) 하지만 거인은 한 번에 6개의 징검다리를 건널 수 있기 때문에 두 걸음 만에 개울을 건넌다.(12=2×6) 이야기를 들은 아이들은 교실에 나무로 징검다리를 만들어 직접 난쟁이와 거인이 되어 걸어본다.

교사가 사고를 위한 양식으로 '돌무더기'를 준다면 아이들이 그것을 가지고 뭘 할 수 있을까? 아이들이 필요로 하는 것은 사고를 위한 진짜 음식, '따뜻한 빵'이다. 여기서 돌멩이는 12=3×4 같은 순수한 추상을 의미한다. 이야기와 그 속에 등장하는 상상의 존재들이 있는 힘껏 다리를 뻗어가며 징검다리를 건너는 상과 수학 공책에 정성껏 그린 그림이야말로 가장 군침 도는 '빵'이다. 아이가 어릴수록 상을 이용한 수업이 효과적이다. 상상 속에 '자리 잡은' 상은 사고 및 느낌과 연결된다. 빵 반죽이 발효되어 부풀어 오르듯 그 상은 아이의 상상 속에서 발달하면서 확장하고 '자란다'.

흔히 모방의 중요성은 유치원 단계에서 많이 강조한다. 하지만 이야기, 그림, 상과 몸동작이 중요한 역할을 하는 초등 교육 단계에서도 모

* 모두 정령 또는 신화, 동화의 존재들

방의 힘은 계속 작용한다. 아이들에게 추상을 제시하기에 앞서 이런 요소를 충분히 활용해야 한다.

사고, 느낌, 의지라는 3개의 '기둥'은 모든 발도르프 수업의 중심이다. 수학은 본질적으로 의지의 과목이다. 론 자만은 '사고 속에 의지를 통합시켜야' 한다고 말한다.

아이들은 살아있는 세계에 살고 있으며, 그들의 가장 중요한 본질은 '정신'이다. 아이들은 수학에서 차갑고 단단한 추상이 아니라 삶과 생명을 만날 수 있어야 한다. 론 자만은 멋진 발도르프 교육 방법론에 따라 수학 수업에 활력을 불어넣는다. "산술(셈하기)은 신체의 리듬 체계에서 나오며, 기하는 사지와 뼈에서 나온다. 그래서 우리는 숫자 속에 내재된 리듬에 맞춰 노래하고 손뼉치고 춤을 춘다. 이로써 자칫 지루할 수 있는 구구단과 도식은 생동감 있게 살아난다."

또한 이 책은 수학 수업을 본질적이고 통합적인 관점에서 바라본다. 먼저 저자는 정신의 차원에서 수학의 기원을 살핀다. 세상의 다른 많은 것처럼 숫자들의 관계 역시 영혼에서 탄생했다. 저자는 이를 기점으로 발도르프 교육과정 전체를 아우르는 한편, 수학의 개념이 역사적으로 어떻게 변화하고 발전해왔는지 설명한다.

수학의 기원과 발달에 대한 생생한 개괄은 수학의 본질을 통찰하게 한다. 나아가 이 통찰은 교사가 학생들을 한층 더 깊이 이해할 수 있는 안목으로 성장한다. 여기서 소개하는 수학은 교사와 학생 모두가 읽고, 연습하고, 숙고하고, 자기 것으로 만들면서 깨달음을 얻어가는 학문이다.

수학은 본질적으로 관계의 학문이다. 숫사와 숫사 사이의 관세를 언구하고, 개념과 개념 사이에 연결고리를 만든다. 아이들은 세상을 보면서 세상을 구성하는 요소들의 연결 관계와 함께 자신의 정신 및 영혼의 내용, 즉, 가장 내밀한 자아와 세상의 연결고리를 찾으려 애쓴다. 달팽이집 놀이를 하는 6세 아이들은 아주 좋은 예다. 아이들은 놀이를 통해 안으로 들어가는 나선과 밖으로 나오는 나선의 성질을 배우는 한편, 즐겁게 놀이가 이어지기 위해서는 모두가 마음을 모아 협력해야함을 깨닫는다. 여기서 나선은 원이 변화 발전한 형태라 할 수 있다. 원을 만든 다음, 선두에 선 아이가 원의 중심을 향해 돌아서 조금씩 다가가고 다른 아이들이 그 뒤를 따르면 원은 깨졌다가, 목적지에 도달해서 중심을 경험하고 난 다음에는 되돌아 다시 원으로 돌아간다.

하지만 매번 아이 스스로 터득하도록 맡기는 것이 아니라 어른이 지혜롭게 조언해주어야 하는 순간도 있다. 한 번은 10세 아이들에게 번개가 번쩍이고 조금 후에야 천둥이 치는 이유가 무엇일까 질문했다. 그랬더니 '반짝이는' 한 아이가 눈이 귀보다 조금 더 앞쪽에 있기 때문에 귀가 소리를 듣기 전에 눈이 먼저 빛을 본 것이라고 대답하는 게 아닌가!

수학적 사실과 개인의 경험을 사고가 소화해서 받아들이고 나면, 추상이 두각을 드러내기 시작한다. 추상은 생각을 타인과 공유하고 소통하기 위해 꼭 필요한 것이다. 하지만 추상을 너무 일찍 요구하거나 자극하면 아이는 추상적 사실과 자신과의 연결지점을 잃어버리고 결국엔 의미마저 잃어버릴 수 있다. 수학을 싫어하고 그 여파로 수학을 잘 못하게 되는 이유가 어쩌면 너무 일찍부터 추상을 요구하는 경직된 교과과정 때문인지도 모른다.

교과서와 TV, 컴퓨터를 사용한 수업도 추상성을 강화한다. 배움의 과정에 수반하는 인간적, 사회적 관계가 배제되기 때문이다. 아이들은 다른 사람, 특히 열정을 가진 교사와 대화를 나눌 때 가장 잘 배운다는 사실을 교사들은 경험으로 알고 있다.

나는 영국의 윈스톤Wynstones 발도르프학교에서 6, 7세 반을 맡기 전에 발도르프 교사로 다시 교사교육을 받는 동안 론 자만 선생님의 교수 방법과 통찰력, 따뜻한 인간성을 가까이에서 접하며 많은 가르침을 받았다. 선생님의 강의는 내게 큰 감동과 울림을 주었다. 한 마디 한 마디가 공교육에서 초등학교 담임교사 및 주임교사로 30년을 보내면서 켜켜이 쌓인, 감추고 싶은 부끄러운 기억이 된 과거 경험들의 정곡을 찔렀기 때문이다. 이제 나는 나의 직관에 따라 수업 내용을 정한다. 아이들이 필요로 하는 지점을 '읽고', 가능한 한 교과서에 의존하지 않으면서 직접 경험한 바를 토대로 수업하려고 노력한다는 뜻이다. 예를 들어 "선생님이 나뭇가지 하나를 불쏘시개로 쓰려고 부러뜨렸어요. '하나'는 '둘'이 되고, 둘은 '넷'이 되었지요."처럼 인간의 경험에서 최초이자 근본은 '전체성'이다. 그래서 저자는 '전체에서 부분으로' 수업하라고 당부한다.

"아이들과 함께하는 최고의 놀이는 아이와 부모가 상상력을 발휘해서 주변의 물건이나 사건을 이용해 즉석에서 만들어낸 것이다." 경직된 교과과정의 굴레에서 해방된 뒤로 나는 아이들이 무엇을 배우고자 하는지, 그것을 어떻게 전달해야 하는지를 스스로 통찰하는 힘을 키웠다. 1학년 아이들이 아주 좋아하는 '황금 공' 놀이를 소개한다. '황금 공(테니스공)' 하나씩을 나누어주고, 바닥에 튕기고, 잡고, 박수치고 잡고, 만졌다가 튕기는 등 다양한 방식으로 10번, 20번, 30번씩 일정한 동작을 반복하게 한다. 이는 마법의 주문이며 규칙에 따라 동작을 마치면 손에 '마법의 힘'이 들어간다. 마법의 힘을 얻은 아이들은 상상의 계단을 올라가 마녀의 정원을 탈출할 수 있다. 마녀의 정원을 빠져나갈 힘을 모으기 위해 10의 단위로 수를 세면서 공을 잡고 튕기는 것은 아주 재미있는 놀이인 동시에 근사한 수학 활동이다.

본문에는 아이들의 발달단계도 잘 정리되어 있다. 또 다른 중요한 비법은 '상급 학년에서 본격적으로 다룰 것을 저학년 때 가볍게 소개하면서 기대감 불러일으키기'이다. 바로 이점에서 진정한 교육이 일어난다. '미리 씨를 뿌리고 열매는 나중에 거두기' 방식으로 산술의 사칙연산을 가르치는 것이다. 처음 산술식 쓰기를 할 때부터 숫자마다 '제 위치'가 있으니 제자리에 잘 써넣어야 한다고 당부한다. 이는 나중에 배울 '자릿값'의 밑 작업인 동시에 더 나중에 배울 '긴 곱셈'으로도 이어진다.

이 밖에도 교사에게 도움이 될 내용이 풍성하므로 꼼꼼히 정독하기를 권한다. 공교육 교사와 슈타이너학교 교사 모두 이 책에서 많은 영감을 얻을 수 있을 것이다.

론 자만의 유쾌한 글 솜씨 덕분에 수학 교재지만 즐겁게 읽을 수 있다. 이 책은 흔치 않은 가치를 지니고 있다. 멋진 수학 수업을 위한 마법의 힘이 전달될 수 있기를 희망한다.

1998년 3월

어린아이들은 감각을 통해 전해지는 세상 모든 일에 민감하게 반응한다. 호기심 어린 눈으로 세상을 바라보며 부푼 기대를 안고 학교생활을 기다린다. 그들에게 세상은 흥미로운 일로 가득하다. 배우고 싶은 것도, 해보고 싶은 것도 많다. 앞으로 어떤 아이, 어떤 어른을 만나 같이 공부하고 놀게 될지도 즐거운 기대다. 자연 세계의 생명력과 아름다움, 가끔씩 찾아오는 침묵과 고요함도 아이들의 마음을 뛰게 한다. 세상의 지혜가 보낸 선물이 자신들을 기다리고 있음을 본능적으로 안다. 신비로운 어딘가에서 온 그 선물로 인해 지금껏 몰랐던 기쁨과 위험을 만나게 될 생각에 기대감은 더욱 커져간다. 아이들은 인생이 쉽지 않은 도전임을 감지하는 동시에 그 도전을 창조적으로 맞이하고 싶은 소망을 품는다. 사랑(진정한 의미의 사랑)으로 양육하려는 부모와 교사들의 과제는 아이들이 자기 자신과 자신의 내면(내면 깊숙이 자리한 것)을 신뢰하도록 돕는 것이다.

주변 세상에서 온갖 감각 지각이 들어오지만 그것만으로 인식에 이를 수 없다. 세상이 보여주는 것에 능동적으로 반응하며 합일하려는 아이들 스스로의 내적 활동이 있어야 한다. 그렇다면 아이들 내면에 존재하는 것은 과연 무엇일까? 과거에는 마음 또는 심령psyche이라고 했다. 오늘날 우리는 그것을 영혼soul이라고 부른다.(물론 그 전에 영혼의 활동을 정확히 설명할 수 있어야 한다)

영혼 활동을 정확히 설명할 수만 있다면 영혼이라는 단어가 더 적절할 것이다. 영혼 활동에는 크게 세 가지가 있다. 첫째, 우리에게는 행동하려는 욕구, 행동의 방향을 결정하려는 욕구(의지)가 있다. 이를 통해 주변 세상에 영향을 미칠 수도 심지어 세상을 바꿀 수도 있다. 둘째, 세상이 우리에게 미치는 영향에 대해 경이, 혐오, 기쁨, 공포, 호기심, 애정, 지루함, 열정, 질투, 감사 같은 여러 층위의 감정으로 반응한다. 셋째, 신체 감각을 통해 지각한 것 또는 스스로를 내적으로 관조하며 지각하는 모든 것에 대해 사고 활동으로 반응한다. 이런 반응은 자극이 오면 저절로 나오는 것이 아니다. 매 순간 영혼은 이 세 가지 활동 중 어떤 것을 억제하거나 불러일으킨다.

여행을 하다가 산을 만났다고 하자. 영혼은 그것을 단순한 흙덩어리 정도로 무시할 수도 있고, 아름다운 자태와 멋진 색채, 나무가 울창한 산등성이와 계곡을 보며 경탄할 수도, 높은 산봉우리 위로 날아가는 새나 흘러가는 구름을 보며 기쁨을 느낄 수도 있다. 아니면 지금 눈앞에 보이는 산은 작은 바다 생물의 잔해나 아주 먼 옛날의 나무가 오랜 시간 동안 쌓이고 쌓여 만들어진 퇴적암층이며 그것이 습곡 현상으로 천천히 융기했다가 비바람에 깎여 지금의 모습이 되었다는 식으로 산의 기원에 대해 생각해볼 수도 있다. 이 역시 선택에 달린 문제다. 영혼이 세 가지 활동을 할 수 있다고 해서 어떤 상황에서 느낌이나 사고가 반드시 올라와야 하는 것도, 꼭 무슨 행동을 해야만 하는 것도 아니다. 숲 가장자리에서 연기나 불길이 번지는 것을 보고서 그냥 지나쳐 버릴 수도 있다. 반면 누군가의 부주의로 산불이 난 것일지 모른다고 생각하면서 적극적으로 불을 끄려 노력하거나 근처 소방서에 신고할 수도 있다.

내면에서 생각하고 느끼고 의지를 발휘하는 것은 바로 인간의 영혼이다. 영혼은 물질적 존재가 아니다. 영혼의 세 가지 활동은 물질적, 신체적으로 지각할 수 없다. 최첨단 과학 기구를 갖춘 최고의 뇌 전문의나 과학자도 사고 활동의 진행을 눈으로 볼 수는 없다. 사고 활동은 뇌에서 일어나는 것이 아니기 때문이다. 사고 활동으로 인한 결과물의 존재 또는 부재는 감각기관의 활동으로 생긴 결과물과 마찬가지로 뇌에서 관찰할 수 있지만 그것이 사고는 아니다. 우리는 인간이 생각하고 여러 가지 감정을 가지며 무수한 의지 충동을 실행한다는 것을 안다. 하지만 영혼이 존재함을 인식하기 위해서는 단순한 생리학적 연구를 뛰어넘어야 한다.

영혼의 초감각적 본성에 대해 전혀 아는 바가 없는 교사는 현대의 이론적, 물질주의적 과학에서 자란 실증주의적, 환원주의적 태도로 교육에 임하기 쉽다. 그런 교사는 자기 앞에 선 인간의 본성을 이해할 수 없다. 모든 인간은 유일무이한 개별성을 가지고 있으며, '나'라는 단어를 사용할 때마다 그 개별 자아의 존재를 고백하고 있음은 모두가 안다. 그렇지만 물질은 아니어도 분명히 실재하는 영혼을 이해하지 못한다면, 개별 자아를 가지고 있다는 것이 지상의 육체를 입고 살아가는 우리의 삶과 무슨 관계가 있느냐는 문제는 결코 풀리지 않는 신비로 남게 될 것이다. 그 영혼의 지휘관이 바로 우리 안에 존재하는 '개별성', '나', '인간 정신'(이 세 단어는 동일한 것을 지칭한다)이기 때문이다.

인생의 결정적인 순간마다 인간 정신은 휘하에 있는 세 명의 부관이 속삭이는 서로 다른 조언에 얼마만큼 귀 기울일지를 결정해야 한다. 세 가지 조언 중 어느 하나에만 의존하다보면 불행을 자초하게 된다. 결혼을 예로 들어보자. 감정적 매력과 성적 욕구(일부는 느낌, 일부는 의지)에만 정신이 팔려 결혼을 한다면 몇 달 못 가 새로운 상대에게 마음을 빼앗길 수 있다. 반대로 청혼한 사람의 능력이나 조건(같은 취미, 건강, 학력, 운동이나 예술적 재능, 재산, 기질, 정치 견해, 요리 실력, 손재주 등등)을 꼼꼼히 따져 계산한 결과만 가지고 결혼한 경우에도 똑같이 비참한 결과로 이어질 것이다. 먼저 가슴의 느낌(영혼 깊은 곳의 진정한 감정)에 귀 기울여야 하지만, 그 사람과의 결혼이 미래에 어떤 의미가 있을지에 대해 분명히 생각해보는 과정 또한 꼭 필요하다. 여기에 한 가지 더 필요한 것이 있다. 신뢰할 수 있는 의지의 불꽃이다. 최종 결정은 지휘관만이 내릴 수 있다. 세 가지 영혼 활동의 도움을 받아 '내'가 맑은 의식 속에서 내린 결정만이 좋은 결과를 낳을 수 있다.

2차 세계대전 중 영국이 절체절명의 위기에 처했을 때 윈스턴 처칠Winston Churchill은 죽음의 위협 앞에 선 심경을 노래한 W.E. 헨리Henley[1]의 시를 인용했다. 시인은 자신의 성공과 실패, 선행과 악행, 생각, 느낌, 행위 전체를 바라본다. 처칠이 인용한 구절에는 인간 자아의 역할이 잘 드러난다.

> 그 문이 제 아무리 좁다 해도,
> 운명의 두루마리에 그 어떤 형벌이 적혀있다 해도 상관없네.
> 내 운명의 주인은 나,
> 내 영혼의 수장은 나.

물질적으로 지각할 수 없는 인간의 측면 중에 정령genius이라 이름 붙일 수 있는 것이 있다. 물질세계의 사물이나 존재는 다른 존재와 동시에 같은 공간에 있을 수 없지만, 이들은 유동적이며 서로서로 흘러들어가고 나갈 수 있다. 분명히 물질적 유전자의 소산은 아닌 정령은 영혼과 비슷한 특성을 지니고 있으나, 그보다는 영혼의 지휘관인 자아의 조언자이자 안내자에 해당한다. 정령은 우리가 지능intellect이라고 부르는 것보다 훨씬 깊이 있고 폭넓은 지성intelligence을 가지고 있으며, 지능을 살아 움직이게 한다. 또한 사고 활동을 촉진하고 예술적 감성과 의지 행동 속으로 스며들기도 한다. 그것은 문학, 과학, 예술의 천재성genius 형태로 드러나기도 한다. 모든 사람의 내면에 정령이 존재하지만 깊이 잠들어있는 경우가 많다. 정령이 우리를 자극하고 창조성을 개발하도록 도와주는 경우에도, 그 창조성이 아주 높은 수준에 도달하기 전까지는 '천재성'이라는 표현을 잘 쓰지 않는다.

이를 염두에 두고 수학이라는 주제로 들어가 보자. 모든 사람, 모든 어린이의 내면에는 수학의 정령이 살고 있다. 교사는 결코 '이 아이는 절대 수학을 이해하지 못해. 신이 부여한 재능(유전자)에 수학은 조금도 들어있지 않아.' 같은 생각을 떠올려서는(입 밖에 내는 것은 말할 것도 없고) 안 된다.

수학의 정령은 처음엔 잠들어 있다. 심장, 허파의 박동(산술의 진정한 모태)과 팔다리의 근육, 뼈 속(기하의 진정한 모태)에서 깊이 잠들어 있다가, 자극을 받으면(특히 노래를 부르고 음악을 만드는 활동에서) 한 부분이 후두와 빗장뼈까지 올라와 꿈꾸는 상태에 들어간다. 정령의 나머지 부분은 아이가 아름다운 색채를 이용해 건강한 방식으로 그림을 그릴 때 팔을 따라 손으로 이동한다. 역시 꿈꾸는 상태에 들어간다. 여기서는 기하학적인 꿈이다. 이 두 부분(혹은 두 측면)이 머리로 올라오고 나중에 하나로 합쳐지면서 정령이 온전히 잠에서 깨어나면 비로소 수학은 인간 사고에 속한 의식의 활동이 된다.

수학이 물질세계의 과학과 정신-영혼 과학을 상대로 어떤 활동을 하는지, 또 어떤 역할을 할 수 있는지에 관해서는 뒤에서 살펴 볼 것이다.

영혼 활동은 신체적이거나 물질적이지 않다고 주장하다가, 조금 뒤에는 심장이니 허파니 하는 신체 부위를 거론하고 그곳에서 잠자던 (마찬가지로 물질이 아닌) 정령이 후두나 팔 같은 부위를 지나면서 꿈을 꾸고 그러다 잠이 깬다는 식의 설명이 허무맹랑하게 들릴 수도 있다. 그러나 '심心'이라는 단어를 생각해보자. 이 단어는 몸 안에서 피의 흐름을 조절하는 장기를 지칭할 때 사용한다. 그런데 아주 매력적인 이성을 만나면 지각에 반응해서 피가 빠르게 흐르는 것을 많은 사람이 경험하지 않는가? 심장 덕분에 피가 통제 불가능할 정도로 빨리 흐르지 않는다고 생각할 수도 있다. 하지만 조금만 더 생각해보자. 이게 오로지 신체의 문제일까? 우리는 본능을 조절할 수도, 심지어 지배할 수도 있다. 사랑뿐만 아니라 몰입하는 다른 모든 활동과 상황에서 스스로에게 '이 일을 진심으로 하고 있는가?' 자문하기도 한다. 이때의 심心은 신체적, 물질적 심장이 아니다. 그럴싸한 은유도 아니다. 언어의 정령은 물질적 심장뿐만 아니라 그것과 아주 밀접하게 연결된, 눈에 보이지 않으며 비물질적인 심장도 존재함을 알고 있다. '손'이나 '머리'같은 단어를 사용할 때도 항상 눈에 보이는 신체만을 지칭하지는 않는다. 눈에 보이지 않는 머리와 심장, 손을 통해서 인간 영혼과 인간 정신은 물질 육체를 중재하고 통제한다.

언젠가는 (정령을 통해 접촉할 수 있는 정신적 힘의 도움을 받아 올바른 방향으로 진화해나간다면) 간을 비롯한 다른 모든 장기도 통제할 수 있는 날이 올 것이다. 그 때가 되면 의사나 병원의 역할은 아주 달라질 것이다. 그렇다면 정령이 심장에서 목으로, 머리로 올라가면서 수학적 활동을 시작한다는 말은 신체에 관한 이야기도, 비유적 표현만도 아니다. 이런 움직임을 실제 수학 수업 안에 담아내는 방법에 대해서는 이어지는 본문에서 살펴보게 될 것이다.

눈에 보이지는 않지만 인간 안에서 일어나는 (정신적이며) 본질적인 활동에 대해 이런 방식으로 계속 숙고하다보면 정신과학에 이르게 된다. 20세기 초 루돌프 슈타이너Rudolf Steiner가 한 일이 바로 정신과학을 소개한 것이다[2]. 이 책에 담긴 모든 내용은 슈타이너가 후대의 심화 연구를 위해 뿌려놓은 영감에 도움을 받았다.[3] 인지학이라고 부르는 정신과학의 근본 토대는 슈타이너의 주요 저서 『자유의 철학』[4]에서 만날 수 있다.

산술, 대수, 기하, 삼각함수, 미적분, 컴퓨터 프로그래밍, 카오스 이론 등 구체적인 내용을 가르치기 전에 먼저 수학의 본질에 대해 생각해 봐야 한다. 1장과 2장은 '수학이란 무엇인가'에 대한 이야기다.

모든 수학 교사의 목표는 학생들이 지금 배우는 수학 주제를 (그것이 수의 세계든, 기하 형태와 변형이든, 수학적 사고방식을 실생활과 기술 과제에 응용하는 일이든 간에) 자유자재로 응용할 수 있는 자신감과 능력을 키워주는 것이다. 40년 넘게 수학 교사를 하면서 아이들이 6, 7세부터 18세까지 한 학교에서 친밀한 교사들(교사도 아이를 잘 아는)에게서 배울 때 안정되고 건강하게 성장하게 된다는 사실을 깊이 확신하게 되었다. 1919년 처음 설립되어 지금은 전 세계적으로 700여개가 넘는 루돌프 슈타이너(발도르프)학교에서는 처음부터 이런 시스템을 채택해왔다. 하지만 담임교사를 매년 교체하지 않는 학교는 발도르프학교 말고도 많다. 이에 더해 발도르프학교에서는 한 과목을 3~4주에 걸쳐 아침 2~3시간 동안 집중해서 수업하는 주기집중수업(이하 주요수업)을 한다. 수학은 학기마다 대략 한 달 정도 수업하며, 주요수업 시간에 국어나 과학, 지리, 역사 등 다른 과목 수업이 진행될 때는 오후에 정기적으로 수학 연습을 한다.

이 책의 목표는 학교에서 수학을 가르치는데 (또는 학교 다닐 때 수학을 제대로 배우지 못했거나, 수학을 다시 배우고 싶은 사람들에게) 도움이 될 실용적인 제안과 개념을 소개하는 것이다. 하지만 중심은 분명히 발도르프학교의 교수 방법론이다. 세계 여러 나라에서 넉넉하지 못한 급여를 받으면서(현재 영국은 다른 나라 정부보다 이런 학교를 위한 재정지원이 적다. 사실 이 글을 쓰는 시점에는 한 푼의 지원도 없다) 발도르프 교육을 실천하고자 애쓰는 교사들에게 이 책을 바친다.

담임교사(특히 슈타이너 발도르프학교)에게 일러두는 말

이어지는 본문에는 7~14세 아이들 수업에 적용할 수 있는 수많은 수학 주제가 나온다. 8년 동안 가르칠만한 내용은 거의 대부분 소개하지만, 그렇다고 그 모든 주제를 일정 수준 이상으로 전부 가르쳐야한다는 의미는 아니다. 분명 대부분의 주제가 아주 중요하지만, 지금 맡고 있는 아이들에게 어떤 수업이 가장 적합할지는 전적으로 해당 교사의 재량에 맡겨야 한다. 학교마다 자체의 학년별 수학 교과과정이 있을 것이다. 그 내용을 이 책에서 제안하는 교과과정 개요(10장 참고)나 정부에서 요구하는 교과과정과 어느 정도까지 맞출지는 해당 학교와 담임교사가 판단하고 결정할 사항이다.

이 책에 실린 수업 계획과 연습 문제는 모두 한 학급 아이들의 실력 편차가 클 것을 염두에 두고 만들었다. 그리고 기초가 부족한 아이부터 미래에 수학이나 과학을 전공할 아이까지 모두가 수와 기하를 다양하고 폭넓게 경험하면서 각자에게 필요한 도움을 받을 수 있는 방법을 소개했다. 따라서 본문에 나오는 연습 문제 대부분이 '보통 아이들'에게 너무 어렵다는 비판은 핵심이 아니다. 지금까지 경험을 보면 앞으로도 그런 비판은 계속 되겠지만, 이는 초등학교 기초 수학을 넘어서는 내용까지 다루기엔 자신의 능력이 부족할지 모른다는 교사 자신의 두려움에서 기인하는 경우가 많다.

본격적인 수학 수업으로 들어가기에 앞서 수학의 개념이 시대에 따라 어떻게 달라졌는지를 특히 정신적 측면에서 살펴볼 것이다. 바라건대 이 책을 통해 기본적인 내용을 가르칠 때도 수학의 정신성을 (간접적으로라도) 수업에 담을 수 있고, 또 그래야 한다는 것이 분명해지기를 바란다.

도입

수학과 신비학

고대 그리스 신비 학교

고대 그리스 신비 학교에 입문하려는 학생(초신자라 불렀다)이 가장 먼저 갖추어야 할 자격 조건은 수학을 익히고 배우는 것이었다. 플라톤은 "신은 기하를 하신다."고 단언했다. 플라톤 이전에 피타고라스는 제자들이 처음 일 년 동안 거의 수학 공부만 하고난 뒤에야 비로소 '세상에 태어나기 전 우리는 어디에서 왔는가? 죽음 이후에 무슨 일이 일어나는가? 지상적 토대인 지구의 기원은 무엇인가? 하늘의 별은 무엇을 보여주는가? 우주의 화음을 듣기 위해서는 어떤 훈련을 해야 하는가? 신들의 대화를 들을 수 있는 내면의 귀를 여는 가장 좋은 시간은 언제인가? 왜 우리는 처음에는 인생의 진정한 과제와 운명을 자각하지 못하는가?'와 같은 우주의 심오한 신비를 전수해주었다.

피타고라스학파 내부인이 직접 쓴 기록은 현존하지 않지만, 이암블리쿠스Iamblichus를 필두로 한 여러 전기 작가[1]를 통해 신빙성 있는 이야기 몇 토막이 전해지고 있다. 에두아르드 슈레Eduard Schure[2]는 정신적 지각에 근거하여 당시 상황을 기술했다. 최근에는 독일 남부 슈투트가르트에 설립된 첫 번째 발도르프학교의 수학 교사 에른스트 빈델Ernst Bindel[3]이 피타고라스의 연구와 가르침을 수학적 관점에서 조명한 책을 썼다. 다음은 위에 열거한 자료 외에 다른 참고 문헌을 연구하고, 인식의 내적 근원을 (정령의 도움 아래) 발달시켜 쓴 글이다.

크로톤(오늘날 이탈리아 칼라브리안 해안 근방에 있던 고대 도시)에 위치한 신비 학교에 입문하려는 초신자는 먼저 모든 소유물을 다른 사람들에게, 원한다면 신비 학교에 기부해야 했다. 그런 다음 오늘날 대학 총장에 해당하는 사람과 면담을 한다. 피타고라스의 첫 번째 질문은

"수를 셀 줄 아는가?"이다. 이 질문에 고개를 끄덕이면 즉시 증명을 요구한다. "하나, 둘, 셋, 넷–" "그만!" 피타고라스는 중단시킨다. "그대가 4라고 여긴 것은 10의 힘을 가지고 있고, 이곳에서의 가르침은 그 의미를 밝혀줄 것이오."

아서 왕과 성배 이야기를 배운 적이 있다면 이 대목에서 "내 힘은 10의 힘과 같지, 내 마음은 순수하기 때문에"[4]라고 노래하는 갤러해드 경이 떠오를 것이다. 이야기에서 갤러해드 경이 말달리며 부른 이 노래의 (신성한) 힘은 계곡에 울려퍼졌다고 이어진다.

면담 후 삼각형 안에 상형문자가 새겨진 판 하나를 주면서 학교가 내려다보이는 숲이 우거진 산등성이로 올려 보낸다. 초신자는 빵과 물을 놓아둔 동굴에서 하룻밤을 보낸 뒤, 날이 밝으면 내려와 다른 학생들 앞에서 판에 대해 명상한 결과를 이야기해야 한다.

한참 뒤에야 맨 아랫줄의 문자가 감히 입에 올릴 수도 없는 신의 이름인 '여호와Jehovah'를 오른쪽에서 왼쪽으로 쓴 것이라는 설명을 듣게 될 다음 그림은 고대 히브리 지혜를 전수 받은 이들에게 잘 알려진 것이다.

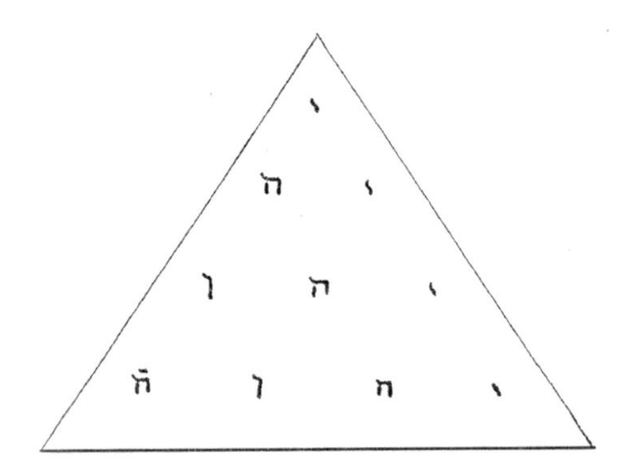

다음 날 아침, 전혀 유쾌하지도 편안하지도 못한 밤을 보낸(사자 같은 야생동물이 숲을 배회하던 시절이었다) 초신자는 산 아래 학교에서 들려오는 희미한 노랫소리에 잠이 깬다. 1교시 수업은 노래를 비롯한 음악 활동이었다. 학생들의 연령은 주로 40세 이상으로 30세 아래는 드물었다.

노래를 마치고 조용히 모여 서 있는 학생들 앞에 당도하자마자 곧바로 지난 밤 명상한 결과를 내놓으라는 요구를 받는다. 삼각형의 한 변마다 4개의 상징이 있고 그 합이 10이라는 사실은 어렵지 않게 찾아냈을 것이다. 그러나 이런 몇 가지 사실을 말하고 나면 대부분의 경우 더 이상 할 말이 없다. 이 때 학생들 전부가 앞 다투어 가련한 초신자를 궁지에 몰아넣고 비웃기 시작한다. "여기 학생으로 들어오고 싶다면서 보여줄게 고작 그뿐인가? 그런 실력으로 어디를 넘본단 말인가!" 조롱과 모욕의 수위는 계속 올라가면서 참을 수 없는 지경까지 몰고 간다. 요즘의 대학 입학 기준으로 볼 때 좀 가혹해 보일 수 있다. 사실 이는 초신자가 학파의 일원으로 받아들일만한 사람인지 시험하는 과정이다. 초신자가 맞받아 고함치며 이성을 잃고 흥분하면 피타고라스는 그를 조용히 한쪽으로 데리고 가 시험(자존감 시험)에서 떨어졌다고 말해준다. 반면 고개를 숙이며 학교에 입학하기에 지혜가 턱없이 부족함을 겸손하게 인정하면 총장은 그를 따뜻하게 안아주면서 뮤즈의 사원으로 데리고 가서 내부를 안내한다. 그곳에는 열 개의 아름다운 조각상이 있다. 첫 번째 상의 이름은 헤스티아이다. 침묵의 뮤즈인 헤스티아는 한 손가락을 입술에 대고 있다. 초신자가 맨 처음 익히고 키워야 하는 힘이 바로 귀 기울여 듣는 능력이기 때문이다.

이제 몇 달 동안 초신자는 판에 대해 피타고라스의 설명을 듣는다. 비슷하게 생긴 네 개의 상징(히브리 문자 י 또는 Jod)은 네 가지 계(광물계, 식물계, 동물계, 인간계)의 물질적 특성을 가리킨다. 세 개의 상징 ה(히브리어 e 또는 He)은 식물, 동물, 인간이 가진 생명의 특성을 말하며, 두 개의 상징 ו (히브리어 fau)는 동물과 인간이 가진 특성인 의식을 가지고 땅 위를 이동할 수 있는 능력을 말한다. 10번째 상징 הּ (ה의 마지막 형태)은 자연계에서 오직 인간만이 가진 특성인 자아의식과 책임감을 말한다. 이제 초신자는 처음엔 4로 보였던 것(4가지 자연계)이 보다 심오한 의미에서는 10의 속성을 가진다는 사실을 이해하게 된다.

여기서 생체 해부를 비롯한 오늘날의 동물 의학 실험에 대해 생각해 보자. 동물을 희생해서(물론 고통은 '가능한 한' 최소화하면서) 인간을 위한 '치유책'을 얻으려는 의도는 도덕적으로는 이미 논란의 대상이다. 그러나 과학의 관점에서 볼 때도 과연 그런 동물 실험의 결과로 인간의 고통을 지속적이고도 긍정적으로 경감할 수 있는 처방이 나올 수 있는지는 더욱 큰 논란의 대상이다. 여기서 '긍정'이라는 단어를 사용한 까닭은 인간이 겪는 고통 자체가 반드시 나쁜 것만은 아니기 때문이다. (물론 우리는 고통을 경감하기 위해서 윤리적이면서 실현 가능한 선에서 최선을 다해야한다) 수많은 현자는 '고통을 통해 배운다'고 말해왔다. 병을 이겨내면서 얻은 힘은 인간을 강하게 하고 한층 성숙하게 한다. 어렸을 때 앓는 홍역이 좋은 예다. 홍역 예방접종이 사실 아이들이 강해질 수 있는 기회를 박탈할 수 있다는 것이다. 다시 동물 실험 이야기로 돌아가 보자. 피타고라스학파의 삼각형에 나오는 4가지 계의 구분이 유효하다면 (조금만 생각해보면 2500년 전이나 지금이나 유의미함을 알 수 있을 것이다) 동물 의식과 인간 의식은 다른 것이며, 이런 시각은 동물이 가진 생명 속성에도 동일하게 적용해야 한다. 인간을 그저 고등 동물의 하나로, 또는 동물 창조의 최고봉(돌고래 애호가들은 이 말에도 반박할지 모른다)으로 여기는 사람들에게 이는 말도 안 되는 헛소리로 들릴 수 있다. (이들에게 벨기에 생물학자 조스 베르헐스트Jos Verhulst[5]의 글을 권한다)

다시 피타고라스학파의 가르침으로 돌아가 보자. 이들은 네 가지 자연계가 세계를 이루는 큰 네 부분의 반영인 동시에 통합된 전체라고 보았으며, 대조를 이루는 두 쌍이 서로 얽혀있다고 인식했다. 세계 전체를 하나의 거대한 베틀이라 할 때 날실은 영원불변함과 변화라는 양극을, 씨실은 눈에 보이는 것(가시성)과 보이지 않는 것(비가시성)을 연결한다.

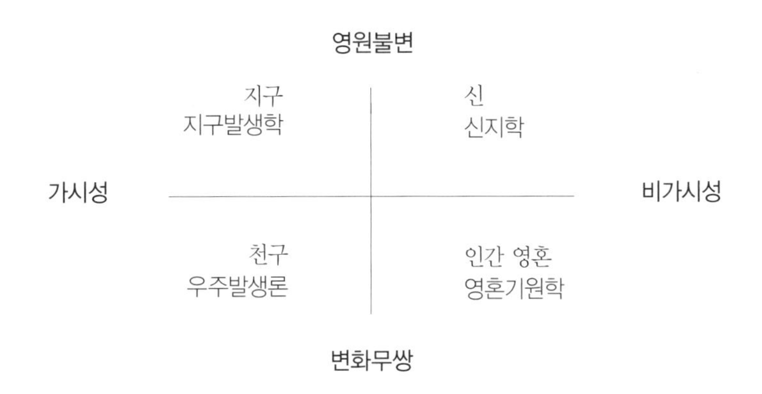

영원불변하며 눈에 보이지 않는 세계는 신들의 영역이다. 신비 학교의 첫 번째 큰 배움의 영역은 신들의 기원과 행위에 관한 학문인 신지학Theogony이다.

아침에 잠에서 깨는 즉시 우리는 삶에서 영원불변한 그러나 눈에 보이는 것, 즉 지구를 인식한다. 지구와 그 기원에 대한 학문인 지구발생학Geogony은 신비 학교 학생이 숙고할 두 번째 영역이다.

구름이 시야를 가리지 않는 밤이면 반짝이는 별의 세계가 눈앞에 펼쳐진다. 달과 행성들은 저마다의 속도로 고정된 별인 항성을 배경으로 천천히 이동하고, '고정된 별'들 역시 쉬지않고 밤하늘을 가로지르며 운행한다. 이들은 늘 변화하며 또 눈에 보인다. 태초에 별들이 어떻게 생겨나게 되었는지가 배움의 세 번째, 우주발생론Cosmogony이다.

마지막으로 눈에 보이지 않으며 항상 변화하는 존재인 인간 영혼이 없으면 세상은 불완전하다. 그리스 신비 학교에서 배우는 네 번째 영역은 인간 영혼의 기원학Psychogony이다.

소크라테스, 플라톤, 아리스토텔레스 같은 이들이 활동한 그리스 과학의 중심에는 두 쌍의 대립 명제가 서로 엮인 또 다른 네 개의 조합이 있다. 흔히 말하는 자연의 4대 요소가 바로 그것이다. 이를 위의 도표와 찬찬히 비교해보면 본질적으로 같은 내용(유질동상類質同像)*임을 알 수 있다. 사실 4대 요소라는 개념은 세계의 네 영역에 대한 피타고라스학파의 가르침보다 몇 백 년 전부터 존재했다.

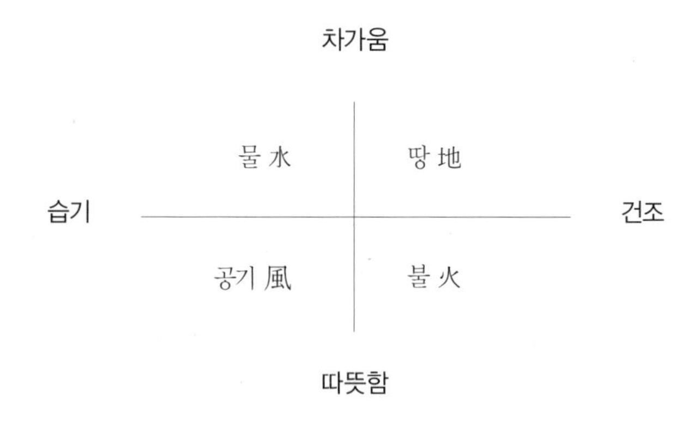

여기서 땅은 오늘날 우리가 고체라고 부르는 물질의 단단한 상태를 의미하며, 물은 액체, 공기는 기체 상태를 의미한다. 불 또는 온기는 다른 세 요소보다 높은 단계에 있으며, 자아가 영혼 활동의 중심을 의지에서 느낌으로 다시 사고로 바꿀 수 있는 것처럼 얼음에서 물로, 물에서 다시 수증기로 바뀐다.(의지→느낌→사고로 이어지는 과정은 아동 교육에서 아주 중요한 요소로 본문에서 자세히 살펴볼 것이다) 현대 물리학자는 이

* isomorphism(이소모피즘)_동형이질, 유질동상. 동일한 것을 좌표로 나타낼 수도 있고 수식으로 나타낼 수도 있다(구조는 같고 소재만 다르다)는 구조 동일성

상태(불)를 핵분열이나 핵융합과 동일하게 여길 수도 있다.

같은 맥락에서 피타고라스는 수학도 네 영역으로 고찰할 수 있다고 가르쳤다. 이 역시 세상의 네 영역과 본질적으로 동일하다.(유질동상)

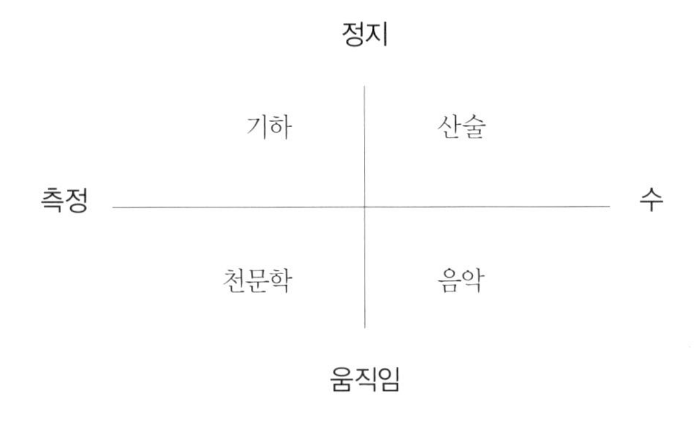

어떤 이들은 아브라함이 산술의 창시자이며, 야훼Jahveh에게서 직접 영감을 받았다고 여긴다. 심지어 셰익스피어는 다음과 같이 말한다.

> 마음속에 음악이 없는 자…
> 배신, 음모, 강도질에나 걸맞을지니,
>
> *『베니스 상인』 5막 중에서*

수학과 음악은 둘 다 눈에 보이지 않으며 정신적인 수의 활동과 관련이 있다. 수와 측정은 어떤 점에서 서로 대조되는 명제 또는 양극성일까? 수 활동은 손가락 하나 까딱하지 않으면서도 얼마든지 가능하다. 전적으로 눈에 보이지 않으며 정신적인 활동이기 때문이다. 반면 측정은 막대자나 줄자, 접안렌즈나 신체의 일부를 움직이지 않고는 불가능하다. 왜 음악이 움직이는 수인가를 이해하려면 음악에서 각 음정이 하나의 분수와 대응한다는 (사실 그 안에 포함되어 있다는) 것을 생각해보면 된다. 첼로의 현 하나를 개방음으로 켠 다음, 그 현의 한 가운데를 손가락으로 누르고 다시 켜보자. 두 번째 음은 첫 번째 음보다 한 옥타브가 높다. 다시 손가락으로 $\frac{3}{5}$ 윗부분을 누르고 활로 켜면, 개방현으로 연주한 음보다 장6도 높은 음이 나온다.

계속해서 $\frac{2}{3}$ 지점을 누르면 완전 5도 높은 음을, $\frac{8}{15}$ 지점을 누르면 7도 높은 음을 얻는다.[6] 음악은 한 음정에서 다른 음정으로의 이동으로 이루어져있다.

천문학은 '지구 측량학'인 기하보다 훨씬 더 어렵다. 천문학의 측정 대상은 끊임없이 변화하고 움직이기 때문이다.

서양 중세 대학 교육의 기본인 7가지 자유 교과 중 네 과목이 피타고라스의 4대 분류에서 나왔음을 모르는 경우가 많다. 위에서 설명한 수학의 네 영역이 중세 대학의 4교과, 콰드리비엄Quadrivium이며, 문법, 논리학, 수사학이 3교과, 트리비엄Trivium이다.

피타고라스의 신비 학교에서는 각각의 과목 안에도 네 요소가 존재했다. 이는 괴테가 식물학에서 발달시켰던 방식, 즉, 잎의 변형에서 식물 전체를 관찰하는 방식과 다르지 않다. 예를 들어 산술에는 등차수열, 등비수열, 조화수열(원래는 '천문수열'이다), 음악수열*이 있다. 이를 계산에 적용한 것이 합summation, 대수식, 실생활 응용문제이며, 발도르프학교에서는 16세 때 배운다.

고대 신비 학교에서는 수학과 기하학(예를 들어 나선형), 천문학, 음악을 동등하게 취급했다. 네 가지 특질이 어우러지면서 초신자의 내면에서는 유연한 직관적 사고 능력이 자라난다. 이는 이어지는 수련 기간 동안 수학만으로는 도달할 수 없는 지고한 정신세계를 통찰하고 경험하기 위해 꼭 필요한 능력이었다.

---

* '조화평균'_음악에서 현의 길이와 음정 사이의 관계를 수로 표현할 때 가장 조화로운 음을 만드는 값

마테시스MATHESIS*

예전에는 '마테시스'라는 단어가 '수의 속성을 배운다'는 의미로 사용되었지만, 숫자 이상의 상징에 대해 숙고한다는 뜻도 포함한다. 7, 10, 12는 서로 완전히 다르다. 7은 소수, 12는 초과수다. 초과수란 12의 인수 중 자신을 제외한 1, 2, 3, 4, 6을 모두 더했을 때 본래 수인 12를 넘어선다는 뜻이다. 12는 이런 초과성이 일어나는 가장 작은 정수다. 이로 인해 12는 수학적으로 특별한 수가 된다. 일 년에는 12개의 달이 있다. 예전에는 달걀이나 빵을 보통 12개 한 묶음으로 팔았다. 십진법 도입 전에 1실링은 12펜스, 1인치는 1피트의 $\frac{1}{12}$ 이었으나, 이제 이런 단위들은 급속히 사람들의 기억에서 멀어지고 있다. 영국의 사촌지간인 미국은 (다행히!) 최소한 길이 단위에 있어서만큼은 '만물을 재는 척도인 인간'에 근거하지 않은 추상적이고도 지적인 프랑스식 혁신안(역주: 미터법)에 대해 아직까지 꽤 효과적으로 저항하고 있다. '12로 이루어진 것'은 여기서 끝나지 않는다. 왜 그리스도는 12명의 제자를 두었을까? 왜 하늘에는 황도 12궁이 있을까? 천문학적으로 보름달이 일 년에 12번 나타나기 때문이라고 쉽게 답하곤 한다. 하지만 정확하게 12번은 아니기 때문에 회의론자들은 이를 고대 문명 사람들의 사고가 미숙했다는 증거로 삼기도 한다. 하지만 이런 비판은 오직 물질적 실재만을 인정하려는 견유주의의 산물이다.

숫자 7도 12처럼 신비로운 상징성을 지닌다. 7은 수학적으로 어떤 의미를 갖는가? 소수라는 사실 말고도 7은 자와 컴퍼스를 이용해서 원을

---

* 영어에서 수학을 의미하는 mathematics의 어원은 '배우는 모든 것'이라는 뜻의 그리스 어 마테마타mathemata, 마테마mathema에서 유래했다. 모두 배움, 지식 등의 의미를 나타내는 그리스어 마테시스mathesis에서 파생한 단어들이다.

나눌 때 정확하게 등분할 수 없는 가장 작은 수다. 여기서도 일종의 체제 순응 거부를, 이번에는 공간적 측면에서 보게 된다. 육안으로 볼 수 있는 7개의 행성*(여기서 '행성'은 고대에 움직인다고 여겼던 별을 뜻한다)은 천상의 거주지 어딘가에 '고정되어' 있으려는 별의 본성을 거부하는 존재들이다. 숫자 7은 언제나 시간의 리듬 속에서 등장한다. 일주일을 이루는 7개의 요일에도 행성의 이름이 붙어있다. 영어에서는 행성 이름 중 3개를 사용하지만 이탈리아어에서는 6개다.** 탄생부터 죽음까지 인간의 한 생애처럼 긴 단위도 7년 주기로 나눈다. 셰익스피어[7]와 슈타이너는 이에 대해 많은 연구를 남겼다. 시간은 7이라는 숫자를 통해 육화한다.

우리에게는 10개의 손가락과 발가락이 있다. 이는 유전자의 진화 과정에서 일어난 우연한 사건일까? 숫자 10은 소수인 7과 초과수인 12 사이에 위치한다. 수학적으로 10은 부족수다. 자신을 뺀 인수를 모두 더하면 10에 못 미치는 8이 된다.[8] 그리 멀지 않은 과거에 영국의 에딘버러에서는 한 단체가 수를 묶어 세는 단위로 10이 아닌 12를 채택하자는 운동을 벌였다. 이에 반대하는 다른 단체는 파리에서 7진법 사용 운동을 벌였다. 그러나 그리스적 중용이 승리했다. 10은 지구적 활동, 특히 돈 문제에 (물론 그 외에도) 적합한 수다.

아마도 마테시스에서 가장 의미심장한 것은 『신약성서』의 '요한의 복음서'에 나오는 장면일 것이다.[9] 부활한 그리스도가 세 번째로 제자들 앞에 나타났을 때, 제자들은 밤새도록 낚시를 했지만 한 마리도 잡지 못한 상태였다. '배의 반대편'으로 그물을 던지라고 하자 제자들은 그 말

---

* 달, 태양, 수성, 금성, 화성, 목성, 토성을 말한다

** 〈라틴어〉 태양의 날solis dies, 달의 날lunae dies, 화성의 날martes dies, 수성의 날mercurii dies, 목성의 날jovis dies, 금성의 날veneris dies, 토성의 날saturni dies 〈이탈리라어〉 월요일lunedi, 화요일martedi, 수요일mercoledi, 목요일giovedi, 금요일venerdi, 토요일sabato, 일요일domenica 〈영어〉 Sunday, Monday, Tuesday, Wednesday, Thursday, Friday, Saturday

을 따랐다. 그물은 금방 153마리의 물고기로 가득 찼다. 복음서의 저자가 지나치게 상상력이 풍부했거나 아주 깐깐한 사람이었던 걸까? '150마리 정도'라고 해도 충분하지 않았을까? 이 수수께끼는 13세기에 토마스 아퀴나스Thomas Aquinas가 풀고 증명했다.[10] 피타고라스가 10은 4의 힘 또는 4의 창조적 계시임을 밝힌 것처럼, 아퀴나스는 정삼각형의 밑변을 17로 하면 위로 갈수록 16, 15, 14로 좁아지다가 마침내 3, 2가 되고 맨 꼭대기는 1이 되는데 그 수를 모두 합하면 153이 됨을 증명했다. 그러면 153이라는 수로 그 창조성이 드러난 17의 특별한 점은 무엇인가? 17은 말 그대로 10과 7의 합이다. 그리스도를 통해 창조의 지혜로 가득 찬 행성 세계와 지상 세계는 하나로 통합되었다. 이탈리아 라벤나 지방의 한 모자이크화에서는 이 장면을 물고기가 가득 찬 삼각형 모양의 그물로 묘사한다. 이는 결코 우연히 나온 그림이 아니다. 모자이크화[11]의 화가 역시 (적어도 그의 수학적 정령은) 삼각형의 수 153의 비밀을 알고 있었던 것이다.

개괄

이 같은 방식으로 발달과정을 따라가다 보면 수학을 통합적으로 파악할 수 있다. 고대의 개념과 사고에 머물지 않고 현대의 개념까지 포함시키면 수학이 무엇인지에 대한 온전한 그림을 얻게 된다. 수 영역만을 통합적으로 살피면 다음과 같은 도표가 나온다.

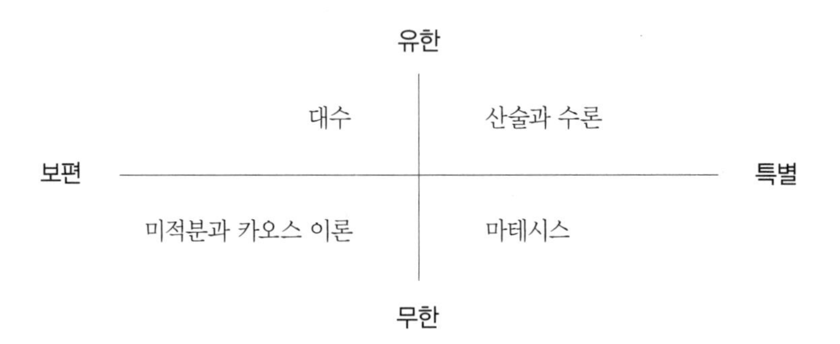

첫 번째 분야인 '산술과 수론'에서 아직까지 하디Hardy와 라이트Wright[12]의 업적을 능가하는 연구는 나오지 않았다. 하나만 예를 들어보자. 소수(1과 자기 자신 외에 다른 인수를 갖지 않는 수) 몇 개를 순서대로 나열한다.

5 7 11 13 17 19 23

여기까지만 보면 앞 수에 2와 4를 교대로 더할 때 다음 수가 나온다는 법칙을 찾은 것 같다. 그러나 한 단계만 나가도 '법칙'은 곧 실망으로 바뀐다. 23 다음 소수인 29를 얻으려면 6을 더해야하기 때문이다. 무한한 소수 집합에서는 어떤 법칙도 도출할 수 없음이 이 영역의 가장 큰 특징이다. 소수는 각각이 지극히 개별적인 존재라 어떤 집단적 특징을 찾으려는 시도 자체를 거부하는 것처럼 보인다.

반면 대수에서는 일반화가 가능하다.

가장 좋은 예는 $x^2-y^2=(x+y)(x-y)$다.

임의의 두 수의 제곱의 차를 구하는 가장 빠른 길은 두 수의 합에 두 수의 차를 곱하는 것이다. 따라서 $\left(11\frac{1}{2}\right)^2-\left(8\frac{1}{2}\right)^2=20\times3=60$이 된다.

각각을 가분수로 바꾼 다음 제곱하는 과정을 밟지 않아도 되기 때문에 많은 수고를 덜 수 있다. 이런 계산 방법은 원통형 송유관 설치 비용을 계산한다든지, 배가 서쪽을 향해 똑바로 일정 거리를 항해했을 때 북쪽으로 간 거리를 구하는 등의 실용적인 문제에서 아주 유용하게 쓰인다.

'미적분과 카오스 이론'의 중심은 무한함이다. 미적분에서 처음에 $1\frac{1}{2}\times1\frac{1}{2}$을 풀고 (답: $2\frac{1}{4}$), 다음엔 $1\frac{1}{3}\times1\frac{1}{3}\times1\frac{1}{3}$ (답: $2\frac{10}{27}$), 다음엔 $1\frac{1}{4}\times1\frac{1}{4}\times1\frac{1}{4}\times1\frac{1}{4}$, … $\left(1\frac{1}{10}\right)^{10}$ 식으로 계속 계산하다 보면 어떻게 될까. 이 과정에서 답은 끝없이 증가하지 않고 2.71828이라는 특정한 수로 수렴한다.

2.71828…이 어떤 수인지, 이 수의 소수점 이하 10째 자리에 어떤 수가 오는지 등의 문제는 미적분학에서만 답할 수 있다. 이 수는 그것을 발견한 스위스 바젤 출신의 수학자 오일러Euler의 이름을 따서 e(자연상수)라고 표기한다.

카오스 이론 역시 유사한 문제를 다루지만, 여기서 대수는 처음 몇 단계만 넘어가면 쓸모가 없다. $y=Kx(1-x)$라는 공식에서 K의 값을 0과 4 사이로, x의 값을 0과 1 사이로 해서 y 값을 구한다. 그런 뒤 K는 먼저 값으로, x는 공식에서 얻은 첫 번째 y 값으로 해서 새로운 y 값을 계산한다. 이 과정을 무수히 반복한다. 이때 많은 경우, K값에 대해서는 미적분학에서처럼 수렴하는 현상이 발생한다. 그러나 역시 많은 경우, 얻은 답(y값)은 카오스적인 양상을 띤다. 이 계산은 컴퓨터의 도움 없이 인간의 힘만으로는 불가능하다. 때문에 카오스 이론은 1960년 이후에야 발달할 수 있었다. 이제는 생물학이나 물의 흐름, 기상 패턴, 상거래 등 다양한 분야에서 훨씬 정교하고 세련된 형태로 적용되고 있으며, 과학자들은 카오스 이론을 상대성 이론과 양자 이론에 이은 20세기 세 번째 위대한 업적이라며 찬사를 보낸다. 카오스 이론의 여파는 여기서 끝나지 않는다. 수십 년 동안 물리학자, 화학자, 동물학자들은 서로의 영역이 갈수록 이질화된다고 느꼈다. 심지어 같은 학문의 학자도 연구 분야가 다른 사람들이 만나면 서로의 용어를 못 알아듣는 지경에까지 이르렀다. 카오스 이론의 등장으로 과학자들이 작은 단위로 쪼개지는 이런 현상이 조금씩 치유되고 있다.[13]

정신세계에 이르는 길과 수학

수학은 두 세계의 경계에 걸쳐 있다. 한 쪽에는 자연을 비롯한 물질계의 수많은 감각 자극과 사건이 있다. 다른 쪽에는 눈으로 볼 수 없는 정신세계가 있다. 정신세계가 없다면 심리학, 윤리학(기독교 윤리학을 비롯한 모든 윤리학), 사회학, 실용 철학 같은 학문은 의미를 가질 수 없을 것이다. 수학 역시 정신세계와 무관하지 않다. 수학적 사고를 물질세계에 적용했을 때 위대한 현대 과학기술이 탄생하는 것처럼, 수학은 흔히 깨달음과 내면 발달의 길이라고 부르는, 눈에 보이는 물질세계보다 더 높은 세계에 대한 인식 획득의 길에 많은 도움을 줄 수 있다.

깨달음에 이르는 첫 번째 단계는 흔히 '학습' 단계라고 한다. 일상생활에서 감각을 통해 들어오는 모든 자극을 선명하게 지각하는 힘을 키우는 단계다. 여기서 가장 중요한 것은 야릇한 환상의 세계로 날아가 버리려는 경향을 극복하고 두 발로 땅을 단단히 딛고 서는 것이다.(고대 동양 전통에서 유래한 '정신 수련' 중에는 이 경향을 극복하지 못하는 경우가 많다.[14] 현대 마약 문화 역시 이런 경향을 촉진한다) '학습' 단계는 깨달음을 얻은 자, 입문자, 철학자, 종교 지도자, 현자(과거의 인물도 중요하지만 특히 현대의 인물)들이 앞으로 걸어갈 정신적 추구의 길에 대해 전하는 가르침을 찾아 읽는 것도 포함한다. 이 단계에서 가장 중요한 것은 열린 마음과 긍정적이면서도 비판적인 분별력이다. 강사나 저자의 카리스마 때문에 덮어놓고 믿지 않도록 주의해야 한다. 이 첫 번째 단계에서는 산술, 즉, 연습을 통해 숫자들의 관계성을 알고 그 객관적 진리를 인식하는 것이 큰 도움이 된다. 여기서 우리에게 힘을 주는 것은 내용이 아니라 산술이 가진 특질이다.

두 번째 단계를 동양의 정신적 스승[15]들은 2장의 꽃잎을 가진 연꽃을 발달시키는 그림으로 설명했고, 슈타이너는 상상력imagination이라고 했다. 이 단계를 지나면 새로운 시각이 열리기 때문이다. 신체에 달린 눈으로 보는 시각은 아니지만, 이 단계에서 깨어난 정신적 감각 기관은 두 눈 사이, 코가 시작되는 부위와 연관이 있다. 죽음의 문턱에서 되돌아온 사람들은 죽는 순간 갑자기 눈앞에 전 생애(세 살 또는 그 이전부터 경험한 사건들이)가 거대한 파노라마처럼 펼쳐지더라는 말을 한다. 임사체험에 버금가는 다른 상황, 예를 들어 알프스 등반 중 협곡을 건너뛰다가 발을 헛디뎌 수백 미터 아래로 떨어졌지만 구사일생으로 나무뿌리나 튀어나온 바위를 잡아 목숨을 건지는 경우에도, 미끄러지고 움켜잡는 그 찰나의 순간에 살아온 전 생애가 그림처럼 눈앞에 펼쳐지는 광경을 경험하기도 한다. 그렇다고 상상력을 발달시키겠다고 굳이 이런 위기를 찾아 나설 필요는 없다. 일상적이며 안전하고 건전한 방법이 여러 책을 통해 소개되어 있다.[16] 이 단계에 도움을 주는 것이 바로 대수다. 좀 더 정확히 말하자면 대수를 연습하는 과정에서 경험하는 정신 활동 또는 사고 활동의 특질이 그런 역할을 한다.

앞서 $x^2-y^2=(x+y)(x-y)$라는 예에서 살펴본 것처럼, 대수에서는 하나의 식 안에 무한한 수학적 진리가 담겨있다. 마찬가지로 전 생애가 눈앞에 펼쳐질 때도 그 안에 셀 수 없이 많은 사건들이 담겨있다. 외부 세계에 대한 감각 지각은 사라지지만 기억은 강렬해진다. 대수에서도 역시 구체적이고 특별한 상황은 수면 아래로 내려가고 일반적이며 포괄적인 것들이 전면에 나선다.

세 번째는 16장의 꽃잎을 가진 연꽃, 또는 화성의 기관(첫 번째 단계는 토성의 기관, 두 번째 단계는 목성의 기관이라 부르기도 한다)[17]을 발달시키는 단계로, 슈타이너는 영감Inspiration이라 불렀다.[18] 이 단계에 이르기 위해서는 앞서 각고의 노력을 기울여 이루어낸 상상적 그림의 파노라마를 깨끗이 씻어내야 하며, 일상적인 기억 역시 지워야한다. 일종의 음악적 울림을 포함한 새로운 경험이 찾아오는데, 그 울림은 지금까지 알고 있던 익숙한 소리와는 전혀 다르다.

이 단계의 인식에 도움을 줄 수 있는 것이 미적분학이다. 미적분학은 영감 받은 상태의 본질을 갖고 있기 때문이다. 분수를 분모와 분자 모두 0에 가깝도록 약분(깨끗이 씻어냄)한다. 미분 계수는 극한에서만 얻을 수 있기 때문이다. 언뜻 보면 무에서 유가 탄생한 것처럼 보이기도 한다. 하지만 당연히 해당 함수 관계가 계산 과정 안에 들어있다. 이는 세 번째 단계로 향하는 정신적 여정의 심오한 도덕적 모티브와 상응한다. 음악가들이 순간적으로 작품의 영감을 받는 일화를 들어본 적이 있는가? 한 번은 모차르트가 비엔나에서 마차에 오르려고 한 발을 들어 올리는 순간 새 교향곡 하나가 통째로 머릿속에 밀려 들어왔다고 한다. 모차르트는 그 길로 집에 돌아가 팔이 아프도록 악보를 써내려갔다. 진정한 영감은 이렇게 찾아온다. 다른 사람의 눈에는 아무 것도 없는 것에서 뭔가가 완성된 상태로 탄생하는 것처럼 보이는 것이다.

산술과 대수, 미적분학은 고차 세계 인식의 처음 세 단계와 질적으로 일맥상통(유질동상)한다. 슈타이너가 직관Intuition이라 부른 네 번째 단계에도 수학의 성질을 지닌 것(마테시스)이 도움을 주기는 하지만, 이 단계에서 수학의 정령은 '지금까지 정신적 추구의 길에서는 약간이나마 도움을 줄 수 있었지만, 이제부터는 나 없이 혼자 가야한다'고 말한다.

수학에 아무리 경이로운 정신적 특성이 많다 해도 '존재'까지 포괄하지는 못한다. 수학 공식으로 친구를 설명할 수는 없다. 살아있는 새순 단면이 정밀 기하학의 주제가 되고[19] 프랙탈 이론[20]을 이용해서 복잡하지만 고정된 상태의 고사리 및 여러 동식물의 형태를 설명하기도 하지만, 어떤 공식으로도 나무 형태를 살아있는 상태로 묘사할 수는 없다.

네 번째 단계(직관)는 '태양의 기관', '12장의 꽃잎을 가진 연꽃'이라고 부른다. 이 단계는 오직 다른 존재와 '하나가 될' 수 있을 때에만 도달할 수 있다. 다른 존재는 살아있는 사람일 수도, '죽은' 사람[21]일 수도, 아니면 천사나 엘로힘(『구약성서』에 나오는 신), 데바(인도 신), 심지어 사악한 정신적 힘 같은 고차의 존재일 수 있다. 이 단계에 이르면 시공을 초월한 방식으로 다른 사람을 돕고 도움을 받을 수 있다. 환각에 사로잡힐 위험은 어느 단계에서나 존재하지만, 이 단계를 비롯해서 모든 종류의 수학적 통찰을 넘어서는 이후의 단계에서는 특히 조심해야 한다. 다른 위험도 도사리고 있다. 예를 들어 직관의 단계에서는 다른 존재와 '하나됨'의 상태에서 건강한 방식으로 스스로를 분리시킬 줄도 알아야 한다.

수학을, 부분을 이어붙인 거대한 구조물이나 어린이 만화에서 설명하듯 자기 증식하는 거대한 초록 괴물이 아니라, 하나의 온전하고도 건강한 정신적 실재로 여기는 태도를 전제한다면, 건강하게 탐구할 수 있다. 지금까지 우리는 수학을 '신비학' 측면에서 살펴보았다. 이것이 수학 수업 전반과 어떤 연관이 있는지 살펴보기에 앞서, 수학의 범위와 의미에 대한 수학자들의 말을 인용하면서 서론을 마무리한다.

아서 케일리Arthur Cayley 교수[22]는 현대 수학의 영역에 대해 이렇게 말했다.

"현대 수학의 거대한 영역을 떠올리기란 쉬운 일이 아닙니다. 멀리서 볼 때는 아름다움으로 가득한 시골 풍경이지만, 그 안에는 구석구석 돌아다니며 꼼꼼히 연구해야 할 언덕과 골짜기, 시내, 바위, 숲, 꽃들을 품고 있습니다."

루이스 로셔-에른스트Louis Locher-Ernst 교수[23]는 사영기하학에 관한 저서를 다음과 같은 말로 끝맺었다.(수학 전반에 적용할 수 있다)

"최초의 현상은 단순하고 그 현상의 결과 또한 명료할 수 있지만, 의식 속에 떠오르는 전체 형상 속에는 신비롭고 불가사의한 것이 담겨있다. 우리가 그에 대해 생각할 때마다 그 그림은 창조의 첫날처럼 새롭게 등장한다."

1장

수학과 교육

수학의 비가시성

수학은 역사, 지리, 여러 분야의 과학, 언어학과 언어의 발달, 실용 공예, 회화나 조각 등의 예술, 체육, 비교 종교학과 확연히 구분되는 과목이다. 다른 과목을 공부할 때는 책을 찾아보거나 사람들에게 묻고 외부 현상을 관찰하기 위해 반드시 신체의 어느 부분(눈 근육이나 발성 기관, 손 등)을 움직여야 한다. 그러나 수학은 포로수용소에 수감 되었던 사람들이 깨달은 것처럼 신체적으로 전혀 자유롭지 못한 상태에서도 상당한 수준까지 훈련할 수 있다. 기하 역시 형태를 직접 그리지 않으면서도 연습할 수 있다. 일종의 내적 게으름으로 치부할 수도 있다. 그러나 아름다운 구조의 거대한 기하 그림(한 치의 오차 없이 완벽하지 않더라도)을 보며 그 속에 담긴 신비를 묵상하는 것 역시 직접 그리는 것 못지않게 가치 있는 활동이다.

수학의 구성요소는 본질적으로 비가시적이며 완벽하다. 우리가 사용하는 십진법 체계 속에서 4×3은 언제나 12이다. 칠진법 체계에서 4×3은 15라는 것이 앞의 명제에 대한 반박의 근거는 되지 못한다. 어떤 공간에 5개의 평면이 있으면 언제나 10개의 접선이 존재한다. 두 개의 무리수 π와 $\sqrt{10}$ 사이에는 언제나 $3\frac{1}{7}$과 같은 유리수가 무수히 존재한다. 직선은 완벽하게 곧고, 원은 완벽하게 둥글다. 다른 말로 하자면 원의 둘레에 있는 각 점들은 중심에서 정확하게 같은 거리에 위치한다.

'완전한 직선'이나 '원', 또는 '제곱했을 때 2가 되는 수는 무엇인가?' 같은 문제의 답처럼 완벽한 것은 물질적, 지상적 세계 속에는 존재하지 않는다. 그렇다면 대체 '완벽'이라는 말은 어디에서 왔을까? 인간의 경험이 미치는 모든 영역에서 활동하는 정신세계의 존재를 의심하는 사람에게 이 질문을 던져보라. 또 오직 물질만이 실재한다고 믿는 뇌 전문가에게 π값을 알려면 뇌 속의 어떤 대뇌피질 섬유를 확대하면 되는지 π값의 소수점 이하 10자리까지만이라도 보여 달라고 하라.

이렇듯 수학은 비가시적이고 비물질적이지만 정확하고 완벽한 것을 다루는 학문이다. 사회적 관점에서 볼 때 더욱 놀라운 점은, 수학에서는 문제가 확실하다면 정치처럼 논쟁의 여지가 있는 복수의 해답이 아니라 언제나 하나의 올바른 답이 존재한다는 사실이다. 이차방정식의 해는 둘이지만 이 사실의 반론이 되지는 못한다. 그 때는 정확한 한 쌍의 정답이 존재하는 것이기 때문이다. 전날 저녁에 풀지 못한 문제의 답을 다음날 잠이 깨면서 깨달았을 때 수학자는 가슴 뛰는 짜릿함을 느낀다. 이는 수학의 정령이 그에게 정신적으로 완벽한 것은 영원불멸함을 확신시켜 주기 때문이다. 3×7과 7×3이 같다는 경이로운 깨달음을 다른 사람의 도움 없이 스스로 터득한 아이도 그에 못지않은 희열을 느낀다.

필자를 수학자의 길로 이끈 잊을 수 없는 경험이 있다. 1940년, 나치의 군대가 영국 해협까지 진출했고, 영국은 케르크에서 독일군에 패하고 물러난다. 이에 대해 당시 영국 수상 처칠은 정치가답게 '위대한 영국군의 철수 작전 성공'이라고 큰소리를 쳤지만, 사실 영국은 나치 군대와 그들의 악한 사상 앞에 그야말로 풍전등화의 신세에 놓였던 것이다. 다음 날 유명한 북부 문법학교 6학년이었던 나는 학교에 등교했다. 수학 선생님께서는 이 무서운 위협이 현실이 된다면 자식들은 부모를 배신하고 거짓말 하도록 강요받을 것이며, 거짓이 온 천지를 뒤덮게 될 거라고 말씀하셨다. "그러나 나치가 결코 왜곡할 수 없는 것이 있습니다. 바로 수학의 진리입니다." 교실 창밖으로 보이는 벽을 가리키면서 선생님은 이렇게 말을 맺으셨다. "나를 저 벽에 세워놓고 총을 겨눈다하더라도, 수학의 진리는 작은 점 하나도 변하지 않을 것입니다."

어떤 사람들은 "다 좋은 얘기다, 그렇다 해도 수학은 사람들이 현실에서 겪는 문제들과는 아무 상관없는 추상적인 학문일 뿐"이라고 반박할지 모른다. 이는 사실이 아니다. 수학은 현실과 아주 밀접하게 연결되어 있으며, 특히 학교에서 수학을 어떻게 가르치느냐는 현실의 삶에 크나큰 영향을 미친다. 19세기 말부터 20세기 초까지 러시아 아이들은 수학을 '합성하는 방식' 즉, "4에 3을 더하면 어떻게 되는가?" 같이 사물에서 조각이나 일부를 취한 다음 그것을 한데 모아 하나의 결과물을 만들어 내는 방식으로 배웠다. 철학자 임마누엘 칸트Immanuel Kant[1]에 따르면 답인 7은 주어진 것 속에 있지 않으며 우선 감각 지각으로 찾아내야 한다. 그러나 실제 상황에서 사고의 내적 진행과정 대신 칸트가 선호했듯이 실제로 눈에 보이는 것을 살펴보면 7이라는 수는 애초부터 존재해 있다.(칸트 철학 용어 '선험priority'에 해당) 그것을 관찰과 이성을 통해 두 모둠으로 분리시킨 것이다. 우리가 삶에서 맞닥뜨리는 진짜 문제는 7=4+?이다. 즉, "내가 모두 7개를 가지고 있는데, 왼손에 4개를 쥐고 있고 나머지는 다른 곳, 예를 들어 오른손에 있다면, 나는 오른손에 몇 개를 쥐고 있을까?"이다. 실제 진행과정은 합성이 아니라 분석인 것이다. 뒤에서 산술의 두 번째 단계라고 부르게 될 것을 1학년인 6, 7세 아이들에게 가르칠 때는 위에서 말한 철학적 문제를 다음과 같이 구성해볼 수 있다.

"자, 여러분! 선생님 손에 초 4개가 있지요. 그리고 오늘이 마가렛의 생일이라고 해봅시다." 마가렛은 우리 반 아이이고, 실제로 내 손에 있는 것은 네 자루의 흰 분필이다. 무엇이 무엇을 대체하고 있다는 설명은 필요 없다. 이 나이 아이들의 상상력은 현실 이상의 것을 볼 수 있기 때문이다. "선생님이 마가렛의 나이에 맞게 초를 켜려면, 벽장에서 초를 몇 개나 더 꺼내야하는지 아는 사람은 손을 들어주세요."

1학년 아이들과 하는 이런 수업의 다른 예는 관련된 장에서 자세히 다룰 것이다. 여기서의 요점은 무언가가 눈에 보이지 않는다고 해서(생일 축하), 그 속에 내재된 수(초 7개)를 모른다고 할 수는 없다는 것이다. 루돌프 슈타이너라면 그의 첫 번째 철학 저서[2]에서 (3, 4와 7의 관계를 예로 설명했다면) 칸트의 의견에 이런 식으로 반박했을 것이다. "칸트는 4+3 안에는 결코 7이라는 합이 내재되어 있지 않으며 시각의 도움을 받아야 알 수 있다고 주장한다. 그러나 나를 술어 개념*으로 이끌어주는 주어 개념 속에서 아무런 실마리를 찾을 수 없다는 것은 사실상 있을 수 없는 일이다. 4+3을 생각할 때 실제 생각 속에는 7(개)이라는 수가 떠올라 있다. 단지 그것이 한꺼번에 존재하는 것이 아니라 두 부분으로 나누어져 있을 뿐이다. 내가 어떤 수학적 개체들의 묶음을 한 덩어리로 생각할 때와 전적으로 동일하다."

물론 칸트가 더하기의 답을 얻기 위해 항상 감각 지각을 동원해야 한다고 한 것은 아니다. 그런 수학 문제의 답을 구할 때는 기억이 가장 큰 도움을 준다고 했다. 칸트를 비롯한 어느 누구도 648+287의 값을 구하기 위해 먼저 감각으로 지각할 수 있는 실험을 해보아야 한다고 주장하지는 않을 것이다.

20세기 초 러시아 아이들 이야기로 돌아가 보자. 그 결과 아이들에게 합성하는 힘은 높은 수준으로 육성되었지만 자연스럽고 원초적인 분석의 힘(전체에서 부분으로 향하는)은 발달하지 못했고 분석하고 싶은 욕구도 충족되지 못했다. 애초에 온전한 시계를 분해하는 기쁨을 누려보지 못했다면(시계 주인이 독차지하는 바람에!), 어떤 아이가 즐거운 마음으로 톱니바퀴나 스프링, 시계 바늘을 조립하겠는가? 그 러시아 아이들이 어른이 되었을 때, 어려서 경험했어야 할 것을 경험하고 싶은 욕망

* 칸트 철학의 분석판단. 분석판단이란 '원은 둥글다'라는 문장처럼 원이라는 주어개념 속에 둥글다는 술어개념이 이미 포함되어 있어 그자체로 참이나 거짓이 되는 판단을 말함

이 볼셰비즘(당시 러시아의 심각한 사회적 질병을 치유하려는 의도에서 나온 대단히 분석적인 접근법)을 수용하는 것으로 표출되었다고 볼 수도 있을 것이다[3]. 따라서 볼셰비즘에 이어 등장한 전체주의적 공산주의와 그에 수반한 모든 비극의 근원을 거슬러 가보면, 유일한 원인은 아니겠지만 적어도 부분적으로는 눈에 보이지는 않지만 분명히 실재하는 온전한 것의 존재를 알려주지 않았던 수학 교육에 원인이 있다고 할 수 있다.

1900년대 러시아 교육은 임마누엘 칸트를 필두로 하는 여러 사람의 철학을 수용한 결과로 오류를 겪었다. 이 상황은 내용적으로 칸트의 계보를 잇는 스키너Skinner 같은 사람들이 주장하는 오늘날 교육 철학에 있어서도 다르지 않다.

오늘날 학교 수학

오늘날 학교 수학 수업엔 아쉬운 점이 많다. 많은 아이가 11세나 14세 혹은 17세 등 어떤 나이가 되면 수학에 흥미를 잃는다. 이는 학교 수업이 지나치게 교과서에 의존하고 있기 때문이다. 보조 교사 역할을 자처하는 교육용 TV 프로그램도 큰 역할을 하지 못한다. 아이들의 수학 학습에서 사회적 관계는 아주 중요한 역할을 한다. 아이들은 1장 첫머리에서 말한 것처럼 마음먹기에 따라 물리적, 시각적 도움 없이도 공부할 수 있는 성인과는 다르다. 아이들은 교사의 설명을 눈으로 보고 귀로 들으면서 교사의 도움과 자극으로 내면의 열정에 불이 붙어야 그 힘으로 문제에 달려들어 씨름을 할 수 있다. 교사와 직접 대화를 나누고 문제에 귀를 기울이고 다른 아이들이 하는 말을 듣는 것은 (이런 소통은 TV 같은 전자매체로는 불가능하며, 교과서로는 부분적으로만 가능하다) 수학 실력을 건강하게 성장시키기 위해 없어서는 안 될 요소다. 교육 당국의 관료적 압력이나 TV 회사, 교재 출판사의 재정적 압박에도 불구하고 여러 학교에서 훌륭한 교수법을 실천하고 있다. 특히 초등 단계에서는 아이들에게 자극을 주고 상상력을 일깨울 수 있는 수많은 좋은 교수방법을 무궁무진하게 개발할 수 있다. 자신이 가르치는 반 아이들을 위한 수업을 교사 스스로 상상력에 따라 계획하고 문제를 만든다면, 수학을 아주 어려워하는 아이들도 귀를 기울일 것이다.

배움과 배움의 기쁨을 가로막는 두 번째 장벽은 갈수록 가중되는 시험과 평가의 부담이다. 주변만 봐도 시험에 합격한 지 6개월만 지나면 종이쪽지 한 장을 받기 위해 머리에 쑤셔 넣었던 지식을 깡그리 잊어버린 경험을 가진 사람이 얼마나 많은가! 수학 시험이나 수학 평가 과제의 경우는 좀 다르긴 하지만, 어린 아이들일수록 엄격한 계획에 따라 수업을 하고 등수를 매기는 행위가 해로운 영향을 미친다. 시험을 치르는 것 자체가 해롭다는 말이 아니다. 실제로 아이들은 시험을 원하고 필요로 한다. 자신이 얼마나 나아지고 있는지, 또 다른 아이들이 어떻게 하고 있는지를 알고 싶어 한다. 자신과의 경쟁은 건강하다. 우리는 아이들이 다른 사람을 경쟁 상대로 바라보는 대신, 자신이 전체 학급을 이루는 한 구성원이며 그 학급 역시 더 나아지기 위해 스스로와 싸우고 있다고 느끼게 해주어야 한다.

실력이 천차만별인 아이들이 섞여 있는 학급에서 어떻게 문제의 난이도를 아이에게 맞게 줄 수 있는지에 관해선 다음 장에서 살펴볼 것이다. 느리고 잘 못하는 아이가 반에서 가장 뛰어난 아이와 같은 주제를 공부하고 있다는 느낌을 갖는 것은 말할 수 없이 큰 힘이 된다. 저학년에서는 아침 주요수업이 끝날 때 교사가 답을 불러주고 아이들이 직접 자기가 푼 것을 채점한다. 그런 다음 각자 맞은 개수를 말하고 그것을 모두 합한 누적 점수를 계산한다. 잘 못하던 아이가 평소보다 학급 총점에 몇 점을 더 보태는 날에는 반 아이들 모두가 기뻐 환호하는 흐뭇한 광경이 펼쳐진다.

시험으로 인해 불안이나 두려움, 과도한 긴장감이 조성되어서는 안 된다. 시험 결과를 가지고도 교사의 칭찬 또는 다음번엔 더 잘하자는 격려 이상의 어떤 것도 없어야 한다. 내부용이든 외부용이든 성적을 기록해놓은 일람표는 아무 짝에도 쓸모없으며, 수학 자체에도 그 표로 인해 통계 자료의 하나로 격하된 인간에 대해서도 모욕일 뿐이다. 좋은 학교에서 시험이란 절대 있어서는 안 된다는 주장이 아니다. 시험은 분명 긍정적인 역할을 하지만 스스로 독립적인 판단을 내릴 수 있는 나이인 16세 이전에는 그렇지 않다는 것이다.

수학을 배우는 것이 인생살이에 무슨 쓸모가 있을까? 졸업장을 따려고 수학을 배우는 것은 분명 아니다. 상거래를 잘하고 돈을 많이 벌기 위해서도 아니다. 유명한 플라톤의 『대화편』을 보면 소크라테스가 돈을 많이 벌기 위해서 수학을 배운다고 답을 한 청년에게 동전 한 닢을 주어 돌려보냈다는 유명한 일화가 나온다. 이 질문에 대한 올바른 답은 그리스 시대나 오늘이나 다르지 않다. 수학 학습의 가장 중요한 가치는 그것이 우리의 사고–실질적이고 자기 주도적이며 독립된, 물질세계뿐 아니라 그 안에 존재하는 비가시적 세계까지 인식하는 길로 이끌어줄 힘을 가진 사고를 발달시키는데 있다.

서문부터 1장까지는 수학의 깊이와 넓이를 보여주고자 피타고라스(와 다른 고대 그리스의) 신비 학교 수련의 첫 단계에서 왜 수학을 중요시했는지 설명했다. 이는 오늘날에도 유효한 접근 방법이지만 우선 시대에 맞게 적절하게 수정해야 한다. 학교에서 아이들에게 신비학 훈련을 시키는 것이 수학 교사의 과제가 아님은 지극히 당연하다. 그러나 이런 측면에서 수학이 갖는 독특한 위치와 특히 그 유기적 전체성을 인식하고 있다면 아동기부터 사춘기까지 모든 연령의 아이들에게 깊이 있는 수업을 할 수 있을 것이다. 교사 자신이 상상력을 가지고 있을 때만 아이들의 흥미에 불을 붙일 수 있으며, 아이들이 사고를 통해 스스로 모든 형태의 수학 문제에 대한 직관적 해답을 찾아 나서도록 안내할 수 있다.

아래 도표는 전체를 조망하고 싶은 독자를 위해 지금까지 서술한 내용을 정리한 것이다. 각 단계는 다음 단계가 발달할 수 있는 발판으로 반드시 필요하며, 뒤의 단계 속에 앞 단계가 포함되어 있음에 주의하기 바란다. 예를 들어 진정한 상상과 영감, 직관을 발달시키기 위해서는 명확하고 정확한 사고가 반드시 전제되어야 한다.(앞 장 참고) 또 '수의 유형'란에서 각 열은 다음 열의 부분 집합이다.

질적인 유사성(유질동상)에 따른 분류

영역	1단계	2단계	3단계	4단계
사고	일상적 사고 (명확하고 정확한)	상상	영감	직관
수학	산술과 수론	대수	미적분학과 카오스이론	마테시스
수의 유형	정수(자연수)	유리수(분수)	무리수 예 : $\sqrt{2}$	초월수 예 : π
수의 방향성 (예)	양수 (+5)	음수 (−5)	복소수 $(\sqrt{-1} = i)$	초월복소수 (i^{i})

이런 특성을 다른 방향으로도 확장할 수 있다.

3차원의 선	한 쌍의 선	레굴루스*	합동	복합체**
사영기하학	결합의 원리	데자르그의 정리	파푸스의 정리 (기본 정리)	측정 기준 (유클리드, 이중타원 또는 극유클리드 유형 등을 제시하기 위한 측정 기준)

피타고라스 신비학에서

수열	등차	등비	조화	음악
예	6 12 18 24	3 6 12 24	3 4 6 12	6 8 9 12

모든 경우에 인간 진화와 인간의 4중 구조(물질육체, 에테르체, 아스트랄체, 자아체), 자연계 네 영역이 반영된다. 수학은 인간에서 진화해나간 것이다. 따라서 수학 구조 속에 이런 사실이 반영되는 것은 지극히 당연한 일이다.

---

* regulus_꼬인 위치의 세 직선이 만나는 직선들의 궤적
**complex

2장

무엇이 아이를 깨우는가?

6~7세 이하

아이들에게는 놀이가 가장 큰 배움의 장이다. 놀이의 본질은 모방이며, 모방을 통해 아이는 주변 세상에 존재하는 움직임 속으로 들어가 경험한다. 눈으로 보고 귀로 듣는 어른들의 행위를 아이들은 다 따라해 보고 싶어 한다. 이런 모방의 근원은 갓난아기의 미각에서 찾을 수 있다. 그 때는 전신의 다른 모든 감각 속에 미각이 스며들어 있는 것처럼 보인다. 엄마 젖이 입술과 혀를 지나갈 때 발가락까지 꼼지락거리는 것을 보면 신체 전체가 맛보는 행위에 동참하고 있다는 인상을 받는다. 맛보는 행위가 두 번째 단계로 발전한 것이 모방이다. 모방을 통해 아이는 주변 세상을 자신의 일부로 받아들이면서 세상을 '맛본다.' 얼마 안 가 사람들이 하는 행동을 '마시는' 데 그치지 않고, 동물 소리, 바람 따라 살랑거리는 나무, 화물차나 비행기, 수도꼭지를 지나 욕조 속으로 콸콸 쏟아지는 물 등 주변의 사물까지 모방한다. 세 번째 단계에서 아이는 이런 모방 행위에 상상을 통한 자신만의 것을 추가한다. 이때부터 놀이가 중요한 의미를 갖는다. 아이는 실험을 한다. 엄마가 큰 양푼에서 감자를 집어 식구들 접시에 덜어 주는 모습을 본 아이를 어느 날 잠시 혼자 내버려두면 어떤 일이 벌어질까? 텅 빈 석탄 바구니 옆에서 손이며 얼굴, 입술까지 온통 새카매진 아이가 행복한 얼굴로 석탄에 둘러싸여 앉아 있을 수도 있다. 요즘 세상에 웬 석탄 이야기인가 싶으면 (사실 필자의 아들이 했던 짓이다) 감자튀김이나 가방 속 잡동사니, 물감 통 등 취향에 맞게 바꾸면 된다. 아이들이 좀 더 크면 석탄(또는 손에 쥘 수 있는 모든 물건)으로 탑을 쌓고 싶어 한다. 탑이 와르르 무너지면 처음엔 깜짝 놀라지만 곧 쌓고 무너지는 과정을 재미있어하며 반복할 것이다.

혼자 혹은 부모나 형제자매와 노는 일은 아이에게 그저 즐거운 행위만은 아니다. 놀이는 아이들에게 부모들의 직장에 버금갈 정도로 진지한 '일'이다. 놀이를 스포츠를 비롯한 각종 경기의 '사전 단계'로 여기며 유치하고 덜 중요한 것으로 무시하는 것은 큰 오산이다. 이에 못지않게 해로운 또 다른 오류도 있다. 첨단 기술을 빨리 숙달할수록 학교에 쉽게 적응하고 어른이 되었을 때 유리할 거라 기대하며 성인용 과학기술을 어린이용으로 만들어 안겨주는 것이다. 현대 가정에는 갖가지 첨단 장비가 가득하고 아이들은 쉽게 사용법을 터득한다. 그 자체는 별로 문제가 되지 않는다. 버튼을 누르면 어떤 물리적 결과가 일어나는지를 눈으로 보고 이해할 수 있기 때문이다. 문이 열리고, 세탁기에서 빨래가 빙빙 돌고, 전구에 불이 켜진다. 그러나 4, 5세 아이들에게(심지어 두 살짜리 아기에게까지!) 아동용 컴퓨터를 안겨주는 건 어리석음의 극치다. 그렇게 어린 아이들은 눈이 아프도록 맹렬히 깜빡거리는 형체의 의미를 이해할 힘이 아직 없기 때문이다. 물론 아이들은 움직이는 것은 뭐든 넋을 잃고 빠져든다. TV가 꽤 유능한 보모 노릇을 할 수 있는 건 바로 이 때문이다. 그러나 TV 같은 전자기기는 아이들의 성장하는 생명력을 왜곡하고 파괴한다. 반면 진정한 놀이는 생명력을 풍성하고 건강하게 북돋는다.[1] 아이들과 함께 하는 최고의 놀이는 주변 사물이나 사건에 아이나 부모가 상상을 더해 즉석에서 만들어낸 것들이다. 세상이 인간의 감각을 통해 펼쳐 보이는 모든 것 속에는 창조적 가능성이 숨어있기 때문이다. 정해진 한 가지 방식으로만 놀도록 만든 '장난감'은 창조적 상상력을 자극하기보다 가로막는 방해물이 되기 쉽다.

몸으로 직접 모방할 수 없는 실생활의 많은 상황에서도 아이들은 내적으로 그 행위들을 모방하며 동참한다. 이것이 맛보기의 네 번째 단계다. 이 단계에 접어든 아이들은 이야기에 귀를 기울이면서 내적으로 그 행위를 따라한다. 아는 이야기가 없어서 들려주기 힘들다고 하소연하는 부모도 많다. 하지만 이야기 들려주기에는 큰 준비가 필요하지 않다. 연령에 따라 어떤 이야기가 적합한지에 관한 조언은 쉽게 찾을 수 있으며, 조금만 시간을 할애해 이야기를 미리 읽어두기만 하면 된다. 이야기를 읽어주기보다 외워서 들려주면 아이와 직접 소통할 수 있다. 읽어주는 것과 들려주는 것은 천양지차로 다르며, 후자가 훨씬 즐겁고 여러모로 장점이 많다. 어떤 부모라도 (물론 교사도) 한번만 시도해보면 그 효과를 느낄 수 있을 것이다. 재미있게 이야기하는 재주가 없다고 생각하는 사람이라도 아이들은 그 노력을 높이 평가할 것이고, 매일 다른 책을 읽어주는 것보다 오히려 같은 이야기 하나를 매일 들려달라고 할 것이다. 아이는 상상 속에서 이야기 속 사건에 자신이 등장한다고 느낀다. 왕이나 여왕이었다가 다음 순간엔 늑대나 땅 속 난쟁이로 변하면서 그 행위들을 내적으로 모방한다. 어떤 역할을 맡을지, 어떤 식으로 할지도 자유롭게 선택한다. 영화를 볼 때는 이렇게 하지 못한다. 지나치게 구체적이라 '소화하기' 어려운 이미지들로 인해 상상력이 비집고 들어갈 틈이 없기 때문이다. 반면 창조적인 이야기꾼들은 반드시 듣는 이의 상상력이 활동할 여지를 충분히 남긴다. 자유로운 인간 정신이 탄생하기 위해서는 이런 경험이 꼭 필요하다. 특히 어린 아이들에게는 같은 이야기를 며칠 동안 반복해서 들려주는 것이 좋다. 이야기를 듣고 난 다음에 아이들은 넘치는 환상을 가지고 직접 행위로 옮길 것이다. 기계나 전자제품이 아닌 인간의 내면과 외부에서 이루어지는 활동이야말로 아이들의 창조성에 가장 영양가 있는 음식이다.

산술 수업(특히 초등학교 1학년)

산술을 언제부터 배워야 할까? 사실 이건 좋은 질문이 아니다. 아이들은 보통 2, 3세(또는 3, 4세)부터 다른 사람이 수를 세는 것을 관찰하고 모방하면서 수 세기를 시작한다. 만약 아이 안에 있는 무언가(심장과 허파에 존재하는 수학의 정령)가 감각 자극으로 들어오는 것을 수용하도록 도와주지 않았다면 아이는 수 세기를 할 수 없었을 것이다. 형이나 누나(부모보다 훨씬 건강한 교사인 경우가 많다)가 동생에게 손가락으로 수 세는 것을 보여주며 따라하게 가르치기도 한다. 아이가 얼마나 다양한 일에 흥미를 보이는가를 생각해보면 수 세기를 하거나 수를 이용해서 물건을 분배하는 일에서 관심을 멀게 하려는 노력은 헛수고에 지나지 않는다. 산술이 아이들 건강을 상하게 하는 경우는 그것이 부담스럽고 무거운 짐으로 여겨질 때 뿐이다.

출생부터 6, 7세 사이 아이에게 과연 어떤 일이 일어나는가? 태어날 때 아이는 신체의 원형이자 삶의 본보기인 부모에게 신체를 물려받아 7세 무렵까지 그 안에서, 그것을 가지고 작업을 하면서 남은 생애 동안 사용할 신체 발달의 토대를 만든다. 일반적으로 건강한 아이들이 이 무렵부터 시작하는 이갈이는 그 토대가 완성되었다는 신호다. 부모에게서 물려받은 이가 자기 고유의 것으로 바뀐다. 물론 '신체 형성 작업'은 완전히 무의식 차원에서 이루어진다. 아이의 내적인 존재가 인간보다 훨씬 높고 훌륭한 중재자들의 도움을 받아, 비가시적이며 정신적인 힘을 신체 장기와 구조 속으로 가지고 들어온다. 한 단계가 완성되면 그것을 위해 사용되었던 힘은 풀려나서 다음 단계를 위해 쓰인다. 대략 7세부터 14세 사이에는 살아있는 생명의 리듬이 형성되고 기억과 습관이 자란다. 기초 학습인 읽기, 쓰기, 셈하기는 이 시기 발달 과제 중 하나다. 숙지할 것은 두 번째 단계에서 발달해야 할 것을 그보다 어린 나이에 강요하면(강한 권유 또는 부모가 자신의 지적 발달 상태에 대한 만족을 공공연하게 표현하는 것 역시 일종의 강요에 해당한다), 신체 발달을 위해 쓰여야 할 힘의 일부가 아직 덜 여문 상태에서 전환되어 새로운 과제를 수행하게 되면 신체 기관에 미묘한 결함이 생긴다. 그 여파는 40세 이후에나 드러날 것이다.

7세 무렵 대부분의 아이는 산술을 배울 수 있는 준비와 열의를 갖춘다. 새로운 배움의 단계로 접어들어야 할 때가 되었음을 본능적으로 인식한다. 여전히 살아있는 모방의 힘은 이제 아이 고유의 에테르체가 탄생했기 때문에 그에 발맞추어 새로운 방향으로 변형되고 흐름이 바뀌어야 한다. 정신과학에서 말하는 '에테르체'의 정확한 의미를 알고 싶다면 슈타이너의 주요 저서들을 참고하기 바란다.[2] 이 시기 아이들은 교사들(부모와 보호자도 당연히 포함된다)의 단호하지만 사랑 가득한 권위를 믿고 따른다. 많은 엄마, 아빠가 쓰라린 경험을 통해 터득하는 바와 같이, 가정에 부부가 서로 합의한 일관성 있는 권위가 존재하는 것은 대단히 중요하다. 학교 교육에서도 학교와 교사회라는 공동 권위 외에, 한 명의 교사가 교육에 관한 권위의 중심에 서서 2, 3학년까지 전체 과목의 $\frac{2}{3}$ 가량을 가르치는 것이 아이들에게 이상적이다. 이렇게 한 사람에게 모든 권위를 일임하는 것이 과연 안전한지 의문을 품는 부모도 있을 것이다. 이토록 책임이 막중한 자리에 임명된 특정 교사가 소중하기 짝이 없는 내 아이를 맡기에 정말 적합한 사람인지에 대해서도 질문한다. 그 교사가 앞으로 자그마치 8년 동안 자신의 아이에게 핵심적인 권위를 가진 인물이 될 것이란 사실을 알게 되면 발도르프학교 입학을 고려하는 부모들은 더욱 긴장하곤 한다. 이런 문제 제기에 많이 시달린 교사라면 부모도 완벽할 순 없으니 정기적으로 바꿔줘야 하는 것 아니냐며 조그맣게 투덜거릴 지도 모른다. 두말할 필요도 없이 이런 형태의 발도르프 교육은 아이의 성장 단계, 어려움, 필요로 하는 바에 대해 부모와 교사가 학교와 가정에서 자주 대화를 해야 좋은 결과를 낳을 수 있다. 부모-교사 면담의 질과 내용은 전체 교사회가 일주일에 한두 번씩 아이를 관찰하고 제안을 나누는 시간과 더불어 그 학교가 얼마나 좋은 학교인지 가늠할 수 있는 가장 중요한 잣대다.

1학년 교사는 반 아이들 중 많은 수가 이미 능숙하게 수를 세고 심지어 간단한 계산까지 할 수 있다는 걸 알아도 아무 것도 모르는 아이를 대하듯 수업하는 것이 좋다. 사실 아이들은 이미 아는 내용이 수업 주제로 나오는 것을 좋아한다. 이럴 때 아이들의 자신감은 크게 성장한다. 다음과 같은 이야기로 수학 수업을 시작해 본다. (약간 쌀쌀한 9월이라고 하자) "선생님이 학교 오는 길에 나무 막대기 하나를 주웠어요.(진짜로 한 일을 말해야 한다) 오늘 저녁 집에 가서 이걸로 불을 피우려고 해요. 그런데 막대기가 좀 길어서 이 한 개의 나무를 여러 조각으로 부러뜨려야겠어요. 그전에 여러분이 선생님에게 세상에 이처럼 하나인 것들이 또 뭐가 있는지 말해줄 수 있나요? 자, 선생님이 칠판에 하나(I)라고 쓸게요." 조심스럽게 '하나(I)'라고 쓰는 동안 아이들은 기억 창고와 상상의 세계를 더듬는다. 곧 다양한 대답이 쏟아진다. "태양!", "지구!" 부모가 공상과학영화를 보여준 아이들은 "그렇지 않아, 지구나 태양은 수없이 많아!"라고 핀잔을 주기도 한다. 교사는 직접 가보았거나 실제로 보거나 만진 것만 답이 될 수 있다고 말해준다. 다른 답들이 나온다. "엄마는 하나 밖에 없어요!", "담임선생님도 하나에요!", "문도 하나!(교실로 들어오는)" 등등. 때로 "한 분의 하느님!" 같은 답이 나오기도 한다. "세계는 하나!" 같은 답이 나오면 이야기를 마무리하고, 앞서의 막대기를 두 개(길이가 달라도 된다)로 부러뜨린다. "자, 선생님이 칠판에 둘(Ⅱ)이라는 수를 썼어요. 세상에 두 개로 된 것이 뭐가 있을까요?" 어디서 "눈 두 개요!"라는 대답이 나오면 봇물처럼 쏟아지는 대답 때문에 교사는 한 번에 한 명씩만 말하게 하느라 애를 먹을 것이다. 한 번은 어떤 아이가 "두 개의 빛!"이라고 해서 무슨 뜻인지 물어보니, 태양과 달을 각각 낮과 밤을 비추는 빛이라고 설명한 경우도 있었다. 막대기를 한 번 더 부러뜨리면 모두 세 조각이 된다. 아이들은 셋인 것도 금방 찾아낸다. "우리 집 고양이가 새끼를 세 마리 낳았어요!", "교실에 큰 창문이 세 개 있어요!", 한 여자아이는 "접시 옆에 있는 거 셋이요!"라고 답했다. 물론 나이프, 포크, 숟가락을 말한 것이다.

새로운 숫자가 나올 때마다 칠판에 적는다. 아라비아숫자보다 로마숫자가 좋다. 형태가 아이들의 수 세기와 계산에 큰 도움을 주는 손가락 및 손의 모양과 일치하기 때문이다. 로마숫자 Ⅴ(5)는 엄지손가락은 벌리고 네 손가락을 붙여 뻗은 모양이다. 꼭지를 위로 가게 놓은 사과를 가로로 얇게 썬 다음 그 조각을 창문에 비춰보는 것도 좋은 방법이다. 모든 사과 속에는 숫자 5가 살고 있다! 마찬가지로 수선화 속에는 숫자 6이 산다. 숫자 10 차례가 되면 아이들은 즉각 "손가락 10개!"와 "발가락 10개!"를 외칠 것이다. 로마숫자 X(10)은 두 손이나 두 발을 엇갈리게 놓은 그림이다. 후대에 등장한 IV와 IX 보다 원래 기호인 IIII나 VIIII가 더 낫다. IV와 IX에는 눈에 보이는 것을 넘어서는 사고 과정이 들어있다.

10개의 숫자 상징을 모두 소개하고 난 뒤 (한 시간 수업의 전반부면 충분할 것이다) 수의 기수적 성격을 보여준다. 8개의 귤이나 전등을 셀 때 어디서부터 세든 결과가 같기 때문에 순서는 중요하지 않다. 아이들은 정말 그런지 확인하려고 저마다 다른 방식으로 세어볼 것이다. 8개의 귤을 세는 데 모두 40320개의 방법이 있기 때문에 아이들마다 전부 다른 방식으로 해볼 수 있다. 이쯤에서 수업의 주도권은 교사에서 아이로 넘어가야 한다. 수학 공책에 여러 색의 크레용을 이용해서 10개의 수를 나타내는 그림을 그리게 한다. 다리가 네 개인 개를 그릴 수도 있고, 일곱 색깔 무지개를 그릴 수도 있다. 9대의 비행기를 다양한 대형으로 그리는 아이(대개 남자아이)도 당연히 한 명쯤 나올 것이고, 반죽 한 덩어리에서 파이 아홉 개를 만드는 그림을 그리는 아이(대개 여자아이)도 있을 것이다. 각각의 그림마다 해당 로마숫자를 쓰게 한다. 교사에 따라서는 재빨리 '다리', '파이'같은 단어를 빈 종이에 써서 아이들이 자신의 공책에 필요한 단어를 보고 쓰게 할 수도 있다. 다른 아이보다 빨리 깔끔하고 예쁘게 공책 정리를 끝낸 아이들에게는 세 가지나 네 가지 색깔의 말을 한 줄로 나란히 세울 수 있는 방법이 몇 가지나 있는지 그려보라고 한다.

다음 날에는 XX(20)까지 간다. 이번에는 수의 기수적 특성에 이어 서수적 특성을 소개한다. 교실이나 운동장, 들판에 둥글게 서서 1~10 또는 20까지 큰 소리로 수를 세면서 원을 따라 걷고 발걸음마다 박수를 친다. 다음 날이나 며칠 후에는 뒤로 걸으면서 수를 거꾸로 센다. 이런 활동은 하나하나 언급할 수 없을 정도로 다양하게 변형할 수 있다. 공이나 콩 주머니를 주고받으면서 숫자를 말하거나, 긴 줄넘기를 하며 앉았다 설 때마다 수를 셀 수도 있다. 방법은 무궁무진하다. 빠뜨려서는 안 되는 중요한 연습 중 하나는 오른손으로 왼손의 손가락(Ⅰ부터 Ⅴ까지)을 하나씩 짚으며 세다가 이어서 왼손으로 오른손의 손가락을 세고(Ⅵ부터 Ⅹ까지), 다시 처음으로 돌아가 XX까지 세는 것이다.

이와 함께 〈하나, 둘, 신발 끈을 둘둘One, two, buckle my shoe〉이나 〈하나를 부르지Green grow the rushes, O!〉와 같이 수와 관련된 노래를 부르고 운율 있는 시를 낭송한다. 이 모든 리듬 활동은 하루에 5분에서 10

분이면 충분하므로 한 달 남짓한 수학 수업이 끝나고도 (주요수업이 수학에서 쓰기로, 나중엔 읽기로 바뀐 다음에도) 계속할 수 있다.

모두 자리에 앉고 10명을 앞으로 불러낸다. 처음엔 7명만 손을 잡고 둥글게 서고, 나머지 3명은 원 밖에 선다. 이들이 들어오면 원의 크기를 늘리면서 10명이 함께 손을 잡고 X=VII+III을 경험한다. 여기서부터 셀 수 없이 많은 형태의 연습을 만들어낼 수 있다. '등호'는 어떻게 도입하면 좋을까? 기다란 통나무의 중간에 다른 통나무를 받치고 시소놀이를 하는 방법도 있을 것이다. 아이들은 모멘트 법칙이라고 부르는 어려운 물리학 개념 따위는 몰라도 서로서로 적당히 위치를 바꾸며 균형을 잡을 것이다. 그 통나무 그림을 단순화하면 '등호'가 된다.

빼기 기호는 앞으로 내민 팔 그림을 단순화하면 된다. 앞으로 뻗은 팔은 다른 사람에게 뭔가 주는 행위를 상징한다. 이런 계산은 '빼기(빼앗기)'가 아니라 '주기'라고 할 수 있을 것이다. 오늘날 세상에 존재하는 악의 대표적인 형태는 사람들이 주기보다 빼앗으려 하는 것이다.

나누기 기호는 한 손은 샌드위치 접시를 받치고 다른 손은 접시 위에서 배고픈 사람들에게 빵을 집어주는 그림에서 찾을 수 있다.

곱하기 기호는 농부가 옥수수 씨앗을 뿌리면서 팔과 다리를 쭉 뻗은 그림에서 찾는다. 기계화 시대 이전에 존재했던 멋지고 율동적인 씨 뿌리기를 떠올리면서 아이들과 그 모습을 따라해 보자. 잘 익은 옥수수를 거두면 스무 배, 백배가 되는 것을 상상하면 곱하기의 특질을 느낄 수 있다.

이런 식으로 생각하다보면 산술을 어떻게 가르치느냐에 따라 도덕적 영향력의 폭이 크게 달라진다는 말을 이해할 수 있다.

산술의 첫 단계에서는 아이들이 모든 계산 과정을 눈으로 보고 경험할 수 있도록 시연한다. 하루는 자기 몸을 하나의 단위로 무리 지어 모이는 활동을 하고, 다음 날은 교사가 귤 한 바구니를 가지고 와서 학생 한 명에게 몇 개인지 세어보게 한다. 그러곤 바구니의 귤을 모두 꺼내 세 모둠으로 쌓으라고 한다. 다른 아이들도 나와서 세어보게 하여, 예를 들어 XII=III+V+IIII가 맞는지 확인하게 한다. XII가 I+XI이 될 수도, I+II+III+III+II+I도 될 수 있음을 보여준다. 이제 반 전체를 일곱 모둠이나 여덟 모둠으로 나눈다. 모둠별로 책상을 모아 앉은 다음 호두나 예쁜 조약돌(산딸기나 애벌레 같은 건 당연히 안 된다)을 한 바구니씩 나누어준다. 그런 다음엔 아이들끼리 알아서 놀게 하라. 여러 방법으로 재배열 해볼 수도 있고, 시장 놀이 같이 산술적 상상력을 자극하는 놀이를 할 수도 있다. 수업 후반부에는 각자 수학 공책에 왕실의 보석 세공사가 상자에서 보석을 꺼내 서너 명의 왕자와 공주들에게 나이에 따라 나누어준다는 이야기를 여러 색의 크레용을 이용해 그림으로 그린다. 그림 아래에는 항상 전체 합과 더하기를 식으로 써 넣는다.

산술의 두 번째 단계는 상상의 단계라고 부를 수 있다. 여기서는 눈으로 볼 수 없는 숫자가 하나 이상 등장한다. 교사가 즉석에서 지어낸 이야기(기본 얼개는 전날 저녁 미리 생각해 둔다)를 들려주며 전보다 아이들의 집중을 더 많이 요구하는 두 번째 단계를 시작한다. "엄마 다람쥐가 아기 다람쥐 세 마리에게 주려고 나무 열매를 모았어요. 한 나무에서 다섯 개, 다른 나무에서 일곱 개를 모았다면, 엄마 다람쥐가 가진 나무 열매는 모두 몇 개인가요? 이제 아기 다람쥐들에게 똑같이 나누어 줍니다. 아기들은 각각 몇 개씩 받게 될까요?" 5분에서 10분 동안 이런 식으로 연이어 문제를 낸다. 처음 도입하는 며칠 동안은 이야기 중간에 계산할 시간을 충분히 주면서 천천히 진행하지만 얼마 안 가 질문마다 바로 대답하게 한다. 답을 찾으려면 손가락을 순서대로 꼽아야 한다고 일러준다. 불필요한 장식은 생략한다. 경치는 어떤지, 숲이 어떻게 생겼는지, 그날 아침 엄마 다람쥐가 무엇 때문에 잠에서 깼는지, 둥지나 나무 구멍이 어떻게 생겼는지, 아기 다람쥐들이 착하고 마음이 따뜻했다든지 같이 아이들의 상상을 자극하는 구체적인 묘사는 '이야기 시간'에는 더할 나위 없이 훌륭한 요소지만 숫자를 다루는 수업에는 적절하지 않다. 아이들을 숫자의 영역에서 정신을 차리고 깨어있게 하기 보다는 몽롱한 꿈속으로 빠져들게 만들기 때문이다.

아이들에게 어떤 과목이나 과목 내 소주제를 도입할 때는 상을 이용하는 것이 효과적이지만, 주제를 전개할 때도 과목의 특성에 상관없이 똑같은 방식으로 진행하는 것은 위험하다. 읽기, 쓰기나 역사, 예술 수업에서는 항상 상(그림) 요소가 있어야 한다. 그러나 수학은 이 점에서 전혀 성격이 다르다. 인간의 느낌과 사고의 상은 문학과 역사를 더욱 풍성하게 가꾸지만, 수학은 본질적으로 의지의 학문이다. 여기서는 의지를 사고 속으로 끌어들여야 한다. 수학에서도 주제를 도입할 때는 상 요소가 필요하지만(상은 강요하지 않기 때문에 성장하는 인간을 속박하지 않는다는 점에서), 수학 주제를 전개할 때는 음악 요소가 전면에 나서야 한다. 루돌프 슈타이너의 표현을 빌자면 문학과 역사는 '상상'에, 수학은 '영감'에 의존한다. 수학적 진보는 상 요소에서 자유로워지고 그것을 극복해서, 감각에 영향을 받지 않는 순수한 개념 속에 얼마나 머물 수 있는지에 달려있다. 바로 이 때문에 수학 주제를 도입할 때 사용하는 상은 언제나 실용적이면서 정확해야 한다. 요정과 땅 속 난쟁이[3]를 1학년 산술 수업에 자주 등장시키는 교사는 이런 위험을 인지하고 있어야 한다. 다음의 예처럼 상황을 설정하는 것은 요정과 같은 존재의 본질에 어긋난다.

"옛날에 한 땅 속 난쟁이가 예쁜 보석 8개를 바구니에 모아 담았어요. 바위 속으로 길게 뻗은 금광을 신 나게 달려 밖으로 나와 보니 바구니 속에 보석이 5개 밖에 없었어요. 난쟁이는 동굴에서 보석을 몇 개나 떨어뜨렸을까요?"

이는 그릇된 상이다. 요정이나 난쟁이는 본질적으로 배워서 아는 존재가 아니라 사물을 직관적으로 통찰하기 때문이다. 그들은 우리 불쌍한 인간처럼 문제를 풀며 생각할 필요가 없으며, 감각 지각과 사고가 분리되어 있지 않다. 난쟁이들은 시간을 초월한 '일원성의 상태' 속에 깨어있다.

이제 상상의 단계를 좀 더 발전시킨다. 지금까지는 반 전체가 질문을 들으면서 함께 말로 답을 했지만, 이제는 조용히 각자의 공책에 답을 적는다. 한 아이를 지목해서 질문을 했을 때, 다른 아이들이 모두 입을 다물고 있었는데도 질문 받은 아이가 스스로 의식적으로 문제를 풀지 않고 그냥 정답을 말할 때가 있다. 다른 아이들 대부분이 질문의 답을 알고 있을 때 그들의 존재 자체가 아이에게 도움을 준 것이다. 일종의 잠재의식적 집단 사고다. 하지만 조용히 자기 공책에 답을 적을 때는 이런 도움을 받을 수 없다.

1장에 나왔던 생일잔치에 쓸 초의 개수 문제도 이 단계에 속하며, 여기서는 공책에 쓰면서 푸는 형태(지필형)로 변형시킨다. 어떤 상황인지 설명을 듣고 난 다음, 칠판에 있는 아래의 그림을 자기 공책에 옮겨 그린다. (칠판에는 이렇게 볼품없는 직사각형 선이 아니라 흰 분필의 두꺼운 면으로 네 개의 기둥을 칠한다)

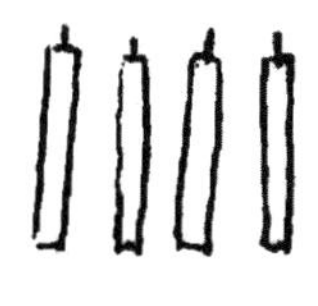

Ⅶ = +

초의 개수를 세어 빈 칸에 IIII를 적은 다음, 나머지 빈 칸에 답을 적는다. 빼기도 이렇게 할 수 있다.

Ⅵ = − ?

이 그림은 생일을 맞은 아이가 오렌지 주스 담을 유리컵을 꺼내놓은 것이라고 설명한다. 그런데 생일 파티에 올 수 있는 친구가 6명밖에 없어서 유리컵 몇 개를 다시 찬장에 집어넣어야 한다.

곱하기, 나누기 문제 역시 비슷한 방식으로 만든다. 구술식 문제를 낼 때와 마찬가지로 사칙연산을 한꺼번에 경험하게 하는 것이 좋다. 실생활에서도 그러하기 때문이다. 이번 주는 덧셈만 하고 다음 주는 곱셈만 하는 식으로 수업을 하면, 아이는 수학을 실제 삶의 문제와 동떨어진 것 또는 이질적인 것이라고 느끼게 된다. 물론 때에 따라서는 특정한 능력을 키우기 위해 사칙연산 중 한 가지 과정에만 집중해야 하는 경우도 있다.

1학년에서 사칙연산을 도입할 때 교사가 아이들의 기질을 의식하고 있으면 더욱 깊이 있고 살아있는 반응을 이끌어 낼 수 있다. 4가지 기질[4]은 서문에서 설명했던 피타고라스 4원소의 또 다른 형태다. 다른 경우와 마찬가지로 두 쌍의 양극적 특질이 등장한다. 이번에는 '영원한/변화무쌍한, 차가운/따뜻한, 정지된/움직이는, 유한한/무한한'이 아니라, 첫 번째는 내향성 대 외향성(다른 양극성처럼 이들도 본질적으로 서로 유사하다)이며, 두 번째는 '눈에 보이는/보이지 않는, 축축한/마른'이 아니라 (이들 또한 질적으로 유사하다) 만족 대 불만족이다. 이제 4가지 기질을 쉽게 이해할 수 있는 도표를 그려보자.

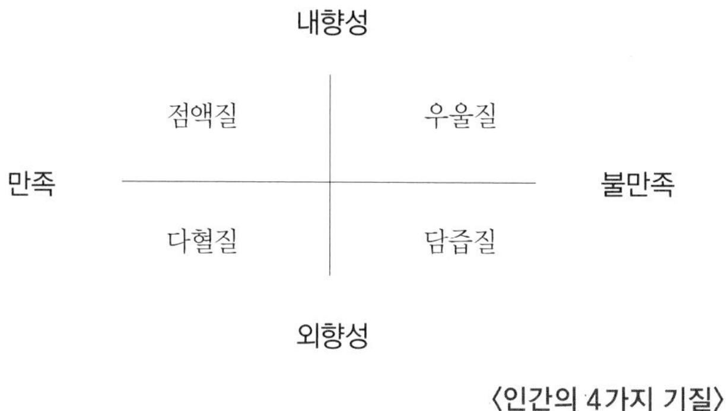

〈인간의 4가지 기질〉

기질과 〈인간의 4중적 원리〉, 〈산술의 사칙연산〉 사이에는 분명한 대응관계가 있다.

물질육체	자아
에테르체	아스트랄체

〈인간의 4중적 원리〉

+	÷
−	×

〈산술의 사칙연산〉

두 도표의 사방에 양극적 특질을 써넣는 것은 독자의 몫으로 남겨 놓겠다. 상상력을 발휘해볼 좋은 과제가 될 것이다. 인접 영역끼리 어떤 공통점을 가지고 있는지를 살펴보고, 위아래와 양옆이 다른 4원소표(31, 32쪽)의 양극적 특질과 본질적으로 상통하는 것을 적으면 된다.

이와 같은 상호 관계성을 생각하면서 앞서의 덧셈 문제를 살펴보자. 이런 유형의 문제는 특히 점액질 아이들이 흥미를 보인다. 이들은 마침 종이 울려서 교사가 들려주던 이야기를 다 마치지 못할 때 누구보다 크게 실망한다. 점액질 아이들은 전체성(온전함)을 사랑하기 때문이다. 따라서 1장(48쪽)에 나오는 마가렛의 생일파티 이야기를 들려줄 때, 초의 개수를 아는 사람은 손을 들라고 하면서 되도록 점액질 아이를 지목해 답을 말하게 하는 것이 좋다.

2장(68쪽)에서 나온 오렌지 주스를 따를 유리컵 문제는 우울질 아이가 답하게 하는 것이 좋다. 우울질 아이들은 세부 사항을 파악하는 눈이 예리하며, 모든 불필요한 것의 수를 줄이고 싶어 한다. 이들은 공책 정리 할 때 글씨를 너무 작게 쓰지 않는지 주의해서 지켜보아야 한다. 우울질 아이들은 조금이라도 당황스러운 상황에 처하면 바닥에 구멍이라도 뚫어 그 속으로 숨어 들어가고 싶어 한다. 좀 지나치리만큼 '자기를 의식'한다.

다혈질 아이들은 새롭고 다양한 것을 좋아한다. 이들을 수업에 집중하게 하려면 창가 자리에 앉히지 않는 것이 좋다. 우표 수집책 책장을 넘기는 상을 이용한 곱셈 문제는 다혈질 아이들을 자극한다.

마지막으로 담즙질 아이들은 실질적인 과제의 책임을 맡는 것을 좋아한다. 부담되고 책임이 무거운 일일수록 좋고, 특히 다른 아이들에게 일을 시킬 수 있는 자리를 좋아한다. 의자 재배열하는 문제와 나누기 문제는 담즙질 아이가 좋아하는 종류의 계산이다.

물론 모든 아이가 네 종류 계산을 다 해야 한다. 먼저 대답할 기회를 주는 것은 그저 과정상의 문제일 뿐이다. 이런 과정이 원활히 진행될 때 교사는 오케스트라를 지휘하고 있다는 느낌을 받을 것이다. 먼저 드럼이 부드럽게 둥둥 울리다가(점액질), 바이올린이 주제 선율을 가져온다(우울질). 그 뒤를 관악기(다혈질)가 이어받고, 마지막으로 금관악기(담즙질)가 웅장한 절정으로 이끌고 간다. 여기서 제시한 '기질에 따른 대응 원칙'은 오직 7~14세 시기에만 적용됨을 분명히 말해둔다. 사춘기 이후에 이 관계는 전혀 다른 양상으로 변화한다.

'상상' 유형의 사칙연산에서 계산식의 세 부분을 적힌 순서대로 보면 세 가지 영혼 활동이 모두 존재함을 알 수 있다. 생일 초 문제를 예로 들어보자.

사고		느낌		의지
7	=	4	+	3

처음에는 감각으로 지각할 수 있는 4개의 초에 주목한다. 우리의 감각 지각은 항상 느낌의 요소를 포함한다. 느낌이 없다면 감각으로 지각한 것을 결코 기억할 수 없을 것이다. 4는 이 수식에서 미리 주어진 값이다.

7은 이 행위의 결과이자 목적 또는 목표를 가리키며, 따라서 이는 사고에서 탄생한 요소다. 3은 실제 행위, 즉, 목표를 이루기 위해 해야 하는 일과 관계되므로 의지 요소에 해당한다.

이런 식으로 생각하다보면 살면서 의도를 가지고 의식적으로 행하는 모든 행위마다 동일한 과정을 거친다는 사실을 깨닫게 된다. 예를 들어 새로운 직책을 맡아 새로운 사람들과 어울리게 되었다고 하자. 제일 먼저 그들이 어떤 사람들인지와 그들이 일하는 방식을 지각하고 파악하려 하며, 새로운 환경에서 자기가 할 일의 성격을 이해하려 할 것이다. 즉, 우리는 물질적, 인간적 상황 전체를 '느낌으로 더듬어 파악'한다. 조금 시간이 흐른 뒤에 일을 조금 다르게 조직하면 모두에게 훨씬 더 효율적이고 만족스럽게 개선할 수 있겠다는 생각이 떠올랐다고 하자. 이제 우리에게는 목표가 생겼다. 그 목적을 달성하기 위해서는 모든 전략 전술과 함께 우리의 의지가 요구된다.

사고		느낌으로		의지로
속에서 잉태된	=	지각하는	×	구현하는
목표		주어진 상황		필요한 변화

(× 대신 +, −, ÷ 나 그밖에 다른 적절한 기호를 넣어도 된다) 세 번째 부분은 눈에 보이지 않는다. 의지 생활은 결코 과거 경험에서 온 선물이 아니다. 의지는 미래에 속한 것이며, 그에 대해 분명한 신뢰를 가져야 한다. 다음 장에서 또 다른 예제를 소개할 것이다.

마지막 단계는 세 번째 유형의 계산과 관계되며, 주로 교과서에서 인쇄된 형태로 만나는 문제들이 여기에 속한다. 여기서는 그저 아래와 같은 식의 완성을 요구한다.

7+6=
17−9=
6×3=
12−2=

이런 유형의 문제는 기억력과 신속 정확하게 계산하는 능력을 발달시키고, 2년 후에 배울 긴 곱셈식 문제를 준비하는 첫 단계로서 중요한 역할을 한다. 산술에서 두 번째(상상) 단계가 느낌에 기반을 두고 있고, 첫 번째(시연) 단계가 행위, 즉 의지에 기반을 두고 있는 반면, 계산 단계라고 부를 수 있는 세 번째 단계는 이미 사고에 바탕을 두고 있다.

1학년 1학기 중반이면 이미 로마숫자 대신 흔히 쓰는 아라비아숫자로 전환한 상태다. 아라비아숫자는 유럽에 전파되는 과정에서 형태가 많이 변형되었지만 여전히 아름답다. 자음의 대문자는 그림 형상(표의문자)에서 유래했다. 따라서 아이들에게 쓰기와 읽기를 가르칠 때 백조Swan 그림에서 S를, 왕King이 한 발을 앞으로 내밀고 명령하듯 팔을 쭉 뻗은 그림에서 K를 가르치는 식으로 그림에서 글자를 찾아내는 방식이 적절하고도 타당하다. 그러나 오늘날 산술에서 사용하는 숫자를 가르칠 때는 이런 방식이 유효하지 않다. 아라비아에서 본래 사용하던 기호를 유럽에 전파할 때 이교도적인 요소를 제거하기 위해 기독교 성직자들이 변형시켰기 때문이다. 본래 행성을 상징하던 기호들은 이처럼 수난을 겪으면서 아래와 같은 형태로 바뀌게 되었다.

1 2 3 4 5 6 7 8 9 0

윗줄에서 태양(6)은 위쪽에 시계 방향 광채를 가지고 있으며, 태양보다 작은 달(9)은 아래쪽에 시계 반대 방향 광채를 가지고 있다. 아랍인들의 위대한 발견이자 현대 문명에 크나큰 기여를 한 0은 지구에 상응한다. 지구의 관점에서는 우주 모든 것이 지구 주위를 도는 것으로 보인다. "하나는 하나, 유일무이한 것, 영원토록 그러하리."라는 노랫말처럼 하나(1)는 신의 속성이며, 둘(2)은 신을 움직이는 원동력이다. 나머지 7개의 숫자와 행성의 상응 관계는 코넬리우스 아그리파Cornelius Agrippa[5]의 저서를 참고하기 바란다. 코넬리우스는 3차 마방진, 4차 마방진을 각각 토성 마방진, 목성 마방진처럼 행성의 이름으로 불렀다. 마방진이란 가로, 세로, 또는 대각선으로 나란히 놓인 수를 모두 더하면 항상 같은 수가 되는 정사각형 모양을 말한다.

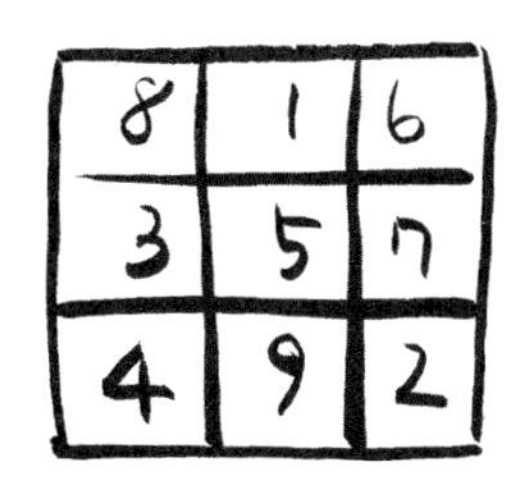

1	15	14	4
12	6	7	9
8	10	11	5
13	3	2	16

첫 번째 3차 마방진의 합은 15, 두 번째 4차 마방진의 합은 34이며, n차 마방진의 합은 $\frac{1}{2}n(n^2+1)$이다. 마방진 제작은 저학년부터 고학년까지 모든 아이들에게 아주 좋은 연습이다. 9, 10세 아이들은 순수한 숫자 연습으로, 13세 아이들은 대수 연습, 18세 아이들은 수 이론의 하나로 경험할 수 있다.

행성과 숫자의 상응관계로 돌아가 보자. 물론 저학년 수업에서 소개할 내용은 아니다. 현대 사회에서 아이들은 온통 숫자로 둘러싸여 있기 때문에 로마숫자에서 아라비아숫자로 넘어갈 때 전혀 어려움을 느끼지 않을 것이다. 교사에 따라서는 1에는 한 획, 2에는 두 획, 3에는 세 획이 들어 있음을 보여주기도 한다. 하지만 숫자의 진짜 의미는 상급학년에 올라가서야 만나게 된다.

1학년에서 산술을 어디까지 가르칠지는 반 아이들의 특성과 담임교사가 그들에게 적절하다고 여기는 수준에 따라 결정해야 한다. 숫자는 100까지, 구구단은 2단(3단과 10단도 가능), 사칙연산 익히기와 사칙연산을 이용한 간단한 문제 풀이 정도가 1학년 수업의 핵심이 될 것이다. 수학을 가르칠 때 아주 중요한 기술 중 하나는, 지금 배우는 주제가 나중에 어떻게 심화될지를 미리 조금 맛보여주는 것이다. 따라서 구구단을 외울 때 1학년에서 다루는 수의 범위를 넘어서는 답이 나오는 문제 '십일 십(11×10)'과 '십이 십(12×10)'도 빼놓지 않는다.

수를 이용한 리듬 활동을 매일 반복하는 것은 이루 말할 수 없이 중요하다. 때로는 반 전체가, 때로는 한두 명이 손발을 움직이거나 가만히 서서 리듬에 따라 수를 외운다. 또 다른 좋은 방법은 아이들에게 입을 다물고 손뼉을 치거나 깡충 뛰기, 걷기, 뛰어오르기, 던지기를 하며 속으로 또는 생각으로만 수를 세다가 교사가 눈을 감거나 왼쪽 귀를 긁는 등의 작은 동작을 할 때만 소리 내어 수를 말하라고 하는 것이다. 온갖 기묘하고 우스꽝스러운 동작이 등장할 수 있다. 수학은 재미있어야 한다.

필기도구 선택도 이에 못지않게 중요하다. A4 용지 크기 이상의 줄 없는 공책이 필요하다. 줄 쳐진 공책을 사용하면 그림을 비롯한 예술적 표현이 제한되며, 스스로의 힘으로 숫자와 글자를 적절한 크기로 줄맞춰 쓰는 훈련이 애초에 차단된다. 반듯하게 글씨 쓰는 것을 아주 힘들어 하는 경우에는 일정 기간 동안 검정으로 진하게 줄을 그어놓은 종이를 공책 뒤에 대고 쓰게 할 수도 있다. 그러나 이런 보조선 역시 되도록 빨리 없애는 것이 좋다. 필기도구로는 여러 색의 크레용 또는 색연필이 좋다. 이때는 끝이 원뿔 모양으로 뾰족한 막대 크레용을 사용한다. 네모 크레용은 숫자 공부에는 도움이 되지 않는다. 아이가 얼마나 자주 색을 바꿔가면서 쓰는지 주의 깊게 살펴보라. 답을 한 가지 색으로 쓰고, 계산식의 항마다 다른 색으로 바꾸고, 등호나 더하기 등 기호 역시 색을 바꾼다면 과하다 할 수 있다. 아이들이 배우는 것은 산술이지 '숫자 꼴라쥬'가 아니기 때문이다.

그렇다고 해서 반대 극단도 바람직하지 않다. 한 번은 영국 노스 미들랜드 지역의 한 대학에서 러시아어 강의를 듣는데, 강사가 성인반 수업에 색깔 있는 분필을 써서 미안하다고 사과를 하는 것이다. "이런 색 분필은 공부 못하는 어린애들 수업에나 쓰는 것이지요." 이런, 세상에!

수학 주요수업에서 두 시간 수업 중 처음 30분은 노래, 움직임, 일반적인 (수학과 상관없는) 시낭송을 한 다음, 몸을 움직이며 소리 내어 수를 말하는 산술 활동을 한다. 이것이 끝나면 교사가 질문하고 아이들이 대답하는 방식으로 어제 배운 내용을 복습하고, 다시 교사 주도로 새로운 주제 또는 심화 주제를 도입한다. 그런 다음에는 길게는 한 시간 가량 끈기 있게 공책에 수와 계산을 쓰는 시간이 있어야 한다. 수업이 끝날 무렵 교사는 산술과는 상관없는, 짧지만 재미있는 이야기 또는 긴 이야기의 일부를 들려주면서 긴장을 풀어준다. 때로는 아이들을 밖으로 데리고 나가 들판의 소나 복잡한 도로를 달리는 버스를 세어볼 수도 있다. 교사가 수업의 균형을 잃고 혼자 시간을 독차지하면서 아이 주도의 쓰기 시간을 30분도 안 주는 경우가 있다. 결코 이런 일이 일어나지 않도록 주의해야 한다. 필자가 어떤 학급을 방문했을 때를 생각하면 아직도 아찔한 기분이 든다. 주요수업 두 시간 동안 아이들이 산술 쓰기를 한 것은 10분에 불과했고 그 중에 절반은 칠판에 적힌 것을 베끼기만 했다. 이렇게 수업했는데도 아이들이 수학을 지루한 것으로 여기지 않는다면 그것이 신기할 노릇이다.

1학년~3학년을 위한 수학 활동

아이들이 경험하는 산술의 범위가 넓어지면 교사는 유연한 상상을 통한 창의적 수업준비에 더 많은 노력을 기울여야 한다. 이 책 같은 수업 지침서는 자칫하면 애초 의도와는 정반대로 독자들이 참신한 문제를 스스로 고안하지 않고 수록된 예제를 그대로 사용하려는 게으름에 빠지게 할 위험이 있다. 교사 자신이 발휘하는 창조성이야말로 모든 수업을 살아있게 하는 힘이며, 그 힘은 신비롭고 역동적인 방식으로 아이들에게 직접 전달된다. 2학년 아이들에게 1의 자리, 10의 자리, 100의 자리…를 도입할 방법은 무수히 많다. 다음은 그 수많은 예 중 하나에 불과하다.

"아주 큰 과수원에서 사과가 다 익어 딸 때가 되었어요. 일꾼들은 사과가 다치지 않게 조심조심 따서 한 줄에 10개씩 넓은 쟁반에 담습니다. 쟁반에는 사과가 10개씩 10줄 들어갈 수 있어요. 사과 쟁반 하나를 그려봅시다." 교사는 재빨리 빨간 분필로 (선이 아닌 면으로) 동그라미를 그리고, 아이들은 그림에 맞춰 하나씩 소리 내어 수를 센다.

쟁반이 가득 차면 다른 사람이 와서 그것을 상자에 담아 손수레에 싣는다 그동안 일꾼들은 또 다른 쟁반에 사과를 담는다. 사과 상자 하나에는 10개의 쟁반이 들어갈 수 있다. 상자 하나가 가득 차면 수레에 싣고 10개의 상자를 실을 수 있는 트럭으로 옮긴다.

한 시간이 지나자 사과로 가득 찬 트럭 2대와 트럭에 자리가 없어 싣지 못한 상자 4개, 상자가 꽉 차서 못 넣은 쟁반 6개, 그리고 위의 그림처럼 아직 덜 찬 쟁반 1개가 나왔다. 이 모두를 작게 축소해서 위에서 내려다 본 모습은 아래 그림과 같다.

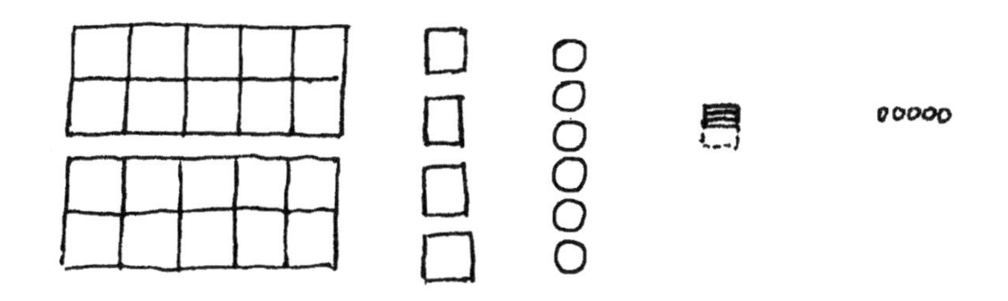

칠판에 다음 단어를 쓰고 한 아이에게 단어 아래에 알맞은 숫자를 쓰게 한다.

트럭	상자	쟁반	줄	남은사과
2	4	6	3	5

이제 칠판에 그린 그림을 색색의 크레용을 이용해서 공책에 옮겨 그리고 세부 사항은 원하는 대로 보충하라고 한다. 이와 함께 옆 과수원에서 수확한 사과의 양을 동일한 형태의 숫자로 알려준다. 두 번째 과제는 두 과수원에서 수확한 사과를 합치면 얼마나 되는지를 알아내는 것이다. 아이들이 공책에 그림을 그리고 문제를 푸는 동안 교사는 칠판에 비슷한 계산을 써두고 첫 번째 계산을 다 끝내면 이어서 풀게 한다.

$$\begin{array}{r} 24635 \\ +\ 71222 \\ \hline 7 \end{array} \qquad \begin{array}{r} 3604 \\ +\ 4235 \\ \hline \end{array} \qquad \begin{array}{r} 12164 \\ +\ \quad 804 \\ \hline \end{array} \qquad \text{등등}$$

20문제 정도 풀면 아래와 같은 문제 한두 개를 끼워 넣고 계산이 빠르고 영리한 아이들이 어떻게 해결하는지 지켜본다.

$$\begin{array}{r} 5621 \\ +\ 1763 \\ \hline \end{array} \qquad \begin{array}{r} 360 \\ 452 \\ 823 \\ +\ 762 \\ \hline \end{array}$$

마지막 두 문제를 풀기 위해서는 새로운 단계로 넘어가야 하며, 다음 날 0의 의미와 함께 학급 전체를 대상으로 풀이를 설명한다. 칠판에 '올림' 과정을 보여주는 계산을 미리 적어 놓는다.

$$\begin{array}{l} \dashrightarrow \\ \\ \dashrightarrow \\ \longrightarrow \\ \dashrightarrow \\ \dashrightarrow \end{array} \quad \begin{array}{r} 1\ 8\ 0 \\ 3\ 7\ 4\ 8 \\ +\quad 6\ 9\ 5 \\ \hline {\scriptstyle 1\ 2\ 1}\quad \\ 4\ 6\ 2\ 3 \\ \hline \end{array} \qquad \begin{array}{r} \\ \\ \\ \hline {\scriptstyle 1}\quad \\ 3 \\ \hline \end{array}$$

교사는 올림수(작은 글씨)를 어디다 쓸지를 미리 잘 생각하고 결정해두어야 한다. 3학년 때 긴 곱셈식을 가르치는 와중에 뒤늦게 '말을 갈아

타느라' 애먹고 싶지 않다면 이점을 명심해두기 바란다. 그렇게 볼 때 올림수를 적을 수 있는 5가지 위치(화살표로 표시한 지점) 중에서 실선 화살표 위치가 여러 가지로 유리하다.

1의 자리의 합인 '13'을 쓸 때, 작은 글씨로 1을 먼저 쓴 다음 보통 글씨로 3을 쓴다. 3을 약간 아래쪽에 쓰긴 하지만 평소에 13을 쓸 때와 기본적으로 동일하다.

사과, 줄, 상자 같은 단어를 1의 자리, 10의 자리, 100의 자리 같은 수학 용어로 바꾸는 것은 하루 이틀이면 금방 익숙해진다. 계속해서 뺄셈과 간단한 곱셈, 나눗셈 계산으로 넘어간다.

뺄셈에서는 수학의 도덕적 차원을 건드릴 수 있다. 300058−2476이라는 계산을 생각해보자. 세금 징수하는 사람처럼 8에서 6을 가져가겠다고 말하는 대신 큰 수가 자신의 일부를 내어주는 그림을 떠올려보자. '8이 6을 주어서 2가 남았다.' 그 다음은 어떻게 될까?

$$\begin{array}{r} 3\ 0\ 0\ 0\ 5\ 8 \\ -\qquad 2\ 4\ 7\ 6 \\ \hline 2 \end{array}$$

5는 7을 내어줄 형편이 되지 않아 형(또는 누나)인 0에게 도움을 요청한다. 0이 대답한다. "도와주고는 싶은데, 잠깐만 기다려봐. 형한테 물어볼게." 비슷한 대화가 반복되다가 마침내 3이 "물론이지. 내 것 하나를 줄게. 나한테는 1이지만 너에게 가면 10이 될 거야"라고 대답한다. 자기 것을 내주었음은 깔끔한 빗금으로 표시한다. 0은 차례대로 모두 9가 된다. 마지막에 얼마를 주어야하는가의 계산은 어렵지 않다.

$$\begin{array}{r} \overset{2}{\cancel{3}}\ \overset{9}{\cancel{0}}\ \overset{9}{\cancel{0}}\ \overset{9}{\cancel{0}}\ {}^{1}5\ 8 \\ -\qquad 2\ 4\ 7\ 6 \\ \hline 2 \end{array}$$

'5에서 7을 가져갈 수 없으니까 15에서 7을 가져가고, 다음엔 (9에서 4를 가져가는 대신) 10에서 5를 가져가겠다.'라는 빼앗는 방식의 빼기 계산에서는 사이좋은 대화를 나누기 어렵다. 어떤 방식으로 가르칠지에 대해 교사회 안에서 미리 합의해두어야 한다. 다른 학교에서 전학 온 학생은 당연히 다른 방식으로 배웠을 것이다. 그러나 칠판에서 계산할 때 도움수를 쓰는 방식을 꾸준히 지속하면 문제는 저절로 사라진다.

2학년 과정에서는 한 자리수와 다섯 자리까지의 곱셈, 나눗셈을 다룬다. (수학이 빠른 아이들을 위해서는) 인수를 이용한 곱셈과 나눗셈도 할 수 있다.

$$\begin{array}{r} 3\ 1\ 9\ 3 \\ \times\ 7 \\ \hline {\scriptstyle 1\ 6\ 2\ \ \ } \\ 2\ 2\ 3\ 5\ 1 \\ \times\ 4 \\ \hline {\scriptstyle 1\ 2\ \ \ \ \ \ \ } \\ 8\ 9\ 4\ 0\ 4 \\ \hline \end{array} \ \downarrow \qquad\qquad \uparrow\ \begin{array}{r|l} & 3\ 1\ 9\ 3 \\ \hline 4 & {\scriptstyle \ \ \ \ \ \ 3\ 1} \\ & 1\ 2\ 7\ 7\ 2 \\ \hline 7 & {\scriptstyle 1\ 5\ 5\ 1} \\ & 8\ 9\ 4\ 0\ 4 \end{array}$$

지필형 계산과 함께 (사실 이보다 훨씬 전부터) 다양한 방식으로 '구구단' 외우는 연습을 충분히 해야 한다. 2학년에서는 (적어도) 12단까지를 다음의 세 가지 방법으로 익혀야 한다.

6은 1 곱하기 6,
12는 2 곱하기 6,
18은 3 곱하기 6

이는 전체에서 부분으로 나가는 원형적 형태에 해당한다. 그러나 이것만 알아서는 별 쓸모가 없다. 이런 연습도 필요하다.

6이 하나이면 6,
6이 둘이면 12,
6이 셋이면 18
:

이 방식은 곱셈 문제를 풀 때 유용하게 사용할 수 있다. 그리고

6에는 6이 하나,
12에는 6이 둘,
18에는 6이 셋
:

은 나누기 문제를 풀 때 유용하다.

덧셈이나 뺄셈 관계를 통으로 기억하게 하는 것도 쓸모가 있다.

9 더하기 9는 18,
9 더하기 8은 17,
:

9 더하기 1은 10

18 빼기 9는 9,
17 빼기 9는 8,
:

8 더하기 8은 16,
8 더하기 7은 15,
:

8 더하기 2는 10
7 더하기 7은 14
:

이런 식으로 계속해서
5 더하기 5는 10

함께 입을 모아 이렇게 암송하는 것도 좋은 리듬 활동이다. 제자리에 서서, 손뼉 치며 둥글게 돌면서 등 다양하게 변형한다. 그러나 아이들 개별의 독립 학습을 위해서는 이것만으로 부족하다. 지필식 암산 연습을 2학년부터 시작해야 한다. 아이들에게 종이 한 장씩을 나누어 주고, 교사가 천천히 10개의 문제를 불러주며 답을 적게 한다. 예를 들어,

1) 8에는 4가 몇 개?
2) 12에는 4가 몇 개?
3) 16에는 4가 몇 개?
4) 24에는 4가 몇 개?
5) 36에는 4가 몇 개?
6) 9 곱하기 4 는?
7) 9 곱하기 5 는?
8) 9 곱하기 6 는?
9) 9에 9를 곱하면?
10) 자기 자신을 곱해서 16이 되는 수는?

끝나면 정답을 불러주며 각자 자기 답을 채점하게 한다. 채점이 끝나면 '다 맞은 사람?', '8개나 9개 맞은 사람?', '5개나 6개, 7개 맞은 사람?' 마지막엔 미소 띤 얼굴로 '5개 보다 적게 맞은 사람?'까지 차례로 물어보며 손을 들게 한다. 지난 번 보다 나아진 아이들을 향해 교사가 칭찬과 격려의 눈길을 보내주는 것으로 짧은 시험을 마무리한다.

학년이 올라가면 (이 암산 연습은 9학년까지 계속 규칙적으로 할 수 있다) 돈, 길이, 각도, 백분율 등 주제를 달리해 10문제씩 세 번 이어서 문제를 낸다. 문제 내는 속도도 점점 빨라진다. 6, 7학년 무렵에는 15초에 10문제까지 속도를 올린다. 그러려면 손으로는 문제의 답을 적으면서 귀로는 다음 문제를 들어야 할 것이다. 즉석에서 문제를 만들면서 동시

에 답도 적어야 하기 때문에 교사도 정신을 바짝 차리고 있어야 한다.

교사는 아이들이 어느 학년에서건 수의 세계와 특성에서 끊임없이 새로운 사실을 발견하도록 적극적으로 자극하고 격려해야 한다. 세상 누구도 맥주를 컵에 따르듯 아이에게 지식이나 기술을 부어 넣을 수 없다는 건 사실 대단히 멋진 일이다. 언제나 교사는 말을 최소화하면서 아이 스스로 사고하는 영혼과 정신에서 깨어있는 인식과, 내적 능동성을 끌어낼 조건을 만들기 위해 노력해야 한다. 예를 들어 2학년 수업에서 구구단 7단을 배운다고 하자. 이미 알고 있는 2단, 3단을 이용해서 7단의 앞부분을 풀게 했다면 그 순간 아이들은 교환법칙(예: $4 \times 7 = 7 \times 4$)을 배운 것이다. 이어서 3학년 때는 다음을 옮겨 적고 계속 진행시켜보라고 한다.

$8 \times 8 = 64$
1
$9 \times 7 = 63$
3
$10 \times 6 = 60$

앞에 있는 숫자는 1씩 증가하고, 두 번째 숫자는 1씩 감소한다. 따라서,

5
$11 \times 5 = 55$
7
$12 \times 4 = 48$
9
$13 \times 3 = 39$
11
$14 \times 2 = 28$
13
$15 \times 1 = 15$
15
$16 \times 0 = 0$

윗수와 아랫수의 차인 1, 3, 5, 7…을 가운데에 써넣는다. 그런 다음 또 다른 목록을 만든다. 수학을 어려워하는 아이라면 4×4부터 시작하라고 한다. 자신만만해하며 20×20부터 하겠다고 덤비다가 금방 땅을 치고 후회하는 아이들도 나온다. 몇 번 하다 보면 어떤 경우에서든 언제나 홀수가 순서대로 나온다는 놀라운 사실을 스스로의 힘으로 알아낸다. "왜 이렇게 되는 거예요?" 아이들이 질문하면 "그 이유는 여러분이 7학년이나 8학년이 되어 대수라는 걸 배우면 알게 될 거예요."라고 대답한다. 그 순간 아이들의 내면에 기대감, 경외심이 일깨워진다. 모든 앎, 수학뿐만 아니라 말 그대로 세상의 모든 앎은 이 경이로움에서 시작한다.

아이들과 함께 계속해서 다른 흥미로운 숫자 유형을 찾아 나선다. 수를 그림으로 배열해보면 기하학적 형태 속에 숫자 간의 관계가 드러나기도 한다. 6×6으로 시작하는 위의 유형을 시계 모양으로 배열해 놓고 숫자를 가로로 곱해본다. 대각선으로 곱하면 어떻게 될까? 아니면 곡선으로 곱하면? 구구단 3단을 8자 모양으로 늘어놓으면 어떻게 될까? 곱셈만 하는 게 아니라 덧셈이나 다른 계산을 해본다면?

숫자 수업과 함께 형태도 공부한다. 1학년 첫 수업에서 직선과 곡선의 차이를 경험한다. 아이들은 전부 앞을 보고 반듯한 자세로 서있고 교사는 천천히 칠판에 세로선을 그린다.(너무 가늘지 않게 약 1cm 두께로) 다시 반듯한 자세로 자리에 앉은 다음 한 사람씩 차례로 앞으로 나와 길이, 두께, 색깔을 마음대로 선택하여 각자의 직선을 그린다. 반 전체를 한 눈에 보여주는 흥미로운 그림이 탄생한다. 하나도 똑같지 않고 모든 선이 제각각이다. 하지만 이 경험을 통해 모든 아이가 자신의 직립성을 자각한다. 또 다른 칠판에 반원에 가까운 곡선을 그리고 아까처럼 한 사람씩 나와서 곡선을 그려본다. 아까와 전혀 다른 그림이 탄생한다. 아이들에게 두 그림을 보고 어떤 느낌이 드는지 묻는다. 이제 각자의 공책에 이런 선 여러 개를 이용해서 자기만의 직선과 곡선 그림을 여러 장 그리게 한다. 이때도 아이 스스로 의지활동에 숨겨진 의미와 특징을 느낄 수 있다.

형태그리기는 1학년부터 시작해서 계속 이어지는 과목이다. 형태그리기만 다룬 책도 여러 권 있다.[6] '반복 문양 그리기'는 처음부터 중요한 주제로 계속 발전한다. 크레용을 이용해서 종이 폭에 꽉 차도록 아래와 같은 연속선을 큼직하게 그려본다.

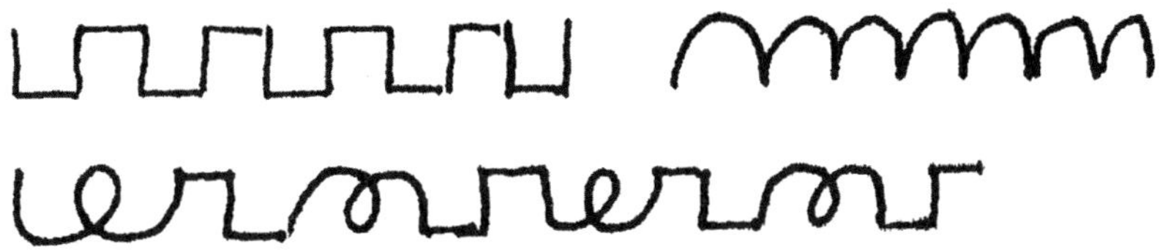

세 번째 같은 형태는 당연히 초기 단계에는 주지 않는다. 하지만 2학년 필기체 수업 같은 상황에서 형태그리기를 어떻게 실용적으로 응용하는지 짐작하게 한다.

필자의 견해로는 흔히 '대칭 연습'이라고 부르는 또 다른 종류의 형태그리기 역시 1학년 초부터 도입하는 것이 좋다.(어떤 이들은 이 연습을 2학년부터 시작하는데 그 이유가 별로 뚜렷해 보이지 않는다) 종이 한 가운데에 세로선을 그리거나 종이를 반으로 접었다가 펼쳐 선을 만든다. 교사는 칠판에 그와 같은 세로선을 그리고 왼쪽에 한 형태를 그린 다음, 아이들에게 따라 그리라고 한다. 교사가 반대편을 완성해서 보여주지 않은 상태에서 아이들이 왼쪽과 최대한 균형을 맞춘 대칭 형태를 오른쪽에 그리는 것이다. 왼쪽, 오른쪽 형태 모두 도구 없이 맨손으로 그린다. 이런 그림을 특히 어려워하는 아이들도 있다. 사실 그들에게 가장 필요한 연습이다. 난독증[7] 치료에 이보다 더 효과적인 활동도 드물기 때문이다. 첫 번째 형태(i)에서 좀 더 복잡해진 그림(ii)를 보면 문자와의 상관관계가 더욱 분명히 드러난다.

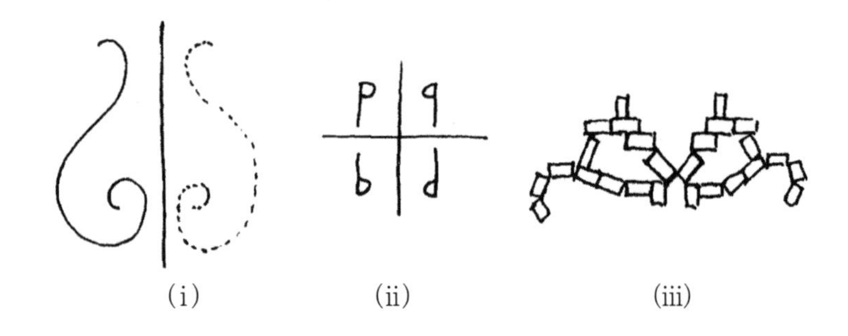

(i) (ii) (iii)

그림(iii)은 대칭 연습의 시작 단계에서 할 수 있는 활동이다. 아이들에게 뒷면에 접착성이 있는 색지를 1×2cm 크기의 직사각형으로 잘라 나누어주고 (아니면 아이들이 직접 잘라) 대칭 형태를 만들어보게 한다. 다양한 크기, 색깔, 모양의 불규칙한 조각을 이용해도 좋다. 자유롭게 자신만의 유형을 만들도록 놔두면 특히 숫자 계산에서 쩔쩔 매던 아이들이 아주 복잡하고 아름다운 대칭 형태를 멋지게 완성하곤 한다. 이는 3, 4학년 과정에 해당하며, 3학년의 집짓기 수업이나 신체를 이용한 측량 수업 또는 4학년의 분수 수업과 함께 진행한다. 물감, 섬유, 찰흙 같은 재료를 이용하면 한층 더 다양하게 표현할 수 있다. 그러나 형태가 고정된 조립식 블록은 적당한 선에서만 이용하는 것이 좋다. 원하는 곡선을 제대로 정확히 그리기 위해 팔과 손의 힘을 섬세하게 조절하는 훈련은 헤아릴 수 없이 큰 가치를 지닌다.

큰 규모로 그려보는 것도 좋다. 아이 혹은 교사 주도로 선과 면 형태에 숨은 아름다움을 발견해볼 기회와 가능성이 훨씬 넓어진다. 안으로 들어가는 나선과 밖으로 나가는 나선(각각 1학년에서 다혈질 성향과 우울질 성향을 보이는 아이들에게 좋다), 사각형과 마름모가 포개진 형태(1학년 또는 2학년), 수직면을 중심으로 큰 찰흙 덩어리나 작은 벽돌 모양 찰흙을 이용해서 만든 대칭 구조물 등이 여기에 속한다.

담임과정(1~8학년) 초반부 아이들의 성장발달은 3차원 공간과 긴밀하게 연결된다.(이를 온전히 이해하기 위해서 교사는 에테르체의 진화를 지각할 수 있도록 훈련해야 한다)[8] 직선이나 곡선을 따라 능동적으로 움직이면서 선의 특질을 경험하는 활동(교실이나 운동장에서 몸으로 움직이는 것과 상상 속에서 또는 공책이나 종이 위에서 움직이는 것 모두)은 1학년 아이들의 본성에 잘 어울린다. 색칠한 면을 통해 도화지 전체를 2차원으로 경험하는 것은 2학년 아이들에게 적합하다. 반면 지극히 지구적인 3차원 작업은 3학년들에게 필요한 활동이다. 3학년에서 배우는 농사짓기와 집짓기 (그밖에 의복 등 자연의 영향에서 우리를 보호하는 다른 요소 포함) 역시 비슷한 역할을 한다.

3학년 수업

3학년 산술 수업에서는 긴 곱셈, 긴 나눗셈 연습과 더불어 아이들에게 필요한 여러 가지 측정을 배운다. 9세 아이들의 시간과 관련된 현상에 보이는 특별한 관심은 『구약성서』를 통해 세상이 어떻게 시작되었는지, 천국에서 지상으로 추락한 아담과 이브의 후손에서 인류가 어떻게 진화했는지 같은 많은 질문에 답을 얻는다. 『구약성서』는 젊고 미숙한 사람들에게 어떻게 살지, 무엇을 할지를 일러주고 안내해주는 경험 많고 지혜로운 노인과도 같다. 『구약성서』를 풀어쓴 이야기책을 3학년 아이들의 읽기 교재로 활용할 수도 있고, 구약성서를 주제로 한 주요수업에서 10계명의 의미와 아기가 어떻게 잉태되는지에 대한 기본적인 사실을 이야기해 줄 수도 있다.

25,920이라는 수는 황도궁의 별이 어느 해 춘분점부터 시작해서 또 다른 춘분점으로 다시 돌아올 때까지 태양을 지나는 횟수다. 고대 인도 사람들은 25,920년을 위대한 신 브라흐마가 숨을 한 번 들이쉬고 내쉬는데 걸리는 시간이라고 여겼다. "우리는 하루에 몇 번이나 숨을 쉴까?" 아이들에게 이런 질문을 던진다. 호흡을 가만히 세어본 아이들은 평균 1분에 18회 숨을 쉰다는 것을 알게 된다. 여기에 한 시간인 60분, 하루인 24시간을 곱(18×60×24)하면 바로 문제의 수 25,920이 나온다! 이제 평생 동안 몇 번 잠자리에 들고(신체에서 영혼을 내쉼) 몇 번 잠에서 깨는지(신체로 영혼을 들이쉼)를 묻는다. 아이들은 이미 한 해가 365 또는 366일이라는 것을 배웠을 테지만, 계산하기 쉽도록 이 수를 360으로 줄인다. 성서에서는 인간의 평균 수명을 '70'* 이라고 말한다. 아까 한 해의 날 수를 360으로 줄였으니 이번에는 약간 늘려 72년으로 한다. 360×72의 답 역시 25,920이다! 세 경우 모두 근사치를 이용한 계산이지만, 놀랍도록 딱 들어맞는 숫자를 보면 우리 삶에서 일어나는 일과 하늘에서 일어나는 일이 서로 연결되어 있다는 느낌과 함께 경외심이 생긴다. 이로써 아이들은 호흡을 우주적인 것으로 여기게 된다.

일 년과 한 달, 일주일, 하루, 한 시간, 분, 초 사이의 숫자 관계를 배웠으면(반 아이들 모두가 시계를 제대로 읽을 수 있는지도 확인해야 할 때다), 다음과 같은 문제를 준다.

7년은 몇 개월입니까?

132개월은 몇 년 입니까?

---

* 『구약성서』_시편 90편 10절

56일은 몇 주입니까?

5일은 몇 시간입니까?

360초는 몇 분입니까?

측량 문제는 구구단을 심화하고 활용할 수 있는 멋진 기회다. 요즘에는 쓰지 않는 1갤런=8파인트, 1부셸=8갤런이라는 액체 측정 단위를 문제를 내는데 사용해도 되는지 갸우뚱할 수도 있지만, 아이들에게는 『구약성서』에도 나오는 큐빗*이라는 단위나 별반 차이가 없다. 뿐만 아니라 세 곳의 외양간에서 각각 몇 부셸, 몇 갤런, 몇 파인트로 생산한 우유의 총량 계산하기 같은 문제를 지금 연습해두면 나중에 8진법을 훨씬 쉽게 배울 수 있다. 용량 문제에 들어가기 전에 골무, 약병, 컵, 물병, 주전자, 꽃병, 양동이 등 다양한 크기의 그릇을 한 곳에 모아놓고 저 그릇에 물을 가득 채우려면 이 그릇으로 몇 번 부어야하는지 알아보는 놀이를 한다. 이 방법은 공립학교에도 벌써 몇 십 년 전에 소개되어 아주 유용하게 쓰이고 있다. 현명한 교사라면 당연히 맑은 날을 택해 야외에서 이 실험을 진행할 것이며, 아이들은 바텐더가 되어 멋지게 술을 따르는 미래 자신의 모습이나 카페 주인, 또는 화학자가 된 모습을 상상하며 즐겁게 참여할 것이다.

문제 풀이에 앞서 해볼 또 다른 실험이 있다. 발 길이feet를 이용해 운동장의 너비를 재보는 것이다. 모두 학교 담벼락에 뒤꿈치를 붙이고 나란히 서게 한다. 이제 한 발의 뒤꿈치와 다른 발의 발가락이 서로 닿도록 차곡차곡 걸으면서 자기 발 길이로 운동장의 폭을 재보라고 한다. 답의 편차가 얼마나 큰지를 보면서 아이들은 표준 보폭의 필요를 저절

* cubit_완척, 팔꿈치에서 가운데 손가락끝까지의 길이, 고대 이집트에서는 523.5mm, 고대 로마에서는 444.5mm, 고대 페르시아에서는 500mm를 1큐빗으로 사용했다.

로 깨닫는다. 우선은 어떤 멋진 왕자의 발길이를 측정 기준으로 삼자고 제안한다. 그 반에 어린 여성해방 운동가가 있더라도 그 상황에서 공주의 발이 기준이 되어야 한다고 주장하지는 않을 것이다. 드디어 한쪽에는 인치와 피트가, 반대쪽에는 센티미터가 표시된 1피트(30cm)짜리 자를 꺼낼 때가 되었다. 과거 영국에서 사용하던 측정 단위는 3학년 측량 수업에 적합하다. 인치, 피트, 야드는 인간의 신체, 펄롱*은 밭고랑 하나의 길이 등 모두 아이들이 이해할 수 있는 기준에서 나온 단위들이기 때문이다. 뿐만 아니라 이런 옛 단위를 이용하면 3단, 8단, 12단, 심지어 22단까지 구구단을 다양하게 연습하고 응용해볼 수 있다. 나폴레옹 시대에 대충 계산한 지구 둘레를 기준으로 만든 미터법은 한 학기 뒤에 시작해도 괜찮다.

리터와 무게의 미터법 단위인 그램도 마찬가지다. 요즘에는 헌드레드웨이트, 스톤, 파운드, 온스** 같은 단위가 어느 정도의 무게인지는 알아도 실생활에선 별로 사용하지 않는다.

측정 단위는 가장 우주적인 것에서 시작해서 지구적인 것 순서로 소개한다. 가장 지구적인 단위는 화폐다. 그리스도를 찾아온 악마의 첫 번째 유혹은 돌(또는 금, 화폐)을 빵으로 바꾸라는 것이었다. 이는 우주적 존재인 그리스도에게 가장 큰 과제였다.[9] 쇼핑 목록에서 가격을 합산하고, 20파운드 지폐를 냈다면 얼마를 거슬러주어야 하는지, 어떤 동전과 지폐로 주어야하는지를 배우는 것도 3학년 수학에서 중요한 부분이다.

긴 곱셈은 풀이 과정을 깔끔하고 명확하게 정리하고, 곱하는 수가 세 자리를 넘지 않으면 별 어려움 없이 할 수 있다. 이때도 앞으로 배울

* furlong_1마일의 $\frac{1}{2}$, 약 201m

**hundredweignt, stone, pound, ounce_과거 유럽에서 가축이나 곡물의 무게를 잴 때 사용하던 단위

내용을 미리 염두에 두고 가장 왼쪽 숫자부터 곱하기 시작한다. 따라서 아래의 문제에서 우리는 200부터 곱해나간다. 앞서 살펴보았듯이 올림수를 어느 위치에 쓰는지에 주의해야 한다. 글씨를 너무 작게 쓰는 아이를 내버려두면 나중에 계산식의 숫자와 올림수를 구분하지 못해 덧셈할 때 실수할 수 있다. 이렇게 2를 먼저 곱하는 방식으로 곱셈을 연습하면 나중에 7.49에 2.56을 곱해서 소수점 둘째 자리까지 값을 구하는 문제를 쉽게 풀 수 있다. 소수 문제의 답인 19.17은 가장 오른쪽 줄에 있는 숫자에 영향을 받지 않기 때문이다.

```
      7 4 9
    × 2 5 6
-----------
    1
1 4 9 8 0 0
    2 4
  3 7 4 5 0
      2 5
    4 4 9 4
-----------
  2 1 1
1 9 1 7 4 4
-----------
```

반면 긴 나눗셈은 처음부터 제대로 가르치지 않으면 수학을 잘 못하는 아이에게 넘을 수 없는 벽이 되고, 아이는 마음속으로 '난 수학을 정말 못해!'를 외치며 지레 두 손 두 발을 들어버린다. 열심히 푼다고 풀었는데도 문제마다 동그라미 아닌 빗금이 한여름 소나기처럼 죽죽 그어지면 상황은 더욱 심각해진다. 보통은 몫에 들어갈 숫자를 대충 가늠해 넣었다가 아니다 싶으면 지우고 다른 수를 쓰거나 정확한 몫을 찾기 위해 연습장에 따로 계산하지만 사실 이럴 필요가 전혀 없다. 89631를 23으로 나누는 문제를 예로 들어보자. 2학년 때 아이들은 3572를 4로 나누라는 문제를 풀 때 구구단 4단을 이용해서 다음과 같이 풀었을 것이다.

```
    8 9 3
4)3 5 7 2
  3 2
    3 7
    3 6
      1 2
      1 2
```

아니면 반쯤 암산으로

```
     8 9 3
      3 1
4)3 5 7 2
```

긴 나눗셈을 하는 유용한 방법은 두 번째가 아니라 첫 번째다. 하지만 지금 우리에게 필요한 것은 구구단 23단이므로 먼저 23단을 적어본다. 23부터 시작해서 23씩 더한 수를 차례로 한 줄씩 쓴다. 10번째 숫자가 23에 0을 붙인 것인지 확인한다. 3번째 숫자마다 밑줄을 그어두면 나중에 적당한 숫자를 선택할 때 몇 번째 수인지 한눈에 찾을 수 있다. 이런 식으로 긴 나눗셈을 몇 번 풀어본 다음에는 맨 앞줄의 1, 2, 3은 안 써도 된다. 이제부터는 일사천리다. 23단을 써 놓은 표에서 몫이 어디 사이에 해당하는지를 보고 그대로 옮겨 적기만 하면 된다.

```
      3 8 9 7
2 3)8 9 6 3 1
    6 9
    2 0 6
    1 8 4
      2 2 3
      2 0 7
        1 6 1
        1 6 1
```

1.	23
2.	46
3.	69
4.	92
5.	115
6.	138
7.	161
8.	184
9.	207
10.	230

먼저 23단을 계산해야 하니까 이 방법이 오히려 길고 번거롭다고? 그런 면도 없지 않다. 하지만 이렇게 해두면 헷갈릴 일도, 몫으로 어떤 수가 들어갈지 어림짐작할 필요도 없는 데다 썼다 지웠다할 필요가 없어

깔끔하고 아름답게 나눗셈 식을 쓸 수 있다. 게다가 어른이 되면 긴 나눗셈을 이렇게 쓰면서 계산하지 않는다. 그 때는 필요하면 계산기를 이용할 것이다. 따라서 지금 긴 나눗셈을 배울 때 핵심은 어떻게 하면 시간을 절약해서 빨리 푸느냐가 아니다. 늘 그렇듯 수학의 가장 큰 가치는 명확하고 정확한 사고를 발달시키는 것이다. 기술 문명이 발달한 현대 사회에서 이런 연습은 아무 짝에도 쓸모없다고 여긴다면 1학년 때부터 계산기를 나누어주면 된다. 문명의 미래는 그만큼 어두워지겠지만!

세 자리 이상의 제수가 나오는 나누기는 굳이 연습할 필요가 없지만, 문제를 내는 족족 빠르고 정확하게 풀어내는 뛰어난 아이들을 위해 127이나 349로 나누는 문제 몇 개를 미리 준비해둔다.

말이 난 김에 한 학급에 실력이 천차만별인 아이들이 모여 있는 상황에 대해 살펴보자. 특히 루돌프 슈타이너(발도르프)학교에서는 편차가 아주 큰 경우가 많다. 흔히 다른 학교에서는 같은 학년 아이들을 지적 능력에 따라 학급을 분리 편성하고(발도르프학교에서는 이렇게 나누지 않는다), 수학 수업 역시 실력에 따라 수준별로 나누어 수업한다.

발도르프학교에서는 학년별 수학 수업의 내용을 '어떤 주제가 그 나이 아이의 성장발달을 도와줄 수 있는가'를 기준으로 선택한다. 9세는 아이들이 권위에 대해 의문을 품기 시작하는 나이다. 그들은 단지 교사가 그 상황에 어떻게 대처할지 궁금한 마음에 선반에 놓인 꽃병을 슬그머니 팔꿈치로 밀어 깨뜨리기도 한다. 이럴 때는 아이에게 깨진 꽃병을 치우고 다른 병에 물을 채운 다음 흩어진 꽃을 다시 꽂으라고 하고, 내일 깨진 꽃병을 대체할 것을 구해오거나 자기 용돈으로 새 꽃병을 사다 놓으라고 분명히 말해주어야 한다. 그런 상황에서 대충 넘어가는 것은 그런 행동을 하게 한 아이 내면의 질문(무의식에 있는 질문)에 아무 대답을 하지 않는 것과 다름없다. 그렇게 되면 아이는 나중에 흔히 자제력 또는 절제라고 부르는 스스로를 향한 권위를 형성하는데 어려움을 겪을 수 있다. 정신과학에서는 9세라는 나이를 자아의 전조가 에테르체 속에서 표현되는 시기이며, 7세부터 14세 사이에 진행되는 세 번의 형성단계 중 두 번째 발달이 시작되는 시기라고 말한다. 이런 눈에 보이지 않는 성숙은 신체 성숙 또는 '발달 연령developmental age(교육 심리학에서 자주 사용하는 용어로, 아이의 성장을 지적 능력의 발달에 근거하여 평가한다)'과 무관하다.

9세 아이들은 교육에서 자신들을 이끌어줄 길잡이와 권위를 찾으려 하며, 집짓기, 농사, 구약성서 이야기 등의 수업이 그런 요소를 제시한다. 측정과 긴 나눗셈 연습도 이런 역할을 한다. 반에서 수학을 가장 잘하는 아이에게 나머지 아이들과 전혀 다른 주제와 영역으로 따로 수업하는 것은 지극히 해로우며, 아이들의 사회성 발달에도 부정적인 영향을 미친다. 이러한 수업 편성은 잘 하지 못하는 아이는 열등감을 느끼다가 심하면 자신감을 완전히 상실하기도 한다. 영리한 아이들에게도 전혀 득이 되지 않는다. 그들을 염소 무리 속에 낀 양처럼 대하는 것이기 때문이다. 한 반의 모든 아이가 동일한 수학 주제를 배우면서, 각자의 역량에 따라 어떤 아이는 단순하고 쉬운 문제에 집중하고 잘하는 아이는 어려운 문제까지 풀게 해야 한다.

다음 장에는 아이들에게 나누어 줄 수 있는 문제를 수록했다. 모든 아이가 매일 하루 한 시간 정도는 직접 쓰면서 문제 푸는 시간이 필요하다고 생각하면서 만든 문제다. 교사는 처음 5~10분 동안은 전체의 $\frac{1}{3}$ 정도 되는, 수학을 힘들어하는 아이들을 도와주는데 전념한다. 문제를 낼 때 그 아이들이 전체 문제 중 앞쪽 $\frac{1}{3}$은 다 풀 수 있도록 구성해야 한다. 다음으로 중간 실력을 가진 $\frac{1}{3}$의 아이들을 살핀다. 이 아이들은 교사가 올 때쯤이면 앞쪽의 쉬운 문제는 알아서 다 풀었을 것이다. 마지막으로 반에서 가장 잘하는 $\frac{1}{3}$의 아이들을 살핀다. (자신들에게는) 별로 어렵지 않은 문제 대부분을 다 풀었을 것이고, 뒤쪽 어려운 문제에서만 교사의 도움을 필요로 할 것이다. 3학년부터는 아이들에게 나누어 주는 문제지 맨 밑에 정답을 순서를 뒤바꿔서 적어준다. 이렇게 하면 교사는 상당한 시간을 벌 수 있다. 정답을 숫자 크기순으로 적어두면 답을 쉽게 찾을 수 있다. 자기가 푼 답이 정답 목록에 있으면 아이는 교사에게 하나하나 확인하지 않고 다음 문제로 넘어갈 것이다. 대충 후다닥 풀어서 많이 맞고 많이 틀리는 것보다 적은 수의 문제라도 정확하게 푸는 편이 바람직하다는 것을 강조하라.

반드시 정기적으로 아이들의 공책을 걷어서 채점을 해주거나, 아이들 스스로 채점한 것이 제대로 되었는지 확인해주어야 한다. 발도르프 학교에서 교사들은 아이들에게 공책을 깔끔하게 정리하고, 공책 자체를 하나의 예술 작품처럼 색연필이나 크레용으로 아름답게 꾸밀 것을 권장한다. 주요수업 하나가 끝나면 이렇게 정성을 들인 소중한 공책 한 권이 완성된다. 창조자에게 공책에 담긴 내용은 자신의 성장기록인 동시에, 지금은 물론 몇 년 후에도 필요한 내용을 찾아 뒤적일 수 있는 귀중한 교과서다. 당연히 이런 공책이 완벽할 수는 없지만, 할 수 있는 한 가장 멋진 공책을 만들기 위해 애쓰는 것 자체가 아이들에게 훌륭한 자극이다. 계산이 잘못된 부분도 당연히 이곳저곳 있을 것이다. 계산이 틀렸으면 답 옆에 작게 X표를 해주고, 시간이 허락한다면 올바른 풀이과정과 함께 어느 부분이 틀렸는지도 표시해준다. 완성된 공책에 조그만 실수나 오류(철자, 문법, 계산, 역사나 과학적 사실)도 용납하지 않는 결벽증적인 태도는 아이의 배움에 아무 도움이 되지 않으며, 학기말에 관람객들의 입이 딱 벌어질만한 작품을 전시하고 싶다는 자기중심적인 (학생보다는 교사나 학교의) 욕심일 뿐이다. 물론 예술성과 학문적 기량을 모두 갖춘 훌륭한 작품을 만드는 것은 좋은 일이다. 하지만 실수를 해도 상관없는 연습공책을 따로 만들어 거기서 모든 과정을 거친 다음, 정답만 깨끗이 옮겨 적은 특별한 공책을 만드는 것은 말도 안 되는 시간 낭비에 불과하다. 인간은 실수를 하고 그것을 수정하면서 많은 것을 깨닫고 배우기 마련이다. 그 과정 역시 보여줄 가치가 있다. 학급은 오직 그 아이의 '생활 연령*('발달 연령'과 전혀 다른 개념)'에 따라 배치되어야 하며, 어떤 수학 주제나 내용을 가르치던 간에 학급에서 가장 영리한 아이와 가장 느린 아이 모두가 진심으로 몰두하게 만들어야 한다. 수학을 잘 못하는 아이나 그의 부모가, 아이가 감당할 수 없는 수준을 교사가 요구하고 있다고 느끼게 할 필요가 전혀 없다. 마찬가지로 재능 있는 아이(또는 그의 부모)가 너무 시시한 내용만 한다고 불평하게 만들 이유도 없다. 20세기 초반 내가 살던 우리 지역에는 영국에서 손꼽히던 몇몇 명문 학교가 있었다. 지금은 그중 일부만 살아남았다. 그곳 교사들은 나이와 능력이 천차만별인 학생들을 같은 교실에서 가르쳐야 했지만, 많은 교사가 훌륭하고 상상력 풍부한 수업 진행방법을 고안했다. 나이 어린 학생들도 큰 아이들을 상대로 한 수업을 듣고, 큰 아이들도 어린 아이들을 상대로 한 수업을 함께 들었다. 수업내용은 잘하는 아이나 못하는 아이에게 모두 동일했다. 경직된 정부 지정 교육과정은 물론, 수준별 학급 편성이라는 족쇄는 아무런 도움이 되지 않는다. 하지만 정부 지정 교육과정을 잘 살펴 우리에게 필요한 것을 골라 취하고 상상력을 이용해 그것을 변형시킬 수 있다면, 그런 구속 속에서도 수업 안에 건강한

* chronological age_출생 이후 살아온 연, 월, 일을 기준으로 측정하는 나이

전체성을 담을 수 있을 것이다.

수학 수업에서 아이들을 자극할 수 있는 방법은 무궁무진하다. 하지만 인간됨의 본질을 통찰하지 못하고 아이의 본성과 연령별 내적 발달을 읽지 못한다면, 아이들에게 가장 적절한 수업 재료를 선택할 수도, 그들의 배움을 추동할 수 있는 건강한 상상력을 우리 안에서 찾아낼 수도 없다. 그 틈을 타고 생명력 없는 교육이론이나 아이들에게 어울리지 않는 과학기술이 흘러들어올 것이다. 교사가 잘하고 있는지 아닌지 알아내는 건 어렵지 않다. 아이들의 눈빛, 아이들의 미소, 아이들의 호흡이 그 대답이다. 수학이든 어떤 과목이든 주요수업이 끝났을 때 아이들이 인심 후하게, 아니면 너무 성급하게 "우와, 이렇게 재미있는 수학 수업은 난생처음이야!"라고 외친다면, 아이들을 자극하는 데 실패하지 않은 것이다.

3장

1~3학년 문제

1학년

2장에서 문제 몇 개를 예로 들었다. 1, 2학년 초반에는 아이들이 아직 글을 읽지 못하기 때문에 문제를 그림 형태로 주어야 한다. 칠판에 써놓은 문제를 잘 베껴 적는 것 자체가 하나의 연습이다. 공책을 꺼내기 전에 먼저 교사가 그날 수업을 위해 미리 준비해온 문제 전체를 아이들과 함께 살펴보는 시간을 갖는다. 교사가 원하는 바가 무엇인지 아이들이 분명히 이해한 다음에 옮겨 적기를 시작한다. 칠판 그림은 크게 그려야 한다.

╲ 실물 시연 유형의 문제

아이마다 조약돌, 도토리 등의 견과를 담은 작은 바구니나 상자를 준비한다. 계산식에 따라 알맞은 개수의 도토리를 꺼내 무더기를 만든다. 그것을 공책에 그림으로 그리고 그림 밑에 해당 로마숫자를 쓴다. 물론 도토리와 조약돌은 오렌지, 보석, 사람, 동물, 돈 등 무엇이든 될 수 있다. 색깔 선택을 아이들 재량에 맡기면 그림이 더욱 풍성해진다. 괄호는 교사가 말로 상황을 묘사하거나 설명하는 부분이다.

1) (사과를 따서 접시에 담았다. 나머지 두 접시에 원하는 수만큼의 사과를 담는다. 단, 가지에 달린 사과는 전부 따야 한다. 그림 아래 점이 있는 곳에 알맞은 숫자를 써 넣어라)

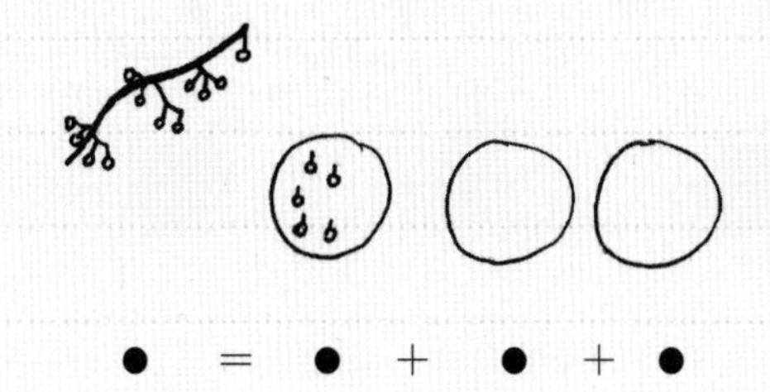

2) (네 구역의 논에 소 먹이용 건초 나누어 쌓기)

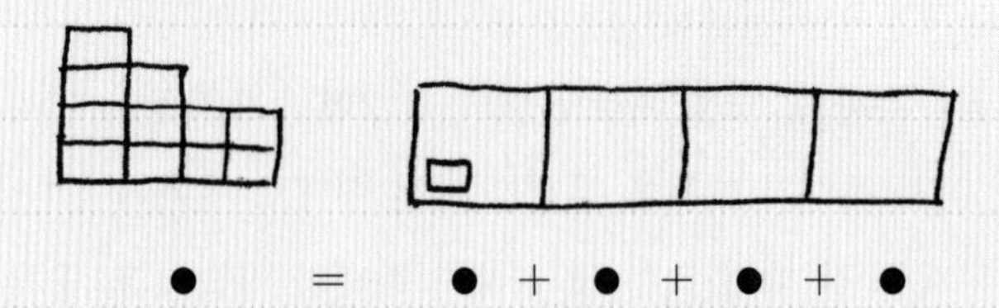

3) (바구니 세 개에 달걀 나누어 담기)

4) (상자마다 같은 수의 애벌레가 들어가게 나누어 담기)

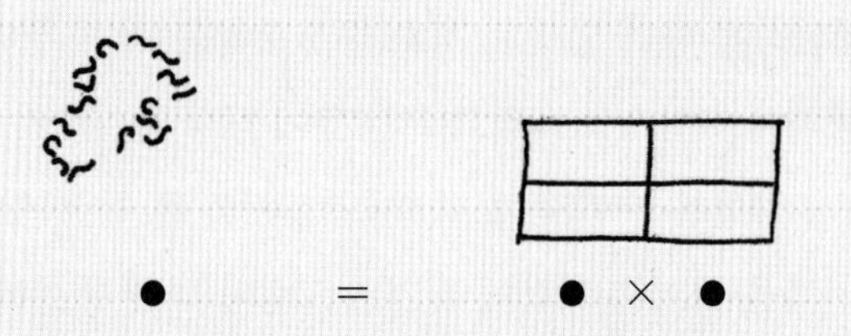

5) (밤하늘의 구획마다 들어가는 별의 숫자가 같아야 한다)

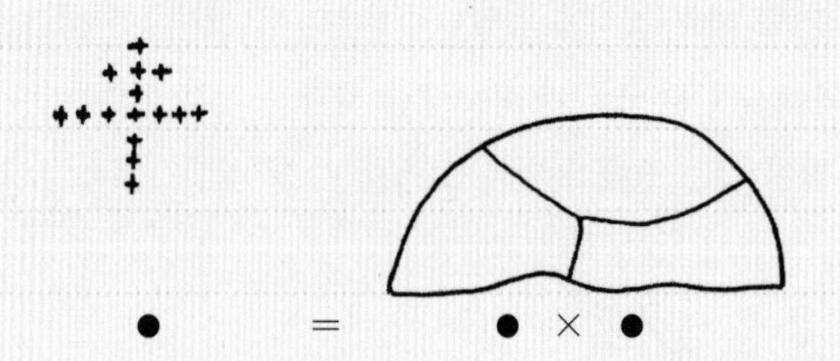

6) (이 반지들을 삼각형 모양의 상자에 원하는 개수만큼 담는다. 단, 상자에 담긴 반지의 개수는 모두 같아야 한다)

7) (빨간 점을 붙여 도미노 놀이용 패*를 만들려고 한다. 직사각형 패 하나에 정사각형 두 개가 나란히 붙어있다)

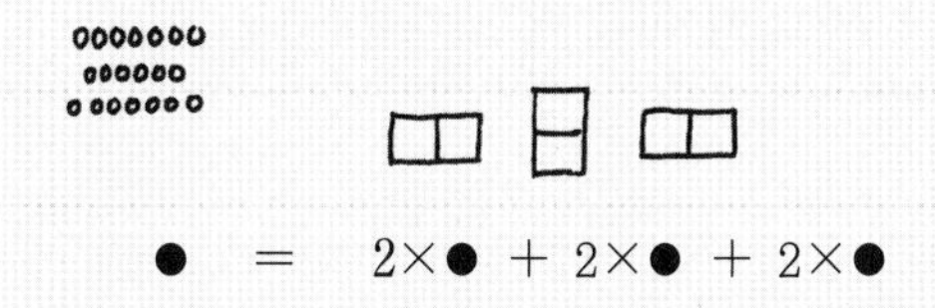

8) (아래의 꽃을 나누어 꽂는다. 바로 앞의 꽃병보다 꽃이 한 송이씩 더 많아져야한다)

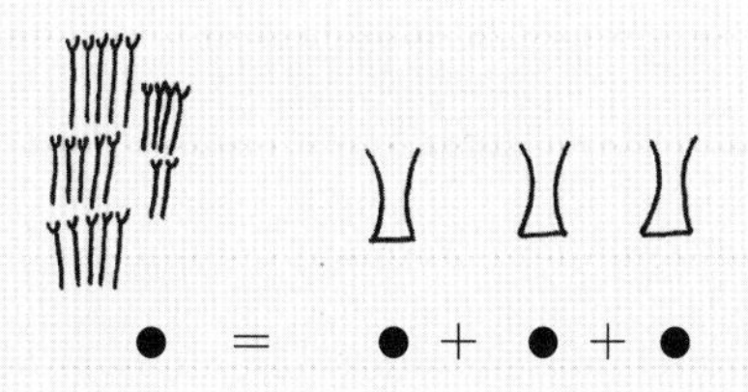

다시 한 번 강조하지만 이 문제들을 그대로 복사하거나 칠판에 똑같이 옮겨 적는 것은 필자의 의도가 아니다. 이는 교사의 상상력을 자극하기 위한 하나의 제안일 뿐이다. 각자의 문화와 상황을 잘 살피면 훨씬 더 흥미로운 문제를 스스로 만들 수 있을 것이다.

---

* 정사각형마다 주사위처럼 1부터 6까지의 수를 점으로 찍는다. 패 하나에 숫자 한 쌍이 들어간다.

＼상상 유형 문제

이 유형의 문제는 도토리와 조약돌의 도움 없이 아이들이 각자의 손가락과 상상력을 이용해서 푼다. 시연 유형과 달리 교사가 칠판에 그린 것을 베껴 그리는 (또는 훨씬 아름답게 그리는) 것이 전부다. 여기서 그림은 주어진 요소(눈에 보이는 부분)이며, 목표 또는 결과는 로마숫자로 표현한다. 아이는 눈에 보이는 부분의 수를 세고 문제에서 요구하는 값을 찾아낸 다음, 결과를 로마숫자로 적는다. 2장에서 제안했던 두 종류의 계산(+, −)에 나머지 두 종류의 계산(×, ÷)을 추가해 생일잔치 이야기를 완성한다. 몇 가지 예를 더 소개한다.

1) (목수가 헛간 하나를 지으려고 자신의 가게에서 널빤지 몇 장을 가지고 나왔다. 만들다보니 널빤지가 총 19장이 필요하다는 것을 알게 되었다. 목수는 가게에서 널빤지를 몇 장 더 가지고 와야 할까?)

XVIIII =   +

2) (널빤지와 함께 나사도 한 주먹 가지고 왔지만 8개밖에 사용하지 않았다. 가게에 다시 가져다놓을 나사는 모두 몇 개인가?)

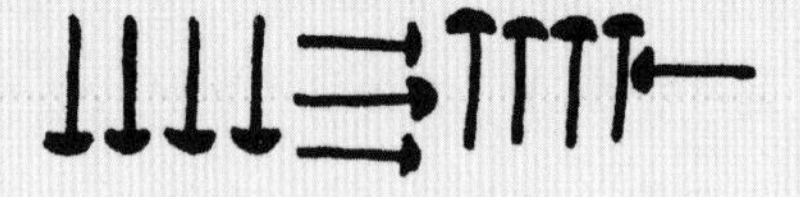

VIII =   −

3) (지붕에 펠트 천 덧댈 때 쓰려고 작은 못도 가지고 왔다. 펠트 천 한 장을 고정하려면 총 6개의 못이 필요하다. 가지고 온 못으로 몇 장의 펠트 천을 박을 수 있을까?)

VI = ÷

4) (마루를 까는 데는 총 20개의 각목이 필요하다. 목수는 한 번에 다음 그림만큼의 각목을 나를 수 있다. 가게까지 몇 번을 갔다 와야 할까?)

XX = ×

앞쪽 문제에는 크기가 작은 수가 나오지만, 수학을 잘하고 난이도 있는 문제를 원하는 아이들을 위해 뒤쪽으로 갈수록 큰 수를 이용한 문제를 낸다.

＼ 계산 유형 문제

처음에는 상상 유형 문제에 아라비아숫자를 이용한 문제를 몇 개 섞어서 낸다. 그러다가 차츰 문제에서 로마숫자와 그림을 없앤다.

1) (24장의 편지에 우표를 한 장씩 붙이려면 다음과 같은 우표 몇 장이 필요한가?)

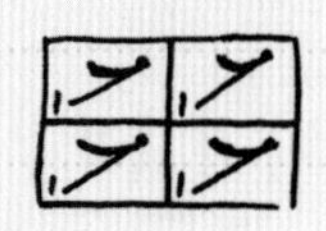

$24 = \quad \times$

2) (다음 동전 중 필요한 것은 8개뿐이다. 친구에게 몇 개를 줄 수 있을까?)

$8 = \quad -$

3) $11=3+$

4) $5=10\div$

이제부터는 순수한 계산 유형의 사칙연산 문제만 낸다. 아이들에게 문제 17)번은 '6에는 3이 몇 개 들어가지?'와 똑같은 질문임을 다시 한 번 짚어준다.

5) $2+7=$

6) $4+3=$

7) $7+6=$

13) $4\times2=$

14) $3\times3=$

15) $3\times5=$

8) 14+4=	16) 6×3=
9) 6−3=	17) 6÷3=
10) 9−4=	18) 12÷2=
11) 14−6=	19) 17÷1=
12) 20−15=	20) 16÷4=

어느 정도 연습을 하고 나면 (아직 1학년 수업) 칠판에 문제를 쓴 다음, 숫자 하나를 손으로 가리고 선생님이 가린 숫자를 말해보라고 한다. 두 번째 문제에서는 손목을 이용해서 숫자 하나를 가린다. 세 번째 문제에서는 문제를 쓸 때 아예 숫자 대신 손목을 그리고, 네 번째 문제에서는 손목그림 대신 **x**를 쓴다. 아이들은 각자 계산해서 답을 구하고, **x** 자리에 그 답을 써넣는다. 나중에 7학년이 되어 대수를 가르칠 때 "사실 여러분은 대수를 1학년 때 벌써 배웠답니다."라고 상기시킨다.

예를 들어,	6+2=**x**	**x**=	(**x**의 값은?)
	3×**x**=12	**x**=	
	20÷**x**=5	**x**=	
	x−9=4	**x**=	

물론 1학년에서 계산 유형 문제를 도입하는 방법은 이 밖에도 무수히 많다. "제비 8마리가 전깃줄에 앉아 있다가 그 중 3마리가 날아갔다."고 하면서 칠판에 '8−3= '이라고 쓴다. 공책에 이 식을 옮겨 적고 아직 전깃줄에 앉아있는 제비 숫자까지 포함해서 계산을 완성하라고 할 수도 있다.

보다 다양한 아이디어를 참고하고 싶다면 도서관에서 산술 교과서와 참고서를 빌려 보고, 국가 교육과정에서 제안하는 문제도 찾아보라.

그보다 효과적인 방법은 다른 학년이 1학년 때 만든 공책(다른 학교 아이들의 공책 포함)을 참고하는 것이다. 아래에 더 광범위한 영역의 문제 몇 개를 소개한다. 역시 문제를 써서 주지 말고 교사가 직접 묻고 아이들은 공책 또는 문제지에 답을 쓴다.

1) 35, 19, 50의 이웃 수(위와 아래)를 적으세요.
2) 그 숫자들을 로마숫자로도 쓸 수 있나요?
3) 10부터 20까지 구구단 2단에 나오지 않는 숫자를 모두 적으세요.
4) "이 유리잔에 들어있는 구슬이 모두 몇 개일까요? 여러분이 생각한 수를 종이에 적으세요." "자, 이제 세어봅시다." (한 아이에게 유리잔에 있는 구슬을 하나씩 꺼내며 세라고 한다) 여러분이 생각했던 수가 실제 구슬 개수보다 몇 개 많거나 적은지 적으세요.
5) 삼각형 하나를 그리고 각 변의 중앙에 점을 찍으세요. 그 점을 모두 연결하면 모두 몇 개의 삼각형이 나올까요?
6) 사각형 하나를 그린 다음 대각선을 그리세요. 이번에는 모두 몇 개의 삼각형이 나왔나요?
7) 성냥개비 7개로 만들 수 있는 로마숫자를 전부 적으세요. 가장 큰 수는 무엇입니까?
8) 성냥개비를 최소 1개, 최대 6개를 사용할 수 있다면 로마숫자를 몇 개나 더 만들 수 있을까요?
9) 숫자판이 로마숫자인 시계를 그리세요. 이제 각 숫자의 바깥쪽에 또 다른 숫자를 써서 24시간을 나타내는 시계를 그리세요.
10) 아라비아숫자가 적힌 시계를 그린 다음, 구구단 2단에 해당하는 숫자는 빨간 선으로, 3단에 해당하는 숫자는 파란 선으로 연결하세요. 보라색으로 변한 줄이 있나요?

11) 8개의 수정을 여자아이들에게 나누어주고 있어요. 나이순으로 제일 큰 아이에게는 수정 1개, 둘째에게는 2개, 다음은 3개를 주었다면 수정을 받은 아이는 모두 몇 명일까요?

12) 그림을 잘 보고 따라서 그리세요. 정사각형과 마름모에 각기 다른 색을 이용하세요. 그림을 완성한 다음 제일 작은 마름모 안쪽에는 사각형을, 제일 큰 정사각형 바깥쪽에는 마름모를 하나씩 더 그리세요.

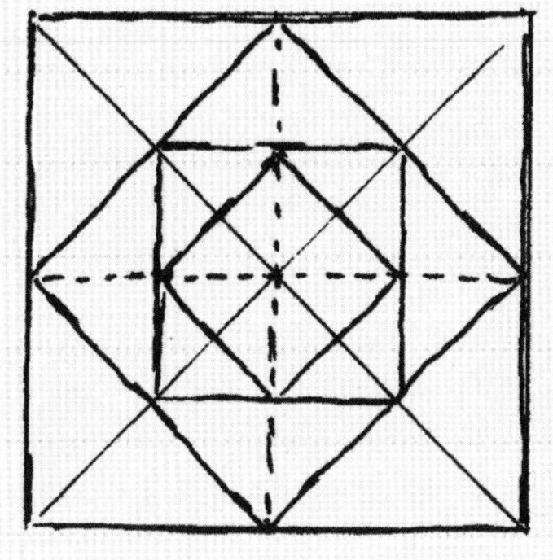

문제를 풀 때 손가락을 이용할 수도 있고, 경우에 따라서는 도토리나 조약돌 주머니를 이용할 수도 있다.

학습 속도가 느린 아이들이 많은 1학년 학급의 담임교사나 옛날 사고방식을 가진 발도르프 교사들 중에는 이 장에 제시한 문제 중 일부가 1학년 아이들에게 주기에 지나치게 빠르거나 추상적, 지적이라고 느낄 수도 있다. 물론 7세 아이들 수준보다 과하게 줄 위험은 언제나 존재하기 때문에 그런 관점을 어느 정도 인정하면서도, 필자의 의견은 다음과 같다.

i) 루돌프 슈타이너는 '지적인intellectual'이라는 단어를 단순히 '분석적인 방식' 혹은 '전체에서 부분으로 넘어감'을 의미할 때 썼다.

ii) '지적인'이라는 단어가 부정적으로 쓰이는 것은 부분에만 매몰되어 근원을 보지 못하거나(현대 입자물리학의 오류), 사고와 이성이 가진 통합하는 힘을 이용해서 부분을 다시 포괄적인 하나의 전체로 만들지 못했을 때 뿐이다.

iii) '추상적'이라는 말은 전체 맥락에서 어느 한 부분만 분리했음을 의미한다. 예를 들어 어떤 강연에서 한 문장만, 대개 전체 문맥에서 그 말의 의미를 제대로 이해하지 못한 채 인용하는 경우 같은 것이다.

2학년

구구단 및 덧셈, 뺄셈 묶음을 다양한 방법으로 자주 암송하는 것 외에 문제 풀이도 정기적으로 연습해야 한다. 아래 같은 문제는 학기말에 그 동안 배운 것을 점검하는 차원에서 한 시간 가량 시간을 주고 풀어보게 한다.

1) $\begin{array}{r} 35 \\ +\ 24 \\ \hline \end{array}$ 2) $\begin{array}{r} 718 \\ -\ 213 \\ \hline \end{array}$ 3) $\begin{array}{r} 32 \\ \times\ 3 \\ \hline \end{array}$ 4) $2\overline{)128}$

5) $424+3+31$

6) $58+26+13$

7) $375-158$

8) 153×4

9) $5\overline{)5125}$

10) $616+4127+358+91$

11) 15006−1297

12) 142857×7

13) $12\overline{)379248}$

14) 2166×27 (2166을 9로 곱한 값에 다시 3을 곱한다.)

15) 33792÷44 (위와 비슷한 방법)

16) 917에서 29를 뺀 값과 그 값을 7로 나눈 몫과 나머지를 쓰세요.

17) 구구단 13단을 쓰세요.

답:					
	6	64	104	217	1025
	13	65	117	458	5192
	26	78	126	505	13709
	39	91	130	612	31604
	52	96	143	768	58482
	59	97	156	888	999999

다음 날 수업을 위해 매일 저녁 간단한 사칙연산 문제를 고안하고 구성하는 시간 자체가 수업에 엄청난 영향을 미치기 때문에 이 책에서는 2학년 수업을 위한 문제를 더 이상 제안하지 않는다. 단, 칠판에 문제를 쓸 때 답도 함께(물론 문제와 순서는 달리해서) 적어주는 것이 얼마나 쓸모 있고 중요한지는 꼭 기억하기 바란다. 자기가 찾은 답이 정답 목록 어딘가에 있다는 건 계산이 맞았다는 뜻이기 때문에 교사에게 따로 질문할 필요가 없다. 덕분에 교사는 정말 도움이 필요한 아이들에게 충분한 시간과 에너지를 쏟을 수 있다.

2학년에서 이런 문제 풀이를 처음 시작할 때는 다음과 같이 천천히 단계별로 진행한다. 먼저 교사가 칠판에 써놓은 문제를 공책에 옮겨 적는다. 다 함께 큰 소리로 문제를 읽는다. 읽기 연습이 필요한 아이들 한

두 명은 따로 지목해서 읽어보라고 한다. 이제 아이들과 함께 문제에 대해 이야기를 나눈다. 필요한 경우에는 교사 또는 아이가 문제를 풀 때 주의할 점을 칠판에 적는다. 그런 다음 각자의 공책에 문제를 풀기 시작한다.

문제 몇 개 더

1) 백육십오 마리의 올챙이를 다섯 개의 물통에 똑같이 나누어 담으면 물통 하나에 몇 마리의 올챙이가 살게 될까요?
2) 백조는 4주가 3번 지날 동안 공주를 태우고 큰 바다를 건넜습니다. 그 동안 백조는 해가 뜨는 광경을 칠십이 번 보았습니다. 하지만 흐리고 구름이 끼어 해 뜨는 것을 못 보는 날도 있었습니다. 그런 날은 모두 며칠이었을까요?

문제에 나오는 큰 수를 아라비아숫자가 아닌 문자로 풀어 썼다가 숫자로 바꾸고, 거꾸로 바꿔보는 것도 2학년에서 해야 하는 연습이다.

3학년

10세 전에 적어도 세, 네 자릿수의 자연수 사칙연산은 다 익혀야 한다. 3학년 때는 긴 곱셈과 긴 나눗셈을 어느 정도 능숙하게 할 수 있어야 한다는 뜻이다. 담임교사는 3학년 말까지 반 아이들의 $\frac{2}{3}$ 정도가 이 수준에 이르도록 수업을 이끌어야 한다. 4학년에는 수학 수업의 중심이 분수와 소수로 옮겨가기 때문이다. 그 때까지도 자연수 계산에서 쩔쩔

매고 있으면 분수, 소수라는 새로운 수를 배우는데 큰 걸림돌이 될 수 있다. 다음 예제는 쉬운 계산에서 어려운 계산으로 올라가는 과정을 단계별로 보여준다. (괄호는 답)

1) 312×21 (6552) - 올림수 없음
2) 1102×43 (47386) - 올림수 없고, 0 사용
3) 24×42 (1008) - 올림수가 조금 사용됨
4) 574×67 (38458)
5) 97×85 (8245)
6) 234×567 (132678)
7) 9999×111 (1109889)
8) 1471×143 (210353)
9) 구구단 53단 표 만들기 (53, 106, 159, 212, 265, 318, 371, 424, 477, 530)
10) 1272÷53 (24)
11) 2769÷71 (39)
12) 2002÷22 (91)
13) 69741÷123 (567)
14) 50001÷23 (2173, 나머지 22)
15) 100000÷101 (990, 나머지 10)

아이들 스스로 요령을 터득하기도 한다. 예를 들어 12)번 문제를 먼저 2로 나누고 다시 11로 나누면 더 쉽다거나, 15)번 문제에서 굳이 구구단 101단 표를 만들지 않아도 된다는 것을 파악하고 그렇게 해도 되냐고 물으면 당연히 허락한다. 4자릿수 곱셈, 나눗셈은 교육적으로 별 가치는 없지만 교사가 준비해간 기본 문제를 순식간에 해치워버리는 영

리한 아이들을 위해 서너 개쯤 준비해두는 것이 좋다. 순서를 바꾸어 계산해보게 하는 것도 좋은 방법이다. 5)번 문제라면 8245÷85, 13)번 문제라면 567×123이 될 것이다. 측정에서는 문제를 아주 폭넓고 다양하게 출제할 수 있다. 이 기회를 활용해서 숫자 중심의 계산 문제와 성격이 전혀 다른 문장형 문제를 많이 연습해본다. 다음과 같이 빈칸을 채우는 것이 문장형 문제에서 가장 단순한 형태다.

1) 5주 = 일
2) 3년 = 개월
3) 63일 = 주
4) 120초 = 분
5) 3일 = 시간 등등

액체의 분량, 길이, 무게로도 연습한다. 여러 문장으로 된 긴 문제는 교사가 단정하게 손으로 쓴 것을 복사해서 나누어 준다. 각자 공책에 문제를 오려 붙이고 그 밑에 계산 과정을 쓰게 한다. 문장형 문제 몇 개를 소개한다.

1) 메리는 4일 동안 걷기 여행을 했습니다. 첫날은 10마일을 걸었고, 시간은 5시간 걸렸습니다. 다음 날은 11마일 2펄롱을 갔고, 5시간 20분이 걸렸습니다. 마지막 이틀 동안은 각각 6시간 20분 동안 12마일 3펄롱을 걸었습니다. 메리가 걸은 거리를 모두 합치면 얼마나 될까요? (1마일=8펄롱)
2) 메리가 걸었던 시간은 모두 합쳐 얼마나 될까요?
3) 식구가 많은 여덟 집에서 우유 장수에게 우유를 1갤론 3파인트

씩 주문했습니다. 우유 장수는 총 몇 갤론의 우유를 배달해야 할까요? (1영국 갤런=8영국 파인트)

4) 빵집에 가서 아래 목록의 빵을 구입했습니다. (100펜스=1파운드)

◇ 하나에 83펜스 하는 식빵 3덩어리

◇ 하나에 1.20파운드 하는 비스킷 4봉지

◇ 하나에 1.95파운드 하는 케이크 두 개

20파운드짜리 지폐를 냈다면 얼마를 거슬러 받을까요?

5) 건물 바닥의 크기가 가로 15야드, 세로가 12야드입니다. 여기에 정사각형 모양의 콘크리트 판을 깔려고 합니다. 판의 한 변 길이는 1야드입니다. 모두 몇 장의 판이 필요할까요?

6) 이 콘크리트 판 한 장에 가로와 세로가 1인치인 크기의 사각형을 그려 넣었습니다. 사각형의 개수는 총 몇 개일까요? (1야드=36인치)

7) 몸집이 아주 큰 사람 셋이 작은 배에 조심조심 올라타려고 합니다. 세 사람의 몸무게는 각각 15스톤 12파운드, 16스톤 9파운드, 17스톤 6파운드입니다. 이들이 타려는 배는 무게가 총 50스톤이 넘으면 가라앉아버리고 맙니다. 배가 가라앉았을까요?

(1스톤=14파운드)

8) 로버트는 하나에 35페니 하는 색연필 25색을 샀습니다. 10파운드 지폐를 내고 거스름돈으로 작은 동전 하나와 그보다 약간 크고 모양이 다른 동전 6개를 받았습니다. 이 동전들은 얼마짜리였을까요?

9) 5킬로미터는 몇 센티미터일까요?

10) 총 70야드 길이의 천을 돌돌 말아놓았습니다. 이 두루마리를 풀어 8피트 길이로 자르려고 합니다. 8피트짜리 천이 총 몇 조각 나올까요? 그리고 남은 천의 길이는 얼마일까요?

11) 이번에는 총 70미터 길이의 두루마리를 풀어 각각 2미터 60센티미터 길이로 자르려고 합니다. 10)번과 동일한 두 질문에 답을 쓰세요.

12) 모든 모서리가 10센티미터인 정육면체 모양 물통에 무게가 1킬로그램인 물 1리터를 담을 수 있습니다. 1리터의 물에서 $\frac{1}{4}$을 따라내면 남은 물의 무게는 몇 그램일까요? 남아있는 물의 깊이는 몇 밀리미터일까요?

당연히 쉽고 간단한 문제에서 어려운 순서로 문제를 배치한다. 방법과 이유는 2장에서 설명했다. 길이를 배웠다면 다음과 같은 문제를 준다. (미터법 단위는 주요수업 후반부에 도입한다)

1) 2피트는 몇 인치입니까? (1피트=12인치)

:

7) 직선 수로의 둑을 따라 밭이 길게 이어져 있습니다. 정사각형으로 구획된 밭의 한 변은 1펄롱입니다. 농장 안을 지나는 수로의 길이는 총 2마일 반입니다. 이 농장에는 모두 몇 개의 밭이 있을까요?

:

13) 어떤 화물 기차에 4야드 길이의 디젤 엔진칸 1량과 19피트 길이의 화물칸 33량이 달려있습니다. 연결부분의 공간은 각각 1야드입니다. 기차의 전체 길이는 1마일의 $\frac{1}{8}$보다 깁니다. 얼마나 더 길까요? 야드 단위로 답하세요. ($\frac{1}{8}$마일=1펄롱=220야드)

평소처럼 문제 아래쪽에 정답인 20, 24, 26을 나란히 써준다. 계산이 느린 아이들은 시간이 부족해서 13)번 문제 근처도 못 갈 수 있지만 상관없다. 시간이 넉넉하고 교사가 조금만 도와주면 자신도 다 풀 수 있다고 생각할 것이다. 다음 날 교사는 전날 배운 것을 복습하는 차원에서 아이들과 함께 13)번 문제를 칠판에서 풀이한다. 전날 못 풀었던 아이들은 교사를 통해 배울 수 있고, 전날 문제를 풀었던 아이들은 자신이 풀었던 것과 비교해서 교사가 칠판에 얼마나 아름답고 깔끔하게 풀이 과정을 쓰는지를 보고 배운다. 이렇게 하면 학습능력에 따라 수준별 편성을 해서 각기 다른 과제를 주고 그에 따라 아이들을 프로축구 선수들처럼 성적순으로 줄 세우기 할 때 생길 수 있는 사회적 분열을 피할 수 있다.

수학 연습 시간

3학년부터는 오전 수학 주요수업 말고도 40분짜리 수학 연습 시간이 적어도 일주일에 2, 3번은 반드시 있어야 한다. 주요수업이 수학일 때는 그 시간에 국어 연습을 하고, 수학이 아닌 다른 과목일 때는 산술(과 형태그리기) 연습을 한다. 이는 새로운 내용을 배우는 시간이 아니라 앞서 수학 수업에서 배웠던 것을 연습하는 시간이다. 수학은 외국어처럼 규칙적으로 반복 연습해야 한다.

40분 중 처음 5분은 교사가 오늘 할 내용을 안내하고, 30분 동안은 조용히 각자 문제를 풀고, 마지막 5분은 교사가 불러주는 답을 들으면서 각자 채점한다. 이 시간에는 다음과 같은 문제를 나누어 준다.

1) 329, 41, 106을 더하세요.

2) 56파인트는 몇 갤런일까요?

3) 모금함을 열어보니 21파운드, 35×50펜스, 52×20펜스, 17×5펜스의 동전이 모였습니다. 모금한 돈의 액수는 모두 얼마일까요?

4) 142857에 7을 곱한 수는 백만보다 얼마나 작을까요?

5) 19m 39cm에서 16m 74cm를 빼세요.

6) 구구단 12단에서 36은 몇 번째에 나올까요?

7) 다음 그림을 옮겨 그린 다음, 가운데 선을 중심으로 마주보는 형태끼리 균형을 이루도록 나머지 모든 사분면에 그림을 그리세요.

8) 다음 덧셈식의 빈 칸을 채우세요.

		2	5	7
+		□	1	8
	3	8	□	□

9) 어느 윤년의 1월 1일은 일요일이었습니다. 일 년 동안 일요일만 빼고 매일 저금통에 5펜스짜리 동전을 넣었습니다. 그 해의 마지막 날 얼마의 돈을 모았을까요?

10) 67081을 259로 나누어보세요. 특별한 점을 찾아낸 것이 있습니까?

11) 한 농부는 겨울이면 자신의 외양간에서 날마다 2헌드레드웨이트의 소똥을 치웠습니다. 11월 한 달 동안 그 농부가 치운

소똥은 몇 톤일까요? (론 선생님, 이런 문제 진짜 풀어야 해요?)
(1헌드레드웨이트=1/20톤)

12) RON이란 이름의 알파벳을 하나씩 회전시키면 이런 그림이 나옵니다. 8619라는 숫자도 각각 이렇게 회전시켜보세요. 이제 그 수는 처음 수보다 커졌을 것입니다. 얼마나 커졌나요?

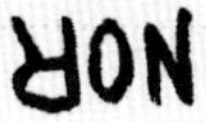

답: (7)번, 8)번 제외)

1, 265, 3, 3, 7, 1565, 4975, 259, 297, 476

원하는 순서대로 문제를 풀어도 된다. 수업 시간에 풀지 못한 문제는 집에서 마저 풀어보라고 권할 수는 있지만, 이 나이에는 아이의 선택에 맡긴다.

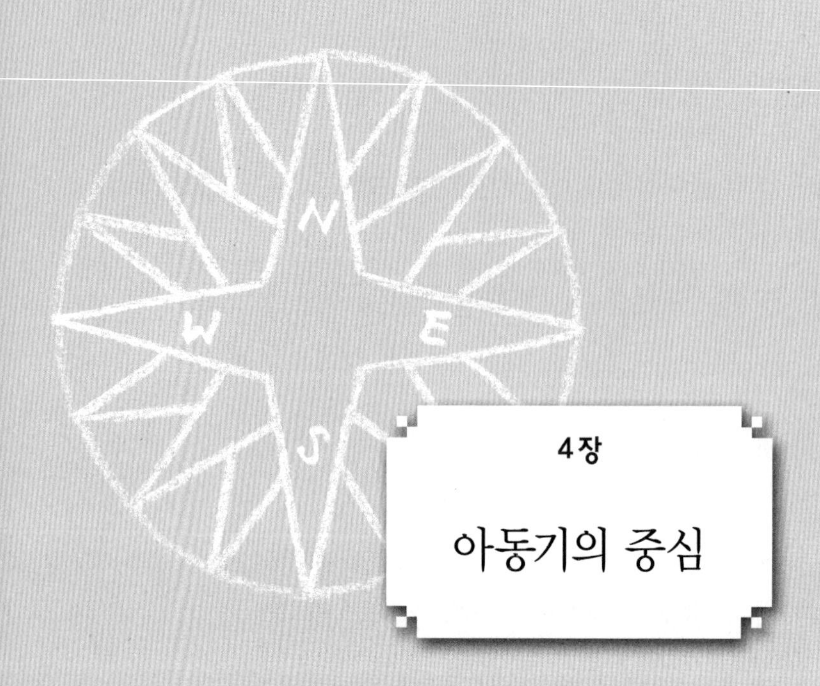

4장

아동기의 중심

아동 발달

9세까지 아이들을 관찰해서 그 특성을 다음과 같이 정리했다.

정신과학적 단계	영혼의 중심	학년과 연령	아이가 '하는 말'	발도르프 교육과정의 제안
6세를 넘으면서 신체 형성과정이 끝나가고, 물질육체의 기본 구조가 완성된다.		유치원	다른 아이들과 함께 나를 사랑해주세요	창조적인 놀이와 모방
물질육체가 물리적 환경에 적응한다. 형성력이 해방되면서 습관, 기억, 리듬(에테르체)이 발달한다.		I–7	나의 놀이와 상상의 보따리에 리듬과 좋은 습관을 가져다주세요.	쓰기 동화 숫자와 사칙연산
안정된 자세.(에테르체가 신체를 조절할 수 있음) 에테르체에서 아스트랄체의 전조가 보인다.	의지	II–8	나는 편안하게 움직일 수 있어요. 나에게 용기, 현명함, 가치 있는 목표를 가르쳐주세요.	전설과 우화 구구단
에테르체에서 자아의 전조가 보인다. 자아가 생명력을 다스리는 연습을 한다.		III–9	의지의 존재로서 당신은 누구입니까? 당신의 행동은 정말로 나를 위한 것입니까? 당신의 권위는 어디에서 오나요? 실제 삶에 대해 당신은 무엇을 알고 있습니까?	구약성서 이야기 농사 짓기 거름 집짓기 측정

첫 번째 세로 줄에서 설명하는 것은 인간을 이루는 네 가지 구성체의 활동이다. 이에 대해 더 깊이 알고 싶다면 루돌프 슈타이너의 여러 저술과 강연을 참고하기 바란다.[1] 이 경우에는 '에테르체'라는 표현보다 '형성체'가 더 적절하다. 형성력 없이 물질육체만 있다면 인간은 배아 모양의 석조 조각품에 지나지 않을 것이다. 그보다 눈곱만큼도 더 복잡

해질 수도 성장할 수도 없기 때문이다. 눈에 보이지 않으면서 (지구적이라기보다) 우주적인 에테르체는 주변을 에워싼 동시에 몸속 구석구석에 깃들어 있으며, 모든 생명, 성장, 확장을 주관한다. 감정을 주관하는 아스트랄체는 '고정된 별'인 항성보다 '움직이는 별'[2]인 행성 영역에 속하며, 14세 이후부터 본격적으로 발달하기 시작한다. 하지만 아스트랄체는 그 이전부터 두 가지 '하위' 원리(물질육체와 형성체)에 미묘하게 영향을 미치기 시작한다. 진정한 인간 개별성의 본질인 자아 역시 마찬가지다. 자아가 진정으로 발현되는 것은 20~21세부터지만, 자아의 전조는 현대 수학의 카오스 이론에서 말하는 한계막limit veil*처럼 3년 간격을 두고 드러난다. 그래서 3세가 되면 지금까지 "조니는 이거 먹고 싶어요." 하던 아이가 '나'라고 말하기 시작하는 것이다. 6세가 되면 이제 유치원이 아니라 학교생활을 궁금해 한다. 9세 아이들은 '나'와 세상을 대립관계로 느낀다. 이 나이 아이들에게 교사의 따뜻하지만 단호한 권위가 꼭 필요한 이유가 바로 이 때문이다. 실제로 9세 아이들이 위 표에 나오는 말을 입 밖에 내지는 않는다. 하지만 우리는 아이들이 말로 표현하지 않는, 그리고 스스로도 막연하게 밖에 의식하지 못하는 요구에 귀 기울이고 깨어있어야 한다.

인간 영혼의 세 가지 활동(느낌, 사고, 의지) 중에서 1~3학년 시기에 중심 역할을 담당하는 부관은 '의지'다. 물론 느낌과 사고도 존재하지만 이 시기에 중요한 것은 팔과 다리, 입술의 움직임, 눈의 초점, 허파와 혈액의 박동(인간은 이 움직임들을 조금씩 제 뜻대로 다스리는 법을 배운다)이다. 영혼의 함장인 자아는 아직 자신의 배인 육체를 완전히 다스리지 못하며, 의지 부관의 도움에 많이 의존해야 하는 상태다.

---

* limit veil(circle)_한계순환 끌개, 기운 맴돌이를 말하고 있는 것 같다.

요즘에는 '자아ego'라는 단어가 좋은 뜻을 가진 집단 내에서 경멸하는 의미로 사용되는 경우가 많다. "사람들 안에 자아가 너무 강합니다. 우리는 그것을 극복해야 합니다." 같은 식이다. 자기중심주의egotism가 사회에 부정적인 영향을 끼치는 것은 분명한 사실이다. 하지만 아름다운 영어 단어 '게이gay'가 언제부턴가 하나의 좁은 의미로만 쓰이기 시작한 것처럼, '자아'라는 단어 역시 그런 운명을 겪어야 한다면 실로 안타까운 일이 아닐 수 없다.

3학년 후반부터 5학년 말까지는 '느낌 부관'이 전면에 나선다. 이 나이(9세~12세)는 명실공히 아동기의 심장, 아동기의 중심이다. 이 시기 아이들은 까마득한 고대 문명과 그 사람들이 실생활과 사회에서 이룩한 성과, 그들의 신화와 시, 식물의 생명력 가득한 세계, 오늘날의 동물과 인간까지 세상 모든 일에 흥미를 갖는다. 아이들이 세상에 온지 12번째 되는 해를 '루비콘의 시기'라 부르기도 한다. 3학년 아이들은 유일신 하느님이 자녀인 이스라엘 민족을 어떻게 벌하고 상을 주는지(무서운 전염병으로, 또 젖과 꿀이 흐르는 땅으로)에 관한 이야기인 『구약성서』를 즐거이 듣는다. 하지만 4학년 올라가면서부터 아이들은 자신들의 세상에 단 하나의 권위만 존재하는 것이 아니라는 사실을 깨닫는다. 교사와 부모가 아이의 행동을 보는 시각이 다를 때도 있고, 때로는 양쪽의 견해가 충돌하기도 한다. 엄마, 아빠의 관점 역시 서로 다를 수 있다. 그래서 유럽의 학교에서는 이 시기 아이들에게 북유럽 신화를 들려준다. 단 하나의 신이 아니라 수많은 신이 등장하며, 그들끼리 미워하고 싸우기도 하는 이야기가 4학년 아이들의 상태에 꼭 맞기 때문이다. 아이들은 강력하고 위대한 신 오딘과 토르를 존중하면서도 로키의 심술궂은 장난에 환호성을 지른다! 페루에서는 잉카 시대 이전의 신화에서 비슷한 주제를 많이 찾을 수 있다. 이런 경우에는 북유럽 신화 대신 자국의 신화를 들려준다.

산술

이처럼 큰 변화가 산술 영역에서도 일어날까? 교사가 잘 이해하고 수업에 녹여내기만 한다면 아이들이 북유럽 신화 못지않은 열광적인 반응을 보일 법한 새로운 주제나 질적인 변화를 수학 수업에 도입할 수 있다.

그렇다. 바로 분수다! 이 새로운 수를 찬찬히 들여다보면 두 가지 뚜렷한 특징이 눈에 들어올 것이다. 하나는 분수fraction라는 단어가 '조각내다'라는 뜻의 라틴어 동사에서 나왔다는 것이다.(로키는 다른 신들이 공들여 창조해 놓은 것을 부수곤 했다) 영국 요크셔 주에는 폰테프랙트Pontefract라는 마을이 있다. 그 이름은 그 마을의 부러진 다리에서 유래되었다. 4를 똑같은 크기로 5조각을 내면 한 조각의 크기는 $\frac{4}{5}$가 되며, 이것을 보통 분수라고 한다. 하지만 12를 이처럼 5등분하면 가분수인 $\frac{12}{5}$ 또는 대분수인 $2\frac{2}{5}$가 된다.

분수에 이런 이상한 형용사가 붙은 이유는 지극히 보수적이었던 빅토리아 시대의 도덕기준 때문일 것이다.* 사람들이 채석장에서 바위를 쪼갤 때 자연 요소의 세계는 환호성을 보낸다. (적어도 현대적 전동 공구와 자동 컨베이어 벨트가 채석장을 점령하기 전까지는) 석탄 광부들은 종종 지하에서 땅의 정령의 존재를 느끼곤 했다.[3] 웨일즈 남성 합창단의 멋진 노래는 이런 현상과 무관하지 않을 것이다.

---

* 보통분수vulgar fraction(천한, 저속한), 가분수improper fraction(부적절한, 부도덕한), 대분수mixed fraction(혼합된)

분수의 이런 특성만 가르친다면 아이들 내면에 파괴적인 충동을 일깨울 수 있겠지만, 분수의 두 번째 특성에는 정반대의 힘이 있다. $\frac{4}{5}$라는 분수는 $\frac{8}{10}$, $\frac{12}{15}$와 같다. 정수는 숫자마다 이름이 하나뿐이지만, 분수는 왕족처럼 여러 개의 이름을 가지고 있다. 그 유연함으로 인해 그들은 흙보다는 물의 성질을, 물질적 특성보다는 에테르적 특성을 갖는다.

$\frac{4}{5}$의 다른 이름 전부를 한 자리에 놓고 가만히 보다 보면, 구구단 4단과 5단의 무한한 전체성에 대한 직관에 이른다.

지금까지는 분수 수업을 어떻게 시작할 지에 대한 도입이었다.

맨손 기하

'아동기의 중심'기에는 아이들의 그림에도 중요한 변화가 일어나야 한다. 먼저 색깔 사용이 새로운 차원으로 도약한다. 이 나이 아이들이 신화 속 장면을 그린 그림을 보면 웬만한 어른보다 탁월한 솜씨에 혀를 내두르게 되는 경우가 많다. 이에 더해 형태그리기에 기하학적 요소를 추가한다. 제일 먼저 (거의 완벽한) 원 그리기부터 시작한다. 그 전에 레오나르도 다빈치의 유명한 일화를 소개한다. 어느 날 다빈치가 성벽으로 둘러싸인 도시 너머 숲으로 산책을 나갔다가, 밤이 이슥해져서야 다시 마을로 돌아가기 위해 성문을 지나려 했다. 보초는 그를 불러 세우며 물었다 "거기 서라, 넌 누구냐?" "레오나르도 다빈치요." "아, 그러셔? 네가 레오나르도 다빈치면 난 교황님이시다! 정말인지 증거를 보여봐라!" 다빈치는 보초에게 길 옆 흙바닥 있는 쪽으로 등잔을 들고 오라고 한 다음, 무릎을 꿇고 손가락으로 흙 위에 완벽한 원을 하나 그렸다. 보초는 탄성을 지르며 외쳤다. "이런 원을 그릴 수 있는 사람은 레오나르도뿐이지. 지나가게, 친구!"

*칠판에다 교사가 손으로 시범을 보인다. "칠판을 보면서 그 위에 완벽한 원을 떠올려 보세요. 물론 칠판 위에선 아직 볼 수 없습니다. 그것은 눈에 보이지 않는 원입니다. 이제 선생님이 그 원을 따라 손으로 서너 번 그려볼 거예요. 여러분은 각자의 종이 위에서 손으로 똑같이 원을 그려보세요. 아니, 제인, 그렇게 움직이지 마세요. 머리는 종이 한가운데서 가만히 있어야 해요. 좋아요. 이제 연필을 손에 쥐고 눈에 보이지 않는 완벽한 원을 따라 천천히 움직이세요. 하지만 연필 끝이 종이에 닿지 않게 하세요." 이제 원의 지름을 따라 계속 돌다가 가끔씩 칠판 표면에 분필이 스치게 한다. 점점 분필이 닿는 면적이 늘어나고, 마침내 연결된 선으로 몇 번이고 반복해서 원을 그린다. 이렇게 그린 원은 한두 살짜리 아이가 열심히 연필로 끄적거린 다음 엄마 얼굴이라며 자랑스럽게 내미는 그림과 닮았다. 사실 한두 살짜리 아이의 그림은 아이의 의지 활동의 표현이며, 자신의 심장 박동을 묘사한 것이다. 10세 아이들에게는 그보다 정확한 원을 그리라고 요구는 하지만, 당연히 불완전할 수밖에 없다. 이제 진한 색깔의 단단한 분필을 들어, 희미하게 그린 수많은 원 사이에 분명한 원 하나를 그린다. 아이들에게 심이 단단한 연필을 이용해서 진한 원을 그린 뒤, 그것만 남기고 연하게 그렸던 다른 원들을 지우개로 깨끗이 지우라고 한다. 짜잔! 마법처럼 멋진 원이 등장한다. 당연히 여러 번 반복 연습해야 한다. 비슷한 방식으로 (거의) 완벽한 직선 그리기도 연습한다. 하지만 이 경우에는 연한 선으로 여러 번 반복해서 그리지 않는다. 머리를 종이 위 어디에 놓는지도 중요하지 않다. 앞서 그렸던 원 위에 중심을 가로지르는 세로선을 그리게 하면, 1학년 때 시작해서 2, 3학년에도 계속 그렸던 대칭 형태와 유사한 그림이 나온다. 가로선까지 그리면 다음과 같은 그림이 된다.

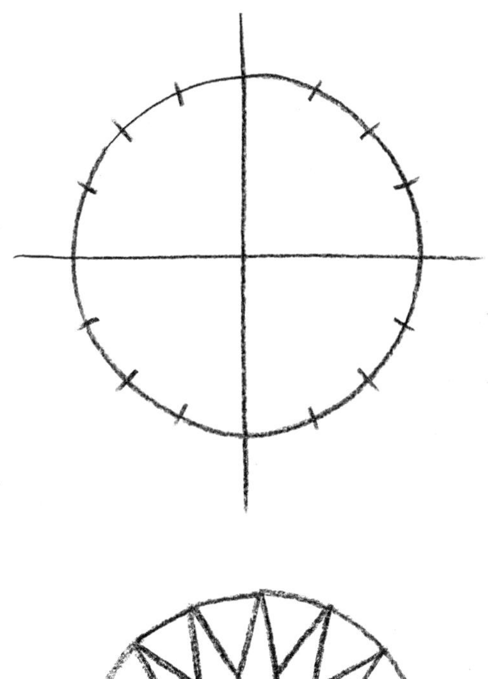

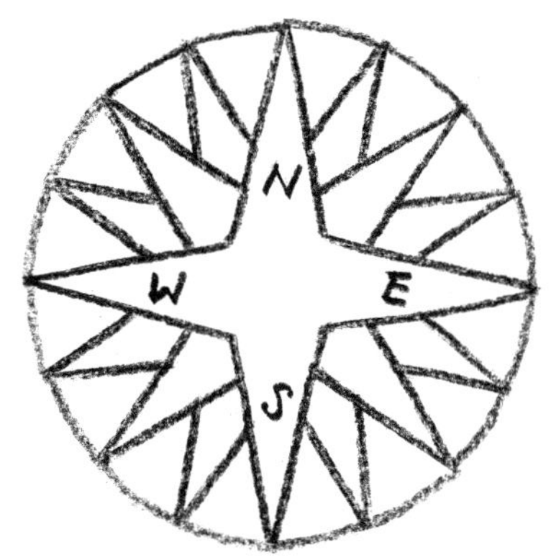

4개 호의 중심을 가늠해서 점을 찍고, 그렇게 해서 나온 8개 호의 중심에 다시 점을 찍는다. 이제 어떤 모양을 만들고 어떻게 꾸밀지는 아이들 마음대로 하게 내버려둔다. 총 8개의 지름을 그은 다음 파랑과 금색을 교대로 칠할 수도 있고, 4개의 꼭짓점이 원둘레에 내접하는 4개의 거의 정확한 정사각형을 그린 다음, 각각에 연하게 색을 입혀 색이 서로 겹치게 할 수도 있다. 좀 어렵긴 하지만 두 번째 그림처럼 그릴 수도 있다. 이렇게 그린 그림에 북동, 북북동, 동북동 등의 좌표를 추가하면 항해용 나침반이 된다.

동서남북의 기본 4방향을 아우르는 제일 안쪽 형태에는 빨강을, 바로 뒤에 있는 4개의 날개에는 파랑을, 가장 바깥쪽의 8개 날개에는 노랑을 칠한다. 물론 색깔 선택은 아이들 몫이다. 마찬가지로 도구의 도움 없이 맨손으로 원을 하나 더 그린 다음 12등분한다. 이제 분수에 대해 본격적으로 이야기할 수 있는 바탕이 충분히 마련되었다.

자연수의 4종류

아직 구구단을 완전히 숙지하지 못했다면 분수는 엄청난 시련이 될 것이 틀림없다. 지금쯤이면 "팔칠은?" 하고 물으면 반사적으로 답이 나와야 한다. '56'을 계산하고 답해선 안 된다. 따라서 분수 학습을 본격적으로 시작하기 전에 먼저 연습 삼아 고대 그리스 사람들이 즐겨했던 흥미로운 숫자 계산을 만나보자.

모든 자연수는 분해를 해보면 어떤 수로 나누어야 나머지 없이 떨어지는지를 알 수 있다. 전체에서 부분으로 가는 방향은 언제나 지성을 건강하게 훈련시킨다. 그 결과로 알게 된 사실에 나중에 이성의 힘이 더해지면서 분수 계산에 필요한 자신감이 생겨날 것이다. 12를 예로 들어보자. 12의 약수(1, 2, 3, 4, 6)를 모두 더하면 16이 된다. 16은 원래 숫자인 12보다 크다. 분해하는 대상은 약수로 치지 않는다. 자기 자신까지 약수에 포함하면 지나치게 자기중심적인 성질을 띠게 될 것이다.(우리나라는 분해 대상도 약수로 한다) 약수의 총합이 원래 수의 크기를 초과하는 12,

18, 20 같은 수를 초과수, 과잉수 또는 유쾌한 수*라고 부른다. 12는 초과수 중 가장 작은 수이며, 바로 여기에 12의 수학적 비밀이 숨어있다.

이에 비해 10은 부족수다. 10의 약수는 1, 2, 5이고, 그 합계는 8로 10보다 작다. 그리스 문명 전체가 중용과 균형을 달성하려는 노력에 바탕을 두고 있다. "너무 적지도 너무 많지도 않게, 딱 알맞게!" 당연히 그리스 사람들은 완전수에 큰 관심을 보였다. 6이 그런 수이다. 6의 약수인 1, 2, 3을 더하면 다시 6이 된다. 완전한 인간처럼 완전수 역시 극히 드물다. 6 다음의 완전수는 28, 496, 8128이지만, 그 뒤부터는 백만 단위 이상으로 어마어마하게 커진다.

한편 13처럼 약수가 1밖에 없는 소수Prime Number도 있다. 모든 숫자는 이 네 가지 유형 중 어느 하나에 속하지만, 단 하나의 예외가 있다. 바로 1이다. "하나는 하나, 유일무이한 것, 영원토록 그러하리."라는 노래 가사처럼 1은 특별한 수다. 첫 번째 소수는 1이 아니라 2다. 소수의 정의는 '나누어 떨어지는 수가 1 그리고 자기 자신밖에 없는 수'인데, 자기 자신이 1인 경우에는 '그리고'가 성립하지 않기 때문이다. 숫자의 내밀한 속성을 배우는 이 시간은 아이들이 능동적으로 탐색하고 발견해 볼 수 있는 절호의 기회다. 28이 어떤 수인지 미리 말해주지 말고 직접 찾아내게 하라. 교사가 원한다면 이 부분을 5학년으로 넘기고, 4학년에서는 분수에 대한 기하학적 설명만 다루어도 좋다.

하지만 5학년 수업에 더 적합한 것은 합성수를 소인수로 분해하는 연습이다. 예를 들어,

$$9100=2\times2\times5\times5\times7\times13$$

가장 좋은 방법은 짧은 나눗셈을 연이어 하는 것이다.

* jovial number_목성Jove이 유쾌한 기분을 감응시킨다고 생각한 데서 유래

$$
\begin{array}{r|l}
2 & 9\ 1\ 0\ 0 \\ \hline
2 & 4\ 5\ 5\ 0 \\ \hline
5 & 2\ 2\ 7\ 5 \\ \hline
5 & \ \ 4\ 5\ 5 \\ \hline
7 & \ \ \ \ 9\ 1 \\ \hline
 & \ \ \ \ 1\ 3
\end{array}
$$

먼저 2로 나누어 보고, 몇 번 더 연속해서 2로 나누어지는지 확인한다. 더 이상 나누어지지 않으면 3으로 나누어본다. 이런 식으로 소수인 2, 3, 5, 7, 11, 13을 따라 마지막 남은 수 자체가 소수가 될 때까지 계속 시도한다.

자연수의 4가지 유형을 피타고라스의 4원소 표에 대응시킬 때 주의할 점이 있다.

완전수	부족수
초과수	소수

'부족'과 '우울'은 어느 정도 공통점이 있다. '소수'와 '담즙' '초과'와 '다혈'도 일맥상통하는 면이 있지만, 정말로 '점액'을 '완전한' 기질이라고 말할 수 있을까? 아주 다루기 어려운, 시끄럽고 천방지축인 학급의 교사라면 이 말에 격하게 고개를 끄덕일지도 모른다. 그리고 점액질 아이들이 일반적으로 기하 그림을 가장 잘 (정확하고 예술적으로) 그린다는 것도 사실이긴 하다.

4, 5학년 수학 교육의 목표

4학년 말에는 반 아이들 대부분이 $4\frac{7}{12} \div 3\frac{1}{8}$(답: $1\frac{7}{15}$)과 같은 두 개의 혼합수를 이용한 사칙연산을 할 수 있어야 한다. 하지만 6학년, 혹은 그 이상이 되어도 이런 계산이 도무지 이해할 수 없는 신비로운 외국어처럼 들리는 아이들이 한 반에 두세 명은 있기 마련이다.

소수의 덧셈과 뺄셈 및 19.43÷2.9(답: 6.7) 정도의 간단한 곱셈과 나눗셈도 4학년 수학 수업 내용에 속한다. 하지만 0.023104÷0.00076(답: 30.4) 같은 문제는 5학년 수업으로 넘긴다. $\frac{3}{4}$을 소수로, 0.6을 분수로 전환하는 연습, 즉, '비정수 언어'의 해석도 4학년부터 시작해야 한다. 순환 소수가 나오는 문제는 5학년부터 다루어도 된다. 예를 들어 $\frac{2}{3}$를 소수로 나타내거나 0.31707을 분수로 전환하는 문제.(답: $0.\dot{6}$, $\frac{13}{41}$)

5학년은 비유적으로 말해 교사와 아이들 모두가 체리를 두 번째 베어 먹는 것과 같은 시기다.(지금까지와 다른 새로운 방법을 써서 접근해야 거추장스러운 줄기와 돌처럼 단단한 씨를 제거할 수 있으며, 적어도 조심성 없이 덥석 베어 물다가 이를 다치지 않을 수 있다)

5학년 말에는 능력의 편차가 큰 학급에서 적어도 절반의 아이들은 $\left(2\frac{5}{6}+\frac{3}{8}\right)\times\left(81\frac{3}{7}-78\frac{4}{7}\right)$ 같은 문제를 풀 수 있어야 한다.

답은 $9\frac{1}{6}$로 간단하지만 이 답에 이르기 위해서는 몇 가지 까다로운 복병을 넘어가야 한다. 사소한 계산 실수를 자꾸 되풀이한다면, 교사는 끈기 있는 치료로 그 구멍을 (가능하면) 아프지 않게 때우고 메워줘야 한다. 손쓸 수 없는 덧니라면 뽑아버려야 할 수도 있다. 음…생각만 해도 아프니 치과를 이용한 비유는 여기서 멈추는 것이 좋겠다. 물론 체리처럼 씨가 딱딱한 과일이 아니라 바나나처럼 말랑한 것을 먹고 있다면 좋겠지만, 분수를 익히기 위해 (교사와) 아이들이 흘리는 땀은 분명히 그만한 가치가 있다. 이를 다치지 않게 조심해서 과육을 베어 무는 법을 배워야 한다. 사실 체리보다 훨씬 먹기 어려운 석류 같은 과일도 있다!

몇 년 전에 영국 왕실 소속 장학사들이 떼거지로 (이렇게 표현해도 괜찮다면) 모여서는, 분수 계산(특히 마지막에 예를 든 것처럼 엄청나게 어려운 문제)은 말도 안 되는 시간 낭비일 뿐이라고 선언한 적이 있다. 지금 세상에서는 컴퓨터를 비롯해서 소수가 훨씬 많이 사용되고 있으니 교사들은 학교에서 분수를 더 이상 가르칠 필요가 없다고 주장했다. 그로부터 몇 년이 지나 그런 정책에 따라 분수를 전혀 배우지 못한 아이들이 대수를 이해하거나 대수 문제를 풀 때 큰 어려움을 겪는다는 사실이 드러났다. 물론 그 왕실 소속 장학사들은 재빨리 교사들에게 내리는 지침을 바꿨다. 몇 십 년 전과 달리 요즘에는 실제로 아이들 앞에서 수업을 해본 경험이 있는 사람들이 장학사로 '승진'하고 있으니 정말 다행스런 일이다.

또한 4, 5학년 2년 동안 산술을 일상의 실제 상황에 확대 적용시켜 보아야 한다. 무게, 돈, 일주일간의 평균 매상, 젖소의 우유 생산량, 반 아이 중 하나가 학교까지 걸어오는 거리(자동차를 타고 오는 것은 제외)의 평균값 구하기는 덧셈, 나눗셈을 위한 좋은 연습이다. 분수와 연계해서 원 그래프를 도입할 수도 있다. 비례식을 이용한 계산* 또는 귀일법**도 지금까지 산술에서 배운 내용을 실생활에 적용시켜보기에 좋은 연습이며, 특히 이를 통해 6학년 기하에서 배우게 될 논리를 5학년에서 미리 맛볼 수 있다. 바로 필멸성으로 인해 불멸의 존재가 된 그 유명한 카이우스가 등장하는 삼단논법이다.

모든 사람은 죽는다.
카이우스는 사람이다.
그러므로 카이우스는 죽는다.

---

* rule of three_수학에서는 비례식에서 외항의 곱은 내항의 곱과 같다는 법칙
논리학에서는 삼단 논법

**unitary method_먼저 변수의 값을 1개일 때로 환산한 다음, 필요한 양을 곱하는 방법

이 논리를 수학 문제에 적용하면 이렇게 된다. 연필 12자루의 가격이 3.48파운드이면, 7자루의 가격은?

12자루	3.48파운드
1자루	0.29파운드
7자루	2.03파운드

"4명의 사람이 6시간 동안 끝낼 수 있는 일이 있다. 10명의 사람이 같은 일을 하면 시간이 얼마나 걸릴까?"처럼 흔히 역비례라고 부르는 상황이 등장하는 문제는 피해야 한다. 그 경우 계산상으로는

4사람	6시간
1사람	24시간
10사람	2시간 24분

이지만, 실제로는 아주 솜씨 좋은 일꾼을 고용하지 않는 한, 8시간 이상 걸리기 때문이다!

수학 수업이 4학년에서 5학년으로 넘어가는 과정과 병행해서 맨손 기하는 자와 컴퍼스를 이용한 작도로 바뀐다. 도구를 이용한다 해도 완벽한 작도는 결코 불가능하다. 하지만 이를 깨닫는 것이 12세 이전 아이들의 진정한 본질에는 큰 의미가 없다. 맨손 기하는 아동기와 사춘기 내내 계속 진행해야 하지만(기하 쪽으로 치우칠 때도 있고 아닐 때도 있다), 도구를 능숙하게 다룰 수 있게 되면 자신감이 부쩍 상승한다. 4학년 때 도구 없이 그렸던 그림도 좋지만, 5학년 때 컴퍼스와 자를 이용해서 같은 그림을 다시 그릴 때 아이는 크나큰 기쁨을 느낀다. 여러 개의 원이 겹친 그림을 그리고 거기서 여러 가지 기하학 법칙을 발견할 때 그 기쁨은 한층 배가된다. 아이들의 이런 단계는 인류 문명사에서 사고 활동

이 진일보했던 시기, 즉 고대 그리스 시기와 일치한다. 5학년 기하 수업의 목표는 기하 법칙의 증명이 아니라, 원 둘레를 12등분한 점을 연결했을 때 만들어지는 4개의 이등변 삼각형, 3개의 정사각형, 2개의 정육각형처럼, 원과의 관계성 속에서 탄생하는 대칭 형태의 법칙과 아름다움을 인식하는 데 있다.

4, 5학년 아이들의 발달

교육 이론가들은 지난 반세기 동안 '생활 연령chronological age'이 아닌 '발달 연령developmental age'을 강조해왔다. 하지만 불행히도 이들의 관심은 '발달develop'보다 '사고 능력mental'에 치우쳤다. 인간은 마음mind과 육체body라는 두 부분으로만 이루어진 존재가 아니다. 사실 '마음'이라는 단어 자체는 많은 교육학자가 생각하는 '사고 능력'보다 훨씬 많은 의미를 내포하고 있다. 그들이 놓친 부분은 바로 인간의 개별 정신spirit이다. 뿐만 아니라 '발달 연령' 이론을 주장하는 이들은 몇 가지 심리적 특성을 제외하고는 인간 영혼의 존재 역시 간과하고 있다. 이 책에서는 '발달'이라는 단어를 보다 광범위한 의미로 사용했다. 그러다 보니 여기서는 '발달'이라는 단어를 '생활 연령'에 훨씬 가까운 의미로 사용하고 있다. 4장의 첫 머리에서 3학년까지의 발달 단계를 정리했던 표와 동일한 범주로 4, 5학년의 발달상의 특징을 정리한다.

정신과학상의 단계	영혼의 중심	학년과 연령	아이가 하는 '말'	발도르프 교육과정의 제안
세상의 아스트랄적 영향이 에테르체에 미치는 느낌	느낌	IV–10	당신은 유혹을 어떻게 조절하나요? 이 세상에 재미있는 것들이 이렇게나 많은데!	북유럽 신화 인간과 동물 맨손 기하 분수 문법 서예
세상의 에테르적인 영향이 에테르체에 미치는 느낌	느낌	V–11	아주 먼 과거에 대해 세상은 무얼 기억하나요? 내 심장은 살아있는 모든 것들을 위해 고동칩니다.	그리스 신과 영웅들 식물계와 지구 자국의 지리 본격적인 기하와 작도

첫 번째 열을 보면 정신과학의 관점에서 볼 때 아동기의 중심 시기에 아이의 성장하는 에테르체는 세상의 아스트랄성과 에테르가 주는 선물을 받는다. 여기서 말하는 '에테르'는 19세기 물리학에서 사용하던 에테르의 개념과 전혀 다르다. 이 시기에는 느낌이 영혼 활동의 중추역할을 담당하며, 6학년에 이르러서야 배의 함장인 자아의 지휘 아래 배의 방향키와 총괄 역할을 사고 활동에 넘겨준다.

네 번째 열에는 아이들이 무언의 언어로 어른들에게 전하고 묻는 질문을, 마지막 열에는 발도르프 교육과정에서 제안하는 수업내용을 간략히 정리했다.

학급에서 수학을 가르칠 때는 그 반 아이들이 다른 과목에서 무엇을 배우고 있는지, 그 과목에서는 구체적으로 어떤 부분을 다루고 있는지를 알고 있어야 한다. 예를 들어 4학년 수업에서 분수를 가르칠 때 동물 세계의 다양성에 대해 언급할 수 있다면 아이들에게 큰 도움이 된다. 사자와 독수리가 다르듯, $\frac{1}{12}$과 $\frac{1}{11}$도 완전히 다르다. 5학년에서는 식물학 시간에 여러 종류의 꽃을 배운다. 그런데 짜잔! 기하 시간에 작도를 하다보면 그것과 똑같은 형태를 다시 만나게 된다. 국어 문법과 산술의 올바른 해법은 (비례식과 삼단논법의 관계처럼) 미묘하게 닮아있다. 어떤 과목이건 벽돌로 단단하게 벽을 만들어 홀로 고립시키면 건강할 수가 없다. 수학 수업은 다른 모든 과목을 다 포용할 수 있다. 물론 적절한 선은 있어야 한다. 마찬가지로 수학 역시 역사나 외국어, 자연 과학, 음악 같은 다른 수업에 가끔씩 등장할 수 있으면 좋다.

특히 이 '아동기의 중심'기는 사회적 관계에 대한 진정한 느낌이 자라는 시기이기도 하다. 아이들 내면에서 반 친구들에 대한 느낌, 교사에 대한 느낌, 학교 전체와 자신들이 속한 사회에 대한 느낌이 자란다. 교사가 아이의 가정을 찾아 가족과 함께 식사할 기회가 온다면 아이는 기쁨에 겨워 그날을 손꼽아 기다린다. 따라서 순수한 수학적 맥락 속에도 이런 사회적 관계성을 담아내는 것이 좋다. 이에 관해서는 다음 장에서 여러 가지 정수의 상호 관계성과 기하 사이에서 대화하듯 주고받는 상호 동질성(유질동상)에 대해 살펴볼 때 만나게 될 것이다.

5장

4, 5학년에 적합한 문제

이 나이쯤 되면 두 시간짜리 주요수업 시간 중 매일 한 시간씩 조용히 혼자 수학 문제를 푸는 데 익숙해져 있어야 한다. 이전 것을 복습하는 문제를 항상 포함시킨다.

4학년 분수

본격적인 분수 계산으로 들어가기에 앞서 다음과 같은 문제를 연습한다.

1) 7을 자기 자신과 곱하면?

2) 14×21

3) 1)번 문제 답을 2)번 문제의 답에 넣는다면 몇 번 들어갈까요?

4) 2)번 문제의 답의 몇 분의 몇이 1)번 문제의 답이 될까요? ($\frac{1}{2}$, $\frac{1}{3}$, $\frac{1}{6}$, $\frac{1}{10}$)

5) 큰 원을 그리세요. 원 둘레를 2등분한 다음, 6등분, 12등분, 마지막에는 24등분하세요. 원 위에 찍은 점을 모두 중심점과 연결시키세요.

6) 5)번에서 나온 원의 한 조각을 주황으로 칠하고, 다음 두 조각은 연파랑, 다음은 다시 주황, 다음 두 개는 연파랑 순서로 원을 모두 칠하세요.

7) 원의 몇 분의 몇이 주황이고, 몇 분의 몇이 연파랑인가요?

8) 20부터 30까지의 모든 수를 소인수분해해서 각각 부족수, 완전수, 초과수, 소수 중 어디에 해당하는지 쓰세요.

9) 8)번 문제의 답에서 초과수는 전체의 몇 분의 몇인가요?

10) 가장 작은 수가 13이고 가장 큰 수가 43인 소수 목록을 만드세요.

11) 테렌스는 5파운드의 $\frac{1}{4}$ 을 가지고 오렌지 2개(하나에 19펜스), 사과 3개(하나에 12펜스), 바나나 3개를 샀습니다. 바나나 하나의 가격은 얼마일까요?

12) 496부터 499까지의 숫자를 가지고 8)번 문제처럼 조사하세요. 어떤 점을 알아냈습니까?

답: 49, 294, 43, 41, 37, 31, 29, 23, 19, 17, 13, 17, 6, $\frac{2}{3}$, $\frac{1}{3}$, $\frac{3}{11}$, $\frac{1}{6}$

영리한 아이들은 앞쪽 문제가 너무 쉬워 시시하다고 여길 수도 있다. 하지만 그렇게 얕잡아보면서 대충 풀다가 어이없는 실수를 저지르기도 하고, 풀이 과정이 깔끔하고 예술적으로 정리되지 않았다고 교사에게 지적을 받을 수도 있다. 뒤쪽으로 가면서 도전 의욕과 성취감을 불러일으킬 만한 문제를 충분히 만나게 될 것이다. 12문제 모두 만족스럽게 잘 풀었다면 360이라는 수를 분해해보라는 추가 과제를 내주고, 고대 이집트에서는 왜 잠자고 밥 먹는 시간을 제외하고 모든 이가 한 해에 360일 동안 계속 일을 해야 한다는 규칙(나머지 날들은 모두 휴일이었다)을 만들었는지를 생각해보라고 한다.[1] 그 계산은 아래와 같다.

(360	×)	1
180	×	2
120	×	3
90	×	4
72	×	5
60	×	6
45	×	8
40	×	9

	36	×	10
	30	×	12
	24	×	15
	20	×	18
총계	717		93

$$\begin{array}{r} 717 \\ +\ 93 \\ \hline 810 \end{array}$$

360은 엄청난 초과수다.

다음날 교사는 칠판에 이 계산을 한다. 물론 아이들에게 다음 숫자를 물어보면서 푼다. 360 안에는 깜짝 놀랄 만큼 많은 수가 들어있다. 이제 아이들은 왜 일 년을 이루는 날수와 비슷한 이 숫자가 각도 측정에 선택되어 한 바퀴를 360°라고 하는지를 이해하게 된다. 이때쯤 아이들에게 각도기를 도입한다. (주의: 360° 각도기가 반원 180° 각도기보다 훨씬 좋다. 시험 삼아 둘 다 사용해보길!) 이어지는 문제는 분수를 이용한 계산들로, 조금씩 난이도가 높아지는 과정을 볼 수 있을 것이다. 분수에서는 덧셈이 제일 쉬운 계산이라 할 수 없다. 곱셈과 나눗셈이 훨씬 '생동감 넘치고' 재미있다. 하지만 분수의 사칙연산보다 '~의 몇 분의 몇'을 구하라는 문제가 먼저 나온다. 이것이 아이들의 입장에서 훨씬 이해하기 쉽기 때문이다. 물론 이 정도가 하루 분량이라는 뜻은 아니지만, 수학 주요수업이 끝날 때 복습이나 평가를 이런 식으로 구성할 수는 있다. 교사는 전날 수업시간에 아이들이 어려워했던 부분이 무엇인지, 다음 단계로 넘어가기 위해 어떤 부분을 연습하는 것이 좋은지 등의 기준에 따라 그날그날의 문제를 준비한다. 문제를 낼 때 알고 있으면 도움이 될 사항이 있다. 쉽고 잘 할 수 있는 문제를 많이 주는 것은 아이들의 의지를 훈련시키는 것이고, 끙끙거리며 풀어야 할 어려운 문제를 계속 준다면 사고를 훈련시키는 것이다. 쉬운 문제를 풀 때 아이들의 뺨은

장밋빛으로 발그레해지겠지만, 고삐 풀린 말처럼 날뛰며 말썽을 부리기 쉽다. 두 번째 경우에는 조용하지만 안색이 창백한 아이들이 될 것이다. 여기서도 모든 일에 중도를 지키라는 (중용 그 자체도) 고대 그리스의 가르침이 수업을 준비하는 교사들에게 중요한 기준이 된다.

1) $\frac{4}{12}=$

2) $\frac{6}{10}=$

3) $\frac{27}{9}=$

4) $\frac{17}{7}=$

5) $\frac{35}{15}=$

6) $8\frac{5}{6}=$ (가분수로)

7) 12의 $\frac{1}{3}$은

8) 20의 $\frac{7}{10}$은

9) $\frac{18}{19}$의 $\frac{1}{9}$은

10) $\frac{77}{80}$의 $\frac{2}{11}$는

11) $\frac{35}{39}$의 $\frac{6}{25}$은

12) $2\frac{2}{5}$의 $\frac{1}{4}$은

13) $3\frac{9}{10}$의 $\frac{5}{6}$는

14) $30\times\frac{1}{5}=$

15) $14\times\frac{1}{3}=$

16) $2\frac{1}{2}\times\frac{1}{2}=$

17) $3\frac{2}{3}\times1\frac{2}{5}=$

18) $3\frac{5}{7}\times1\frac{3}{4}=$

19) $10\frac{1}{8}\times4\frac{4}{9}=$

20) $5\div\frac{1}{2}=$

21) $4\div\frac{2}{3}=$

22) $2\frac{1}{2}\div\frac{1}{4}=$

23) $\frac{9}{14}\div\frac{3}{7}=$

24) $\frac{1}{3}\div1\frac{11}{12}=$

25) $12\frac{5}{6}\div4\frac{8}{9}=$

26) $\frac{1}{8}+\frac{3}{8}+\frac{1}{8}=$

27) $\frac{4}{5}+\frac{3}{5}=$

28) $8\frac{2}{7}\times9\frac{3}{7}=$

29) $\frac{5}{8}+\frac{7}{12}=$

30) $23\frac{3}{4}+24\frac{1}{6}=$

30) $5\frac{11}{20}+14\frac{8}{15}=$

32) $\frac{9}{16}-\frac{3}{16}=$

33) $\frac{3}{4}-\frac{5}{14}=$

34) $80\frac{9}{10}-1\frac{1}{6}=$

답: $\frac{2}{19}$, $\frac{4}{23}$, $\frac{7}{40}$, $\frac{14}{65}$, $\frac{1}{3}$, $\frac{3}{8}$, $\frac{11}{28}$, $\frac{3}{5}$, $\frac{3}{5}$, $\frac{5}{8}$, $1\frac{5}{24}$, $1\frac{1}{4}$, $1\frac{2}{5}$, $1\frac{1}{2}$, $2\frac{1}{3}$, $2\frac{3}{7}$, $2\frac{5}{8}$, 3, $3\frac{1}{4}$, 4, $4\frac{2}{3}$, $5\frac{2}{15}$, 6, 6, $6\frac{1}{2}$, $\frac{53}{6}$, 10, 10, 14, $78\frac{6}{49}$, $20\frac{1}{12}$, 45, $47\frac{11}{12}$, $79\frac{11}{15}$

여기서는 뺄셈에서 두 번째 항이 첫 번째 항을 초과하는 문제가 나오지 않음에 주목하라. 그것은 5학년 과정에서 다룰 것이다.

이런 분수 계산을 처음 가르칠 때 적절한 상을 찾는 것이 얼마나 중요한지를 재삼 강조하고 싶다. 언제나 아이들의 느낌을 먼저 일깨워야 한다. 나중에는 아이들이 그런 상을 알아서 없애고(또 그래야만 한다), 순수한 숫자 개념 속에서 사고가 활동하게 할 것이다. 여기서 중요한 비결은 상을 단순하게 만들라는 것이다. 예를 들어 어느 날 교사가 잘 익은 멜론 하나를 교실에 가져온다. 요리 솜씨가 좋은 교사라면 전날 멋진 케이크를 구워 와도 좋지만, 책상 위가 케이크 부스러기로 엉망이 되지 않도록 신경 써야 할 것이다.

길고 잘 드는 칼로 멜론을 가로로 2등분한다. 가운데 씨와 속 부분은 숟가락을 파내어 교실의 퇴비바구니에 넣는다. 그런 다음 그 상태를 칠판에 그림으로 그린다.

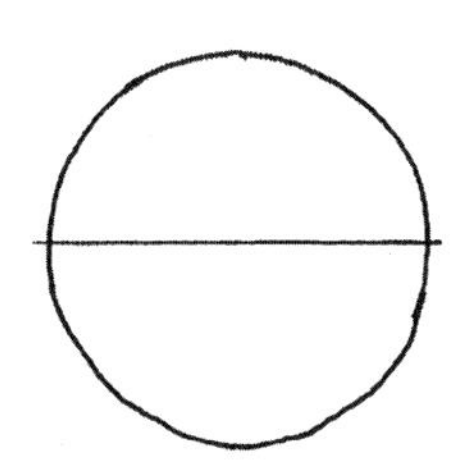

"처음에는 한 덩어리의 멜론이 있었지만 이제는 반쪽짜리 멜론이 두 개가 되었지요. 멜론이 절반이 되었음을 이렇게 표기합니다."

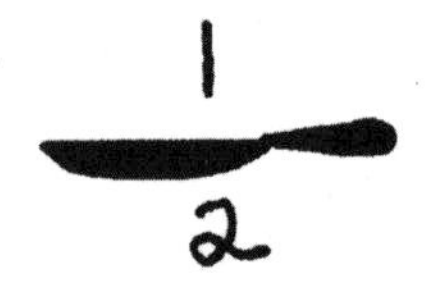

"매번 칼을 그리기는 어려우니 칼 대신 줄만 하나 그어줍니다."

$$\frac{1}{2}$$

이번에는 멜론을 수직으로 자른다. 비스듬하게 네 번 칼질을 해서 12조각을 낸다. 칠판 그림에도 이 상태를 추가한다. 이제 다음과 같은 이야기를 들려준다.

"아주 무더운 날, 카페 주인이 이렇게 12조각으로 자른 멜론을 진열장에 올려놓았어요. 목마른 사람 8명이 가게에 들어와서 한 조각씩 먹었지요. 한 사람이 먹은 멜론의 양은 얼마일까요? 맞아요. $\frac{1}{12}$ 조각이에요. 그들이 먹은 멜론을 모두 합치면 얼마나 될까요? 맞아요, $\frac{8}{12}$ 조각이에요. 나중에 또 다른 멜론 하나를 올려놓았더니, 아주 목마른 사람 4명이 와서 아까 손님들이 먹었던 것보다 2배 큰 조각을 하나씩 달라고 했어요. 한 사람이 먹은 멜론의 양은 얼마나 될까요? 맞아요, $\frac{1}{6}$ 이에요. 그들이 먹은 양을 모두 합하면? 맞아요, $\frac{4}{6}$ 조각이에요. 이번에는 몸집이 아주 큰 사람 둘이 농구를 하다가 땀을 뻘뻘 흘리며 들어와서, 아까 왔던 손님들이 먹은 것보다 2배 더 큰 조각을 달라고 했어요. 한 사람은 멜론을 얼마나 먹었을까요? 맞아요, $\frac{1}{3}$ 조각이지요. 둘이 먹은 양을 합치면? 그래요, $\frac{2}{3}$ 조각이에요."

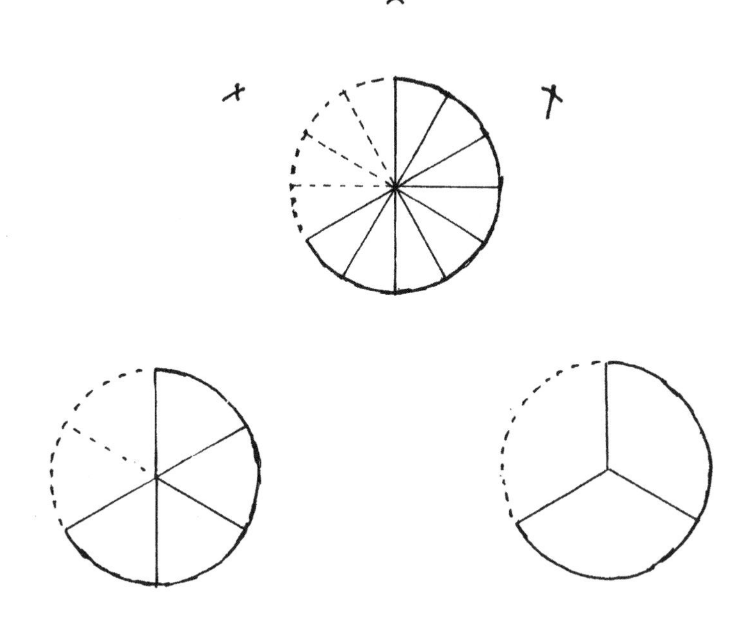

여러 가지 색분필로 그림에 아름다움을 더한 다음, 각자의 수학 공책에 옮겨 그리게 한다. "아주 재미있는 일이 일어났는데, 그게 뭔지 알겠어요? 그래요, 카페 주인이 팔았던 멜론의 양은 세 번 다 똑같았답니다. 따라서 $\frac{8}{12}=\frac{4}{6}=\frac{2}{3}$가 되는 거죠. 그리고 팔고 남은 멜론은 $\frac{4}{12}=\frac{2}{6}=\frac{1}{3}$이에요. 보면 알겠지만 우리는 먹은 조각의 수를 위쪽에 썼어요. 그걸 분자라고 부른답니다. 아래쪽에는 멜론을 모두 몇 조각냈는지를 썼어요. 그건 분모라고 불러요. 자, 먹은 멜론과 남은 멜론을 나타내는 분수를 잘 보면 또 뭘 알 수 있죠? 맞아요, 위쪽(분자)은 모두 구구단 2단이고, 아래쪽(분모)은 모두 구구단 3단이지요. 잠깐, 1도 2단에 속하나요? 당연히 그렇지요. 구구단 읽는 방법에 따라 달라질 뿐이에요. 2는

2에 1번 들어갑니다. '몇 번 들어갈까'*를 기억하세요."

이 날 수업은 3개(또는 4개)의 멜론을 모두 12조각씩 내어 아이들과 나누어 먹는 것으로 마무리 한다.

이제는 분수를 더 이상 나눌 수 없을 때까지 약분하는 문제를 낸다. 위쪽과 아래쪽 숫자를 보고, 둘이 동시에 나오는 구구단이 몇 단인지를 기억하기만 하면 된다.

하루나 이틀 후에 '~의 몇 분의 몇' 문제를 시작한다. 예를 들어 배가 20척 있는 그림을 이용해서, 먼저 함대의 $\frac{1}{5}$이 몇 척인지를 보여주고 다음에 $\frac{2}{5}$가 몇 척인지 등으로 계속 이어간다. 또 하루 이틀 후에 곱하기를 그림으로 보여준다. 앞서 3학년 때 간단한 면적 구하기 연습을 했다면 이 때 도움이 될 것이다.

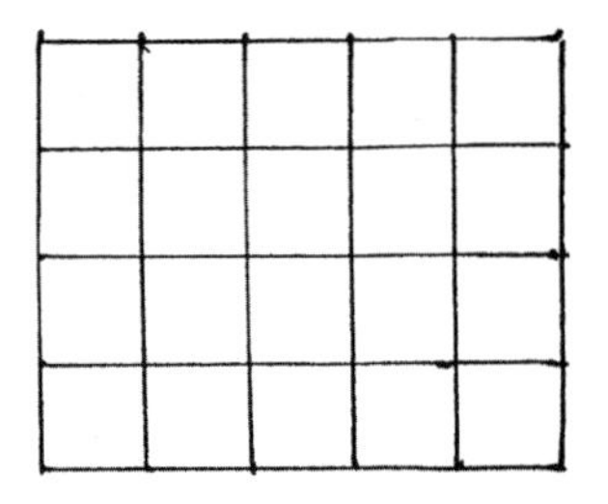

"이것은 작은 창고인데, 바닥엔 사방 1야드 크기의 석판을 깔아 놓았어요. 여기 있는 석판은 모두 몇 장일까요? 그런데 어떤 사람이 이 창고를 온실로 개조하고 싶어서, 석판 조각을 이용해서 18인치 폭의 좁은 길**을 만들었어요. 다른 석판은 모두 치우고 그 자리에 비옥한 흙을 깔았답니다. 식물을 기르는데 사용할 면적은 얼마나 될까요?"

* 구구단을 곱셈개념으로는 'two times two is four(2의 2배는 4)' 나눗셈 개념으로는 'two into four goes two(4속에 2가 2번 들어간다)'라고 한다

** 1야드=36인치

꺾은선으로 표시된 곳은 모두 면적이 1제곱야드이다. 네모반듯한 부분도 있고, 모양이 다른 부분도 있다. 꺾은선 표시가 없는 나머지 부분을 아래 그림처럼 모아보면 1제곱 야드의 $\frac{3}{4}$이 된다. 이 그림을 보면 식물을 키울 면적이 다음과 같다는 것을 알 수 있다.

$$4\frac{1}{2}\times 3\frac{1}{2}=15\frac{3}{4}$$

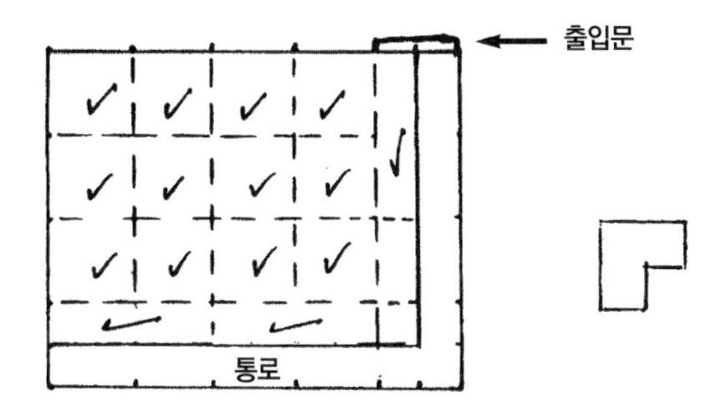

또 다른 그림을 이용해서 분수 곱셈을 한두 개 더 보여줄 수도 있다. 하지만 이제는 이렇게 가르쳐준다. "자, 이제 여러분에게 엄청난 비밀을 하나 알려주겠어요. 매번 이렇게 그림을 그리는 대신 아주 쉽게 할 수 있는 방법이 있답니다. 전에 '~의 몇 분의 몇' 계산처럼 하는 거예요. 위는 위끼리, 아래는 아래끼리 곱하세요. 가분수로 답이 나오면 대분수로 고치세요."

$$\begin{aligned}&4\frac{1}{2}\times 3\frac{1}{2}\\&=\frac{9}{2}\times\frac{7}{2}\\&=\frac{63}{4}\\&=15\frac{3}{4}\end{aligned}$$

답이 같다.

이것을 분배 법칙 따위의 논리로 증명해주려 애쓰지 말라. 아이들은 그런 논리에는 관심이 없다. 숫자 계산과 그림 속에 이미 논리가 담겨있으며, 이것을 시간이 지나 한 14, 15세쯤 되었을 때 의식으로 떠올리게 하면 된다. 그렇다면 아이들에게 논리보다 더 중요한 것은 무엇인가? 문제를 풀고 거기에 교사가 맞았다고 동그라미를 쳐주었다는 사실이다. 즉, 지금 아이들에게 이런 계산 요령은 그저 경기의 규칙을 배우는 것에 지나지 않는다. 가끔씩 다시 그림을 이용한 방식으로 돌아가 $2\frac{7}{10} \div \frac{3}{5}$과 같은 계산을 그림으로 풀어보게 한다.

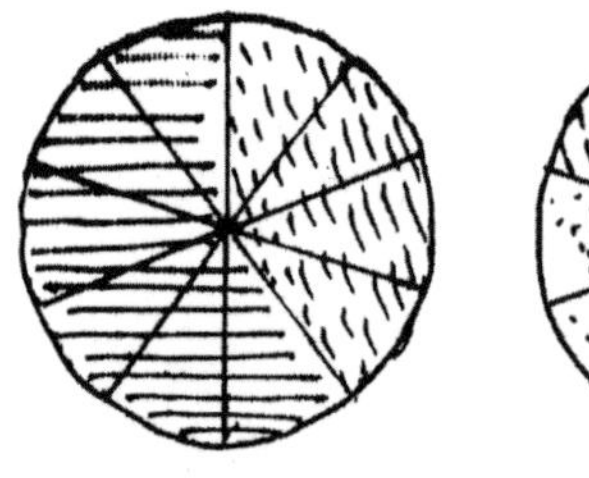
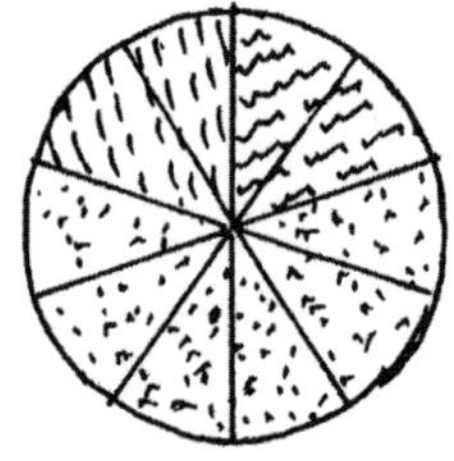
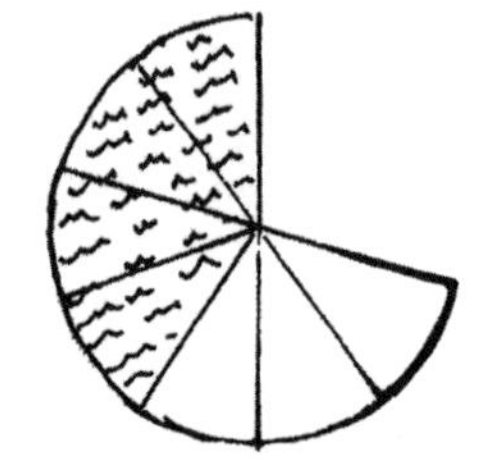

네덜란드 치즈 $2\frac{7}{10}$조각이 있다. 두 개의 온전한 덩어리도 각각 10조각으로 나누면 모두 27조각이 생긴다. 온전한 치즈 한 덩이의 $\frac{3}{5}$은 이렇게 자른 조각 6개를 의미한다. 6조각씩 같은 색을 칠한다면 몇 가지 색으로 칠할 수 있을까? 4가지 색으로 칠하고 3조각이 남는다. 하지만 남은 3조각은 6개씩 색칠한 묶음의 절반에 해당한다. 따라서 답은 $4\frac{1}{2}$이다.

이번엔 그림 없이 해보자.

$$2\frac{7}{10} \div \frac{3}{5}$$

$$= \frac{27}{10} \div \frac{3}{5}$$

$$= \frac{{}^{9}\cancel{27}}{{}_{2}\cancel{10}} \div \frac{\cancel{3}^{1}}{\cancel{5}_{1}}$$

$$= \frac{9}{2}$$

$$= 4\frac{1}{2}$$

답이 같다!

아이들은 앞서 다른 계산을 통해 교차 약분하는 법을 배웠을 것이다.(약분할 때 줄긋는 방향을 달리하는 것도 좋다) 나눗셈 대신 분수를 뒤집어서 곱셈을 하는 요령은 $3 \div \frac{1}{2}$과 같은 간단한 계산을 통해 설명한다. 이 계산을 말로 풀면 '3에 $\frac{1}{2}$이 몇 개나 들어가는가?'이다. 말로 설명하는 것만으로는 아이들이 제대로 이해하지 못한다면, 직접 사과 3개를 반으로 나누어 보여준다. 답은 $3 \times 2 = 6$이다. $\frac{1}{2}$로 나누는 것은 2를 곱하는 것과 같다. 2는 $\frac{2}{1}$와 같기 때문이다.

필요하다면 더 간단한 문제로 설명할 수도 있지만 아무튼 핵심은 $\frac{3}{5}$을 $\frac{5}{3}$로 뒤집는 것이다. 수학의 진정한 매력은 빠른 길로 질러가는데 있다. 이 놀라운 지름길을 깨달은 아이들은 수학 경시대회 전국 수석이라도 한 것처럼 즐거워한다. 한번은 수업시간에 집중하지 않던 한 남자 아이를 아이들 앞에서 거꾸로 뒤집어 세워 역수 계산법을 분명히 각인시킨 적도 있었다. 논리적 설명보다 효과는 몇 배나 좋았다!

분수의 덧셈과 뺄셈에 대해서는 별로 덧붙일 말이 없다. $75\frac{5}{6} + 23\frac{3}{8}$ 같은 계산에서 자연수 부분만 더하면 98이 된다. 사과와 바나나를 합쳐 '바사과'를 만들 수 없듯이, 분모가 6과 8로 다른 분수는 그대로 계산할 수 없다. 이럴 땐 이쪽 트럭에 실린 무거운 화물을 다른 트럭에 옮겨 싣는 그림을 이용한다. 두 트럭 화물칸의 높이를 똑같이 맞추기 위해서는 한쪽 트럭 타이어에서는 바람을 빼고, 다른 쪽 트럭 타이어에는 바람을 빵빵하게 넣는다.

분모가 다른 분수 계산은 이보다 훨씬 더 근사하다. 두 분모 모두에 바람을 빵빵하게 넣는다. 그래서

$$\begin{aligned} & \frac{5}{6}+\frac{3}{8} \\ =& \frac{20}{24}+\frac{9}{24} \\ =& \frac{29}{24} \\ =& 1\frac{5}{24} \end{aligned}$$

따라서 전체 답은

$$\begin{aligned} & 98+1\frac{5}{24} \\ =& 99\frac{5}{24} \end{aligned}$$

이다.

분수의 덧셈에서는 당연히 대분수를 가분수로 바꾸지 않는다.

4학년 소수

다음 문제를 풀면서 소수는 단지 분수의 특별한 형태에 불과함을 보여준다.

$$3\frac{74}{100}+25\frac{3}{10}+\frac{23}{1000}$$

지금쯤이면 여러 단계의 계산 없이 단번에 공통분모를 쓸 수 있어야 한다.

$$\begin{aligned} &28\frac{740+300+23}{1000} \\ &=28\frac{1063}{1000} \\ &=29\frac{63}{1000} \end{aligned} \qquad \begin{array}{r} 740 \\ 300 \\ 23 \\ \hline 1063 \end{array}$$

그런 다음 동일한 문제를 형태를 바꾸어 풀이하면서, 수학의 매력은 빠른 길로 질러가는 데 있음을 다시 한 번 보여준다.

$$\begin{array}{r} 3.74 \\ 25.3 \\ +\quad 0.023 \\ \hline 29.063 \end{array}$$

모든 소수점을 장교의 군복에 달린, 잘 닦아 반짝거리는 놋쇠단추처럼 한 줄로 가지런히 내려오게 찍는 것이 중요함을 강조하라. 소수점만 잘 맞추면 소수의 덧셈과 뺄셈은 큰 어려움 없이 할 수 있다. 곱셈도 소수점을 먼저 나란히 맞춘 다음 시작해야 한다. 7.42×5.3에서는 먼저 5부터 곱한다. 3은 5의 자리에 있는 수에 비해 그 값이 $\frac{1}{10}$에 불과하므로 3으로 곱한 값은 한 칸 오른쪽에 적어야 한다.

$$
\begin{array}{r}
7.42 \\
\times \quad 5.3 \\
\hline
37.10 \\
2.226 \\
\hline
39.326
\end{array}
$$

이런 계산을 충분히 연습한 다음에(경우에 따라선 몇 달 후에), 아이들에게 위의 계산을 먼저 자연수 곱셈으로 풀고(742×53), 답으로 나온 수에 문제에 나온 소수점 자리수를 모두 합한 만큼을 오른쪽부터 거꾸로 세어 찍으면 된다는 것을 보여준다.(2+1=3)

굳이 순서를 따지자면 제일 먼저 짧은 곱셈, 그 뒤에 짧은 나눗셈, 그 뒤에 긴 곱셈을 연습하는 게 좋지만, 원리는 다르지 않다. 앞의 문제를 거꾸로, 즉 나눗셈으로 풀어보자.

$$
\begin{array}{r}
7.42 \\
5.3\overline{)39.326} \\
\underline{37\,1} \\
2\,22 \\
\underline{2\,12} \\
106 \\
106
\end{array}
$$

1) 53

7) 371

4) 212

2) 106

답의 소수점이 왜 오른쪽으로 이동했을까? 나누는 수(5.3)을 자연수로 만들면서 나누어지는 수(39.326)의 소수점도 오른쪽으로 한 자리 이동했기 때문이라는 식의 논리적인 설명은 오히려 혼동만 불러일으킨다. 소수의 긴 나눗셈 계산을 시작하기 전에 어림셈을 도입하는 편이 훨씬 낫다. 어림셈으로 계산하면 39÷5는 대략 7이다. 이걸 보면 답으로 나온 숫자 어디에 소수점을 찍어야 할지가 분명해진다. 이제는 3학년에서 긴 나눗셈을 할 때처럼 구구단 53단을 전부 계산할 필요는 없으므로(산술 연습이 더 필요한 아이들은 예외), 나눗셈 계산 옆 빈 공간에 53단에서 필요한 수 몇 개만 따로 계산해서 적는다.

다음은 1, 2주 동안 소수를 공부한 다음 마무리로 풀어보기에 좋은 문제들이다.

1) 3.5+6.2
2) 27.8−2.7
3) 712.38+9124.5
4) 2.67−0.428
5) 2.321×3.2
6) 16.7×0.129
7) 7.4272÷3.2
8) 742.72÷32
9) 74.272÷0.32
10) 0.018, 63, 8.788을 모두 더하세요.
11) 2.85는 39.444 속에 대략 몇 번 들어갈까요?
12) 11)번 문제의 정확한 답은 무엇입니까?
13) 길 한 가운데에 노란 페인트로 그어놓은 중앙선은 운전자에게 넘어가지 말라는 표시입니다. 어떤 중앙선의 폭이 13.6cm이고 길이가 0.87km라면, 노란 페인트로 칠한 부분의 총 면적은 제곱미터로 환산할 때 대략 얼마가 될까요? 먼저 어림셈을 해보세요.
14) 돌을 쌓아 13층으로 만든 벽이 있습니다. 각 층의 높이는 11cm이고, 맨 꼭대기 층은 콘크리트로 되어있습니다. 벽 높이가 1.5m가 되려면 콘크리트의 두께가 얼마여야 할까요?
15) 신체 치수가 42 - 24 - 42인치인 여자가 허리띠를 맸습니다. 허리

띠에는 같은 간격의 구멍이 7개 있고 각 구멍의 지름은 0.75인치입니다. 한 구멍의 가장자리에서 다음 구멍의 가장자리까지의 간격은 얼마입니까? (소수점 아래 2자리까지)

답: 2.1543, 2.242, 2.321, 2.68, 7, 7.4272, 9.7, 13, 13.84, 23.21, 25.1, 71.806, 118, 232.1, 9836.88

4학년 형태그리기

형태그리기에는 예술적 형태와 기하학적 형태가 있다. 예술적 형태에는 어떤 하나의 '올바른' 답이 있을 수 없다. 아래의 형태 중 첫 번째 것을 옮겨 그린 다음, 나머지 두 형태를 각자의 예술 감각에 따라 보충해서 완성한다.

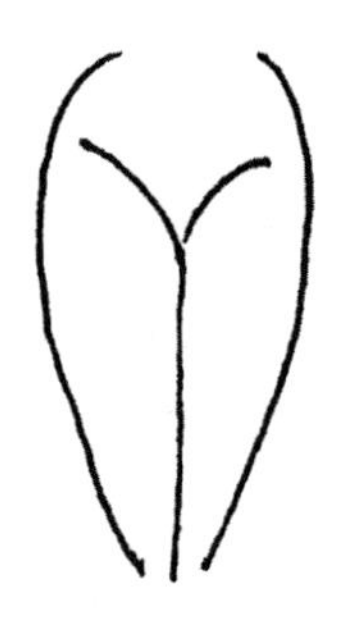
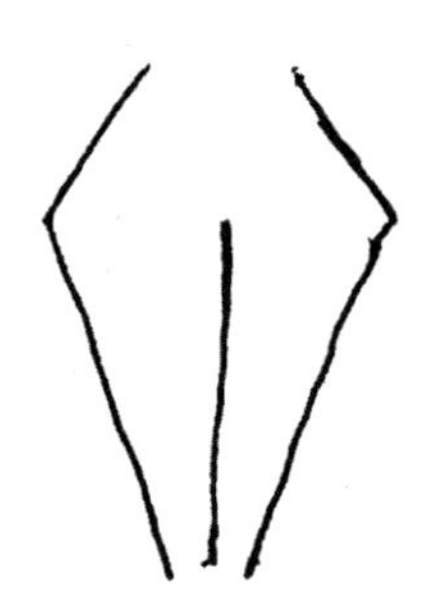

슈타이너의 일클리 강연[2]에서 또 다른 제안을 찾을 수 있다. 기하학적 형태는 주로 4장에서 소개했던 원 작도에서 시작한다. 원을 5등분하면(도구 없이 눈짐작으로) 다음과 같은 형태를 그릴 수 있다.

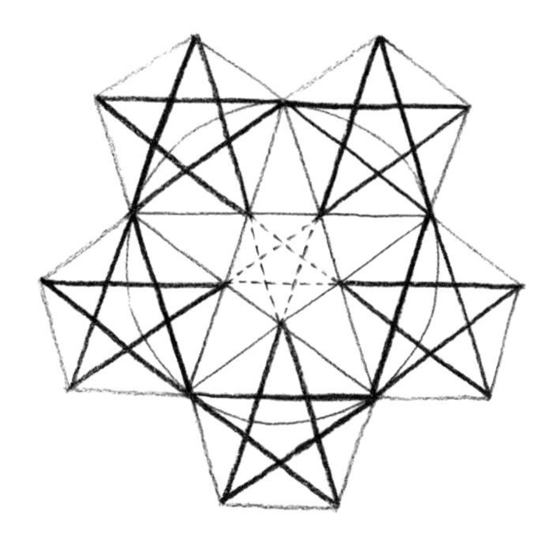

여기에 적절하게 색을 입히면 가운데 큰 별과 그 주변의 오각별 다섯 개가 분명히 드러난다. 여러 개의 원이 겹친 형태를 그릴 수도 있다. 중심 원을 그린 다음 진하게 표시된 점을 찍으면 쉽게 그릴 수 있다. 이 점들은 직선으로 연결할 수 있다.

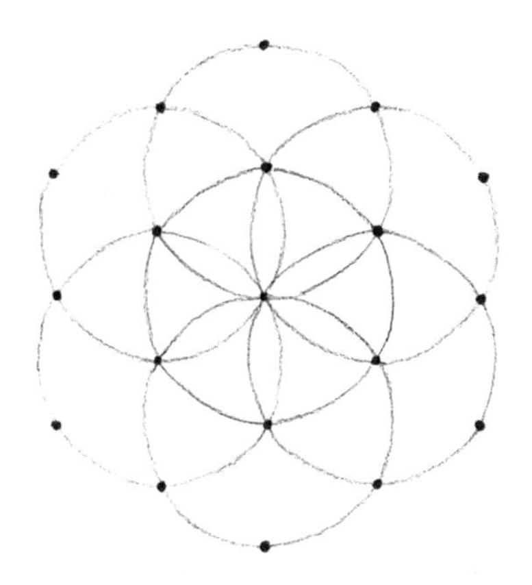

5학년에서는 이 형태를 컴퍼스를 이용해서 작도한다. 그 때는 일곱 개의 원이 망을 이루고 있는 이 기본적인 기하 형태 속에 정확한 기하 작도의 수많은 비밀이 담겨 있음을 배우게 될 것이다. 이 형태를 그리고 나면 색을 이용해서 꽃잎 형태를 강조하고 싶은 마음이 자연스럽게 생긴다.

교사의 상상력뿐만 아니라 아이들의 상상력을 통해 위에 제시한 것 말고도 무수히 많은 형태를 창조할 수 있다.(큰 종이에 크게 그리는 것이 좋다)

5학년 산술

5학년에서는 분수와 소수 계산을 한 단계 더 발전시켜야 한다. 이제는 사칙연산이 혼합된 분수 계산을 도입한다. 하지만 그 전에 $73\frac{1}{3}-68\frac{5}{6}$ 같은 뺄셈을 쉽게 할 수 있어야 한다.

$$
\begin{aligned}
& 5\frac{2-5}{6} \\
&= 4\frac{8-5}{6} \\
&= 4\frac{3}{6} \\
&= 4\frac{1}{2}
\end{aligned}
$$

2에서 5를 뺄 수 없기 때문에 분수 옆에 있는 덩치 큰 5에게 도움을 요청한다. “좋아, 내 것 하나를 줄게. 그러면 나는 1이 줄겠지만, 나의 1이 너에게 가면 6이 될 거야.”

$\left(3\frac{3}{5}-1\frac{1}{3}\right)\div\left(8\frac{7}{10}+5\frac{3}{4}\right)$처럼 복잡한 계산은 멋진 코스요리를 준비하는 자세로 임해야 한다.

으깬 감자요리에 커스터드 크림을 얹거나 달콤한 배 조림에 그레이비

소스를 뿌리지 않도록 주의하라. 실수하지 않으려면 요리와 후식을 이쪽 조리대와 저쪽 조리대로 분명히 구분해 놓는 것이 좋다. 물론 전체 계산으로 볼 때는 똑같은 계산을 반복하는 부분이 있긴 하지만, 그래도 할 수 없다. 계산은 다음과 같이 진행한다.

$$
\begin{aligned}
&= \left(2\frac{9-5}{15}\right) \div \left(13\frac{14+15}{20}\right) \\
&= \left(2\frac{4}{15}\right) \div \left(13\frac{29}{20}\right) \\
&= \left(2\frac{4}{15}\right) \div \left(14\frac{9}{20}\right) \\
&= \frac{34}{15} \div \frac{289}{20} \\
&= \frac{{}^{2}\cancel{34}}{{}_{3}\cancel{15}} \times \frac{\cancel{20}^{4}}{\cancel{289}_{17}} \\
&= \frac{8}{51}
\end{aligned}
$$

캘리포니아 사람들이 먹는 배-감자 앙상블에는 누르스름한 갈색 소스가 덮여있더라는 항의는 담당 교사들이 알아서 대답할 문제지만, 내 생각에 새크라멘토에 사는 아이들도 이런 설명에 크게 신경 쓸 것 같지는 않다.[3]

실제 공학에서 이런 계산을 하게 되는 경우는 거의 없지만, 나중에 대수를 배울 때 필요한 능력을 키운다는 점에서는 그 가치를 결코 가볍게 넘길 수 없다. 다음과 같은 간단한 소수점 문제로 시작해서 점점 복잡한 문제로 넘어간다.

$$0.0012 \times 0.0005 = 0.0000006(0)$$
$$350 \div 0.0005 = 700000$$

'삼단논법'과 원 그래프, 평균값 구하기는 5학년 교육과정에 속한다. 11, 12세 아이들은 고대 이집트 역사에도 큰 흥미를 보이므로, 필경사 아흐메스의 수첩[4] 이야기도 들려줄 수 있다.

그는 $\frac{2}{3}=\frac{1}{2}+\frac{1}{6}$, $\frac{2}{5}=\frac{1}{3}+\frac{1}{15}$ 같은 사례를 찾으려 애썼다. 첫 번째 분자는 항상 2이고, 나머지 분자는 항상 1인 또 다른 사례를 아이들이 찾을 수 있을까?

5학년에서 심화되는 내용 중에는 한 언어를 다른 언어로 옮기는 것도 있다. 이 나이 아이들은 외국어 수업에서도 의미를 정확하게 옮기는 연습을 한다. $\frac{3}{4}$을 소수 언어로 옮기는 것은 별 어려움 없이 할 수 있지만 (위의 숫자를 아래 숫자로 나누고, 필요에 따라 앞에 0을 보태 0.75를 구한다), $\frac{2}{3}$를 소수로 전환하는 경우에는 6이 끝없이 이어지므로(0.6666666…) 간단히 $0.\dot{6}$이라고 표기한다.

소수를 분수로 옮기는 것이 조금 더 어렵다.

$$0.3125 = \frac{3125}{10000}$$

이것을 차례로 5로 약분하면

$$= \frac{625}{2000} = \frac{125}{400} = \frac{25}{80} = \frac{5}{16}$$

하지만 $0.405405405405\cdots = 0.\dot{4}0\dot{5}$

$$= \frac{405}{999} = \frac{45}{111} = \frac{15}{37}$$

계산이 맞는지 여부는 다시 소수로 옮겨 확인할 수 있지만, 분모 자리에 999를 놓는 진짜 이유는 10학년이 되어 등비수열을 배울 때에야 비로소 분명해질 것이다.

다음은 지금까지 5학년 산술 시간에 배운 내용을 총 정리할 때 풀어볼 수 있는 문제들이다.

1) 물들인 양모 5타래의 가격은 20파운드입니다. 무지개 색깔로 한 타래씩 들어가도록 구성한 양모 한 세트의 가격은 얼마일까요?

2) 5학년 아이들 8명의 키는 각각 4′6″, 5′2″, 4′11″, 5′, 4′3″, 5′3″, 5′4″, 4′8″입니다. 이들의 평균 키를 구하세요.

(피트: ′, 인치: ″)

3) $\frac{3}{5}$과 $\frac{8}{9}$을 소수로 바꾸세요.

4) 0.72와 0.72727272…를 분수로 고치세요.

5) 다음 분수를 소수로 옮겨, 어떤 것이 가장 큰 수고 어떤 것이 가장 작은 수인지 알아보세요. $\frac{8}{11}, \frac{7}{10}, \frac{5}{7}, \frac{3}{4}, \frac{2}{3}$

6) 카이로에서 열린 음악회에 이집트(E), 시리아(S), 이라크(I), 팔레스타인(P) 사람들이 왔습니다. 나라별 참석 인원수는 다음의 대략적인 원 그래프에 나와 있습니다. 음악회에 온 사람은 모두 몇 명이었을까요? 중심에서 각각 정확히 몇 도여야 하는지 계산해서 원 그래프를 다시 정확히 그리세요.

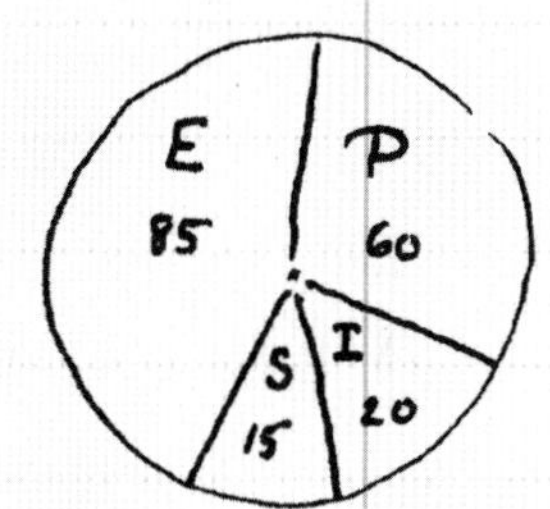

7) 요셉의 초청을 받아 아버지 야곱과 함께 66명의 가족이 이집트로 왔습니다. 가족 중에는 베냐민과 그의 자녀들(11), 시므온과 그의 자녀들(7), 유다와 베레스와 그 자녀들(7), 레위, 르우벤, 이싸갈과 자녀들(14)이 있었습니다. 야곱과 요셉, 그들의 자손까지 모두 포함한 '야곱의 집안'은 모두 70명이었습니다.[5] '야곱의 집안'을 다섯 영역: 베냐민(B), 시므온(S), 유다/베레스(JB), 레위/르우벤/이싸갈(LRI), 그 밖의 사람들(기타)로 나누어 원 그래프를 만드세요.

8) ① 요셉은 모두 몇 명의 자녀를 두었습니까?

② 야곱을 찾아온 사람들 중 몇 분의 몇이 베냐민과 그의 자녀

들입니까?

③ 야곱은 요셉 외에 11명의 자녀를 두었지만 그중 일곱만이 위에 언급되었습니다.

1부터 11까지 모든 수를 다 더하면 어떤 숫자가 나올까요?

어떤 특별한 점을 발견하였습니까?

9) 여기 소수점 이하 9자리로 이루어진 두 개의 숫자가 있습니다.

0.123456789와 1.111111110

다음을 구하세요.

① 두 수의 합

② 큰 수에서 작은 수를 뺀 수는?

10) 어떤 수에 2를 곱한 다음, 3을 더하자 15가 나왔습니다. 그 수는 무엇입니까?

11) 다음의 목록을 보고 첫 번째 숫자와 두 번째 숫자의 관계를 알아내세요.

2 . . . 11
3 . . . 16
4 . . . 21

이제 다음의 빈 칸을 채우세요.

30 . . . ( )
( ) . . . 101

12) $40\frac{1}{4} \div 30\frac{2}{3}$ 와 $40\frac{1}{4} - 30\frac{2}{3}$ 의 다른 점을 찾아보세요.

이번에는 정답을 주지 않는다. 위의 문제를 복사해서 5학년 마지막 주요수업이 끝날 무렵 일 년 동안 배웠던 내용(수학뿐만 아니라)을 되돌아보기 할 때 나누어 준다. 아이들이 연필을 들기 전에 처음 여섯 문제가 무엇을 의미하는지와 어떻게 풀어야 할지에 대해 잠깐 이야기를 나는다. 수업이 모두 끝나면 교사는 수학 공책을 걷어 그날 밤에 채점을 하고 다음 날 돌려준다. 공책을 나누어 준 뒤 모든 문제를 칠판에 풀고 아이들은 전날 자신이 풀지 못한 문제의 풀이 과정을 적는다.

주도적 탐색

이 장에서 소개한 많은 예제와 문제를 통해 숫자를 가지고 여러 가지 실험을 하면서 아이들은 스스로 법칙이나 놀라운 점을 발견할 수 있다. 자기 주도적 탐색과 교사가 준비한 문제 풀이, 양자가 균형을 이룰 때 건강하다. 문제 풀이를 통해서는 내적으로 단련되고, 능동적 탐색과 발견으로는 새로운 비밀을 찾아 자유롭게 실험하고 그 달콤한 열매를 맛볼 수 있다. 특히 5학년 기하 수업을 소개할 때는 아이들이 주도적으로 탐색하고 발견할 수 있는 문제를 많이 수록했다.

1장에서 피타고라스는 4의 창조적인 힘이 10 속에서 드러난다고 했다. $1+2+3+4=10$인 것이다. 이 장에 나왔던 문제를 보면 $1+2+3+4+5+6+7+8+9+10+11=66$임을 알 수 있다. 그 결과 역시 삼각형으로 배열할 수 있지만, 당연히 밑변과 높이가 훨씬 길고 높아질 것이다.

따라서 △4 = 10, △11 = 66, △17 = 153 이다.

마지막 삼각형은 요한복음 말미에 나오는 물고기 이야기다. 여기서도 새로운 발견을 할 수 있다. 아이들에게 다음 문제를 빨리 푸는 방법을 찾아보게 하라.

△5 = ? △6 = ? 등등

아주 큰 수는 어떨까? 예를 들어

$$\triangle 100 = ?$$

거꾸로도 풀 수 있을까? 성서의 마지막 장에 나오는 숫자를 예로 들어보자.

$$666 = \triangle ?$$

아이들에게 아흐메스의 발견에 해당하는 경우(첫 번째 분자는 항상 2이고, 나머지 분자는 항상 1인 다른 경우)를 찾아보라고 하면, 몇몇은 $\frac{2}{19}=\frac{1}{10}+\frac{1}{190}$을 찾아낼 수도 있을 것이다. 하지만 5학년 아이들에게 아래와 같은 문제를 풀라고 주는 것은 범죄에 가깝다.

$$\frac{2}{2b-1}=\frac{1}{b}+\frac{1}{b(2b-1)}$$

8학년은 넘어야 대수의 항등식을 이해할 수 있기 때문이다. 사실 아흐메스도 정말 알고 있었는지는 많이 의심스럽다. 하지만 그가 온전한 하나(2)를 두 부분 (1+1)으로 나눌 수 있듯이 분수를 가지고도 비슷한 작업을 할 수 있다는 사실에 완전히 매료되었던 것은 분명하다.

5학년 기하

수학 수업을 효과적으로 하는 비결 중 하나는 아이들의 현재 위치보다 한두 해 앞을 내다보면서 그 때 배울 내용에 대한 기대감을 불러일으키는 것이다. "오늘 여러분은 앞으로 7학년이 되었을 때 피타고라스 정리라고 부르게 될 것을 배울 거예요.” 그날 아침 아이들은 교실에 들어오면서 이동식 보조 칠판에 그려놓은 지도처럼 생긴 이상한 그림을 보았다. 그것을 가까이 끌어당기면서 이렇게 말하면 아이들의 호기심을 건강한 방식으로 자극할 수 있다.

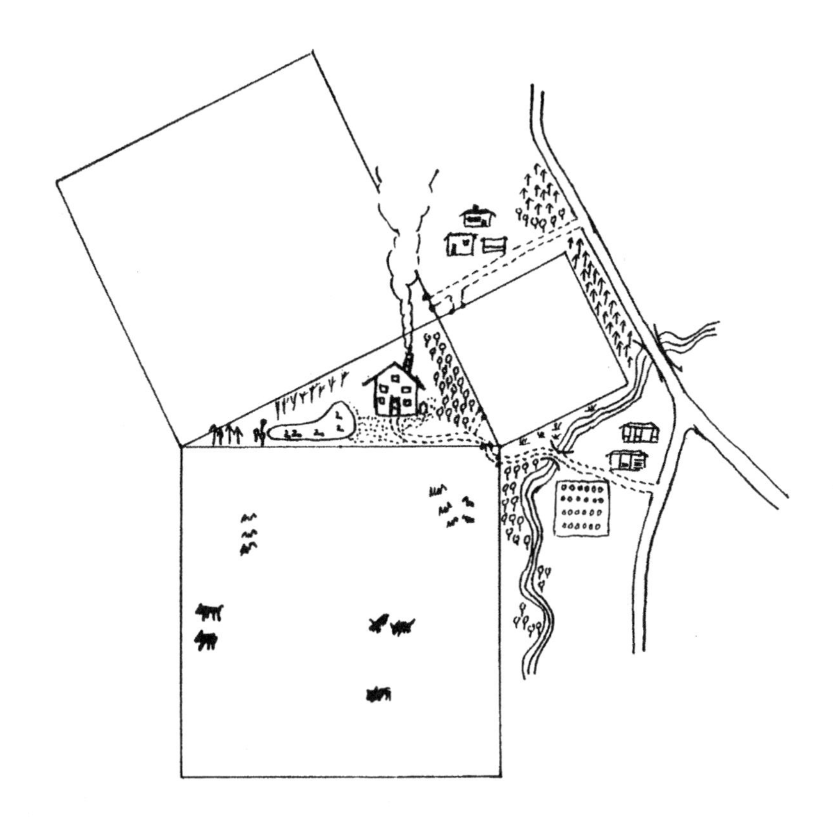

아이들은 4학년 때 지리(동네학)를 배우면서 자신들이 사는 동네를 조감도로 그려본 경험이 있으므로, 이것이 어떤 농부의 밭을 높은 곳에서 내려다 본 그림이라고 설명한다. 농부는 두 곳의 밭에 옥수수를 심고, 세 번째 밭에서는 가축들이 풀을 뜯어 먹게 했다. 내년 농사 계획을 세우던 그는 땅을 돌려가며 작물을 심는 게 좋겠다고 생각했다. 다음 해에는 큰 밭에 옥수수를 심고 다른 두 밭에는 풀을 심어 가축들이 뜯어 먹게 한다고 가정해보자. 내년에 농부는 옥수수를 올해보다 더 많이 수확하게 될까, 아니면 적게 수확하게 될까?

아이들이 각자의 생각을 펼쳐보게 하라. 그림을 보니 농부가 내년에 옥수수를 심을 땅이 더 넓다고 생각하는 아이도 있을 것이고, 그래도 한 군데의 밭이 두 군데를 합친 것보다 적지 않겠냐고 생각하는 아이도 있을 것이다. 누구 말이 맞는지 알아내기 위해 교실 중앙에 책상 몇 개를 붙이고 그 위에 이동식 칠판을 눕힌 다음, 아이들에게 가까이 와서 둥글게 둘러서라고 한다. 이제 옥수수 한 주머니를 꺼내 두 개의 작은 네모 위에 한 주먹씩 놓고, 두 명의 아이에게 머리빗으로 옥수수를 잘 펼쳐 평평하고 가지런하게 만들라고 한다. "두 네모 위에 올라간 옥수수의 높이가 똑같나요?" "아니에요?" 그러면 모자란 쪽에 옥수수를 조금 더 올리고 다시 가지런하게 만든다. 아이들에게 이 두 옥수수 밭을 아주 집중해서 관찰하라고 한다. 이제 다른 아이를 시켜 두 밭의 옥수수를 잘 모아서 세 번째 큰 밭에 가지런히 펼치라고 한다. "자, 어때요? 옥수수가 부족한가요, 아니면 넘치나요?"

아이들은 환하게 웃으며 "딱 맞아요!"라고 답한다.

물론 이는 논리적인 증명이 아니라 2년 뒤에 논리적으로 증명하고 응용할 내용을 미리 느낌으로 경험하는 것이다. 이 실험은 소수 주요수업의 마지막 20분 동안 진행한다.

다음 날에도 어제처럼 20분 정도 실험을 한다. 각자의 공책에 정사각형 하나를 작도한 다음, 색깔 있는 스티커 종이에 앞서 그린 정사각형과 합동인 사각형을 그리게 한다. 이제 간단한 조각그림 맞추기 퍼즐 형태의 수수께끼를 풀어보자. 스티커 종이에 그린 사각형을 가위로 잘라낸 다음, 아래 그림의 점선처럼 조각을 내고 두 개의 작은 사각형으로 재배열한다. 교사가 그려놓은 칠판 그림을 보고 자신들이 조각을 옳게 자르고 제대로 배치했음을 확인한 다음, 그것을 공책에 붙인다.

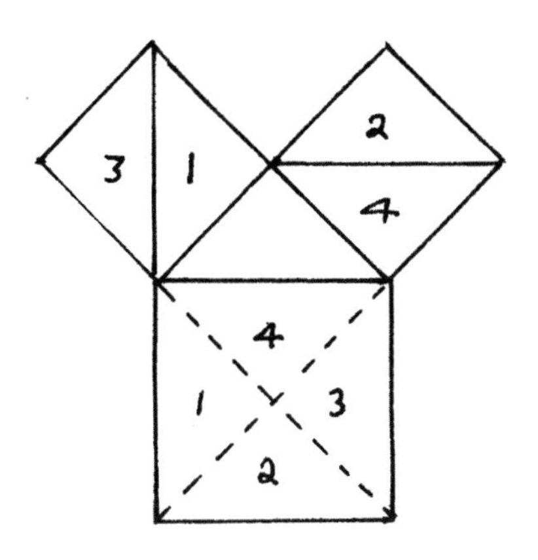

다음 날과 그 다음 날에도 갈수록 흥미롭고 어려운 조각 그림 퍼즐을 매일 하나씩 준다. 다음과 같이 사각형을 5조각과 6조각으로 잘라낸다. 6조각으로 자른 것이 가장 일반적인 직각 삼각형이다. 이 역시 논리적인 증명이 아니라 12세 아이들이 좋아할 방식의 실물 시연이다. 이 문제는 독자들이 직접 풀어보기 바란다. 어쩌면 아이들보다 더 오랜 시간 진땀을 뺄지도 모르겠다.

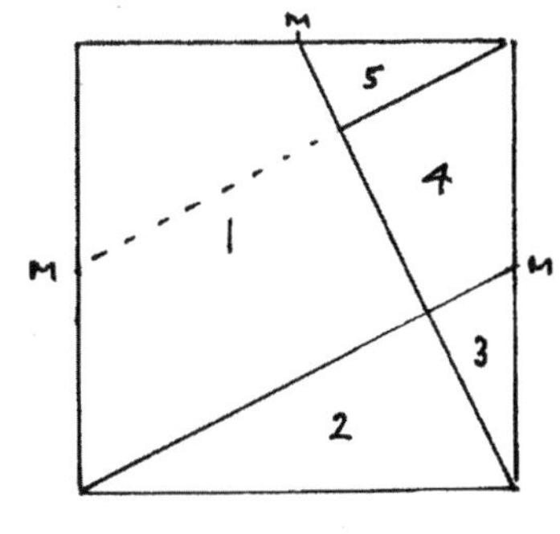

M은 중심점을 의미한다.

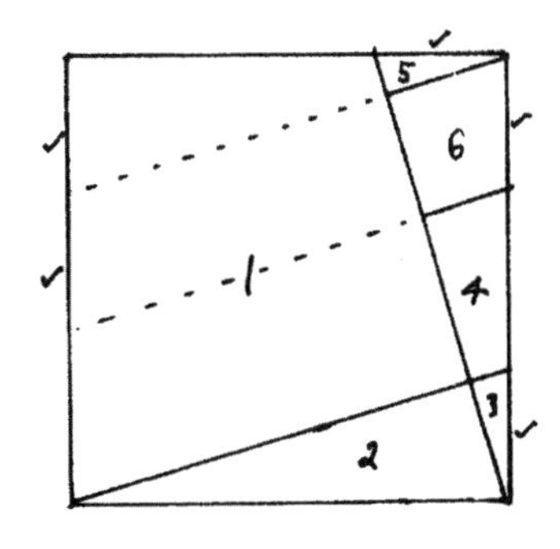

꺾은선으로 표시한 부분은 모두 길이가 같다.

5학년 기하 수업의 주요 과제는 컴퍼스 사용법을 익히는 것이다. 현명한 교사라면 아이들에게 각자 알아서 컴퍼스를 사오라고 하지 않고 한꺼번에 구입해서 나누어줄 것이다. 그래야 수업 시간 내내 드라이버를 들고 다니며 나사를 조이느라 헛된 시간을 보내지 않을 것이기 때문이다. 요즘에 생산되는 컴퍼스 중에는 기본이 안 되어 있는 경우가 정말 많다.

4학년 형태그리기 시간에 그린 '일곱 원이 겹친 형태'를 이제는 정확하게 작도해본다. 그런 다음 아이들에게 어떤 방식으로든 원하는 대로(옆 친구 등짝에 낙서하는 건 빼고) 멋진 형태 변형을 만들어보라고 한다. 아래에 두 가지 예를 수록했다. 『자유를 향한 교육』[6]을 보면 다른 예도 찾을 수 있다. 아이들은 활짝 핀 꽃 같은 형태를 보면 자연스럽게 색을 칠하고 싶어 하겠지만, 색을 칠하지 않은 빈 공간도 일부는 남겨두게 하는 것이 좋다. 적당히 부족하게 칠해야 형태가 색깔 속에 파묻혀버리는 불상사가 발생하지 않는다. 컴퍼스 작도를 6학년 이후로 넘기는 발도르프 교사들도 있지만, 사실 6학년은 증명과 연역 추리에 집중해야 할 때이다. 반면 5학년에서는 그 때 배우는 식물학과 직결시킬 수 있다. 뿐만 아니라 5학년들의 바느질 작품을 보면 섬세한 손 기술에서도 정확한 원 작도를 충분히 해낼 수 있는 적절한 시기임을 알 수 있다. 165쪽 첫 번째 형태는 원에 12개의 점을 작도하면 만들 수 있다. 이것은 안과 밖 양 방향으로 동일한 구조를 계속 확장시킬 수 있다. 진한 선으로 그린 3개의 사각형처럼 모든 사각형이 해바라기 꽃 머리에서 볼 수 있는 소용돌이 꼴을 이룬다는 점에 주목하라.

두 번째 그림은 공학기술자들이 쓰는 방법(먼저 눈짐작으로 기본 구조를 만들고 작도를 통해 수정보완 하는)을 이용해 원에 점을 찍어 7등분하는 것으로 시작한다. 부채꼴의 숫자가 2나 3, 5로 나누어 떨어지지 않는 것은 생물계에서는 찾아볼 수 없는 형태다. 또한 7은 '자와 컴퍼스'를 이용한 작도로는 완벽하게 균등한 공간 분할을 할 수 없는 숫자다.

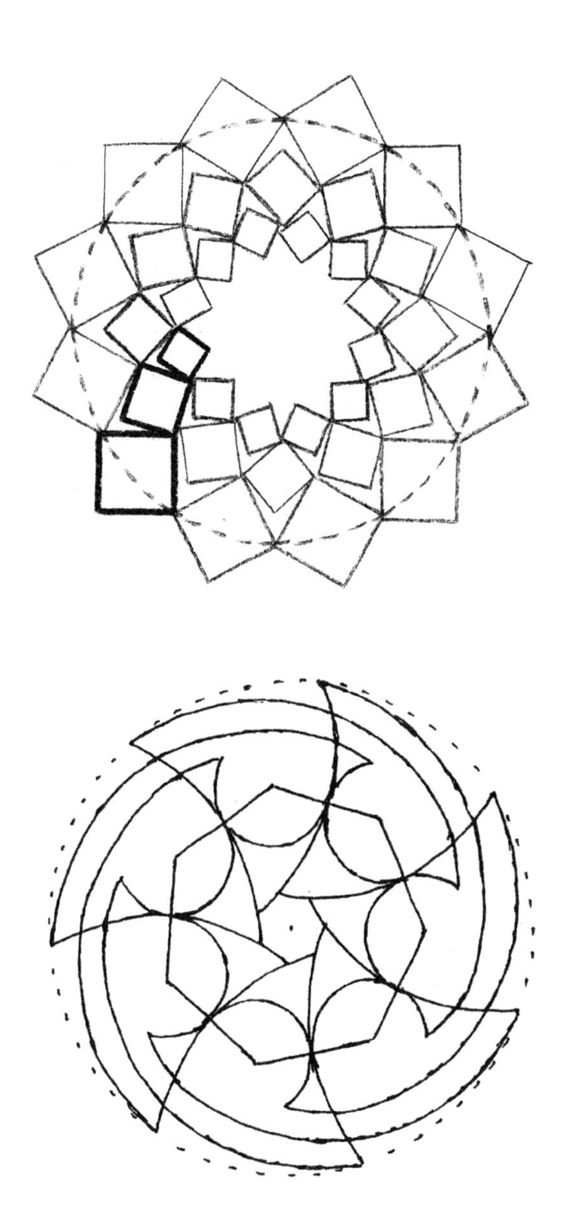

마지막으로 대단히 흥미롭고 재미있는 형태인 포물선 모양의 포락선을 작도한다. 여기서는 모든 선을 한 가지 색깔로만 그리는 것이 좋다. 제일 바깥쪽의 두 선에 일정한 간격으로 점만 찍으면 된다. 간격의 크기는 자기 마음대로 정한다.

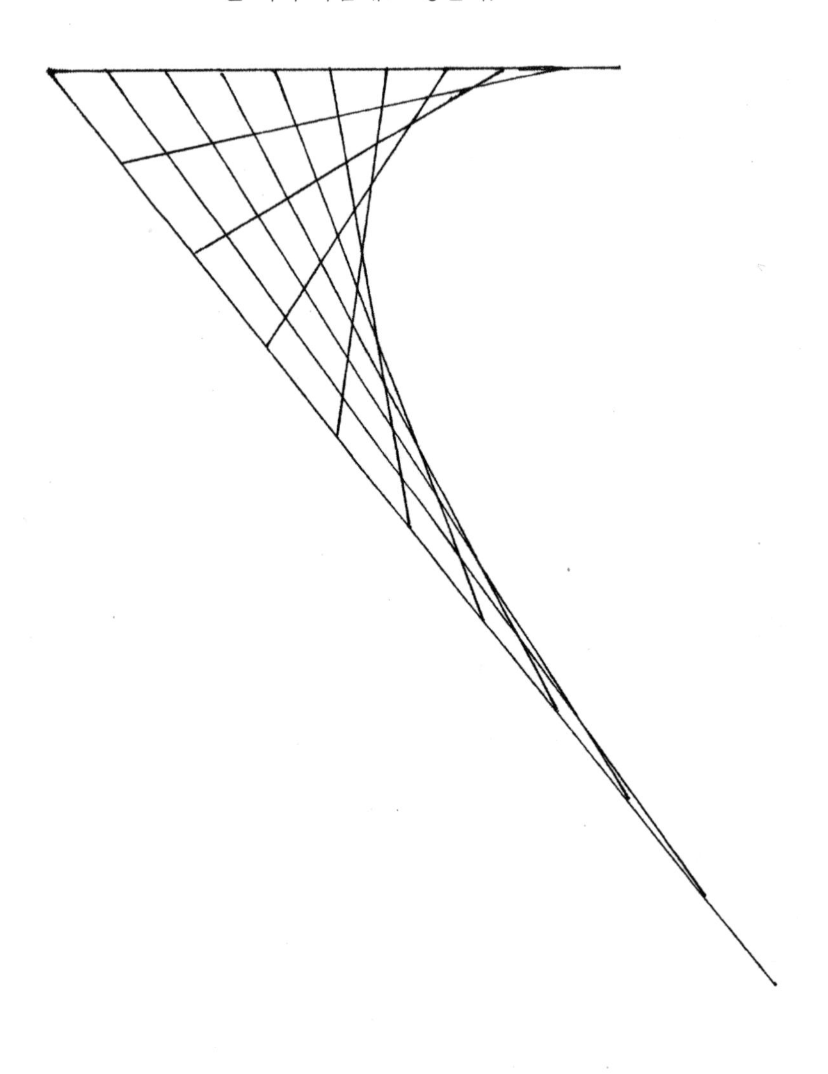

6장

6학년 수학

사춘기의 문턱

함장인 자아의 지휘를 받는 세 가지 영혼의 힘인 사고, 느낌, 의지는 아이의 성장에 따라 차례로 중심 역할을 맡으며 전면에 나선다. 유치원 시기에는 의지가, 7세부터 14세까지는 느낌이, 14세 이후에는 사고가 선두에 선다. 물론 조금 앞에 나섰을 뿐 다른 두 힘도 항상 함께 활동한다. 담임교사 기간(7~14세) 안에서도 세 영혼의 힘이 각기 두드러지는 시기가 있다. 달의 영향으로 인해 바닷물 높이가 달라지는 것에 비유해보자. 바닷물 높이 변화에는 한 달 단위의 큰 리듬 외에 하루에 두 번씩 물이 들어오고 나가는 리듬이 있다. 담임교사 한 명과 함께하는 7~8년의 기간도 세 부분으로 나눌 수 있다. 첫 부분(대략 1학년에서 3학년)에서는 에테르체 발달에서 의지가 주도적인 역할을 맡는다. 그 다음 아동기의 중심 시기에는 느낌이 전면에 나선다. 6~8학년 시기에는 사고가 일등 항해사가 되어 방향키를 잡는다. 하지만 사고를 이끄는 자아, 개별성은 21세 이후에야 주도권을 잡는다. 앞서 소개했던 도표를 계속 이어가보자.

정신과학상의 단계	영혼의 중심	학년과 연령	아이가 하는 '말'	발도르프 교육과정의 제안
세상의 물질적 영향이 에테르체에 미치는 느낌	느낌	VI-12	정신세계여, 이제 안녕! 나는 이 세상에 대해 알고, 그것을 지배하고 싶어요! 내게 과학을 가르쳐주고, 내 생명력을 이용해서 세상을 조형하는 방법을 알려주세요.	체조 화폐 기하 법칙 로마 법 물리 목공 광물학
자아 전조의 심화. 물질적 형태에 대한 에테르체의 지배 인식		VII-13	시야를 넓혀주세요! 나는 새로운 소망과 갈망으로 가득 차 있어요. 사람에겐 균형이 필요한가요? 어떻게 하면 균형을 이룰 수 있지요?	화학 르네상스 시대 신대륙 발견 방정식 아르키메데스의 원리
삶의 가능성에 대한 인식. 아스트랄체가 에테르체로 접근	사고	VIII-14	오늘날 세상에서 무슨 일들이 벌어지고 있나요? 나는 달라지고 있지만, 그 변화를 따라잡을 수 있기를 원해요. 어떻게 하면 나 자신을 위한 일을 배우고 이웃과 함께 살아갈 수 있을까요?	서사시와 극시 프랑스 혁명과 산업혁명 질병과 건강 궤적과 포락선의 법칙 재봉틀 역학
실습과 놀이로 실생활에 참여. 자아는 에테르체 속으로 아스트랄체를 내려보낸다. 아이 고유의 아스트랄체 탄생	어디에 중심을 두어야 할지에 대한 불확실함	IX-15	외로워요, 하지만 내 내면의 성소에는 절대 들어오지 마세요. 새로운 상상력과 이상을 키울 수 있도록 도와주세요. 사랑이란 무엇인가요?	예술사 유기 화학 해부학 확률 전화기와 모터

6학년 수학에서는 법칙과 공식이 등장한다. 법칙은 투명하리만치 명쾌한 개념이지만 아직은 풍부한 인간적 감성으로 법칙을 만나며, 실생활의 상황에 적용시켜본다. 사춘기 무렵 자연스럽게 깨어나는 성에 대한 관심은 명확한 사고와 이상의 성장을 통해서만 통제할 수 있다. 긴 방학이 끝나고 새 학년으로 다시 만날 때, 담임교사는 1학년 때부터 가르쳐왔던 그 아이들에게 엄청난 변화가 일어났다고 느끼는 경우가 많다. 방학 전보다 훌쩍 키가 커졌고, 걸음걸이와 자세는 힘 있고 편안해졌다. 의사결정 과정에서 열띤 주장을 펼칠 때 보면 개별성이 드러나기 시작한다. 더 이상 5학년 때와 같은 방식으로 아이들을 대해서는 안 된다. 새로운 관계를 맺을 때가 되었다. 이제 담임교사는 자신을 학급의 엄마나 아빠가 아니라, 여행객들에게 각자 자유롭게 주변을 탐색할 시간을 허용하면서 목적지로 이끄는 안내자로 여겨야 한다. 그렇게 자신의 위상을 변화시킬 때 아이들 발달에 적합한 관계변화를 만들 수 있다. 권위는 아직도 중요하다. 하지만 그것을 쓰지 않아도 될 때가 오면 정말 기쁘겠다는 태도를 보여라. 이 때 반드시 필요한 것이 유머다. 담임교사 시절 6학년 로마 역사 수업시간에 나는 아이들을 운동장에 집합시켰다. 과거 공군에 복무했던 기억을 떠올리며 아이들을 한 줄로 세우고는 우렁찬 목소리로 "차렷! 앞으로~갓! 우향우!" 등의 명령을 내렸다. 아이들은 이 놀이를 정말 좋아했다. 하지만 몇 해만 이르거나 늦었어도 그토록 긍정적인 반응은 보이지 않았을 것이다.

6학년은 매일 30분 분량의 숙제를 주어도 무방할 뿐 아니라 좋은 효과를 낼 수 있는 나이다.[1] 다음 날 제출한 숙제가 지저분하거나 엉망진창이라면 즉시 되돌려주고, 단정하게 마무리 할 때까지 학교에 남아서 숙제를 마무리하고 가게 한다.

루돌프 슈타이너는 이윤이나 이자처럼 돈과 관련한 복잡한 문제들을 사춘기 이전에 가르치면 탐욕이라는 감정을 발현시키지 않으면서 그 주제를 다룰 수 있다는 설득력 있는 제안을 했다.

먼저 준비 단계로 세 번째 숫자 언어$\left(0.15=\frac{15}{100}=15\%\right)$를 소개한다. 백분율 기호는 분모 100에서 맨 앞의 1을 길게 잡아 늘인 다음 사선으로 기울이고, 나머지 두 개의 0을 한 꼭지에 달린 앵두처럼 양쪽으로 매단 모양이다. 같은 숫자를 소수, 분수, 백분율로 변형하는 연습은 많이 할수록 좋다.

아이들에게 세상에서 돈의 진정한 3가지 쓰임새를 말해보라고 한다. 저축은 그 자체로는 돈의 용도라 할 수 없다. 모은 돈을 가지고 결국 무엇을 할지가 있어야 한다. 곧 아이들은 돈을 가지고 다음과 같은 일을 할 수 있음을 이해한다.

i) 팔기와 사기
ii) 빌리기와 빌려주기
iii) 주기와 받기

나중에 아이들에게 이 3가지 행위가 건강하게 이루어지기 위해서는 인간의 최고 덕목인

i) 자발성
ii) 자유
iii) 사랑

을 겸비해야 함을 깨닫게 한다.

이 세 가지 활동은, 그렇다, 세상의 경제활동에서는 주기와 받기라는 요소까지도 필수적이다. 아버지가 아침 식사를 마친 아들에게 "잘 먹었

니? 그래, 2.50파운드만 내렴."이라고 말하는 것을 들어본 적 있는가? 대가없이 주는 행위가 없다면 세상은 멈춰버릴 것이다. 이런 성격의 돈으로 움직이는 것은 가족 관계나 공공연한 자선기부에 국한되지 않는다. 음악회에 갔다가 돌아올 때 당신 주머니에는 10원 한 장 늘지 않는다. 그 행위에서 얻은 이익은 오로지 미적, 정신적 가치를 지닐 뿐이다. 음악회 입장권은 일부는 조명과 대관료 등의 비용 충당에 쓰고 일부는 음악가들이 의식주와 생계를 꾸리고 가족을 부양하는 데 쓰라고 돈을 주었다는(기부했다는) 증명이다. 예술 행사에서 모금하는 돈도 비슷한 목적에 쓰인다.

11, 12학년에서 아이들은 사회에 정신적-문화 영역, 인권 영역, 경제 영역이 있음을 배우게 된다. 이런 삼지성은 개개인의 삶에도 존재한다. 개인의 경제생활 안에서도 기부, 대출, 매매의 영역을 구별할 수 있다.[2]

매매하는 돈(쉽게 말해 사고파는 데 사용하는 돈)에서 가장 중요한 동기는 이윤을 남기는 것이다. 다음의 세 문제를 칠판에서 아이들과 함께 풀면서 몇 퍼센트의 이윤이 남았는지를 구한다.

(£=파운드, p=펜스)

1) 안나는 £80를 주고 중고 CD 플레이어를 구입한 다음, 구석구석 청소하고 손질해서 £96에 팔았다.

2) 브라이언은 £480에 중고차를 사서 페인트칠을 새로 하고 광고를 해서 £552에 팔았다.

3) 캐서린은 £36를 주고 새 모자를 샀다. 숲에서 아주 예쁜 새 깃털을 발견하고 모자에 꽂은 다음, '친구'에게 £45에 팔았다.

소요 비용과 판매 가격의 차이는 브라이언이 가장 높았지만, 이윤을 백분율로 구해본 결과 셋 중 가장 수완 좋은 사업가는 캐서린이었

다. (다른 두 사람은 각각 20%, 15%를 남겼지만, 캐서린은 무려 25%의 이익을 얻었다)

대출하는 돈은 자유와 어떤 관계가 있을까?

과거에 농부가 가족과 함께 살 집 한 채 갖기를 소망한다면 지역의 영주나 귀족을 찾아가서 집을 짓거나 구입할 수 있는 돈을 빌려달라고 청했을 것이다. 영주는 이렇게 말했을 것이다. "좋아, 여기 돈을 주지. 하지만 내가 다른 영주와 전쟁을 하게 될 경우, 자네는 내가 빌려준 돈을 다 갚을 때까지 내 병사로 싸워야 하네."

요즘에는 돈이 필요하다면 은행을 찾아가서 대출을 받는다. 지점장은 대출금을 모두 상환할 때까지 매달 일정한 퍼센트의 이자를 요구할 것이다. 지점장이 자기 집 마당의 잔디를 깎아달라고 요구한다면 당신은 당연히 예의바르게 거절할 것이다!

이자로 인해 자유가 생긴 것이다. 이자를 지불함으로써 더 이상 빌려주는 사람에게 개인적으로 예속되지 않아도 된다. 물론 돈의 세 가지 쓰임새는 변질되고 악용될 수 있다. 독점 재벌이나 고리대금, 복권 같은 것이 그런 예에 속한다. 하지만 돈이 모든 악의 근원은 아니다. 돈은 세상에 이로운 방향으로 쓰일 수도 있고, 무서운 타락의 대상이 될 수도 있다.

복리 계산은 9학년으로 넘기는 것이 좋다. 따라서 단리만 적용할 수 있도록 대부분의 문제에서 대출 기간을 일 년 이하로 설정한다. 다음은 6학년 아이들에게 줄 수 있는 이자 계산 문제의 예다.

1) £30를 연 12% 이율로 3개월 동안 빌리면 이자를 얼마나 내야 할까?

2) 은행에 연 $7\frac{1}{2}$%의 이율로 £400를 예금했다면, £420를 인출하기

위해서는 얼마나 기다려야 할까?

이런 문제를 풀다보면 분수 계산을 다시 연습하게 된다. 이 때 4, 5 학년 때는 분수 계산을 잘 못하는 것처럼 보였던 아이들이 갑자기 능숙하게 하는 경우가 있다. 돈 계산이라는 실제적 응용을 하자 수학의 정령이 머리로 올라간 것이다. 따라서

1) 이자 $= £30 \times \frac{12}{100} \times \frac{3}{12}$

$= £\frac{9}{10}$

$= 90\text{p}$

2) $£420 - £400 = £20$

기다려야 하는 개월 수 $= 12 \times \frac{20}{400 \times 7\frac{1}{2}\%}$

$= \frac{12 \times 20 \times 2 \times 100}{400 \times 15}$

$= 8$

기부하는 돈에 관한 문제를 만드는 방법은 다음 장에서 소개한다.

학년 초에는 돈 문제를 주제로 한 수학 주요수업을 진행하고, 후반에는 대수 도입을 주제로 수업을 진행한다. 다시 대출하는 돈 문제로 돌아가 보자. '이자Interest는 원금Principal과 이율Rate, 그리고 소요 기간Time을 모두 곱한 다음 100으로 나누어 구한다.'는 긴 문장을 수학적 지름길로 간단하게 정리하면 $I = \frac{PRT}{100}$ 가 된다. 곱하기 기호까지도 없애 버린다.

이제 다양한 종류의 대수 공식을 소개할 차례다. 아이들에게 다음의 공식에서 문자가 무엇을 의미하는지 생각해보라고 한다.

$$A=LB,\quad S=D/T,\quad P=S-C,\quad C=L+S^{*}$$

사칙연산으로 이루어진 이 공식들은 모두 아이들이 경험으로 알고 있는 것들이다. 하지만 대수를 처음 소개할 때 단리 공식으로 시작했던 것에 주목하라. A=LB가 더 간단한 식인데, 왜 복잡한 $I=\frac{PRT}{100}$로 시작했을까? 이자 공식에 대해선 상을 떠올릴 수가 없지만, 면적 공식에 있어선 직사각형을 그려 면적Area을 보여줄 수 있기 때문이다. 대수는 우리를 감각세계를 초월한 영역으로 데리고 간다. 물론 그림을 그릴 수 있는 문제를 풀 때도 유용하게 사용된다. S=속력Speed도 한 시간 동안 갈 수 있는 거리를 지도에 표시해서 보여줄 수 있고, 이윤Profit을 의미하는 P와 손해Loss를 의미하는 L도 동전을 쌓은 그림으로 표현할 수 있다.

역사적으로 수학의 발달이 자연과학의 발달보다 먼저(보통 몇 백 년씩이나) 일어난 경우가 허다하다. 따라서 아직 물리학이나 화학 시간에 배우지 않은 공식을 수학 시간에 먼저 사용해도 크게 문제가 되지는 않는다. 빛의 굴절 법칙인 $\frac{1}{u}+\frac{1}{v}=\frac{2}{r}$는 아무리 빨라도 7, 8학년은 되어야 수업에 등장할 것이다. 그래도 상관없다. 아이들은 돋보기를 가지고 불 붙이는 것을 좋아하니 다음과 같은 문제를 풀어볼 수도 있다.

'직경radius이 3피트인 볼록렌즈를 뜨거운 불꽃에서 9피트feat 떨어진 곳에 놓았습니다. 종이paper를 볼록렌즈의 반대쪽으로 얼마나 떨어뜨려야 불이 붙을까요? 다음의 공식을 사용하세요. $p=\frac{rf}{2f-r}$'

문제에 나오는 단어의 앞 글자를 보면 된다.

---

* 면적Area=높이Length×폭Breadth, 속력Speed=거리Distance/시간Time, 이윤Profit=판매액Sale−비용Cost, 비용Cost=손실액Loss+판매액Sale

따라서 $p=\frac{3\times9}{18-3}=\frac{27}{15}=\frac{9}{5}=1\frac{4}{5}$ 피트 또는 1피트 9.6인치 떨어진 곳에 놓으면 된다.

숫자와 대수 문제

다음에 제시하는 문제의 난이도를 조절해줄 중간단계 문제는 각자 필요에 맞게 직접 만들어서 사용한다. 수학을 잘하는 아이들은 6학년 말까지 이 정도 난이도의 문제까지 풀어야 함을 보여주기 위해 정리한 것이다.

1) 다음을 소수점 아래 둘째 자리까지 백분율로 나타내세요.
$\frac{3}{100}$, $\frac{12}{25}$, $\frac{17}{20}$, $\frac{5}{7}$

2) 다음을 분수로 바꾸세요.
50%, 35%, 164%, 8.75%

3) 고장 난 자명종 시계를 £45에 산 다음, 수리를 해서 £72에 팔았습니다. 몇 퍼센트의 이윤을 얻었을까요? (주의: 이윤을 남겨 되팔기 전에 반드시 머리를 쓰거나 몸을 써서 물건의 품질을 개선해야 한다)

4) 어떤 가게 주인이 30달러를 주고 100개 들이 사과 한 상자를 샀습니다. 나중에 그 중 55개 사과의 상태가 좋지 않다는 것을 알게 되었습니다. 좋은 사과는 개당 40센트에 팔았습니다. 전체 거래에서 가게 주인이 입은 손해를 백분율로 계산하세요.

5) 학비를 벌기 위해 방학 중 직업 캠프에 참가하려는 한 학생은 여행경비와 작업복 구입을 위해 은행에서 £120를 대출했습니다. 은

행은 연 이율 10%에 돈을 빌려주었고, 학생은 한 달 뒤에 바로 대출금을 상환했습니다. 그 학생은 이자를 얼마나 냈을까요?

6) 어떤 공예가는 은행에서 연 10%의 이율로 6,000달러를 빌려 필요한 기계와 재료를 구입했습니다. 8개월 후에 물건을 판매해서 7,000달러를 받았습니다. 은행에 진 빚을 갚고 난 다음, 그의 은행 잔고에는 돈이 얼마나 남았을까요?

7) £160를 빌렸는데 9개월 후에 £9.90의 이자가 청구되었습니다. 이자율은 몇 퍼센트였을까요?

8) 28명으로 이루어진 학급이 있습니다. 한 여학생이 많이 아파 입원을 하게 되자 다른 학생들이 £4짜리 선물을 사서 보내기로 결정하였습니다. 17명은 10 p, 8명은 20 p씩 돈을 냈고, 나머지 학생들은 선물을 사기 위해 필요한 나머지 돈을 똑같이 나누어내기로 했습니다. 그들은 한 사람당 얼마씩 냈을까요?

9) 엄마가 시속 60km 제한 자동차 전용도로에서 $1\frac{1}{2}$시간 동안 120마일을 달렸습니다. 시간 당 평균속력(시속)을 구하세요. 엄마는 벌금을 내야 했을까요? (S=D/T, 속력=거리/시간)

10) A=LB+E(면적=길이×넓이+여분) 어떤 집의 현관 진입로는 3제곱야드 크기의 돌로 포장되어 있습니다. 이 진입로는 길이 10야드, 넓이 $5\frac{1}{2}$야드의 직사각형 마당과 연결된 것입니다. 돌로 포장된 전체 면적을 계산하세요.

11) W=ECT(무게=당량×전류×시간) 500초 동안 1.3암페어의 전류를 흘려보냈을 때, 전기분해로 석출되는 물질의 양(전기화학 당량)이 0.0014라면 전극에 연결된 금속의 무게는 몇 그램인가요?

12) 무거운 추와 가벼운 추 두 개를 도르래에 매달고 손을 놓았습니다. 무거운 추가 아래로 떨어지는 가속도를 계산하세요.

$$a(\text{가속도})=\left(\frac{W_1-W_2}{W_1+W_2}\right)g$$

자유 낙하 물체에 미치는 중력 $g=32ft/sec^2$이며, 추의 무게는 각각 9kg과 7kg입니다.

13) 반 아이들이 학교에 올 때 어떤 교통수단(자동차, 자전거, 도보, 버스, 기차 등)을 이용하는지를 보여주는 막대그래프를 그리고 석유 파동이 일어난다면 어떤 변화가 일어날지 예측해보세요.

14) 13)번 문제의 수치를 그림그래프로 바꾸어 나타내세요. (원그래프는 5학년 때 도입하는 것이 좋고, 6학년은 아이들에게 간단한 통계 도구를 익히게 할 때다)

15) $(11c+3h+20s+p)$와 $(6p+h+50s)$는 농부가 두 군데 목초지에서 키우는 소cow, 말horse, 양sheep, 돼지pig의 수를 나타낸 것입니다. 목초지 한 곳에 이 동물들을 모두 모은다면 어떻게 표시해야 할까요?

16) 두 종류의 주머니 여러 개가 있는데, 그 안에는 나사screw며 볼트bolt, 너트nut가 뒤섞여 들어있습니다. 그것을 숫자로 표시하면 $3(24s+8n)+4(9b+3n)$입니다. 주머니를 모두 비운 다음, 6개의 새 주머니에 종류별로 같은 양씩 담는다면 어떻게 표시해야 할까요?

17) N은 어떤 숫자number를 가리킵니다. 다음 식에서 N이 무엇인지 찾고, 계산식을 완성하세요.

$$\begin{array}{r} NN.4N \\ -\ 60.N9 \\ \hline .\ \ 9 \end{array}$$

처음 12문제의 답: 580, 85, 80, 71, 43, 60, 58, 48, 40, 35, $8\frac{1}{4}$, 4, 3, $1\frac{16}{25}$, 1, 0.91, $\frac{1}{2}$, $\frac{7}{20}$, $\frac{7}{40}$

실용 작도와 정확한 연역 기하

형태그리기에는 분명히 구별할 수 있는 두 요소가 있다. 색을 이용해서 이야기를 그림으로 표현하는 첫 번째 요소는 아이가 성장함에 따라 순수 예술로 발전한다. 이는 기하학적 요소에 영향 받지 않으며, 12년 내내 (그 이후로도 계속해서) 성장하고 성숙한다. 기하학과 관계된 두 번째 요소는 자신의 팔다리 움직임에 대한 자각에서 시작한다. 발로는 원이나 직선 형태로 걷기를 배운다. 손으로는 분필이나 크레용으로 발로 걸었던 형태를 칠판이나 종이에 그리는 법을 배운다. 여기서 율동적으로 반복하는 문양과 대칭 형태가 나온다.

4학년부터 두 번째 요소인 새로운 단계로 도약한다. 이때부터 형태는 오로지 기하학적인 것이 된다. 하지만 비대칭적 대칭처럼 자유로운 예술 요소를 지닌 형태도 균형 있게 함께 경험한다. 5학년에서는 도구의 힘을 경험한다. 컴퍼스와 자는 그 때까지의 순수한 내면 경험을 외부적 정확함으로 만나게 해준다. 하지만 외부 규칙이 길을 알려줄 때도 내면 경험은 언제나 창조의 원천으로 작용한다.

12세 아이들은 기하 소묘가 실용적인 쓰임새가 있기를 원한다. 정확하게 60°, 30°, 90°를 어떻게 작도할까? 선분이나 각을 정확히 2등분 하려면 어떻게 해야 할까? 일곱 개의 원이 겹친 형태에 그 열쇠가 들어있다. 지금은 온전한 원 대신 호의 일부만 그리면 된다.

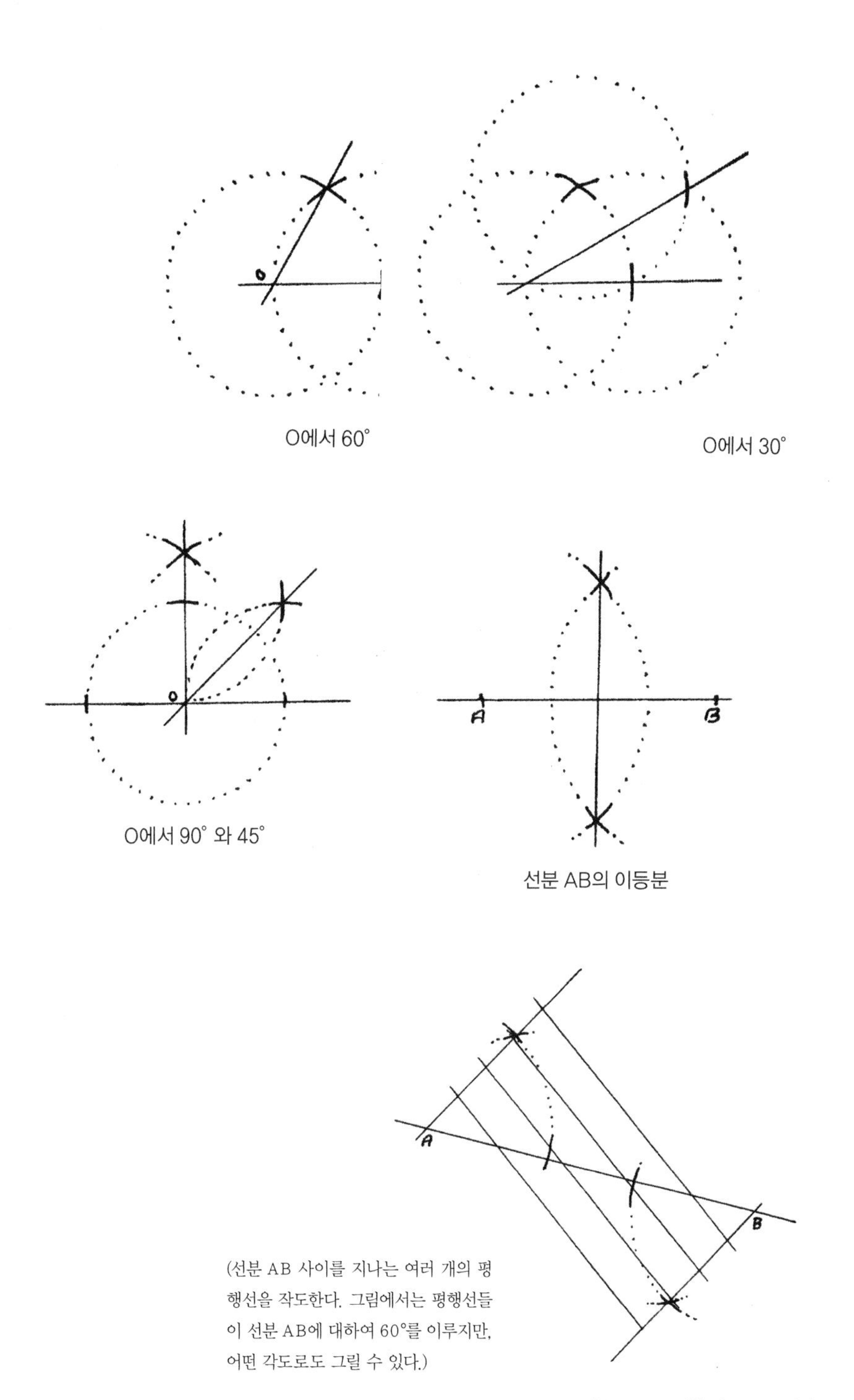

O에서 60°

O에서 30°

O에서 90° 와 45°

선분 AB의 이등분

(선분 AB 사이를 지나는 여러 개의 평행선을 작도한다. 그림에서는 평행선들이 선분 AB에 대하여 60°를 이루지만, 어떤 각도로도 그릴 수 있다.)

선분 AB를 정확히 5등분하기

지금까지 소개한 작도와 함께 유클리드의 『원론The Elements of Geometry』에 나오는 다른 유명한 작도를 연습하면 6학년 아이들은 모든 형태의 도형을 작도할 수 있다. 예를 들어 삼각형 ABC는

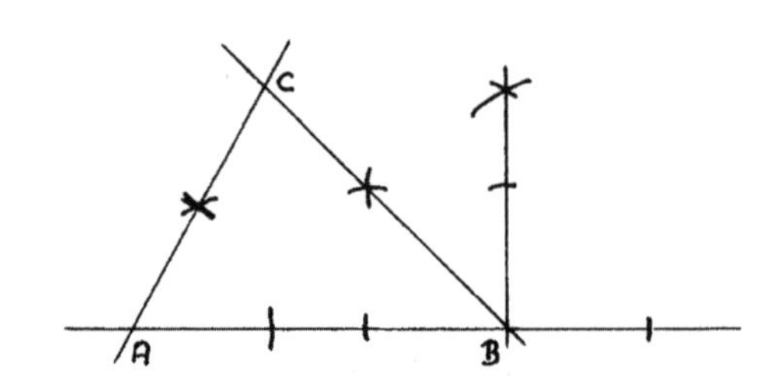

(i) ∠A = 60°, ∠B = 45°, AB = 5cm

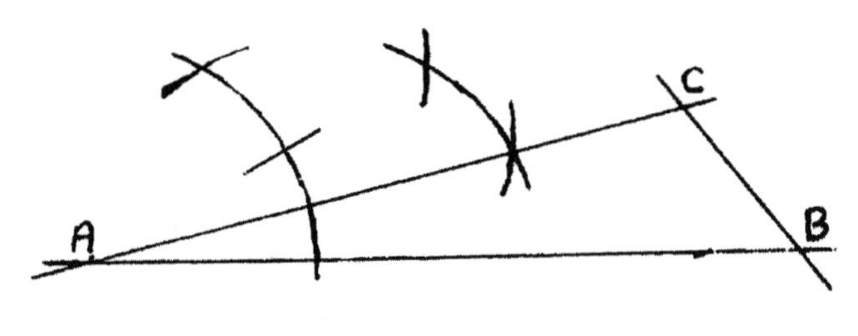

(ii) ∠A = 15°, AB = 7cm, AC = 6cm

이런 작도 연습을 며칠 동안 계속 하다 보면, 공리의 성격을 띤 명백한 기하학적 사실을 다음처럼 정리할 수 있게 된다.

1. 한 직선을 이루는 인접각을 모두 더하면 180°가 된다.
2. 평행선에서 동위각의 크기는 같다.

이런 공리를 배울 때 아이들에게 가장 도움이 되는 것은 구체적인 숫자를 이용한 예제를 주는 것이다. 예를 들어,

1) a는 몇 도일까?

$180-(45+50+30+15)$

$=180-140$

$=40°$

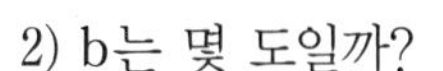

2) b는 몇 도일까?

$x=122$

$y=180-122=58$

b=58°

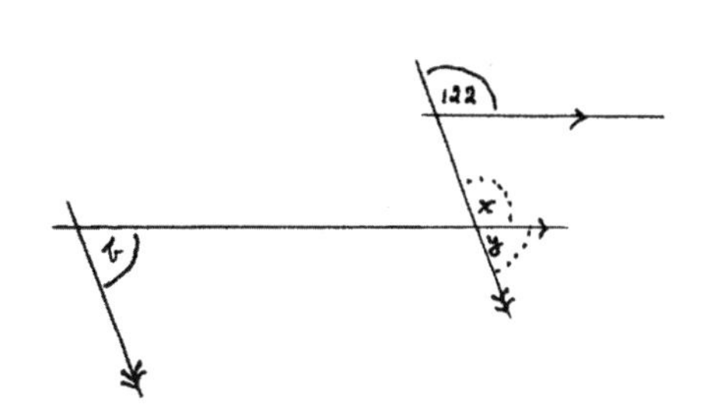

평행한 두 선에서 '맞꼭지각'의 크기와 '엇각'의 크기가 각각 같다는 것은 분명히 알 수 있지만, 이 사실을 위에서 정리했던 두 가지 공리의 논리적 결과로도 도출할 수 있음을 보여주는 것이 좋다. 영혼의 '사고하기' 부관은 이런 일관성을 볼 때 크게 기뻐한다.

a+b=180 (인접각)

c+b=180 (인접각)

그러므로 a=c

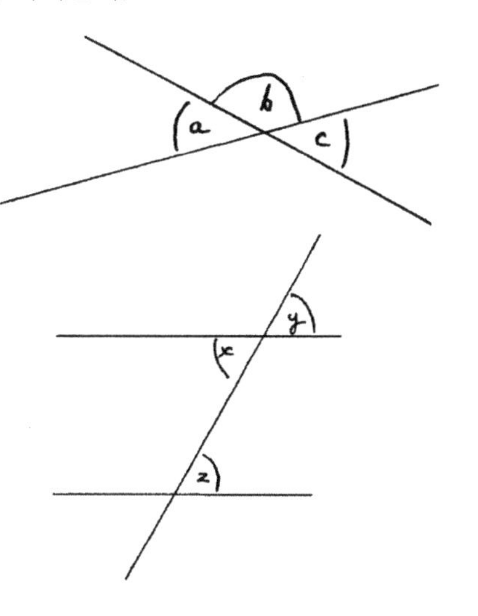

$x=y$ (맞꼭지각)

$y=z$ (동위각)

그러므로 $x=z$

'그러므로' 대신, 흔히 사용하는 ∴ 나 새로운 기호 ⇒를 써도 좋다.

이제 드디어 6학년 아이들을 가장 중요한 기하학적 경험으로 안내할 지점에 이르렀다. 아이들에게 세 변의 길이가 각각 8cm, 10cm, 12cm인 삼각형을 종이 위에 작도하라고 한다.

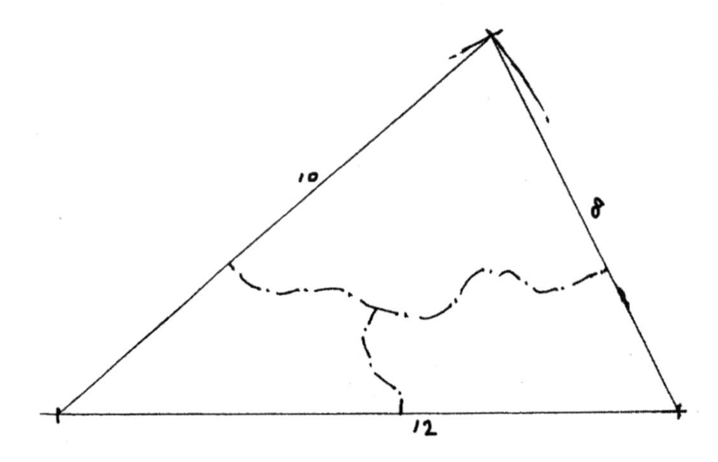

그런 다음 각도기를 이용해서 세 내각의 크기를 가능한 한 정확하게 재고, 그 숫자를 적으라고 한다. 교사는 일부러 내각이 딱 떨어지는 정수로 나오지 않는 (혼합수로도 정확하게 떨어지지 않는) 삼각형을 선택한다. 이제 아이들에게 내각의 값을 모두 더하고, 그 답을 적으라고 한다.

돌아가며 한 명씩 큰 소리로 답을 부르게 하고 칠판에 그 숫자를 적는다. 178부터 182까지 다양한 수가 나올 것이다. 185처럼 뜬금없는 수가 나올 수도 있고, 예리한 눈을 가진 아이가 $179\frac{3}{4}$ 같은 아주 정밀한 숫자를 말할 수도 있다.

"답이 180이 되어야 하는 것 아닌가요?" "그래요? 왜 그렇지요?"

이제 아이들에게 가위를 들고 아까 종이에 그렸던 삼각형을 마음 내키는 대로 세 조각으로 나누되 세 내각이 하나씩 들어가게 자르라고 한다. 이제 조각을 다음과 같은 모양으로 맞춘다.

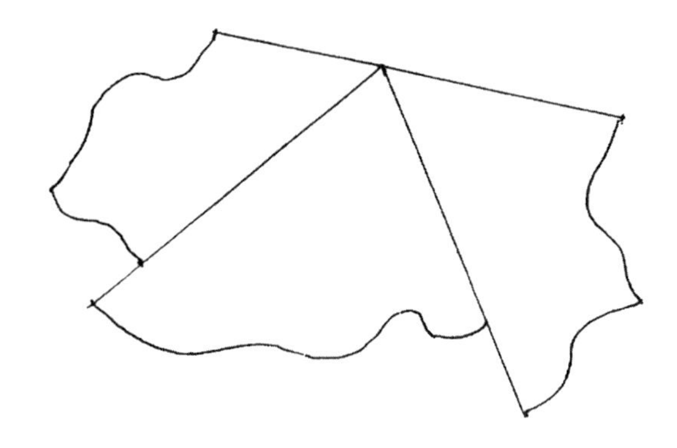

"180이 틀림없어요!" "맨 꼭대기 직선의 한쪽 끝에 눈을 대고 반대쪽을 보세요!" "아무튼 180이 되어야 해요!" "그럴지도 모르지요. 다른 모양의 삼각형을 가지고 이 과정을 다시 해볼까요? 그러면 충분한 증거가 될까요? 삼각형을 한 100개쯤 잘라봐야 할까요?"

반 아이들 중 누군가는 (일부러 부추기지 않으면서 그런 아이가 나오기를 희망한다) 그 선이 완벽한 직선이 아니라는 사실을 알아볼 것이다. 아이들에게 유리창의 창틀, 문 가장자리, 책상 뚜껑 같은 곳에 눈을 대보고 확인하게 한다. "내 책상은 완전히 삐뚤빼뚤이에요!"

이것은 대단히 중요한 순간이다. 물질세계는 불완전하다는 것을 분명히 확인한 뒤에 아이들에게 묻는다. "그렇다면 '완벽하다'는 말은 대체 어디서 왔을까요?" 완벽함은 생각으로만 알 수 있을 뿐 눈으로는 결코 볼 수 없는 상태다. 여기서 멈추지 말고 계속해서 진정한 장인, 목수 또는 기술자가 무언가를 만들 때 그의 마음에는 완벽한 아이디어를 가지고 있음을 강조하라. 그들은 완벽한 이상에 조금이라도 가까워지기 위해 쉬지 않고 노력한다. 기계를 이용해도 완벽을 구현할 수는 없다. 사실 기계는 축과 베어링 사이에 몇 천분의 1인치에 해당하는 미세한 틈이 없으면 아예 작동하지 못한다. 화가의 경우는 어떨까? 라파엘로가 〈시스티나의 성모〉를 완성한 다음 붓을 내려놓을 때 완전히 만족했을까? 이를 물질세계 외에 정신세계가 분명히 존재한다는 명명백백한 증거로 여길 수도 있지 않을까? 지혜로운 교사라면 아이들에게 직접 이런 말을 하지는 않겠지만, 때로는 아이들이 자기 식으로 이를 표현하기도 한다.

마침내 모든 삼각형(모양, 크기, 색깔을 비롯한 그 어떤 특징과 상관없이)의 세 내각을 합하면 180° 또는 두 개의 직각이 된다는 것을 증명할 수 있다.[3] 먼저 삼각형의 한 꼭짓점을 지나면서 밑변과 평행한 직선을 그린다. 모양과 형태를 바꾸지 않으면서 전체 형태를 두 조각으로 나눈다고 상상해보라. 크리스마스 크래커*처럼 쪼개서 서로 떨어뜨려 놓는다.

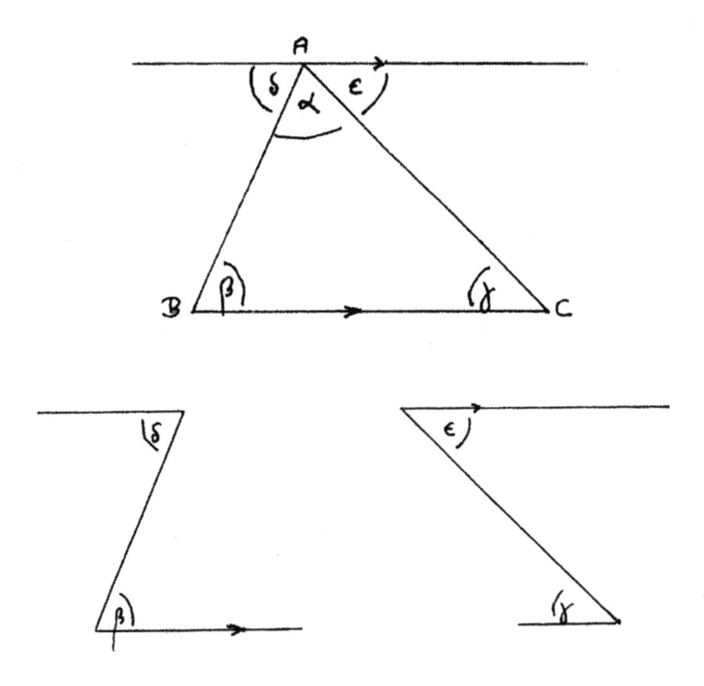

* 영국의 크리스마스 풍습. 조그만 선물이나 퀴즈가 들어있는 튜브모양의 종이 상자를 두 사람이 양쪽에서 잡아당겨 연다. 더 큰 부분을 가진 사람이 선물을 갖는다.

증명은 (나중에 공책에 옮겨 적고 색을 칠한다) 먼저 왼쪽 아래를 보고, 다음에는 오른쪽 아래, 마지막으로 꼭짓점 A를 본다.

$\beta = \delta$ (평행선에서 엇각)
$\gamma = \varepsilon$ (평행선에서 엇각)
따라서 $\beta + \gamma = \delta + \varepsilon$
양변에 α 를 더하면
$\alpha + \beta + \gamma = \alpha + \delta + \varepsilon$
δ, α, ε 를 더하면 180°이므로 (인접각)
$\alpha + \beta + \gamma = 180°$

지금 가르치는 아이들과 직접 관련되지 않는다 해도 교사는 이 사고 활동에 대해 명상해보는 것이 좋다. 아이들은 11, 12학년 때 철학을 배우면서 그 의미를 만나게 될 것이다. 첫 번째 단계인 '쪼개기'와 '조각 살펴보기'는 사고 활동 중 지성이라 부르는 영역의 작용이다. 지성의 활동은 분석적이다. 다음 단계는 통합적이다. 여기서는 이성이라고 부르는 사고 활동이 작용한다. 이성을 이용해서 부분을 하나로 모아 인식을 획득한다. 지성이 작용한 뒤에 이성의 활동이 이어져 목표로 했던 전체성이 확립되지 못한다면, 삼각형은 단순히 감각 영역의 지각이거나 완벽한 사고의 표상에 지나지 않을 것이다. 이제야 비로소 삼각형의 본질적 특성 중 하나를 알게 되었다. 8학년 때는 이를 좀 더 심화시킬 것이다.

삼각형 밑변에 평행하게 그은 선분의 역할을 알아차린 사람도 있을 것이다. 7학년 과정에서 이와 유사한 것을 만나겠지만, 그 때는 수학이 아니라 화학에서 촉매가 그 역할을 한다. 적절한 시점에 둘을 서로 연결시켜주는 것이 바로 교육이다.

다시 6학년 수업으로 돌아가보자. 아이들에게 "아래 그림에서 α의 값은?"이나 "이것은 어떤 종류의 삼각형일까?"처럼 간단한 문제부터 "아래에서 θ의 값은?"처럼 복잡한 문제까지 각도에 관한 문제를 많이 주고 풀어보게 해야 한다.

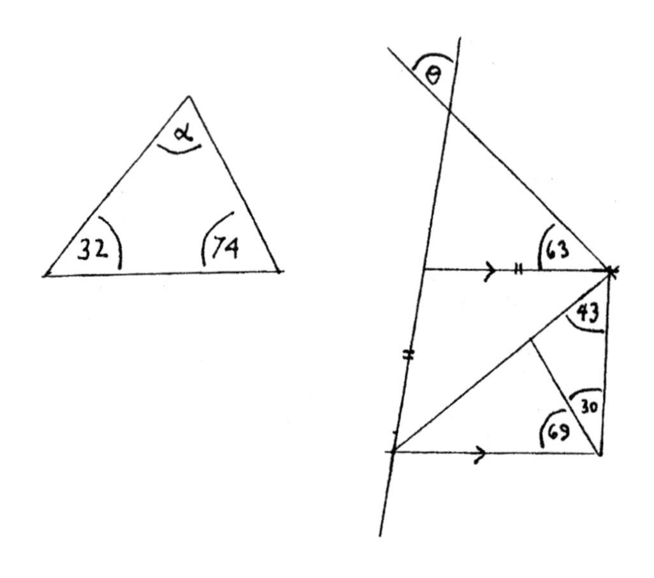

아이들에게 아무 대책 없이 이 복잡한 미궁으로 뛰어 들어가 표시되지 않은 각도의 값을 찾으려 하지 말고, 그리스 신화에서 테세우스가 미노타우로스를 퇴치한 이야기를 떠올려보라고 한다. 아리아드네는 테세우스에게 황금 실타래를 주었다. 그는 임무를 마친 다음 들어왔던 길을 다시 되짚어 나갈 수 있도록 실의 한쪽 끝을 문 밖에 고정시키고 실타래를 풀면서 미궁으로 들어갔다. θ는 그리스어로 테세우스의 첫 글자이다.

$\alpha = \theta$임을 확인하면서 미궁으로 한 발을 들여놓는다. β값을 알면

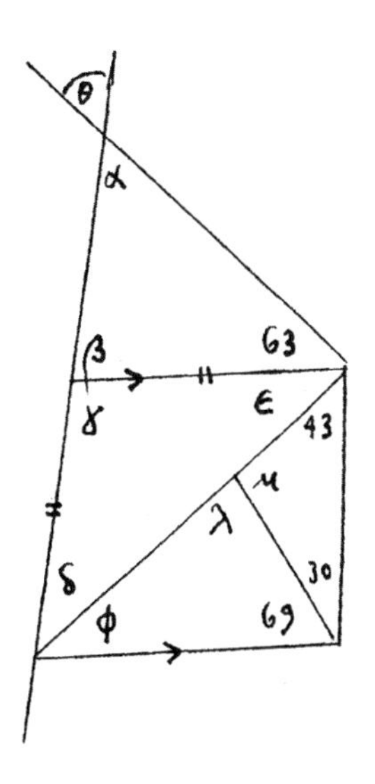

α를 구할 수 있다. 삼각형의 세 번째 각이 63이기 때문이다. β는 180에서 γ을 뺀 값이며, γ은 δ와 ε의 값만 알면 구할 수 있다. 하지만 δ와 ε의 값은 같다. δ와 ε가 들어있는 삼각형이 이등변 삼각형이기 때문이다. 그리고 $\varepsilon = \varphi$이다. 평행한 두 선에 엇각이기 때문이다. 69라는 값은 주어졌기 때문에, φ의 값을 알기 위해서는 λ값이 무언지만 알면 된다. 그런데 $\lambda + \mu = 180$이고 $43 + 30 + \mu = 180$이다. 아하! μ의 값은 107이다. 이 순간 괴물은 처치되었다! 이제 테세우스는 실을 되감으면서 미궁 밖의 환한 빛 속으로 돌아 나온다.

고대 그리스 문명의 주요 과제 중 하나는 지성과 명쾌한 사고를 발달시키는 것이었다. 이는 소크라테스의 대화뿐 아니라, 수많은 그리스 신화에 등장하는 상에서도 분명히 찾을 수 있다. 오디세우스 이야기에도 이런 요소가 무수히 많다. 다음과 같은 식을 쓰면서 우리는 테세우스와 함께 미궁을 빠져나온다.

μ(미노타우루스의 첫 글자)$=180-43-30$ (삼각형의 내각)

$=107$

$\lambda = 180-107=73$ (인접각)

$\varphi = 180-73-69=38$ (삼각형의 내각)

$\varepsilon = 38$ (φ의 엇각)

$\delta = \varepsilon = 38$ (이등변 삼각형)

$\gamma = 180-38-38=104$ (삼각형의 내각)

$\beta = 180-104=76$ (인접각)

$\alpha = 180-76-63=41$ (삼각형의 내각)

$\theta = \alpha = 41$ (맞꼭지각)

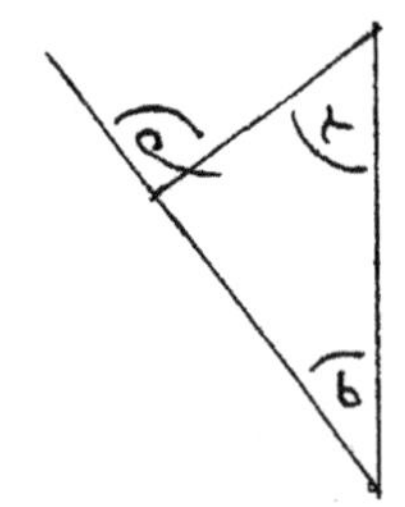

$\rho = \delta + \gamma$ 라는 삼각형 외각의 정리를 알고 있다면, 두 군데에서 빠른 길로 질러 갈 수 있다.

아이들은 각도를 나타내는 멋진 곡선 옆에 θ 나 α, μ 같은 문자를 적는다. 슈타이너(발도르프)학교에서는 5, 6학년 교과과정에서 짧게나마 고대 그리스 어를 배우기 때문에 아이들이 그리스 문자를 낯설어 하지 않는다. 위와 같은 추론의 형식은 대단히 중요하다. 여러 나라의 많은 학교, 사실 대부분의 학교가 교과과정에서 이를 건너뛰는 것은 정말 안타까운 일이 아닐 수 없다.

6학년 과정에서 다루는 연역 기하에는 삼각형의 합동도 포함된다. 모든 삼각형에는 세 변의 길이와 세 각의 크기, 면적이라는 측정과 관련된 7가지 요소가 있다. 하지만 이 중 3개만 있으면 나머지를 구할 수 있다.[4]

수업에서 다루어야 하는 네 가지 중요한 사례는 다음과 같다.

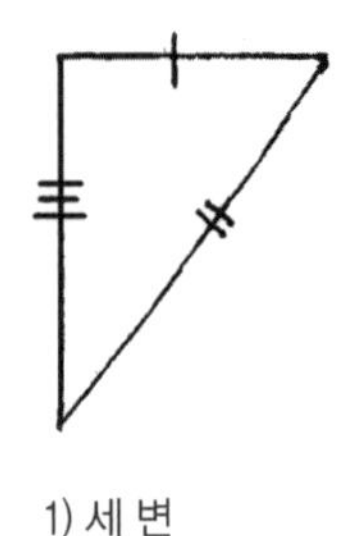

1) 세 변

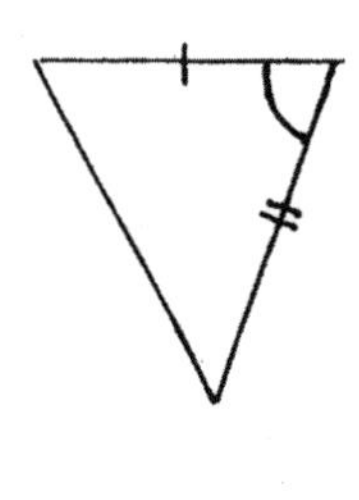

2) 두 변과 사잇각

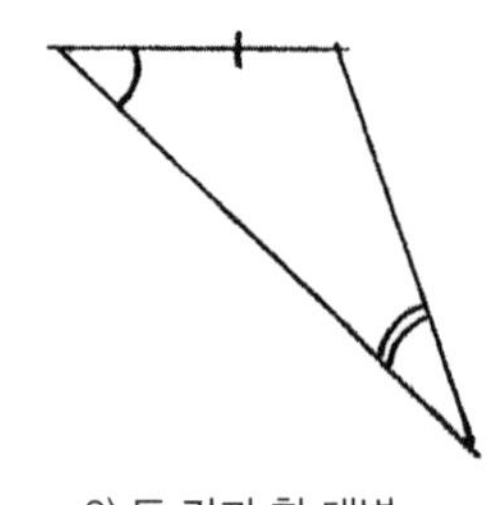

3) 두 각과 한 대변

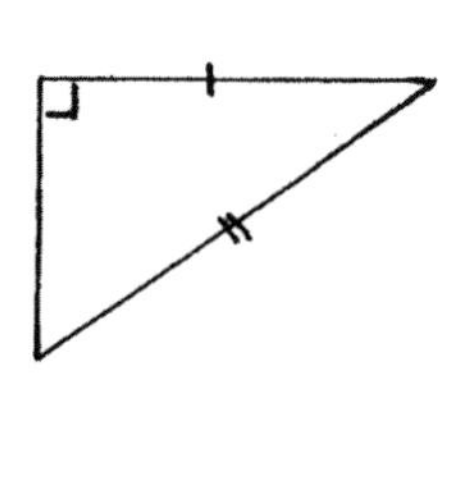

4) 직각, 빗변과 다른 변

여기서 교사의 과제는 이런 기준에 해당하는 흥미로운 사례를 찾는 것이다. 수학 교재에 나온 문제들은 증명해야 하는 속성이 너무 뻔해서 시시한 경우가 많다.

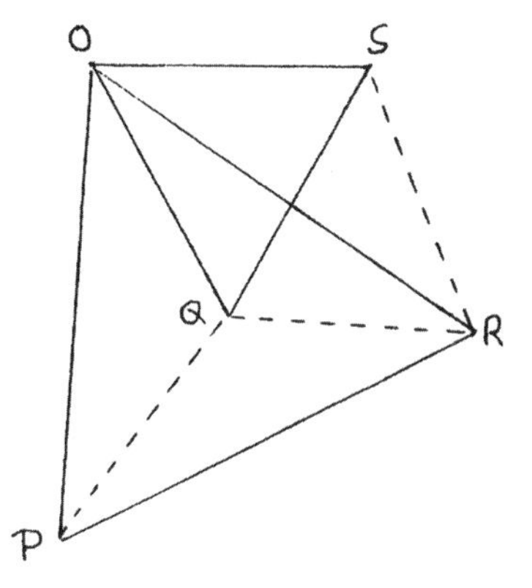

OPR과 OQS는 정삼각형이다. 세 점선 PQ, QR, RS 중에서 어떤 두 선분의 길이가 같을까?

(힌트: 삼각형 OPQ와 ORS를 생각해보라.)

요즘에는 학교 교육에서 대개 움직임에 관한 기하를 선호한다. 하지만 회전, 이동, 확장, 전단 변형 등의 변형은 7학년 수업에서 다루는 것이 적절하다. 그 때는 역사 수업에서 신대륙 발견을 배우고, 지리 수업에서는 아프리카 대륙의 모양이 어떻게 남아메리카 또는 오스트레일리아의 형태로 변형되었는지를 배우는 시기이기 때문이다. 그래도 왕관 모양이나 동일한 호의 밑변을 공유하는 삼각형처럼 움직이는 삼각형은 6학년에서 그려보아야 한다.

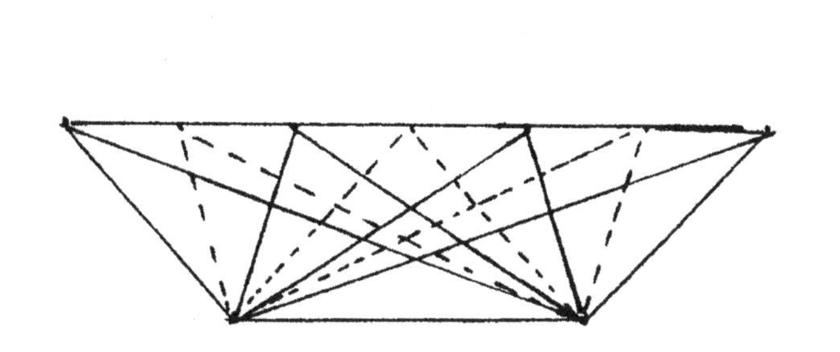

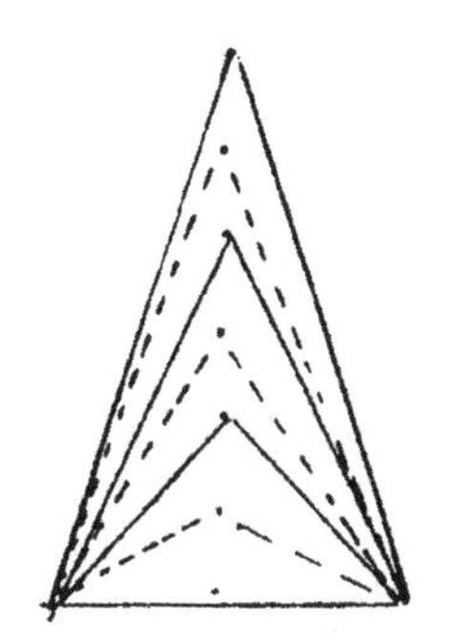

색을 칠하면 형태의 움직임이 더욱 강화된다. 7, 8학년에서 아이들은 6학년 때의 기하 공책을 다시 보면서 중요한 기하학적 속성을 이끌어낼 수(연역적 추론) 있을 것이다.

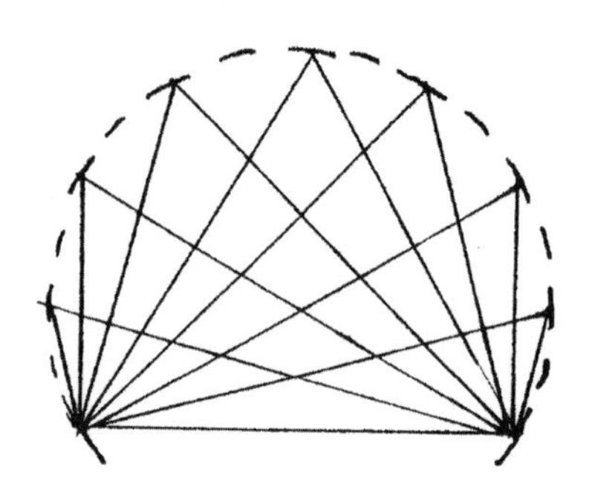

이런 방식의 교육에서는 항상 사고보다 행위와 느낌이 먼저 온다는 점에 주목하라. 큰 종이에 그림을 그리면 작은 종이에 그리는 것보다 경험의 폭이 훨씬 깊고 풍부해진다. 심장 모양의 포락선으로 이 장을 마무리한다. 우리는 이런 경계 곡선을 매일 본다. 언제 그리고 어디에서일까?[5]

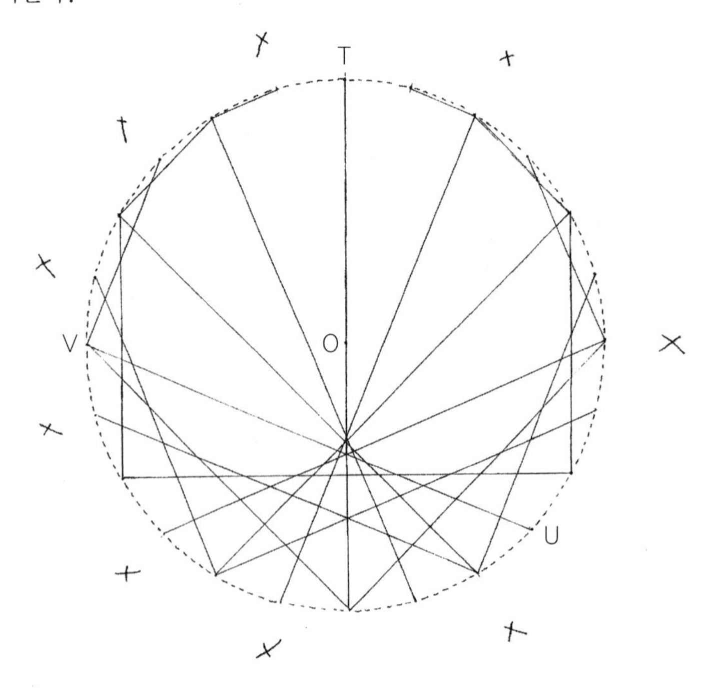

기하학 문제

여기서는 해답을 각 문제 말미의 괄호 안에 넣었지만, 교사들은 이전처럼 문제지 맨 끝에 문제와 정답의 순서를 달리해서 써줄 것을 권한다.

1) 각 α, β, γ를 구하세요. (주의: 그림의 각도는 정확하지 않을 수 있다) (54°, 130°, 66°)

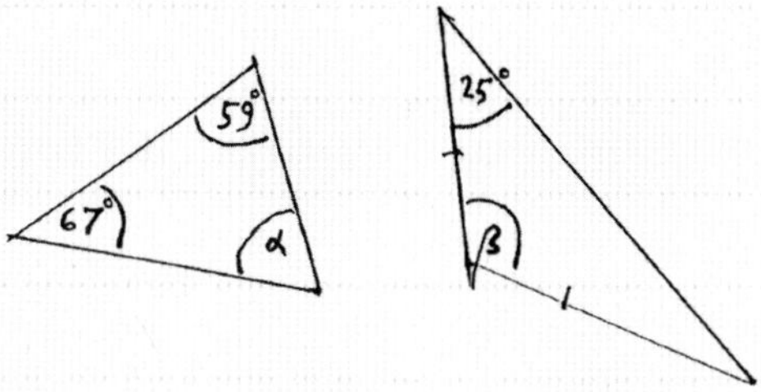

2) θ와 Φ를 구하세요. (36°, 77°)

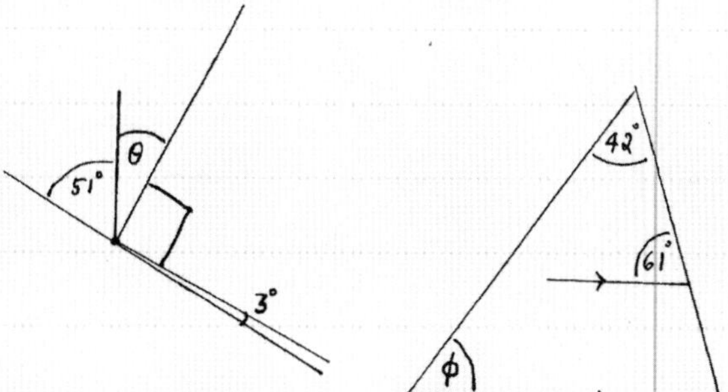

3) ABCD는 평행사변형이고, AB=AC입니다. ∠ADC를 구하세요. (71°)

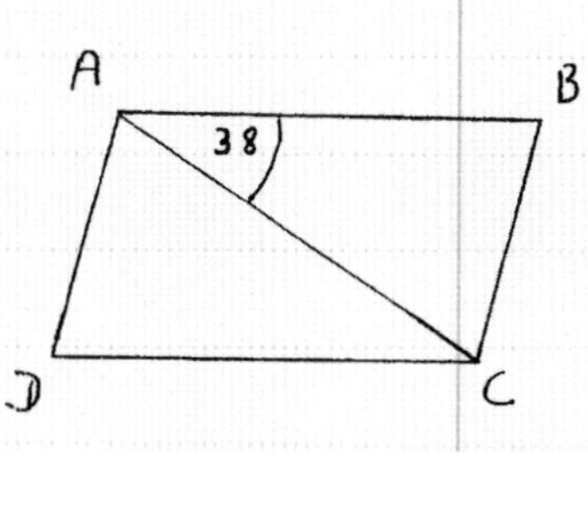

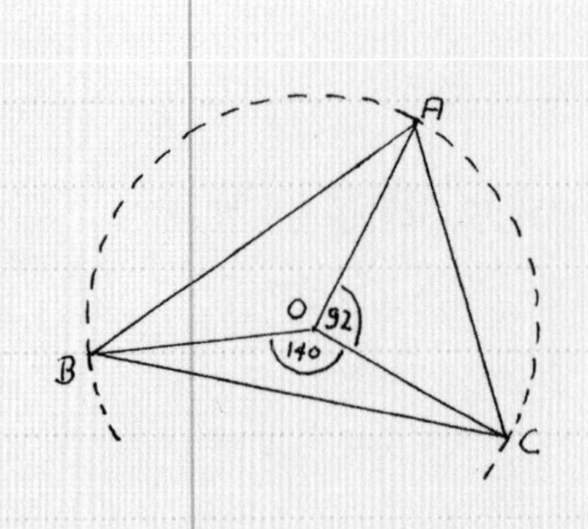

4) O는 원 ABC의 중심입니다. 삼각형 ABC의 세 각을 구하세요. 어떤 흥미로운 사실을 발견하였나요?

(70°, 46°, 64°)
(중심각들은 삼각형 내각의 두 배이다)

5) L과 M은 AB와 AC의 중점입니다. N은 LM의 연장선 위에 있으며, NC는 AB에 평행합니다.

① 이 그림을 정확하게 옮겨 그리고, 삼각형 ALM과 CNM이 합동임을 증명하세요.

② NC=LB임을 증명하세요.

③ 삼각형 LBC와 CNL이 합동임을 증명하세요.

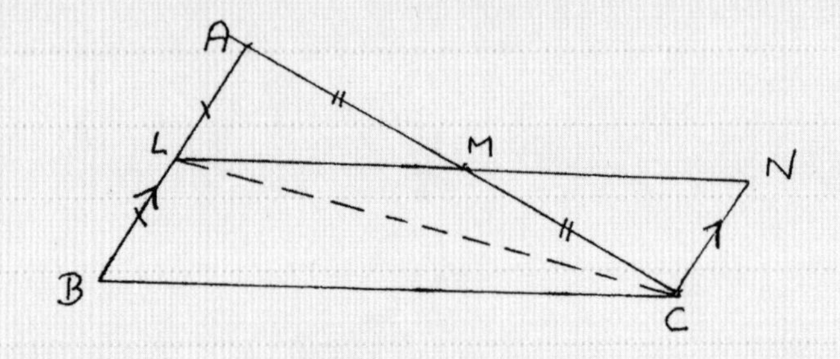

④ 선분 LM과 BC에 대해서 무엇을 추론할 수 있습니까?

{ ① 삼각형 ALM과 CNM에서

AM=MC

∠LAM=∠NCM (엇각)

∠ALM=∠CNM (엇각)

⇒ 두 삼각형은 합동이다. (두 각과 사잇변)

② => NC=AL

=> NC=LB

③ 삼각형 LBC와 CNL에서

LB=CN

LC는 두 삼각형에 공통.

∠BLC=∠NCL (엇각)

=> 두 삼각형은 합동이다. (두 변과 사잇각)

④ => LN=BC 그리고 ∠BCL=∠NLC

그런데 LM=MN

=> LM = $\frac{1}{2}$BC. 그러므로 LM과 BC는 평행이다.}

문제 5)번을 풀기 전에 모든 아이들에게 문제 6)번을 먼저 풀게 하는 것이 좋을 수도 있다. 이 방법은 수학을 잘 못하는 아이들에게는 확실히 좋다. (아니면 5)번 문제를 건너뛰어도 좋다고 말할 수도 있다. 이 경우에는 다음날 오늘 수업을 복습할 때 교사가 칠판에서 그 문제를 푼다) 이렇게 하면 경탄의 감정을 자극할 수 있다. 아이들은 실용적인 결과에서 기쁨을 얻기 때문이다.

6) 다음의 세 도형을 그리세요. 치수는 각자 원하는 대로 합니다. 그런 다음, 모든 선분의 중점을 작도하세요. (혹은 측정해서 찍으세요)

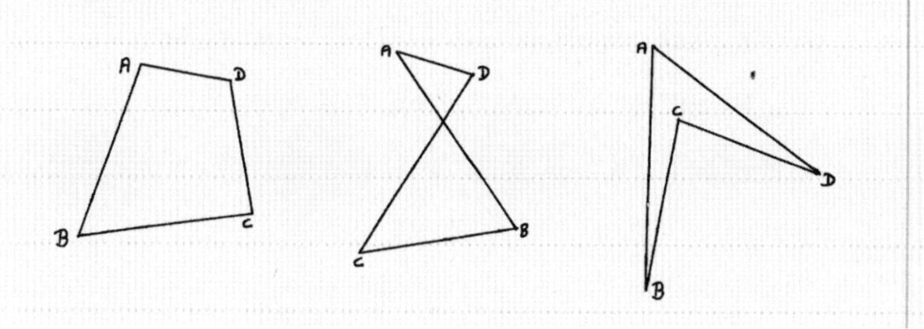

이제 모든 중점을 차례로 연결하세요.

즉, AB의 중점과		BC의 중점	
BC	〃	CD	〃
CD	〃	DA	〃
DA	〃	AB	〃

어떤 사실을 찾아냈습니까? 그것이 4개의 변을 가진 모든 형태(사변형이라 부르는)에 항상 적용될까요? 그것을 증명할 수 있습니까?

(매번 평행사변형이 나온다. 이것을 증명하려면 대각선 AC와 BD에 문제 5)번의 마지막 답을 사용한다)

삼각형은 두 가지 방법으로 분류할 수 있다. 정삼각형, 이등변 삼각형, 부등변 삼각형으로 분류하는 방법이 있고, 다른 하나는 각에 따라 분류하는 것이다. 하나의 각이 둔각이라면 그것은 '둔각을 가진' 삼각형 또는 그냥 간단하게 '둔각' 삼각형이 된다. 하나의 각이 90°라면 그것은 '직각을 가진' 삼각형 또는 '직각' 삼각형이다. 그렇지 않으면 '예각' 삼각형이다.

7) 다음 조건에서 삼각형 ABC의 종류를 말하세요.

① ∠A=19°, ∠B=57° (부등변 삼각형, 둔각 삼각형)

② ∠C=12°, ∠A=84° (이등변 삼각형, 예각 삼각형)

③ ∠B=110°, ∠C=35° (이등변 삼각형, 둔각 삼각형)

④ ∠A=37°, ∠C=53° (부등변 삼각형, 직각 삼각형)

⑤ ∠B=60°, ∠A=60° (정삼각형, 물론 예각 삼각형)

8) AB=12cm, BC=15cm, CA=18cm인 삼각형 ABC를 작도하세요.

(아래 그림은 아이들에게 보여주지 말고, 아이들이 직접 찾아내게 하라. 이 형태는 3개의 포물선형 원호 또는 망으로 이루어져있다.

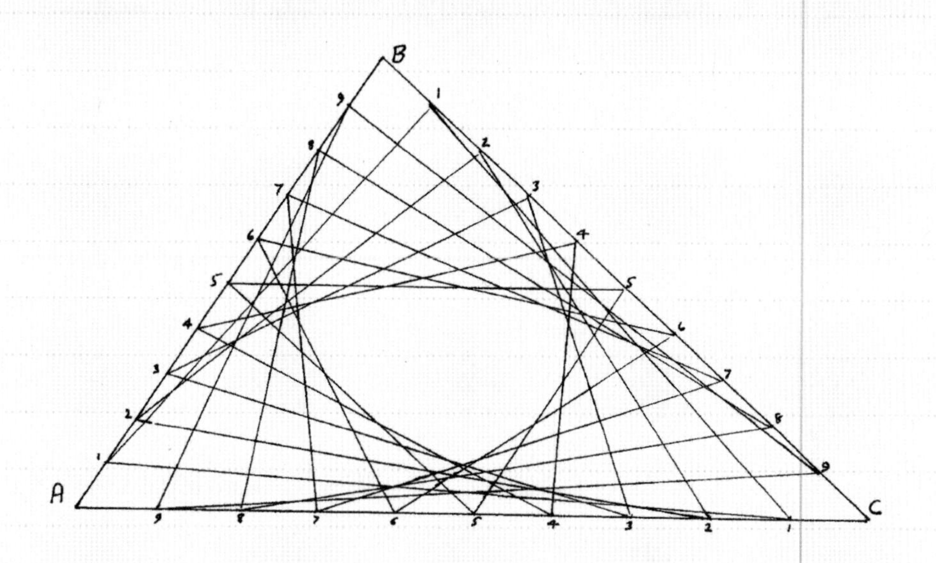

밀리미터 단위의 자를 이용해서 각 변을 10등분한다. 시계방향으로 돌아가는 것에 주의하면서, A와 B 사이에 1부터 9까지의 점을 찍는다. B와 C에도 그렇게 한 다음 C와 A 사이에도 찍는다. 각 변의 1을 연결하고, 다음엔 2를 연결하는 식으로 9개의 새로운 삼각형을 만든다)

9) 각도기를 사용하지 않고 P=45°, Q=75°, PQ=10cm인 삼각형 PQR을 작도하세요. 그런 다음 QR의 길이를 재세요.

(8.16cm)

10) LM=12cm이고 LN=9cm, M=40°라는 조건에서 삼각형 LMN을 아주 다른 모양으로 두 개 작도하여 두 가지 MN의 길이를 구하세요. (4.4cm와 13.7cm)

11) 길이가 11cm인 선분을 그리고, 자와 컴퍼스를 사용하여 7등분 하세요.

12) 종이의 중심을 지나는 선분을 그린 다음, 중심에서 1인치쯤 떨어진 곳에 점 P를 표시합니다. P를 지나면서 중심이 그 선분 위에 있는 원 중에서 몇 개를 선택하여 작도하세요. 어떤 사실을 알아내었습니까? (모두 그 선분 위의 다른 점을 지난다)

13) 빈 종이에 원을 그리고, 지름을 지나는 수직선을 그리세요. 이때 수직선은 종이의 중앙에 있고, 원의 중심은 종이 위에서부터 13cm 위치에 있도록 합니다. (A4 크기의 종이가 적당)

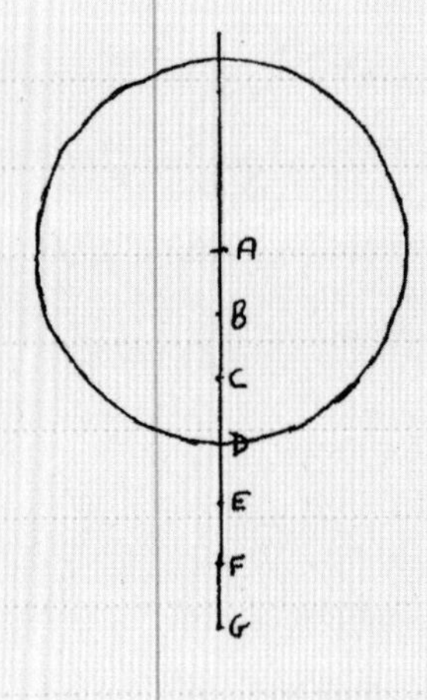

원의 반지름=3cm

수직선 위에 AB=BC=… =1cm가 되게 G까지 표시하세요.

이제 원을 12등분 또는 24등분 하세요. 원 위의 모든 수직선 위의 문자 중 하나를 선택해 바늘로 찔러 구멍을 내세요. 이제 모든 표시를 지우개로 깨끗이 지우세요!

"뭐라고요?"

"아, 바늘로 뚫은 구멍은 아직 있지요?"[6]

(아이들이 하는 것을 돌아보면서, 아이마다 A부터 G까지의 일곱 문자 중 하나를 준다. 제일 어려워하는 아이에게는 문자 A를 준다)

지우개로 지운 원 위에 있는 작은 구멍 하나 하나를 중심으로 12개 또는 24개의 원을 작도한다. 모든 원이 자신이 선택한 문자의 구멍을 정확히 통과하도록 그린다. (D를 선택했다면 원은 11개 또는 23개만 나올 것이다) 마지막으로 그렇게 해서 나타난 형태의 가장자리에 있는 '원형

삼각형'의 내부를 한 가지 색을 이용해서 칠한다.

(12개의 원으로 만든 아래 그림은 A, C, D, F 점을 지나는 형태들로, 각각은 상대적으로 원, 리마송limaçon(달팽이꼴 곡선), 심장형 곡선cardioid, 그리고 또 다른 달팽이꼴 곡선이다. 원에서 형태의 경계를 이루는 부분만 표시했다)

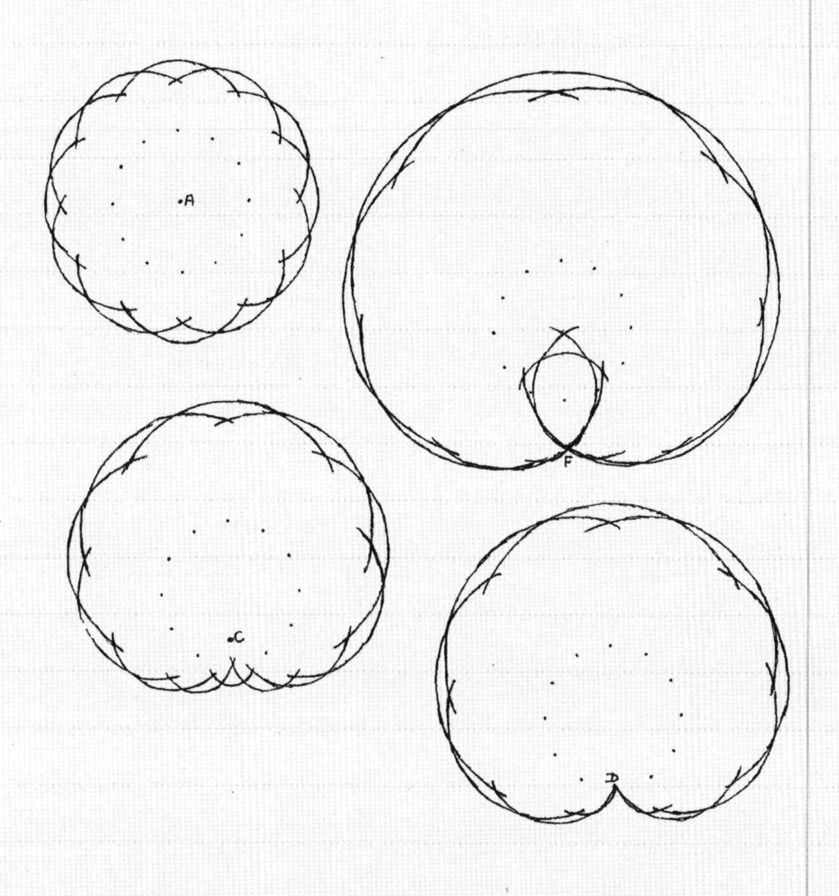

(교사는 또한 색깔을 빨강(A)에서 시작해서 초록(D)을 지나 보라(G)가 되게, 즉 무지개 색을 이용하라고 할 수도 있고, 다른 일련의 색을 이용하라고 할 수도 있다. 7종의 그림을 모두 교실 벽에 걸어놓으면 변형metamorphosis이 무엇인지를 한 눈에 볼 수 있다. 좀 더 세분화된 중간 단계의 형태도 상상해볼 수 있다)

마지막으로 두 문제만 더 풀어보자.

1) 가로 8cm, 세로 10cm인 직사각형을 작도하세요. 그런 다음 그 안에, 1cm 간격의 그물망이 되도록 수평선과 수직선을 계속 그려 넣으세요. 맨 위 중앙에서 시작해서 교차점 위에 작은 동그라미를 그리세요. 이제 오른쪽으로 1, 아래로 2만큼 내려오고, 다음에는 오른쪽으로 1, 아래로 3을, 마지막으로 오른쪽으로 1, 아래로 4를 내려오세요. 맨 위 중앙에서 왼쪽으로도 똑같이 하세요. 교차점을 찾을 때마다 작은 동그라미를 그리세요. 그 작은 동그라미는 저글링 하는 사람이 허공에 던진 여러 개의 공이라고 상상하세요. 공이 움직이는 길을 따라 조심스럽게 곡선을 그리세요.[7] 저글링 하는 사람에게 한 손에 하나씩 공이 두 개 더 있다면, 그의 손은 어디에 있어야 할까요? 이제 친구와 함께 밖으로 나가 여러분도 그렇게 할 수 있는지 직접 해보세요. 처음엔 2개의 공으로 시작해서 하나씩 공의 수를 늘려가세요.
2) 10° 간격으로 표시된 각도기를 이용해서, 커다란 원의 둘레에 36개의 점을 동일한 간격으로 찍으세요. 각 점과 나머지 모든 점을 연결하세요. 모두 몇 개의 직선을 그렸습니까? 그것을 증명할 수 있습니까? 그림에서 뚜렷이 구분할 수 있는 포락선은 몇 개입니까? 왜 그럴까요?

7장

7, 8학년 산술과 대수

사춘기의 시작

사춘기에 접어들면서 아이들은 자기 안에 지금껏 그 존재를 알지 못했던 어떤 영역, 또는 공간을 인식한다. 이곳은 특별한 경우를 제외하고는 (오직 청소년 본인만이 출입여부를 결정할 수 있다) 부모, 교사는 물론 친구도 들어오지 못하는 지극히 내밀한 공간이다. 또래 집단에 대한 소속감도 청소년들에게 대단히 중요한 문제지만 (대중음악이나 마약 '문화'에 동참하라는 압력이 따라올 때도 있지만) 그 때문만은 아니다. 성적인 자각 (보통 여학생들이 먼저 깨어나고 남학생들은 한 박자 늦다)에서 이 내면공간에 대한 인식이 시작되는 것도 아니다. 두 변화는 동시에 진행되며, 모두 지상의 삶을 위한 성숙이 새로운 단계로 접어들면서 나타나는 현상이다.

어떤 부모는 전에는 쉴 새 없이 종알종알 떠들면서 부모의 관심을 그토록 원하던 아이가 이제는 학교생활에 대해 입을 꼭 닫고 아무 말도 하지 않는다고 걱정한다. 물어봐도 성의 없이 건성으로 대답할 뿐이라 해도 꼭 부모가 뭘 잘못했기 때문이 아니다. 청소년들이 이 시기에 '사유지, 출입금지'라는 눈에 보이지 않는 경고문을 내거는 것은 지극히 당연하면서 자연스러운 일이기 때문이다. 이 내면 공간은 의식적이고 개인적인 영혼 영역이다. 인간 구성체 중 이 부분을 '아스트랄체astral body'라고 부른다. (이름에서 알 수 있듯이 아스트랄체는 별들의 세계에 기원을 두고 있다) 이 시기부터 아스트랄체의 영향력이 점차 커지면서 물질육체와 생명체(에테르체)에 다가와 그 속으로 스며든다. 지상의 관점에서 볼 때 이 새로운 '체'는 지금껏 태아기를 지내다가 이제 막 태어나려는 상태다.

이 시기에 아이들은 세상을 적극적으로 탐색하기 시작하면서 경험의 폭을 확장하는 한편, 가슴 속에선 이상의 꿈틀거림을 느낀다. 이들에게 필요한 것은 상상적 사고하기의 폭을 넓히는 것이다. 7학년들은 역사 수업 주제인 남아프리카, 아메리카 대륙 발견의 역사를 배울 때 눈을 빛내며 귀를 기울인다. 영국에서는 7학년 때 대서양 주변 대륙의 지리를 배우고, 8학년에서는 지구 반대편 인도와 태평양 주변의 지리를 배운다.(호주의 학교라면 당연히 순서가 바뀔 것이다) 르네상스 시대의 예술과 과학도 세계 지리만큼이나 아이들에게 깊은 인상을 남긴다. 수학에서는 대수가 이에 상응하는 역할을 한다.

1장에서 수학이 산술에서 대수로, 미적분을 거쳐 그 이상의 영역으로 나아가는 흐름을 서술했다. 흔히 대수를 추상적이며 시시하고 지루하기까지 한, 산술에서 탄생한 한 분야로 여긴다. 하지만 사실 물질육체와 에테르체가 다르듯 대수는 산술과 질적으로 전혀 다르며, 훨씬 많은 상상력을 요구한다. 이런 관점에서 볼 때 미적분학은 질적으로 아스트랄체에 상응한다. 사춘기에 접어들면서 아이들의 '머리, 심장, 손'[1]이 차례로 발달하듯이 대수의 발달도 세 부분으로 진행된다. 6학년에서는 대수 공식을 소개한다. 7학년과 8학년에서는 각각 대수 방정식과 항등식을 소개한다. 더 자세히 살펴보면 여기서도 질적인 유사성(유질동상)을 관찰할 수 있다.

공식	—	머리
방정식	—	심장과 폐
항등식	—	소화와 사지

나중에 통계를 배우면서도 '거짓말, 새빨간 거짓말, 그리고 통계학'이라는 유명한 거짓말의 세 가지 분류를 유질동상 표로 만들고 싶은 유혹이 찾아올지도 모르겠지만 거기까지 나가지는 말자. 추상적 이론이 아닌 현실에 근거한 이런 삼중성은 모두 세 가지 영혼 활동인 사고, 느낌, 의지와 밀접하게 연결된다. 무엇보다 중요한 삼중성은 성부, 성자, 성령

의 삼위일체다. 청소년기는 이 심오한 신비에 한 발 다가갈 수 있는 시기다. 우리가 사는 세상을 창조한 주체는 우연에 의한 원자의 결합도, 인간도 아니다. 물질주의적 관점에 완전히 경도되지 않은 사람들은 세상에 분명히 일종의 '성부 원리(신의 섭리)'가 작용하고 있다고 느낀다. '나'와 우리의 마음속에 사랑이 존재한다는 사실(청소년기부터 사랑을 의식적으로 자각하기 시작한다)에서 '그리스도', 즉 '성자 원리'(이를 다른 종교 또는 문화에서 부르는 이름으로 바꾸어도 아무 상관없다)를 만날 수 있다. 청소년들은 마음 깊은 곳에 개인적인 자아보다 높은 차원에서 오는 힘을 받아 행동하고 싶은 소망을 지닌다. 물론 자신이 그런 소망을 품고 있음을 의식적으로 자각하지는 못한다. 모든 인간의 개별성 속에서 활동하는 성령(당연히 이 또한 다른 이름으로 바꿀 수 있다)은 분명한 실재이나, 실증주의나 환원주의 또는 결정론적 방식으로는 결코 파악할 수 없다. 사실 청소년들 자체가 성령이 존재한다는 증거다. 그 같은 힘이 없다면 어떤 이상도 싹틀 수 없을 것이다.

대수

단어 대신 간단한 문자 하나만 쓰고, 그런 문자 여러 개를 결합해 수학 명제를 만드는 방법은 6학년 때 이미 도입했다. 요즘 인간의 (두뇌 중심) 의식은 동일한 원리에 따라 UNPROFOR(유엔 평화유지군United Nations Protection Force), PAYE(소득이 생길 때마다 납부하는 소득세Pay-As-You-Earn), IUD(자궁 내 피임기구Intrauterine device) 같은 단어를 만들어 사용하기에 이르렀다. 하지만 대수의 수학적 가치는 비본질적 요소를 제거함으로써 본질을 드러내는 데 있다.

대수의 다음 단계는 사실 1학년에서 이미 만난 적이 있다. 아직 그 값을 알지 못하는 부분을 문자로 표시하는데, 공식 자체는 간단해 보이지만 답을 찾아내기 위해서는 한 번 더 생각하는 과정을 거쳐야 한다. 이렇게 미지수가 포함된 명제를 방정식이라고 부른다. 1학년 때 아이들은 $4=3+x$ (그때는 x라고 적는 대신 1이라는 숫자를 종이로 가렸다)를 보면서, 4가 되기 위해서는 3에 뭘 더해야 하는지 알아내야 했다. 포르투갈이나 영국 출신의 신대륙 탐험가들이 다른 나라에 유럽 문화를 전파했던 것처럼(7학년 역사 수업), 아랍 사람들은 지중해와 보스포러스 해협을 거쳐 유럽에 대수를 전파했다. '대수학algebra'이라는 단어는 '재결합과 대립(대응)'을 뜻하는 아랍어 문장 "알 자브르 알 무콰발라Al jabr w'al muquabalah"*의 축약형이다. '$4=3+x$'에서는 퍼즐 조각을 '재결합'하고, '$x=1$'에서 미지수 x는 이제 알게 된 1과 '대립(대응)'한다. 대수 방정식을 가르칠 때는 무게 추 몇 개가 부족한 옛날식 양팔 저울이 효과적이다. 교탁 위에 반짝반짝 윤이 나게 닦아놓은 황동 양팔 저울을 올려놓고 아이들을 교탁 주위에 둥글게 모여 앉게 한다. 미리 준비해둔 음료수 한 병을 꺼내 한 아이에게 무게를 재보라고 한다. (끝자리수가 0으로 떨어지지 않도록 전날 밤에 미리 한 모금 마셔둔다) 준비된 추는 1kg, 500g, 200g, 100g, 10g, 2g, 1g인데, 병의 무게가 613g이라고 해보자. 앞에 나온 아이는 다른 아이들의 조언을 받아가며 (이럴 때 아이들이 늘 다정한 목소리로 말하지는 않는다) 추를 이리저리 조작해서 병의 무게를 잰다. 1209g인 또 다른 물체의 무게를 재야 하는 두 번째 아이는 아까보다 좀 더 머리를 써야 한다.

---

* 아라비아의 수학자 알콰리즈미Alkhwarizmi(780~850)가 830년경에 쓴 책 『알 자브르 알 무콰발라』는 대수학 역사상 중요하고 유명한 책 중의 하나로 손꼽힌다. '알 자브르al-gebr'와 '알 무콰발라al muqubala'는 각각 '이항'과 '동류항 정리'를 뜻한다.

다음엔 성냥개비가 들어있는 성냥 7갑과 2g 추 하나를 보여준다. 성냥과 추의 무게를 모두 합쳐 정확히 100g이 되게 준비한다. 애석하게도 많은 성냥 회사가 관행적으로 상자에 성냥을 꽉 채우지 않는다. 하지만 그 덕분에 상자마다 성냥 몇 개씩을 넣고 빼면서 전체를 딱 떨어지는 무게로 조절하기가 수월하다. 이제 양쪽에 100g의 무게를 올려놓은 양팔 저울 그림을 그린다.

이 그림을 대수 명제로 바꾸면(알 자브르, 재결합)

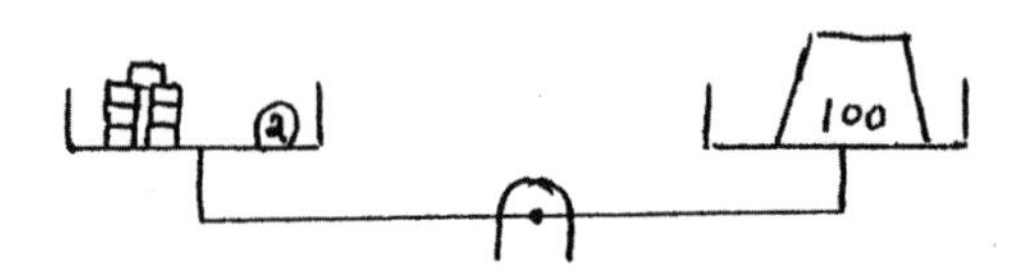

7b+2=100을 얻는다. (b는 성냥 1갑의 무게)

이제부터는 양팔 저울의 균형을 유지하는 것에만 신경 쓰면 된다. 양쪽에서 2씩 빼보자. 실제로는 100g 추의 한 귀퉁이를 조금 잘라내야 하겠지만, 멋진 황동추가 망가지면 속상할 테니 그냥 상상 속에서만 잘라내자고 한다.

$$7b=98$$

이어서 상상 속 저울 접시 양쪽에서 각각 $\frac{1}{7}$씩만 남기고 다 꺼내도 저울은 균형을 유지할 것이다.

$$b=14$$

마침내 우리는 성냥 1갑의 무게가 14g이라는 것을 알게 되었다.

이 과정에 내포된 세 가지 단계[2]는 다음과 같다.

1. 지각 (실제 양팔 저울)
2. 사고의 표상 (공책에 그린 그림)
3. 개념 (답 14)

이제 아이들에게 다음과 같은 방정식 문제를 준다.

1) 못 하나의 무게는 얼마인가? (단위=g)

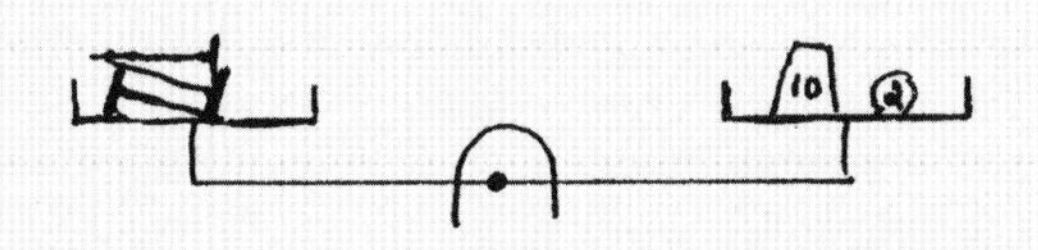

2) $9a=117$

3) $5b+4=39$

4) $10c=84+3c$

5) $d+170=9d+4$

6) $25e+13=200+14e$

7) $517+29f=35f+1$

8) $2g+1\frac{1}{2}=12+\frac{1}{2}g$

9) $95h+5=4h+31$

10) $3+50i=42+43i$

11) $j+3+j=1+3j+1$

12) $8\frac{3}{4}k+\frac{5}{24}=5\frac{5}{6}k+4\frac{3}{8}$

13) $0.007L+12.3=0.25L+5.01$

답: $\frac{2}{7}$, 1, $1\frac{3}{7}$, 4, 5, $5\frac{4}{7}$, 7, 12, 13, 17, $20\frac{3}{4}$, 30, 86

아이들에게 이것이 단지 머리 쓰는 놀이가 아니라 실생활에서 생기는 문제를 해결하는 데도 쓸모가 있음을 보여주는 것도 중요하다. 현실에서 일어날 수 있는 예로 다음과 같은 상황을 제시한다.

서로의 맞은편 오아시스를 지나 사막을 건너오던 아랍 사람들이 중간 지점에서 마주쳤다. 첫 번째 집단에는 모두 7명이 있었고 각자 물이 가득 찬 물병 두 개씩을 가지고 있었지만, 두 번째 집단 5명의 사정은 달랐다. 한 사람은 물이 하나도 없었고, 나머지 4명도 각자 가득 찬 물병 하나씩밖에 없었다. 두 집단의 사람들이 모두 같은 양의 물을 가지려면 첫 번째 집단 사람들이 두 번째 집단에게 얼마큼씩 주어야 할까?

(오른쪽 5명의 아랍 사람 중 물이 가득 찬 병을 들고 있는 마지막 사람은 뒤처졌기 때문에 그림에서는 보이지 않는다)

주어야 할 물병의 수를 x라 하자.

물을 나눠주면 두 집단은 각각 $14-x$와 $4+x$의 물병을 가지게 된다.

인원수로 나누면 $\frac{14-x}{7}=\frac{4+x}{5}$

양쪽에 35를 곱하면 $5(14-x)=7(4+x)$

$70-5x=28+7x$

양쪽에 $5x$를 더하면, $70=28+12x$

양쪽에서 28을 빼면, $42=12x$

양쪽을 12로 나누면 $\frac{42}{12}=x$

따라서 $x=\frac{7}{2}=3\frac{1}{2}$

첫 번째 집단은 두 번째 집단에게 $3\frac{1}{2}$ 병의 물을 주어야 한다.

다시 말해 첫 번째 집단의 사람들은 이제 각자 $10\frac{1}{2} \div 7 = 1\frac{1}{2}$ 병의 물을, 두 번째 집단은 각자 $7\frac{1}{2} \div 5 = 1\frac{1}{2}$ 병을 갖게 된다.

물론 실제 상황에서는 이럴 때 굳이 대수까지 동원할 필요 없이 가지고 있는 물의 총량을 전체 인원수로 나누면 되지만, 그 속에 숨은 대수적 원리는 위와 동일하다. 사실 간단한 방정식은 산술로 충분히 해결할 수 있지만 이차방정식과 그 이상의 고차방정식에서는 그럴 수 없으며, 이에 관해서는 9학년 이상 상급과정에 속한다.

이제 음의 기호와 함께 음수가 답인 문제를 도입할 때가 되었다. 음수 개념을 쉽게 이해할 수 있는 방법 중 하나는 빚(부채)의 개념을 이용하는 것이다. 은행 잔고가 £50인데 누군가에게 £70 수표를 써주었다면, £20가 '적자'로 표시될 것이다.

$$50 - 70 = -20$$

하지만 내가 £80 수표를 받는다면, 잔고는 다시 '흑자'로 돌아설 것이다.

$$-20 + 80 = 60 \text{ 또는 } +60$$

또 다른 방법은 1층에서 시작해서 한쪽은 지하, 다른 한쪽은 2층으로 이어지는 계단을 그려보는 것이다.

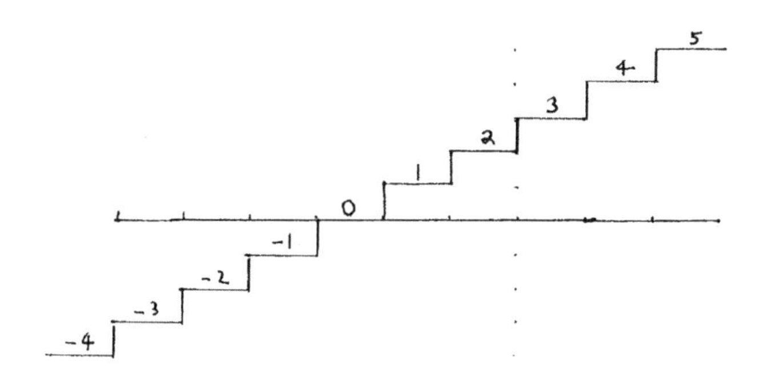

계단 3에 서서	7 계단 아래로 가세요.	3−7=−4
−2	4 계단 위로	−2+4= 2
−1	2 계단 아래로	−1−2=−3
−4	3 계단 위로	−4+3=−1

아이들과 직접 움직이며 해볼 수도 있다. 모두 둥글게 서서 시계방향을 본다. 앞으로 3걸음 걷고, 5걸음 뒤로 걷는다! 다시 2걸음 뒤로 걷고 6걸음 앞으로 걷는다… 자기 책상 뒤에 서서 교사의 지시에 따라 움직일 수도 있다.

"북쪽으로 도세요!"

"시계 방향으로 세 번 직각으로 도세요!"

"시계 반대 방향으로 두 번 직각으로 도세요!" 등

7학년들은 어린 시절 함께 놀던 불멸의 오그라디 씨*도 기꺼이 놀이에 초대할 것이다. 이 아일랜드 신사가 마법의 주문을 걸지 않았는데 움직인 아이는 자리에 앉고, 마지막까지 용케 잘 피해간 아이가 최종 승자가 된다. 한참 이쪽저쪽으로 방향을 바꾸다가 아이들이 모두 서쪽을 바라보고 서 있을 때, "오그라디 가라사대, 동쪽으로 도세요!"라고 명령한 다음 곧바로 이어서 가라사대 없이 "동쪽으로 도세요!"하면 틀리는 아이들이 속출할 것이다.

음수는 실생활에서 어떻게 나타나는가?

"섭씨와 화씨온도계는 몇 도에서 같은 숫자를 가리킬까?"라는 문제를 예로 들어보자. 아이들은 이미 6학년 물리 시간에 섭씨에서는 물의 어는점과 끓는점이 각각 0도와 100도이며, 화씨에서는 32도와 212도라는 것을 배웠다. 섭씨온도계의 눈금 100개는 화씨온도계의 눈금 180개

---

* O'Grady 게임. 'Simon says'나 '가라사대'와 같은 놀이

에 해당하지만, 어는점에서는 화씨가 32도 앞선다. 두 온도계의 눈금이 동일한 온도를 t°라고 하자.

이것을 식으로 표현하면	$\frac{t}{100}=\frac{t-32}{180}$
양변에 900을 곱하면	$9t=5(t-32)$
	$9t=5t-160$
양변에서 5t를 빼면	$4t=-160$
	$t=-40$

따라서 두 온도계는 영하 40°에서 일치한다. 캐나다 북부의 날씨를 생각하면 될 것이다.

괄호도 다시 등장한다. 괄호는 6학년 때 농장에서 키우는 동물 문제에서 이미 소개한 바 있다. 다시 양팔 저울 그림을 이용해서 다음의 방정식을 어떻게 시각화할지 생각해보자.

$$3(c-4)=2(5c+19)-8$$

아이들에게 물어보라! 무게에 영향을 주지 않는 가벼운 종이가방으로 괄호를 표현하면 된다는 식의 기발한 아이디어가 나올 것이다. -8은 양팔 저울의 접시를 아래가 아니라 위로 끌어올릴 수 있는 물건이어야 한다. 아하, 공기보다 가벼운 수소 풍선이 좋겠다! 하지만 딱 8g 무게만큼만 들어올려야 한다. 그러면 아래와 같은 그림이 될 것이다.

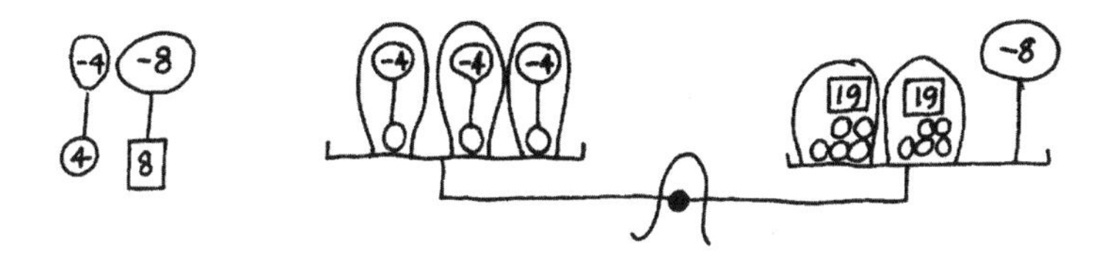

문자 c는 그림 속 작고 동그란 캡슐capsule을 가리킨다.

가방(괄호)을 제거하면,

$$3c-12=10c+38-8$$

오른쪽 접시에 12g을 더한 다음 왼쪽 접시 위 캡슐에 연결된 줄을 끊으면 풍선 세 개가 날아가면서 저울은 다시 수평을 이룰 것이다.

$$3c=10c+38-8+12$$

정리하면, $3c=10c+42$

양변에서 3c를 빼면 $0=7c+42$

이걸 보니 캡슐 속에도 수소가스가 들어있는 것이 분명하다!

양변에서 42를 빼면 $-42=7c$

이것은 왼쪽 접시에 아주 커다란 풍선이 달려있다는 의미다.

결국 $-6=c$

뒤집어서 보면 $c=-6$이 된다.

따라서 캡슐 하나는 6g의 무게를 들어 올릴 수 있다. 또한 종이가방은 저울 접시에 고정되어 있어야 한다. 말도 안 되는 문제라고? 요즘 나오는 공상과학 영화보다 훨씬 합리적이고 논리정연하다.

이제 양쪽 균형을 똑같이 맞춘다는 것만 놔두고, 양팔저울이며 추, 풍선 같은 상을 제거할 시점이 되었다. 이제부터는 오직 순수한 개념만 가지고 계산한다. 숨은 쉬어도 좋다. (숨쉬기도 들숨과 날숨의 균형을 맞추는 행위다) 7학년에게 적합한 대수 문제 몇 개를 더 소개한다.

※ 괄호를 풀고, 식을 간단하게 정리하라.

1) $6(9x+8)$

2) $7(12-5x)$

3) $11(3x+2)+4(4x+9)$

※ 다음 방정식의 해를 구하라.

4) $8a=56$

5) $20b=12+18b$

6) $9(3c+1)=25c+13$

7) $6(5+4d)=7(5+2d)$

8) $8(6e+5)=2(3e+17)+13(3e-1)+1$

9) $5(9f-5)=3(11f-8)+4(2f-9)$

10) $12(4g-0.9)+0.34=4(5g+0.15)+7(3g-0.8)$

답: $-8\frac{3}{4}$, -6, $-\frac{1}{2}$, 0.78, 2, 6, 7,

$49x+58$, $54x+48$, $84-35x$

이제 두 단계만 더 연습하면 일차방정식은 유형별로 모두 다뤄보게 된다. 첫 번째는 분수가 포함된 문제다. 다음 문제를 보자.

$$\frac{3p}{8}+\frac{5(2p-7)}{12}=\frac{(p+2)}{6}+\frac{3}{4}$$

우변에도 똑같게만 해준다면, 방정식의 좌변에 무엇이든 마음대로 넣고 뺄 수 있다는 점을 기억하라. 균형 유지를 위해 세 분모의 최소공배수인 24를 모든 항에 곱해준다.

$$9p+10(2p-7)=4(p+2)+18$$

$$9p+20p-70 \quad =4p+8+18$$

$$29p-70 \qquad =4p+26$$

양변에 70을 더하면

$$29p=4p+96$$

양변에서 4p를 빼면

$$25p=96$$

$$p=\frac{96}{25}=3\frac{21}{25} \quad \text{또는} \quad 3.84$$

마지막 단계는 부호의 곱셈이다. 새로운 개념을 도입할 때는 직접 논리로 설명하기보다는 그림을 이용하는 편이 훨씬 효과적이다. 양수 항과 음수 항의 결합은 2층과 지하실로 연결된 계단 그림 또는 은행 잔고를 비유로 설명했지만 지금은 다른 그림이 필요하다. 오그라디 씨와 놀면서 연습했던 언어감각을 발휘해보자. 다음과 같은 이야기는 어떨까.

어느 더운 여름날 네 명의 청소년이 수영하러 바다로 나섰다. 털털거리는 고물차를 타고 가파른 언덕길을 힘들게 올라 바닷가에 도착했다. 한참을 즐겁게 물장구치고 수영하며 논 다음, 집으로 돌아가기 위해 다시 차를 몰고 길을 나섰다. 그런데 언덕 한중간에서 차가 심상찮은 소리를 내기 시작하더니 급기야 멈춰버렸다. 네 명 모두 차에서 내려 자동차 보닛을 열자 엄청난 연기와 수증기가 올라왔다. 엔진을 이리저리 살펴본 그들은 그 차가 과연 집까지 갈 수 있을지를 놓고 서로 다른 의견을 주장했다.

"가능해." 다혈질*의 낙천주의자인 첫 번째 친구가 말했다.

"불가능해." 담즙질인 세 번째 친구가 단호한 말투로 말했다.

"가능하지 않아." 우울질의 두 번째 친구가 말했다. (아니나 다를까)

* 슈타이너 교육에서 자주 등장하는 인간의 네 가지 기질 중 하나. 자세한 내용은 『교육예술 3: 세미나 논의와 교과과정 강의』(밝은누리, 2011), 『자유를 향한 교육』(섬돌, 2008) 등을 참고

한참 후에 점액질인 네 번째 친구가 이렇게 말한다. (이 친구는 나중에 변호사가 된다.)

"불가능하지는 않아."

이들의 말을 대수 기호 언어로 번역하면 다음과 같이 정리할 수 있다.

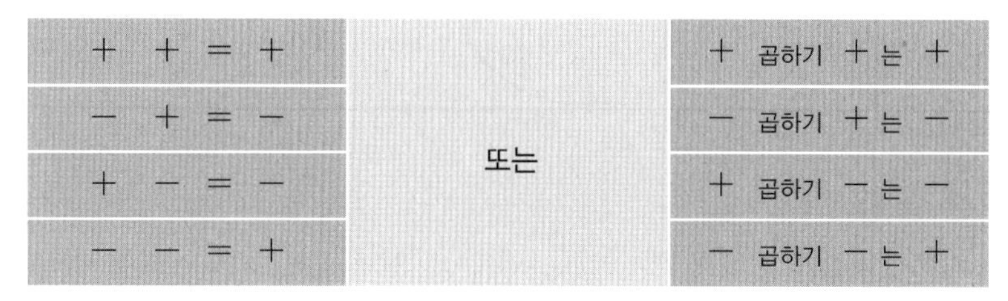

+ + = +	또는	+ 곱하기 + 는 +
− + = −		− 곱하기 + 는 −
+ − = −		+ 곱하기 − 는 −
− − = +		− 곱하기 − 는 +

가능'은 +, '불가능'은 −, '하다'는 +, '하지 않다'는 −

드디어 모든 형태의 일차 방정식을 풀 준비가 끝났다. 이제 지금까지 배운 것을 실용적으로 적용할 수 있는 상황을 제시하고 가능한 한 많은 문제를 풀어볼 차례다. 가장 효과적인 형태는 시간과 관련된 문제다.

공장 견학을 가보면 수많은 기계 부품들이 한 몸처럼 움직이면서 정확한 순간에 제 역할을 하는 것이 얼마나 중요한지를 이해하게 된다. 자동화와 인간 노동력 절감은 전적으로 그 정확성에 좌우된다. 이처럼 호흡을 딱 맞춰 동시에 움직이게 하려면 "오후 3시와 4시 사이에 시계의 큰 바늘이 작은바늘 밑에 정확하게 오는 것은 몇 시 몇 분인가?"와 같은 문제에 답할 수 있어야 한다.

먼저 답을 짐작해보라고 한 다음 칠판에 그 추측한 답을 쓰게 한다. 아이들은 손목시계를 이리저리 조작하며 답을 찾으려 애쓰겠지만 (디지털시계밖에 없는 가련한 아이들은 제외하고!) 당신은 그 모든 답이 틀렸다고 자신 있게 말할 수 있다.

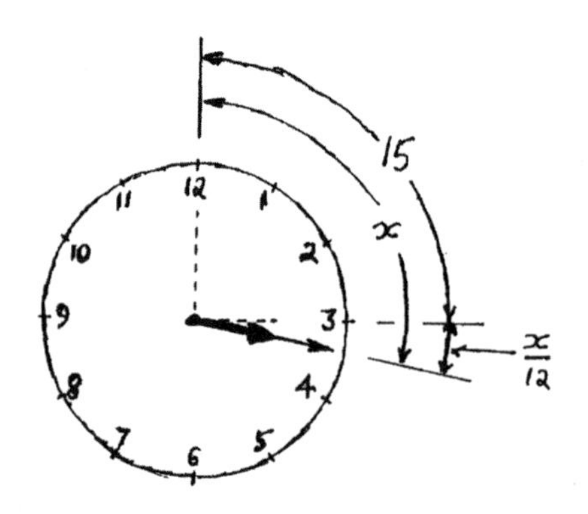

여기서 필요한 첫 번째 단계는 “나는 답이 무엇인지 모른다.”는 겸손함이다. 이것을 대수학적 언어로 옮기면 “알고자 하는 시간을 3시 x분이라고 하자.”가 된다. 3시부터 시계의 큰바늘(분침)은 x개의 눈금(분)으로 이루어진 각만큼 지나갔다. 큰바늘이 작은바늘(시침)에 비해 얼마나 빨리 움직이는지를 아이들과 생각해보라. 토론을 통해 12라는 숫자를 찾아내고 나면 큰바늘이 x 눈금만큼 움직이는 동안 작은바늘은 $\frac{x}{12}$ 밖에 가지 못함을 알 수 있다. 3시 정각에 큰 바늘과 작은 바늘은 15 눈금만큼 떨어져 있었다. 큰 바늘이 이동한 양은 두 가지 방식으로 표시할 수 있다. 재결합(알 자브르)에서는 다음과 같이 적는다.

$$x=15+\frac{x}{12} \text{ ------------ (i)}$$

각 항에 12를 곱하면 양변의 균형은 유지된 채 식이 이렇게 달라진다.

$$12x=180+x$$

양변에서 x를 빼면,

$$11x=180$$

양변을 11로 나누면

$$x=16\frac{4}{11} \text{ ------------(ii)}$$

이는 모르는 것과 아는 것의 대립(알 무콰발라)이다. 따라서 답은 3시 $16\frac{4}{11}$분이다.

이런 문제에서 가장 어려운 부분은 (i)의 단계까지 가는 것이다. 물질세계와 상의 세계를 벗어나 이런 순수한 개념 영역으로 들어갈 때, 아이들은 무력감과 함께 심한 경우에는 두려움을 느끼곤 한다. 일단 (i)의 단계에 이르면 (ii) 단계로 넘어가는 것은 상대적으로 쉽다. 자칫하면 이제 문제를 다 풀었다는 경솔한 자만심이 슬며시 고개를 내밀기도 한다. 하지만 아직 끝나지 않았다. 다시 상의 세계로, 최종적으로는 물질세계(현실 상황)로 돌아가서 몇 시 몇 분인지 말해야 한다. 대수를 푸는 과정에 두 가지 유혹이 찾아오는 셈이다. 하나는 두려움(인지학에서는 '아리만'이라고 부른다)에, 다른 하나는 자만심('루시퍼'라고도 한다)에 굴복하는 것이다. 아리만은 언제나 우리가 감각 세계(물질세계)를 벗어나 이상과 정신의 영역으로 가지 못하게 하려고 안간힘을 쓰는 반면, 루시퍼는 우리가 정신세계에만 계속 머무르면서 현실적인 지상 세계로 내려가지 못하게 하려 애쓴다. 문제 풀이에서 핵심 역할을 하는 것은 순수하게 수학적, 비물질적 부분이다. 이는 일상의 모든 근심걱정과 시련에서 벗어나게 해주는 잠의 축복과도 같다. 문제 풀이 과정을 보면 동화 룸펠슈틸츠헨도 떠오른다. 룸펠슈틸츠헨은 방앗간 집 딸이 밤에 잠을 자는 동안 볏짚을 금실로 바꾸어놓는다. 이 동화에는 다른 요소도 있지만, 적어도 잠과 순수한 수학의 본질적 유사성(유질동상)만큼은 분명하다. 동화에 숨은 뜻을 해석할 수만 있다면 안에 담긴 무한한 지혜를 만날 수 있다. 그러나 그러려면 영혼의 느낌 부관과 의지 부관이 사고 부관을 도와야 하며 그 동안 함장인 자아는 우리 안의 정령genius에게 길 안내를 부탁해야 한다.

방정식과 응용문제

이 장에서는 7학년 대수 수업 시간에 풀기에 적절한 문제를 소개한다. 문제의 주제는 산술에서만이 아니라 기하, 물리 등을 비롯한 다른 수업에서도 뽑았다.

1) $\frac{x}{7}=3$

2) $\frac{3}{4}x-2=5\frac{1}{2}$

3) $x=9+\frac{x}{5}$

4) $1+\frac{2x+3}{6}=\frac{x}{8}-\frac{x-11}{3}$

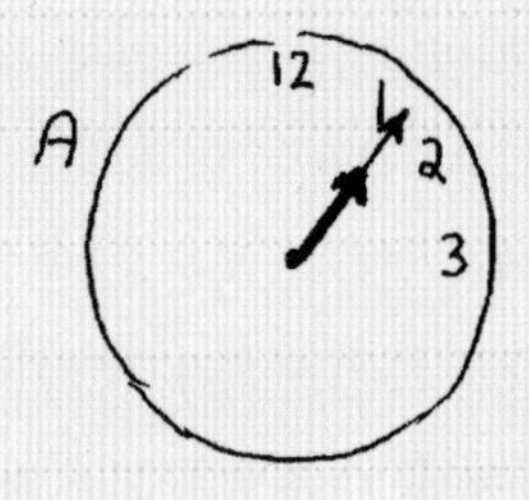

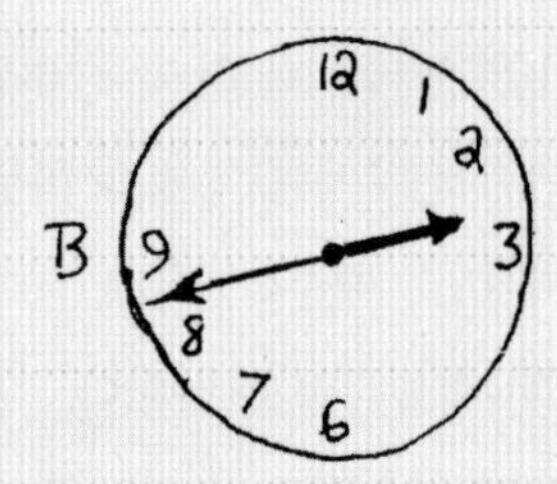

5) 시계 A는 지금 정확히 몇 시인가?

6) 시계 B는 지금 정확히 몇 시인가?

7) $\frac{5(2t+3t)}{6}-\frac{3(5t-1)}{4}=\frac{2t+5}{3}-2\frac{1}{12}$

8) 삼각형의 가장 큰 각은 두 번째 큰 각보다 27° 크고, 가장 작은 각보다는 48° 크다. 가장 큰 각은 몇 도인가?

9) 오전 10시에 패딩턴 역을 출발한 완행열차는 줄곧 시속 40마일의 속도로 달려왔다. 그보다 빠른 열차가 오전 10시 30분에 패딩

턴을 출발해 시속 70마일의 속도로 달려왔다. 빠른 기차가 느린 기차를 추월하는 것은 몇 시 몇 분일까?

10) 어디에서 (패딩턴에서 얼마나 떨어진 곳에서) 앞지르게 될까?

11) 어느 더운 여름날, 화씨온도계의 눈금이 섭씨온도계의 눈금보다 56° 높았다. 섭씨온도는 몇 도였을까?
($F=\frac{9}{5}C+32$ 를 이용하라.)

12) 빗변이 밑변보다 2cm 길고, 높이는 10cm인 직각삼각형 모양의 쐐기를 만들려고 한다. 빗변의 길이는 얼마여야 하는가?

13) 4)번 문제 답을 방정식의 x 자리에 대입하여 양 변을 따로 계산하라. 각각의 결과는?

14) $3-\frac{x}{10}+\frac{7-x}{5}=5-\frac{3}{10}(x+2)$를 계산하라.
만약 계산할 수 없다면 $x=2$를 대입해서 계산해보라. 양 변의 값은 각각 어떻게 나오는가?

15) 14)번 문제를 $x=3$, $x=8$, $x=0$을 대입해서 계산해보라. 어떤 결과가 나오는가?

16) 잔잔한 물에서는 시속 12마일로 노를 저을 수 있다. 일정한 속도로 흐르는 강에서 상류 쪽으로 2마일을 올라갔다가 곧바로 되짚어 하류 쪽 출발지점으로 돌아오는데 모두 $22\frac{1}{2}$분이 소요되었다. 강의 유속은 얼마인가?

17) 똑같이 생긴 두 개의 도르래에 총 90cm 길이의 벨트가 걸려있다. 도르래의 중심은 서로 23cm 떨어져 있다. 도르래 하나의 지름은?
($\pi=\frac{22}{7}$ 를 사용하라)

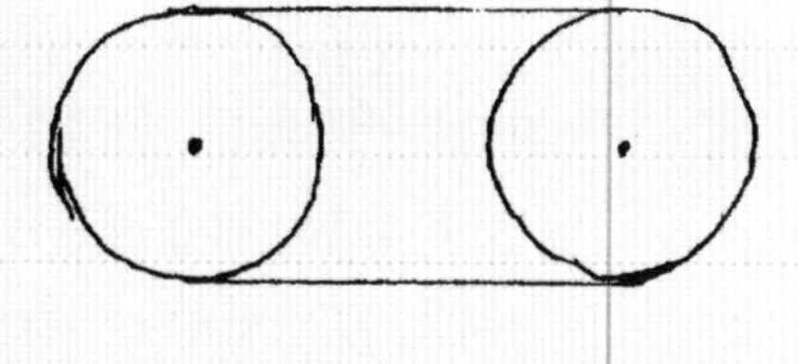

18) p가 13g+19 및 4(g+25)와 같다면, p의 값은?

답: $1\frac{1}{3}$, $2\frac{5}{6}$, $3\frac{4}{5}$, 4, 4, $\left(5\frac{5}{11}\right)$, 10, $11\frac{1}{4}$, 11, 10, 14, $\left(16\frac{4}{11}\right)$, 21, 26, 30, $46\frac{2}{3}$, 85, 136

(괄호 안의 숫자는 최종 답이 아니다)

교사는 14), 15)번 문제에서 4개의 x값이 모두 옳으며, 따라서 네 개의 답이 모두 가능하다는 사실에 주의해야 한다. 사실 x에 어떤 값을 대입해도 식을 만족한다. 이 신비는 8학년에서 풀릴 것이다. 이 등식은 겉모습을 방정식으로 위장한 항등식이기 때문이다.

위에 제시한 문제 대부분은 어려운 축에 속하며 수학을 잘하는 아이들에게는 아주 좋지만, 그렇지 않은 아이들에게는 위쪽 6개 수준의 문제를 더 내주어야 한다. 이는 적어도 일주일의 수업 시간에 걸쳐 소화할 내용이다.

항등식

8학년쯤 되면 아이들은 어떻게든 요령이나 지름길을 찾아 지루한 계산과정을 건너뛰고 싶어 한다. 게다가 13, 14세는 휴대전화나 녹음기, 전자계산기 같은 전자기기에 민감하게 반응하기 마련인 나이이기도 하다. 하지만 산술 문제를 풀 때 이들의 (심지어 더 어린 아이들의) 손에 계산기(또는 컴퓨터)를 쥐어주는 것은 백해무익한 짓이다. 계산기는 일 년 뒤, 보통 수준의 산술 계산을 만족스러운 수준으로 해낼 능력이 충분히 성장하고, 왜 그렇게 계산하는지를 이해하고 있다고 아이들 자신과 수학 교사가 확신하게 된 이후에 도입하는 것이 좋다. 계산기 사용법보다는 암산이나 지필 계산을 쉽고 빠르게 하는 요령을 가르치는 편이 훨씬 바람직하고 쓸모 있다. 따라서 매일 수학 수업 도입부에 다음과 같은 문제를 주고 10분 안에 최대한 많이 풀게 한다. 계산을 쉽고 빠르게 할 수 있는 모든 지름길을 허용한다. 푸는 순서도 마음대로 선택할 수 있다.

1) 848×25	7) $79\times87-85\times79$
2) $102107000\div125$	8) $1\frac{7}{10}\times6\frac{3}{7}+1\frac{7}{10}\times3\frac{4}{7}$
3) $15\times9\times6$	9) $62\times62-58\times58$
4) $63+988+37$	10) $\left(7\frac{1}{2}\right)^2-\left(6\frac{1}{2}\right)^2$
5) $8\times13\times9\times0\times7$	11) $\frac{3}{4}$의 $\frac{4}{5}$의 $\frac{5}{6}$의 $\frac{6}{7}$…… $\frac{16}{17}$의 $\frac{17}{18}$
6) $748+75-648$	12) $19\frac{3}{5}\times2.75+2\frac{3}{4}\times80.4$

문제를 쉽고 빨리 풀기 위해 동원한 방법을 분석하면 공통의 원리를 찾고, 그것을 대수 항등식 형태로 표현할 수 있다. 법칙과 명칭을 알려주기 전에 그에 관한 문제를 많이 풀어보게 하는 것이 좋다.

위의 문제들을 하나씩 살펴보자.

1) $848\times25=848\times\frac{100}{4}=21200$ (약분)

2) $102107000\div125=102107000\times\frac{8}{1000}=816856$

여기서는 곱셈의 교환 법칙과 결합 법칙을 찾아낼 수 있다.

즉, $a+b\equiv b+a$ 그리고 $a\times(b\times c)\equiv(a\times b)\times c$

간단히 하면 $ab\equiv ba$ 그리고 $a(bc)\equiv(ab)c$

3)번 문제도 마찬가지다. 먼저 15에 6을 곱하고, 그 결과에 9를 곱하

는 편이 더 쉽기 때문이다.

즉, $90\times9=810$

4)번 문제는 덧셈의 교환 법칙과 결합 법칙을 보여준다. 63과 37을 먼저 더하는 편이 쉽기 때문이다.

$100+988=1088$

5)번 문제는 0의 법칙을 보여준다. 곱셈식 중 0이 어디에 있든 답은 0이다. 6)번 문제는 4)번 문제와 같다.

$748-648+75=100+75=175$이며, 여기에 사용된 두 가지 법칙은 $a+b\equiv b+a$와 $a+(b+c)\equiv(a+b)+c$이다. 문자는 당연히 양수 값도, 음수 값도 될 수 있다.

7)번과 8)번 문제에는 앞서 언급한 법칙들과 함께 분배 법칙이 적용된다.

따라서

$$\begin{aligned}&79\times87-85\times79\\=\;&87\times79-85\times79\\=\;&(87-85)\times79\\=\;&2\times79\\=\;&158\end{aligned}$$

그리고

$$\begin{aligned}&1\frac{7}{10}\times6\frac{3}{7}+1\frac{7}{10}\times3\frac{4}{7}\\=\;&1\frac{7}{10}\times\left(6\frac{3}{7}+3\frac{4}{7}\right)\\=\;&1\frac{7}{10}\times10\\=\;&17\end{aligned}$$

이를 공식으로 표기하면 $a(b+c)\equiv ab+ac$가 된다. 물론 양변의 순서는 바뀌어도 상관없다.

항등식 부호 '≡'는 문자가 어떤 값을 갖느냐에 상관없이 결과가 참임을 뜻한다. 참이 되는 해가 정해져 있는 방정식에서는 '=' 부호가 사용된다. 지금까지 나왔던 방정식 문제들은 하나의 문자에 대해 단 하나의 숫자만 참이었다. 219쪽의 14)번 문제는 예외다. 그 문제는 사실 다음과 같이 적어야 한다.

$$3-\frac{x}{10}+\frac{7-x}{5}\equiv5-\frac{3(x+2)}{10}$$

즉, = 기호가 아니라 ≡ 기호로 바꾸어야 한다.

항등식을 사용하면 결과를 손쉽게 도출할 수 있다. 다시 말해 항등식은 의지의 성질을 지녔다.

9)번과 10)번 문제를 풀기 위해선 대수의 긴 곱셈을 할 수 있어야 한다. 보통의 산술 계산처럼 식을 쓰면서 $x-y$를 $x+y$로 곱하면

$$\begin{array}{rcccc} & & x & - & y \\ & & x & + & y \\ \hline x^2 & - & xy & & \\ & & xy & - & y^2 \\ \hline x^2 & & & - & y^2 \end{array}$$

xy항을 합치면 서로를 상쇄한다.

결과를 거꾸로 쓰면 $x^2-y^2 \equiv (x+y)(x-y)$가 된다. 이것은 대수학 전체에서 가장 유용한 항등식이다.

따라서 $62\times62-58\times58=4\times120=480$이고,

$\left(7\frac{1}{2}\right)^2-\left(6\frac{1}{2}\right)^2=1\times14=14$이다.

11)번에는 약분, 곱셈의 결합 법칙과 분배 법칙이 들어있다.

$\frac{3}{18}=\frac{1}{6}$

12)번 문제에는 분배 법칙을 적용해야 한다.

$2.75(19.6+80.4)=2.75\times100=275$

그밖에 유용한 항등식에는 다음과 같은 것들이 있다.

$(x+y)^2 \equiv x^2+2xy+y^2$

$(x+y)^3 \equiv x^3+3x^2y+3xy^2+y^3$

$x^3+y^3 \equiv (x+y)(x^2-xy+y^2)$

$x^3-y^3 \equiv (x-y)(x^2+xy+y^2)$

이 법칙들은 이항 정리와 연계하여 9학년에서 소개하는 것이 적절하다. 하지만 8학년 중에서 영리한 아이들에게는 좋은 자극이 될 것이다.

$x^2-y^2\equiv(x+y)(x-y)$ 라는 중요한 공식에서 다음을 이끌어낼 수 있다.

$$
\begin{aligned}
&(x+\mathrm{a})(x-\mathrm{a})-(x+\mathrm{a}+1)(x-\mathrm{a}-1)\\
&\equiv x^2-\mathrm{a}^2-x^2+(\mathrm{a}+1)^2\\
&\equiv 2\mathrm{a}+1
\end{aligned}
$$

$x=7$이고 'a'가 0, 1, 2, 3⋯ 의 연속하는 값을 갖는다고 가정해보자.

그러면

$7\times7-8\times6=1$

$8\times6-9\times5=3$

$9\times5-10\times4=5$

$10\times4-11\times3=7$

3학년 수업에서 발견했던 사실이 여기서 해명된다.

8학년들과 함께 3학년 문제를 다시 풀어보는 건 어떨까?

면적과 부피

7학년이면 모든 종류의 면적 계산을 할 수 있다. 기하학에서 피타고라스의 정리가 면적 계산의 정점을 이룬다. 먼저 직사각형의 면적과 직사각형 상자의 표면적 구하는 문제를 가지고 3학년 때 배웠던 내용을 복습하고 심화한다.

담임교사의 책상 위에는 주요수업 공책이나 문제지가 뭉치로 쌓여있는 경우가 많다. 그것을 사선으로 비스듬히 밀어 공책 모서리는 다 보이면서 모양이 흐트러지지 않는 상태를 보여주면, 아이들은 직사각형의 밑변과 높이를 곱한 것이 평행사변형의 면적과 같음을 이해할 수 있다.

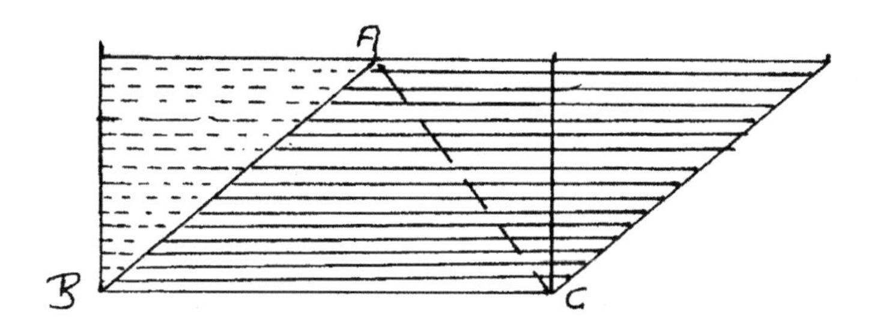

대각선을 이용해서 평행사변형을 이등분하면, 삼각형 ABC의 면적은 '$\frac{1}{2}$ 밑변×높이'라는 공식이 나온다.

원의 면적 계산하는 방법을 소개하기 전에 원지름과 원둘레의 관계를 정리해두는 것이 좋다. 『구약성서』에는 원둘레가 반지름의 6배 또는 지름의 3배라고 설명하는 부분이 두 번[3] 나온다. 이 말이 대충은 사실임은 5학년 때 배웠던 정육각형 작도로 확인할 수 있다. 하지만 호는 정육각형의 한 변보다 길기 때문에 '3배'가 아니라 '3배 조금 넘게'로 문장을 바꾸어야 한다. 여기서 말하는 '조금'이 정확히 얼마인지를 7학년에서 실험을 통해 알아본다.

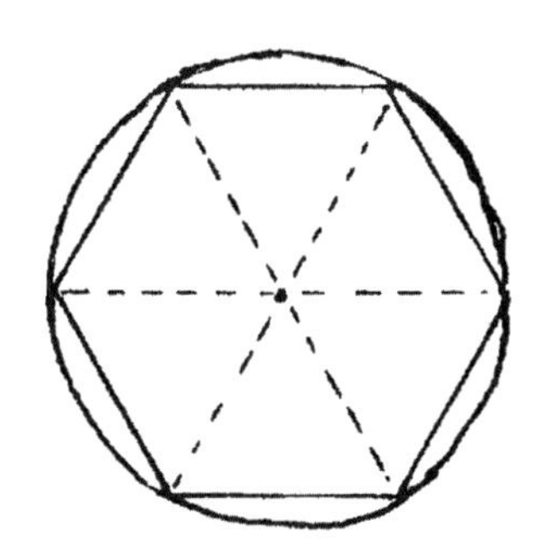

털실이나 노끈을 커다란 원통형 깡통에 100번 감는다고 하자. 100번의 시작과 끝을 잘 표시해서 감은 다음, 실을 풀어 길이를 잰다. 실의 길이는 62.832m, 깡통의 지름은 20cm이라고 가정해보자. 이를 나누면 '3.1416 배'[4]가 나온다. 실제 값(π 라고 부른다)은 3.141592지만 계산에서는 보통 3.14만으로도 충분하다. π 에서 소수점 이하의 숫자들은 결코 같은 순서로 반복되지 않는다. 초월수인 π 의 성질은 12학년에서 배울 것이다. 하지만 7학년 아이들에게 완전한 π 값을 구하기 위해서는 다음과 같은 분수 계산을 끝없이 해야 한다는 정도는 이야기해준다.

$$4\left(1-\frac{1}{3}+\frac{1}{5}-\frac{1}{7}+\frac{1}{9}-\frac{1}{11}+\text{...... 무한히}\right)$$

π 값의 근사치로 사용할 수 있는 수는 $\frac{22}{7}, 3\frac{1}{7}$ 이다. 이들을 계산하면 $3.\dot{1}4285\dot{7}$ 이 나온다.

원의 면적을 구하려면 적분을 아주 간략하게라도 소개해야 한다. 적분 역시 12학년 과정에 속한다. 하지만 이런 '미리 맛보기'의 교육적 가치는 엄청나다. 종이에 원을 그려 가위로 6등분하고, 그 조각을 아래 그림처럼 재배치한다.

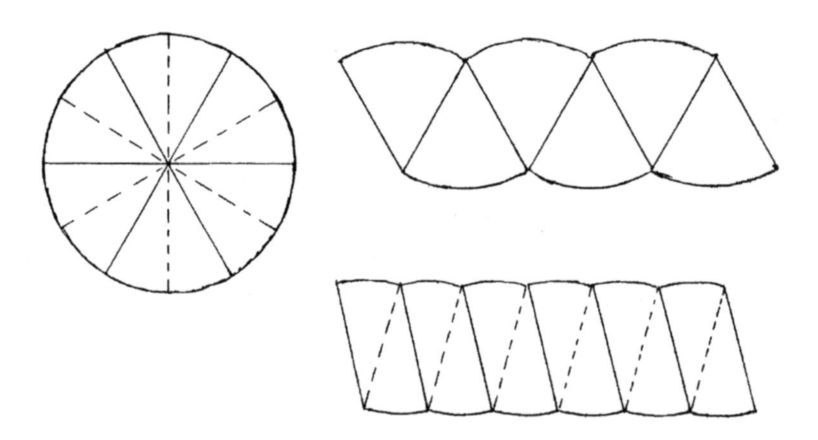

이것은 5학년 기하의 복습이기 때문에 아이들 스스로 할 수 있다. 다시 모든 조각을 2등분하고 그렇게 나온 12조각을 아까처럼 가로로 나란히 늘어놓는다. 위는 원둘레의 절반, 아래는 나머지 절반이다.

더 정확하고 섬세하게 할 수 있는 아이들은 24조각으로도 나누어 보게 한다. 원호를 가로로 늘어놓은 모양이 점점 평행사변형을 닮아간다. 사실 조각을 더 작게 쪼개면 직사각형에 가까워질 것이다. 이제 원을 768조각으로 나눈다고 상상해보자. 재배치한 조각의 가장자리는 아래 그림처럼(위아래가 그림보다 약간 울퉁불퉁하겠지만) 보일 것이다.

(C=원의 둘레)

$\frac{1}{2}C = \pi r$

r r

$\frac{1}{2}C = \pi r$

따라서 면적 $= \pi r \times r = \pi r^2$ 이다.

다음은 7학년 면적 수업에서 풀어볼 수 있는 문제들이다.

※ 각각의 면적을 구하라. (7)번, 16)번 제외)

1) 세로 33cm, 가로 12cm인 직사각형

2) 모든 변이 $3\frac{1}{2}$ 인치인 정사각형

3) 밑변이 3.7cm이고 높이가 3.6cm인 삼각형

4) 반올림한 근사치를 제곱센티미터로 나타내라. (아래 그림)

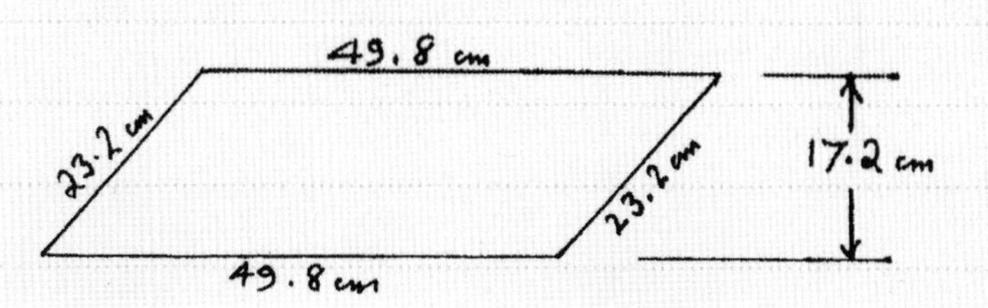

5) 지름이 42피트인 원 ($\pi = \dfrac{22}{7}$ 를 사용)

6) 반지름이 5.2cm인 원 (π는 3.14, 답은 소수점 두 자리까지)

7) 0.01374를 ① 소수점 아래 3자리까지, ② 유효숫자 3개로 적어라.

8) $7'' \times 8'' \times 9''$ 인 상자의 전체 표면적 ($''$는 인치를 나타낸다)

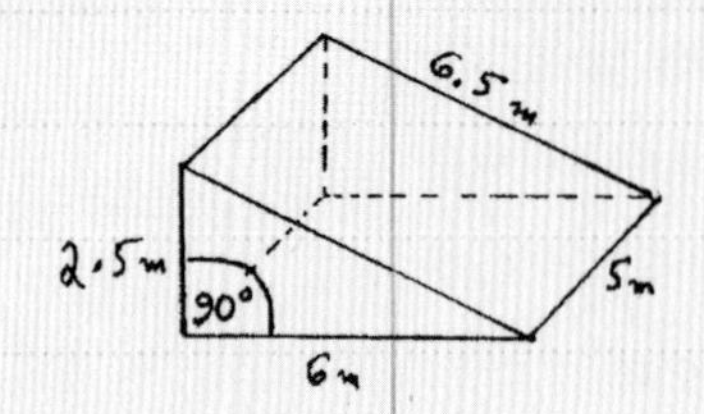

9) 왼쪽 각기둥의 전체 표면적

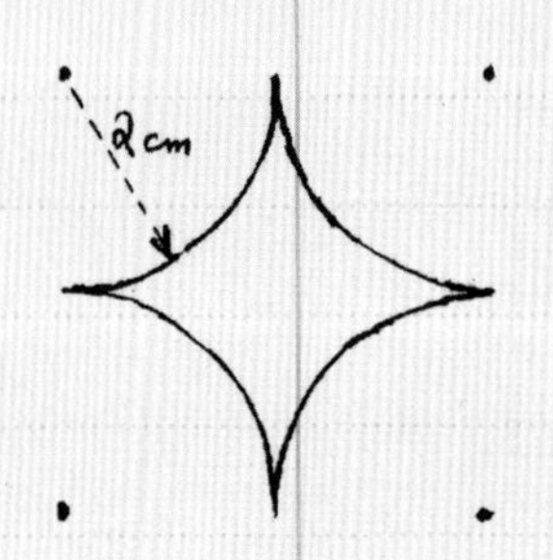

10) 그림에서 호의 중심은 사각형의 꼭짓점에 있다.
(답은 유효숫자 3개까지, π =3.14)

11) 길이 57.4cm, 폭 9cm인 두꺼운 종이를 둥글게 말고 양끝을 이어 원기둥을 만든 다음 위아래에 두 장의 동그라미를 붙인, 사방이 막힌 원기둥 모양의 상자. (답은 소수점 아래 첫째자리에서 반올림, 제곱센티미터로 나타내기)

12)

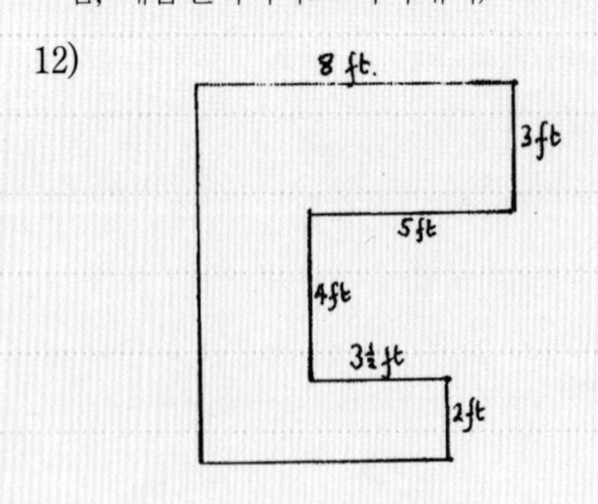

13) 오른쪽 그림에서 점선을 이으면 정사각형이 된다.

(답은 유효숫자 2개까지)

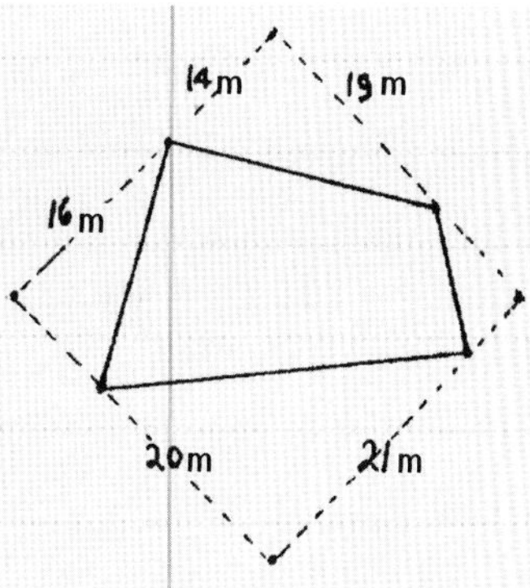

14m 19m 16m 20m 21m

14) 반지름이 0.032″ 인 구. 구의 표면적 $A=4\pi r^2$ 이용.

(소수점 3자리까지)

15) 크기 13″ × 8″, 쪽수는 300인 공책이 있다. 글을 쓸 수 있는 전체 면적을 제곱 야드로 나타내어라. (근사치로)

16) 세로가 377cm이고 가로가 $3\frac{1}{3}$ cm인 얇고 긴 직사각형의 넓이와 원의 넓이가 같다면, 이 원의 반지름은 얼마인가?

답(단위 생략): 0.013, 0.0137, 0.014, 3.43, 6.66, $12\frac{1}{4}$, 20, 48, 49, 84.95, 90, 382, 396, 427.5, 857, 1041, 1386

1학년부터 3학년까지 아이들은 형태그리기와 조소 수업을 통해 1, 2, 3차원 공간을 차례로 경험했다. 6학년부터 8학년에서도 비슷한 과정이 진행되지만, 과거와 달리 지금은 정확한 수치와 함께 수학적 의미를 이해하면서 경험한다. 7학년의 면적 계산이 8학년에서는 부피 계산으로 발전한다. 원근법으로 3차원 입체를 표현하는 문제는 9장에서 다룰 것이다. 그중 간단하면서도 좋은 방법으로 '캐비닛 투영법'이 있는데, 이것이 '투렛 투영법(독일어에서는 카발리에 투영법이라고 한다)'*보다 훨씬 낫다. 두 투영법으로 육면체를 그린 그림(230쪽 위)을 보면 그 점을 확인할 수 있을 것이다.

두 방법 모두 뒤쪽 공간은 수평선과 30° 각도를 이루며 뻗어있다. 하지만 두 번째 그림에서는 모든 길이가 동일한 비율로 표시되는 반면, 첫

* 입체에 평행 광선을 비추고, 광선과 수직이 아닌 평면에 그림자를 투사하는 사투영법 oblique projection 중 하나

번째 그림에서는 뒤쪽 비율이 절반에 불과하다. 투렛* 투영법이란 이름은 성곽 소묘에서 유래한 것이고, 첫 번째 방법의 이름은 가구장이가 캐비닛을 비롯한 나무 가구를 설계하던 방식에서 유래했다. 흥미롭게도 슈타이너는 8학년 수업에 두 번째 방법을 추천했다. 정확한 이유는 알 수 없지만 캐비닛 투영은 영국에서 개발된 방법으로 독일어권 국가에서는 사용하지 않기 때문인지도 모른다.

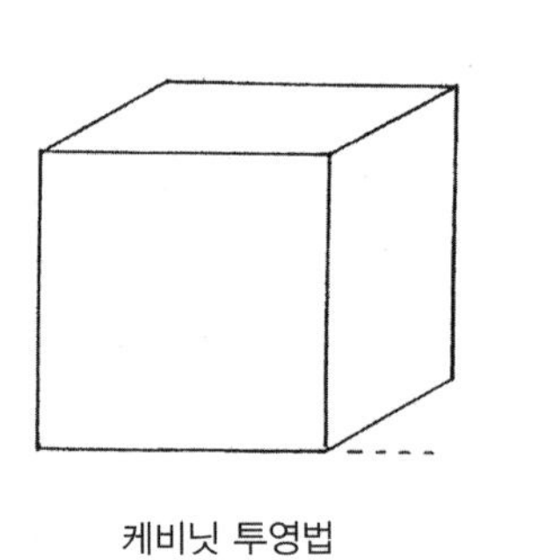
캐비닛 투영법

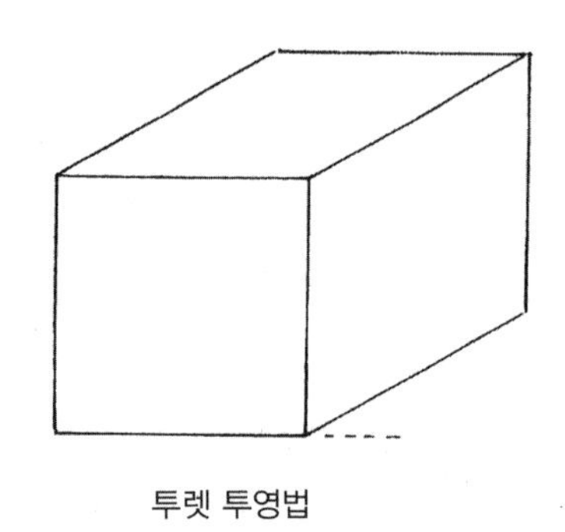
투렛 투영법

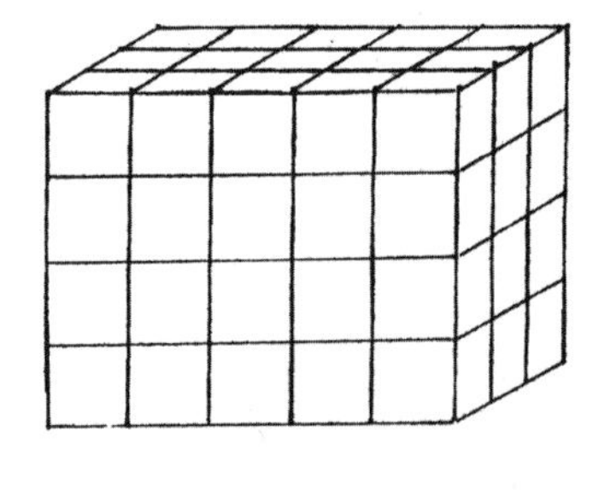

3cm×4cm×5cm인 직육면체의 부피가 $60cm^3$임은 수학을 잘 못하는 아이들도 별로 어렵지 않게 이해할 수 있다. 하지만 수학을 잘 하든 못하든 모든 아이가 이런 입체를 정확한 캐비닛 투영법으로 그려보고, 사방이 1cm인 정육면체 조각의 개수를 세는 다양한 방법을 함께 찾아보는 것이 좋다.

* turret_중세 유럽에서 성의 꼭대기에 지었던 작은 탑

다음으로는 횡단면의 형태가 균일하며, 횡단면의 면적에 그것과 수직인 높이를 곱하면 부피를 구할 수 있는 종류의 입체를 살펴본다. 아래 두 그림 중 직사각형으로만 이루어진 첫 번째 입체에는 이 방법을 쉽게 적용할 수 있다. 이후에 두 번째 도형인 원기둥에 도전한다.

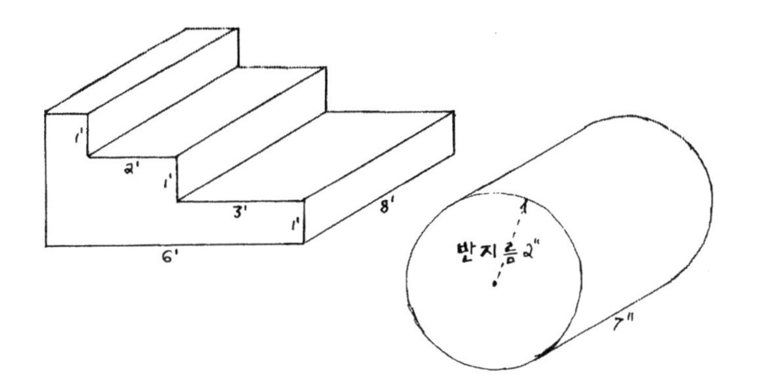

계단을 세 부분으로 나누어 각각의 부피를 더하는 방법(검산용으로는 좋다)보다는, 단면의 면적을 구하고 높이를 곱하는 편이 훨씬 간단하다.

$(6\times 1+3\times 1+1\times 1)\times 8=10\times 8=80\text{ft}^3$

같은 방법으로 원기둥의 부피를 구하면

$(\pi\times 22)\times 7=\frac{22}{7}\times 4\times 7=88\text{in}^3$ 이다.

마지막으로 살펴볼 것은 각뿔 또는 원뿔이다. 한 평면의 모든 점을 그 평면 외부의 한 점과 연결하면 각뿔(피라미드) 또는 원뿔형의 입체가 나온다. 가장 단순한 형태는 수평으로 놓인 사각형의 꼭짓점과, 그 중 한 꼭짓점과 수직선상에 있는 한 점을 연결했을 때 나오는 입체다. 이렇게 만든 동일한 입체 3개를 하나로 모으면 정육면체가 된다. 이 과정은 합판이나 종이 모형을 이용해서, 또는 찰흙으로 만든 정육면체를 잘라 시연할 수 있다. 그림으로 그릴 때는 정육면체의 임의의 한 점(아래 그림에서 A)을 아직 연결하지 않은 나머지 네 점과 연결시키면 된다. 세 각뿔 A−EFGH, A−HDCG, A−BCGF의 모양은 동일하다. 이를 각각 빨강, 노랑, 파랑으로 칠하면,

AE, EF, EH는	빨간 선,
AD, DC, DH는	노란 선,
AB, BC, BF는	파란 선,
AH, HG는	주황 선,
AF, FG는	보라 선,
AC, CG는	초록 선,
AG는	검정 선이 될 것이다.

세 각뿔의 부피는 각각 정육면체 부피(밑면적×높이)의 $\frac{1}{3}$, 즉 '$\frac{1}{3}$(밑면적×높이)'이다. 앞서 평행사변형을 전단 변형시킨(비스듬하게 민) 직사각형이라 생각했던 것처럼, 모든 각뿔은 특별한 형태로 전단 변형시킨 각뿔이라 볼 수 있다. 이제 모든 각뿔 또는 원뿔의 부피는 $\frac{1}{3}$(밑면적×높이)임을 쉽게 알 수 있다.

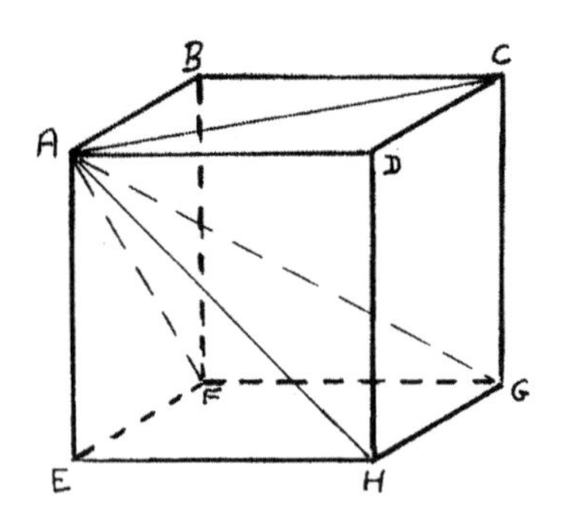

내부에 구멍이 있는 입체 대부분은 앞서 정리한 항등식을 이용하면 부피 계산을 훨씬 쉽게 할 수 있다. 원통형의 속이 빈 파이프가 좋은 예다. 길이 3.8cm, 외부 지름 8.8cm, 구멍(내부 지름) 7.4cm인 속이 빈 파이프가 있다고 하자.

이 파이프의 부피는 원기둥의 부피에서 구멍의 부피를 빼면 된다. 즉, $\pi\times4.4^2\times3.8-\pi\times3.7^2\times3.8$ 인데, 여기에 분배 법칙과 '제곱의 차' 공식을 적용하면,

$$3.8\pi(4.4^2-3.7^2)$$
$$=3.8\times3.14\times0.7\times8.1$$

계산이 훨씬 쉽다.

또 파이프를 만드는 데 사용한 재료의 밀도(g/cm)를 알면, 위의 답에 이를 곱해서 파이프의 무게를 구할 수 있다. 재료 가격이 g당 몇 펜스인지를 알면, 파이프 가격도 구할 수 있다. 또 이 수치를 가지고 전국에 정유 파이프라인을 설치하는 데 드는 비용을 계산할 수 있다. 물론 그에 필요한 대규모 노동력과 설치 비용을 제시해 주어야 한다. 이 정도 문제는 반 전체가 교사와 함께 수학 수업 중 30분 이상을 할애해서 푼 다음 공책에 옮겨 적는다. 칠판에 적으면서 풀이할 때는 모두가 그 과정에 온전히 참여해야 한다. 반 아이들 모두가 풀이 과정에 동참할 수 있는 이런 대규모 계산은 이 나이 아이들에게 대단히 중요한 의미를 지닌다.

다음은 8학년 부피 수업에서 다룰 수 있는 문제들이다.

1) $3\frac{3}{4}''\times2\frac{1}{2}''\times1\frac{3}{5}''$ 인 직사각형 상자가 있다. 이 상자의 부피는?
2) 한 변의 길이가 19cm인 정사각형 금속판의 높이는 0.8cm이다.

소수점 이하에서 반올림한 세제곱센티미터로 부피를 구하라.

3) 납의 밀도는 $11.34g/cm^3$ 이다. 납으로 만든 지름 10cm 공의 무게를 구하시오. 답은 소수점 첫째자리까지 kg으로 적는다.
($\pi=\frac{22}{7}$, $V=\frac{4}{3}\pi r^3$)

4) 이 수영장에 담을 수 있는 물의 양의 최대값을 세제곱피트 단위로 구하라.

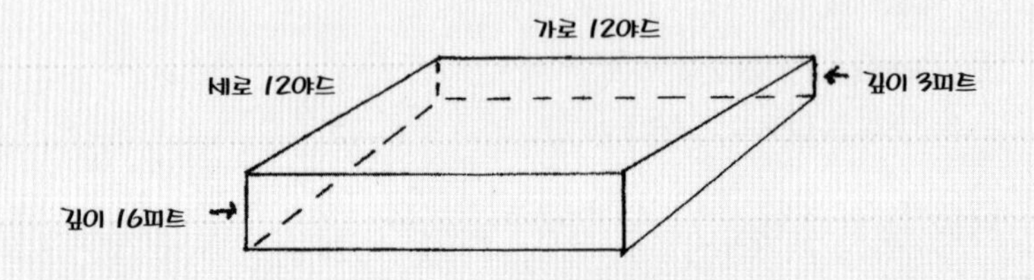

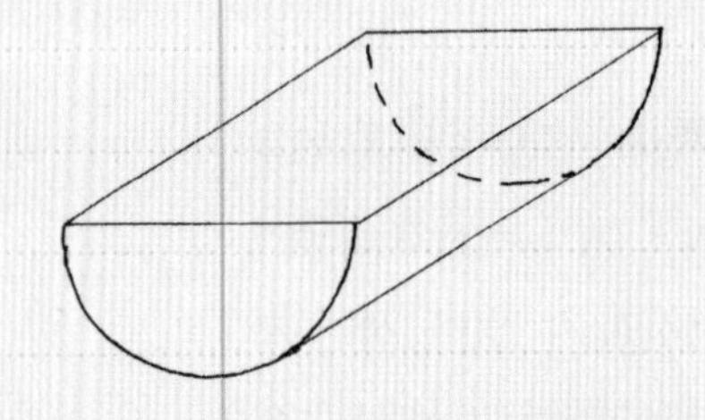

5) 이 여물통에 담을 수 있는 물의 양은 몇 리터인가? 반원의 반지름은 30cm이고, 여물통의 길이는 2m이다. 답은 소수점 이하를 반올림한 리터로 적는다.

6) 부피가 $528\,m^3$ 인 각뿔이 있다. 이 각뿔의 밑면은 한 변의 길이가 12m인 정사각형이다. 각뿔의 높이는 얼마인가?

7) 길이가 10cm이고 안과 밖의 반지름이 각각 0.7cm와 1.05cm인 구리파이프가 있다. 이 파이프의 무게를 유효숫자 세 개까지 구하시오.(구리의 밀도$=9g/cm^3$)

8) 무게가 110g인 상자에 유리 프리즘 200개를 담았더니 전체 무게가 2kg이 되었다. 프리즘의 단면은 직각 이등변삼각형이며, 양변의 길이는 3cm이다. 유리의 무게는 세제곱센티미터 당 3g이다. 프리즘의 길이는 얼마인가?

9) 각각 백금과 은으로 만든 두 개의 금속 구가 있다. 두 반지름의 비율은 4 : 5이다. 백금은 은보다 2배 더 무겁다. 무거운 구가 가벼운 구보다 무게가 몇 퍼센트나 더 나가는지를 계산하라.

10) 직사각형 모양의 상자에 담긴 원뿔 6개의 평면도이다. 원뿔의 꼭짓점은 상자를 닫았을 때 뚜껑에 딱 닿는다. 원뿔 6개의 총 부피와 상자의 남은 공간의 비율이 대략 5 : 14임을 증명하라.

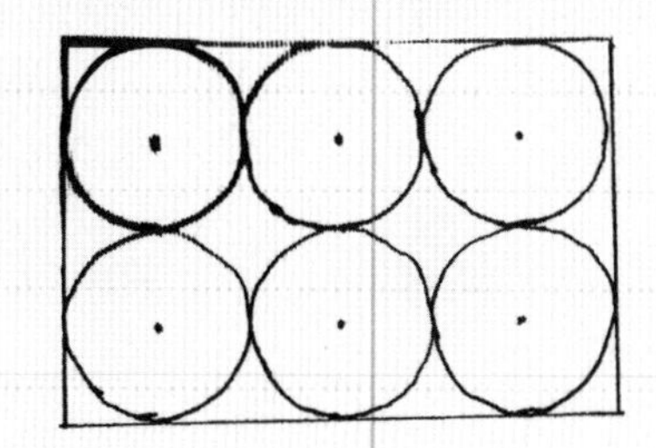

답: 2.4, 5.9, 7, 11, 15, 173, 283, 289, 4860

수학을 어려워하는 아이들에게는 문제 대부분이 만만하지 않을 것이다. 따라서 반 전체를 대상으로 매일 내는 연습 문제는 유형별로 쉬운 것부터 점차 어려워지도록 구성하고, 무게와 밀도 문제는 뒤쪽에 배치한다. 다음날 아침 함께 모든 문제를 푸는 시간에는 수학 잘하는 아이들도 제대로 답하지 못한 어려운 문제를 교사가 어떻게 해결하는지 볼 수 있다. 이런 과정을 통해 결코 자신이 뒤처졌다는 느낌이나 똑똑한 아이들이 자유롭게 탐험하는 세계에 자기는 발들일 수 없다는 좌절감을 갖지 않으면서 필요한 배움을 얻을 수 있다.

다음에 나오는 문제를 앞선 문제들의 동일 번호 앞에 추가하거나 더 쉬운 문제 또는 중간 단계의 문제를 섞어 넣어도 된다. 학급의 구성원과 특성에 따라 수업은 천차만별로 달라질 수밖에 없다. 하나의 교과서가 모든 학급을 만족시킬 수 없는 이유가 바로 여기 있다. 따라서 교사 자신이 전날 저녁에 정성스럽게 수업을 준비하는 과정이 무엇보다 중요하다.

1) 9″ × 5″ × 4″ 크기의 상자가 있다. 이 상자의 부피는?

2) 이 얇은 정사각형 판의 부피는 세제곱센티미터로 얼마인가? 소수로 답하라.

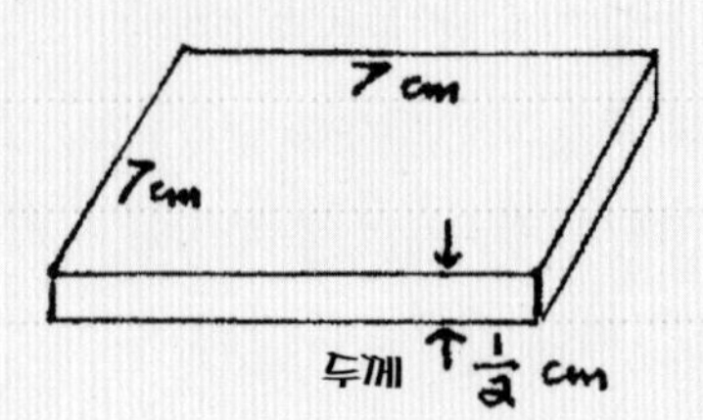

3) 금의 무게는 1 cm^3 당 19.3g이다. 세로 3cm, 가로 2cm, 높이 1cm인 금 조각의 무게를 구하시오.

4) 1 세제곱야드는 몇 세제곱피트인가?

5) 원기둥 모양의 비커에 7″ 높이만큼 주스가 담겨있다. 비커의 입구는 반지름이 1″ 인 원이다. 비커 안에 담긴 주스의 양을 $\pi=\frac{22}{7}$ 를 이용해 세제곱인치로 나타내어라.

6) 어떤 각뿔의 높이가 9m, 정사각형 모양 밑면의 한 변은 5m이다. 각뿔의 부피는?

7) 8야드 길이 파이프의 무게는 52파운드다. 동일한 종류의 파이프 14야드의 무게는?

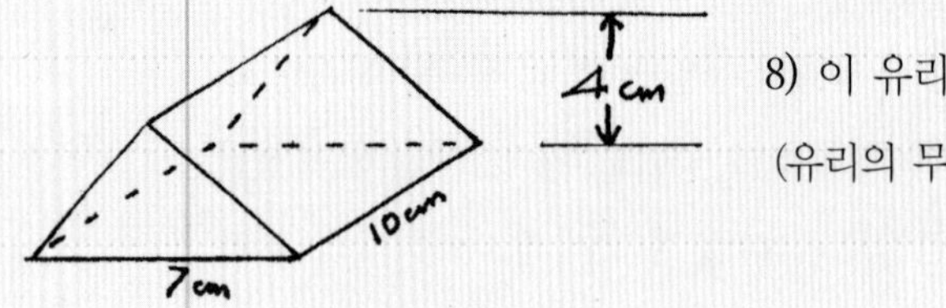

8) 이 유리 프리즘의 무게는?
(유리의 무게는 1세제곱센티미터 당 3g)

9) '인바'라는 합금은 물보다 8배나 무겁다. 이 합금으로 만든 한 변의 길이가 5cm인 정육면체와 물 1리터 중 어느 쪽이 더 무거울까?

10) 반지름 2cm, 높이 6cm인 원뿔의 부피를 π=3.14를 이용해 계산하라.

답(가끔은 문제 순서대로 답을 적는다): 180.3cm, 24.5 cm^3, 115.8*g*, 27, 22, 75 m^3, 91lb, 420g, 동일, 25.12 cm^3

제곱과 제곱근을 포함한 7학년 산술

6학년 때 소개했던 '단리' 계산은 7학년에서 '복리' 계산으로, 8학년에서는 담보 문제로까지 확장된다.(돈 계산은 이 3년 동안만 진행한다) 실제로 집 한 채를 구입하려면 은행이나 주택조합에 여러 해 동안 얼마나 많은 돈을 내야하는지를 소상히 알게 되었을 때 8학년 아이들은 펄펄 뛰며 분개하곤 한다. "이건 경제체제의 탈을 쓴 범죄가 아니고 뭐예요!" 사실 아이들의 말이 원칙적으로는 옳지 않은가. 수업 중 30분 정도 이런 주제에 관해 토론하는 것은 앞에 나온 송유관 문제처럼 사회적으로 큰 가치를 지닌다.

비율과 비례는 7, 8학년 2년 동안 배우는 주제지만, 이 장에서는 다루지 않고 다음 장에서 기하 비례와 연결시켜 살펴볼 것이다. 5학년 때 배웠던 '삼단 논법' 또는 귀일법을 산술의 비례식으로 확장시켜볼 수도 있다.

자연수, 분수, 소수를 이용한 긴 곱셈과 긴 나눗셈 등 기초 산술 문제는 수시로 복습해야 하며, 수학 연습 시간(최소한 주 2회, 가능하면 3회)에는 특히 이런 문제를 중심으로 연습한다. 영국 정부와 기업이 만든 '우수한 교육'에는 반올림과 소수점 계산, 실제 계산 전에 문제를 보고 답을 어림셈하는 능력 등이 포함된다. 이는 7, 8학년 과정에서 분명히 익히고 넘어가야 할 내용이다.

원을 비롯한 도형의 각도와 길이 계산은 수학 연습 시간(주 2~3회, 45분)에 연습한다. 이 주제도 다음 장에서 자세히 살펴볼 것이다.

7학년에서 배워야 할 주제 중에 제곱과 제곱근이 있다. 여기서는 양의 제곱(또는 양의 지수)만 소개한다. 예를 들어,

$$3^6=3\times3\times3\times3\times3\times3=729$$

$$\left(2\frac{1}{2}\right)^3=\frac{5}{2}\times\frac{5}{2}\times\frac{5}{2}=\frac{125}{8}=15\frac{5}{8}$$

$$(0.05)^4=0.00000625$$

요즘 세상에서 제곱근 구하는 방법 따위를 놓고 고민하는 사람은 별로 없다. 계산기를 두드리면 즉시 답을 얻을 수 있기 때문이다. 하지만 흥미롭게도 루돌프 슈타이너는 슈투트가르트에 처음 세워진 발도르프 학교에서 7학년에서는 제곱근 구하는 방법을 배우고, 8학년에서는 그 원리를 반드시 배워야 한다고 강조했다. 슈타이너가 자주 수업을 진행했던 1919~25년 이후로 슈타이너가 상급학교 학생들에게 얼마나 높은 수준을 요구했는지(물론 그 나이에 가능한 한도 내에서) 잊어버린 사람들이 많은 것 같다.

예를 들어 143641의 제곱근을 구해보자. 소수점부터 시작하여 두 자리씩 짝지어 놓고, 제곱수가 첫째 열을 초과하지 않는 가장 큰 제곱근을 구하라. 이렇게 하면 3이란 수가 나온다.

	3	7	9
	1 4	3 6	4 1
3 × 3	9		
	5	3 6	
67 × 7	4	6 9	
		6 7	4 1
749 × 9		6 7	4 1

3을 제곱한 값을 14에서 뺀다. 다음 줄의 숫자 두 개를 내리고 (5 36), 지금까지 구한 맨 윗줄의 답에 2를 곱한다.(3×2=6) 그리고 이렇게 질문한다. 60에다가 '얼마'를 더하고 거기다 그 '얼마'를 곱하면 536에 가장 가까우며 동시에 536을 넘지 않을까? 여기서 그 '얼마'는 바로 7이다. 67에 7을 곱하고, 그 수를 536에서 빼면 67이 나온다. 다시 다음 줄의 숫자 두 개를 내린다.(6741) 지금까지 구한 맨 윗줄의 답은 3 7이었다. 여기에 2를 곱하고 다시 '얼마'를 구하면, 749×9=6741이란 계산이 나온다. 이를 통해 143641의 제곱근은 379임을 알 수 있다.

아무 숫자나 제곱만 하면 비슷한 문제를 쉽게 만들 수 있다. 하지만 왜 이렇게 별스런 과정을 거쳐 제곱근을 구하는가?

$$\begin{aligned}(a+b+c)^2 &\equiv (a+b+c)(a+b+c)\\ &\equiv a^2+b^2+c^2+2ab+2ac+2bc\\ &\equiv a^2+b(2a+b)+c(2a+2b+c)\end{aligned}$$

따라서 $\sqrt{a^2+b(2a+b)+c(2a+2b+c)} \equiv a+b+c$

이것이 처음으로 만나는 항등식이다. 항등식은 8학년에서 본격적으로 배우게 된다. 3줄 등호를 지금부터 사용할지, 아직은 2줄 등호를 사용할지는 교사가 결정한다.

이 항등식을 잘 보면 좌변이 지금까지 우리가 했던 복잡한 계산과정과 똑같다는 것을 알 수 있다. 여기서 2는 2를 곱하라는 뜻이다. 숫자를 둘씩 짝 지우라든지, '얼마'를 찾으라는 등의 지시는 모두 이 항등식에서 나온 것이다. 첫 번째 괄호의 항은 원하는 만큼 늘릴 수 있다. $\sqrt{2}$ 의 경우처럼 항(숫자)이 무한히 이어지게도 할 수 있다. 하지만 이는 9학년에서 배울 내용에 속한다. 그 때는 수학교과에서도 무리수라는 주제를 소화하기에 충분한 단계일 뿐 아니라, 9학년 아이들 행동에서 드러나는 마음 상태가 무리수의 성질*과 상통하기 때문이다. 아이들이 세상과 완전히 새로운 관계를 맺기 위해 지금 얼마나 고통스러운 동시에 즐거운 시기를 거치고 있는지를 생각하면 아이들의 비이성적인 행동은 충분히 이해할 수 있다.

학년이 올라감에 따라 수학 수업의 내용도 다양하고 복잡해지기 때문에, 아이들이 충분히 따라올 수 있도록 교사는 갈수록 중간 단계를 신경 써서 꼼꼼하게 준비해야 한다. 이에 관해서는 7장 뒷부분에서 자세히 살펴볼 것이다.

마지막으로 7학년 과정으로 소개할 내용은 비례와 비율이다. 이는 그 자체로 훌륭한 산술 연습이며, 8, 9학년 기하에서 배울 삼각형의 합동과 확대의 기초 과정이기도 하다. 사실 이는 5학년 때 배웠던 삼단논법의 확장이다. 4장에 나왔던 문제, "연필 12자루의 가격이 £3.48이면, 7자루의 가격은?"을 새로운 방식으로 접근한다. 문제 뒷부분에 나온 연필 개수는 앞부분에서 나온 개수의 일부이다. 따라서 이를 $\frac{7}{12}$로 표기할 수 있다. 연필 12자루의 가격과 연필 7자루의 가격에 이 분수 값 또는 7:12라는 비율을 적용한다.

연필 개수의 비율은 돈 액수의 비율과 비례한다.

따라서 $\frac{\text{가격}}{3.48}=\frac{7}{12}$

또는 가격=£3.48의 $\frac{7}{12}$=£2.03

비례 문제의 또 다른 유형은 주어진 양을 여럿이 비율에 따라 나누어 갖는 형태다. 예를 들어 60줌의 잔디 씨 한 통을 30, 45, 105 제곱야드 크기의 잔디밭 세 군데에 골고루 뿌린다고 해보자. 30:45:105는

* 영어의 '무리수irrational number'에서 irrational은 '비이성적인, 불합리한'을 의미한다.

2:3:7과 같다.

$$2+3+7=12$$이며 $60 \div 12 = 5$이다.

따라서 잔디밭마다 각기 5×2, 5×3, 5×7씩의 잔디 씨, 즉 10, 15, 35줌의 씨를 뿌리면 된다.

다음은 7학년을 위한 심화 문제들이다.

1) $3^2, 2^3, 3^3$ 을 계산하시오.

2) (7^3-3^5)과 10^2 의 차는 얼마인가?

3) $\left(1\frac{2}{3}\right)^2$ 을 계산하시오.

4) $\pi=3.1415926536\cdots$일 때, π^2 의 값을 소수점 두 자리까지 구하시오.

5) $(5^3)^2$ 과 5^6 을 계산하시오.

6) $(2^2)^4$ 과 $(2^4)^2$ 을 계산하시오.

7) 앞의 두 문제를 푼 뒤 알게 된 숫자의 법칙은 무엇인가?

8) $6^5 \div 6^3$ 을 계산한 다음, $12^{37} \div 12^{35}$ 의 답을 풀이과정 없이 구해보시오.

9) $13^{14} \div 13^{14}$ 의 값은? 그렇다면 23^0 의 값은?

10) 81, 8100, 196의 제곱근을 구하시오.

11) 74529를 소인수분해하시오.
그리고 74529의 제곱근을 구하시오.

12) 841의 제곱근을 구하시오.

13) 664225의 제곱근을 구하시오.

14) 345.96의 제곱근을 구하시오.

15) 어떤 정육면체의 전체 표면적은 235.8774 cm^2 이다. 이 정육면체의 한 변의 길이를 구하시오.(소수점 2자리까지, 유효숫자 2자리)

16) £2050의 유산을 두 사람이 2:3의 비율로 나누었다. 각각이 받을 금액은?

17) 네 사람이 어떤 사업에 각각 £2,000, £4,000, £5,000, £7,000를 투자했다. 1년 후 그 사업에서 투자자들에게 분배할 순이익이 £2,412가 발생했다. 4명의 투자자는 각기 얼마씩을 받게 될까?

18) 어떤 농장에는 5개의 밭으로 이루어진 713에이커의 경작지가 있다. 밭의 크기는 갈수록 작아지며, 다음 작은 밭보다 2배 크다. 가장 큰 밭과 가장 작은 밭은 각각 몇 에이커인가?

19) 3개의 병에 총 2리터의 물이 담겨 있다. 세 병의 용량의 비율은 2:6:7이다. 가장 작은 병에 담긴 물은 몇 g인가?

20) 정사각형 석판 18개가 한 줄로 나란히 놓여있다. 석판이 차지한 면적은 총 $7m^2$ 이다. 이 석판 12개가 차지하는 면적은 얼마나 될까? 석판의 가로는 몇 cm일까? (소수점 첫째자리까지)

21) £625를 한 은행에 2년 동안 예치했을 때 연 이자율은 12%로 유지된다. 예치 기간이 끝나고 돈을 인출했을 때 받게 될 총액은 얼마인가?

22) 15% 이율로 3년 동안 예치했을 때 £400에 대한 복리는 얼마인가?

23) 세 사람이 어떤 사업의 자본금으로 각각 $2,600, $3,900, $6,500을 투자하였다. 세금을 제하고 다시 투자한 뒤, 1년 동안 벌어들인 이익은 $1,230이다. 세 사람에게 각기 돌아갈 액수는 얼마인가?

24) $x=2$, $y=5$ 일 때, 소인수를 이용해서 $456533x^3y^6$ 의 세제곱근을 구하시오.

답: 0, 1, 1, $2\frac{7}{9}$, $4\frac{2}{3}$, 6.27, 6.3, 8, 9, 9, 9.87, 14, 18.6, 23, 27, 29, 36, 62.4, 90, 144, 208.35, 246, 256, 267, 268, 273, 368, 369, 536, 615, 670, 815, 815, 820, 938, 1230, 3850, 15625

연립방정식과 괄호 풀기(8학년)

연립방정식 그래프는 다른 장에서 소개할 것이다. 그렇더라도 그림의 도움 없이 연립방정식을 풀 때 아이들의 사고력이 한층 성장한다.

이 나이에는 일차방정식 범위를 벗어나지 않는 것이 좋다. '부등식(불균등)'도 소개하지 않는다. 중요한 것은 아직 하나의 문제에 하나의 명확한 답이 있어야 한다는 것이다. 두 개 이상 혹은 일정 구간의 답이 가능한 문제는 아직 적절하지 않다. 아스트랄체의 탄생이 완료된 (9학년) 이후라야 아이들이 한 문제에 복수의 답이 가능하다는 사실을 내적으로 이해하고 받아들일 수 있다. 우리는 가정에서 엄마, 아빠의 권위가 서로 충돌할 때 아이들이 얼마나 큰 상처를 입고 피해를 받는지를 안다. 사춘기가 지난 이후에야 아이들은 인생에서 생기는 문제에는 다양한 답이 존재할 수 있으며, 대부분의 답들이 나름대로 합리적인 이유를 갖는다는 사실을 받아들일 수 있다. 일차연립방정식의 해도 두 개지만, 이는 하나로 연결되기만 했을 뿐 전혀 다른 두 문제에 대한 각각의 답이다.

현실적인 예를 들어보자. 건물의 담을 쌓는데 기둥과 담 부분의 모양을 다르게 해야 한다. 담 전체의 길이는 47피트이고, 기둥 3개를 합친 폭은 기둥과 기둥 사이 담 부분보다 6인치 길어야 한다. 7개의 기둥이 있는 담의 모습은 대략 다음과 같다.

기둥 하나의 폭과 기둥 사이 담의 폭은 각각 얼마일까? 단순 방정식으로는 답을 구할 수 없다. 이를 대수학 언어로 바꾸어서, 기둥의 폭을 p 피트, 담의 폭을 q 피트라고 하자.

모든 정보를 재결합al gebr시키면,

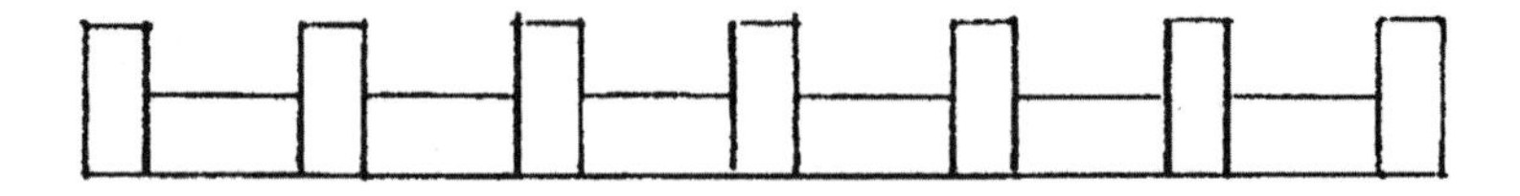

$7p+6q=47$ ------------ (i)

$3p-q=\frac{1}{2}$ ------------ (ii) (6인치= $\frac{1}{2}$ 피트이므로)

하나의 식이 하나의 양팔 저울이라고 생각한다. 두 번째 수식에 6을 곱하면,

$18p-6q=3$

이를 (i)과 합치면 q는 없어진다.

$25p=50$

$p=2$

이 값을 (i)에 대입하면,

$14+6q=47$

$6q=33$

$q=\frac{33}{6}=\frac{11}{2}=5\frac{1}{2}$

따라서 기둥의 폭은 2피트이고, 기둥 사이 담 부분의 폭은 5피트 6인치이다.

q값을 구하는 또 다른 해법은 '(i)에 3을 곱하고, (ii)에 7을 곱'하는 것이다. 이는 방정식의 각 항에 3과 7을 곱한다는 의미이다.

$21p+18q=141$

$21p-7q=3\frac{1}{2}$

두 방정식을 빼면

$$25q=137\frac{1}{2}$$

$$q=\frac{275}{2\times25}=\frac{11}{2}=5\frac{1}{2}$$ 이 된다.

괄호 풀기도 8학년들에게 좋은 연습이다.

숫자와 문자가 섞인 복잡한 수식을 능숙하게 다루는 연습은 초보 피아니스트의 손가락 연습처럼 대수학을 위한 근육 키우기에 큰 도움이 된다. 이 과정을 흔히 '정리한다'고 표현한다. 예를 들어,

$$\begin{aligned}&7-\{9+[6-(4-1)]-[(12-3)+8]\}\\=&7-\{9+[6-3]-[9+8]\}\\=&7-\{9+3-17\}\\=&7-\{-5\}\\=&7+5\\=&12\end{aligned}$$

먼저 제일 안쪽 괄호를 푼다.

또 다른 문제

$$\begin{aligned}&[4(3x+2y-6z)-7(4x+5y-1)]-[3(8-9y)+5(x-5z)-31]\\=&[12x+8y-24z-28x-35y+7]-[24-27y+5x-25z-31]\\=&[-16x-27y-24z-7]-[-7-27y+5x-25z]\\=&-16x-27y-24z-7+7+27y-5x+25z\\=&-21x+z\end{aligned}$$

반면 $a-(b-(c-(d-(e-(f-(g-h))))))$ 같은 문제는 잘 보면 $a-b+c-d+e-f+g-h$와 다를 바 없으므로 이럴 때는 괄호를 하나씩 푸는 지루한 작업이 필요하지 않다.

지금까지 살펴보았던 8학년 수학 주제를 종합한 문제로 이 장을 마무리한다.

※ 다음의 연립방정식을 푸시오.

1) $5x-2y=31$, $3x+2y=25$

2) $6a+7b=46$, $a+7b=31$

3) $8p+4q=44$, $3p+2q=17$

4) $6h-4k=48=7h-10k$

※ 다음 세 문제는 실제로 숫자를 넣어보면서 답을 찾는다.

5) 어떤 두 수의 합은 17이고, 차는 5이다. 이 두 수는 무엇인가?

6) 어떤 두 수의 곱은 48이고, 합은 19이다. 이 두 수는 무엇인가?

7) 연속하는 두 개의 정수를 곱하면 552가 된다. 이 두 수는 무엇인가?

8) 연주회 뒤에 진행한 은화 모금에서 칠각형 동전*이 많이 모였다. 동전을 종류별로 분류해서 쌓아보니 한 종류와 다른 종류의 은화를 합해 £10였다. 두 종류 은화의 양은 각기 달랐다. 하지만 두 종류의 양이 뒤바뀐다면 총액은 £2.40만큼 늘어났을 것이다. 각각의 양은 얼마일까?

9) 어떤 디자이너가 색색의 블라우스와 바지를 3m 길이의 벽에 나란히 진열했다. 블라우스 8벌과 바지 5벌을 전시하니 공간이 다 차버렸지만, 블라우스 7벌과 바지 6벌을 전시했다면 공간은 오히려 5cm 여유가 남았을 것이다. 모든 블라우스의 폭이 똑같고 바지가 차지하는 면적도 모두 동일하다면, 블라우스 한 벌과 바지 한 벌

* 영국은 동전단위마다 모양과 색이 다르고, 그 중 20펜스와 50펜스 동전이 칠각형이다.

의 길이는 각각 얼마인가?

10) 지구에서 볼 때 토성은 매년 황도대를 따라 전진하다가 어느 순간 역행한다. 앞으로 7번 움직인 다음, 뒤로 6번 움직이고 나면 원래 위치에서 90° 떨어진 자리에 오게 된다. 반면 앞으로 9번, 뒤로 8번 움직인 다음에는 원래 위치에서 6° 모자란 120° 자리에 오게 된다. 토성이 앞으로 갔다 뒤로 갈 때 황도대를 따라 만드는 호의 각도는 얼마인가?

11) 지동설의 관점에서 볼 때[5], 목성의 궤도 운동은 화성의 궤도 운동보다 6.3배 늦다. 실제로 목성이 황도대를 따라 오른쪽으로 한 바퀴 도는데 화성보다 10년 이상(정확하게는 3645일) 걸린다.
화성과 목성이 한 바퀴를 다 도는데 며칠이 걸리는가? 각각의 답을 반올림한 햇수로 답하시오.

12) $17+8(10-9)-3[5-(4-6)]$을 정리하시오.

13) 다음 식을 정리하시오

$7[x(2x-5)-2x(3x-4)]-3[5(x+1)-2(3-x)]+4x[3(x+4)+4(x-3)]$

14) $m-L=-26$일 때 $3[7(L-2m)-1]+4[5-2(2L+m)]-4m=0$을 충족시키는 m과 L의 값은?

답: 1, $1\frac{1}{2}$, 2, 2, 3, 3, 3, 3, 4, 4, 5, 6, 6, 7, 9, 11, 12, 12, 16, 18, 20, 23, 24, 25, 29, 688, 4333

8학년에서 다룰 수 있는 다른 주제

8학년 역사 수업에서 담임교사의 과제는 역사와 현재를 연결하는 것이다. 여기서 20세기에 일어난 순수 과학 및 기술 과학의 발전사를 빼놓을 수는 없다. 컴퓨터를 실제로 조작하는 수업은 아직 시작하지 않지만, 컴퓨터가 어떤 작업을 하고 그 수학적 단위가 어떻게 작동하는지를 조사하는 수업은 8학년 과정에 속한다. 11, 12학년들이 이용하는 컴퓨터실을 견학하고 최고 학년 형, 언니(오빠, 누나)들이 컴퓨터 사용 시범을 보여준다면 더욱 좋을 것이다. 하지만 이런 견학보다 수 체계(진법)를 이용한 산술 연습이 선행되어야 하며, 특히 컴퓨터에서 사용하는 2진법 연습을 충분히 해야 한다. 전자 회로 및 그에 상응하는 전자공학 부품들은 스위치의 '켜짐'과 '꺼짐'으로 작동하기 때문이다.

아이들에게 다음의 간단한 계산 3개를 주고, 분명히 잘못된 계산 같지만 숫자를 바꾸지 말고 잘 살피면서 원리를 찾아보라고 한다. 3학년 때 배웠던 것을 생각해보라는 힌트를 주어도 좋다.

$$\begin{array}{r} 52 \\ -\ 26 \\ \hline 23 \end{array} \qquad \begin{array}{r} 372 \\ 145 \\ +\ 166 \\ \hline 725 \end{array} \qquad \begin{array}{r} 2\ \ 3 \\ \times\ \ \ \ \ 5 \\ \hline 11\ \ 1 \end{array}$$

세 번째 문제의 숫자 사이 간격이 떨어져 있는 것을 보고 세로줄이 100, 10, 1자리를 의미하지 않음을 눈치 챌 수도 있다. 첫 번 째 뺄셈 문제는 주week 또는 날day수와 관련된 7진법 계산이다. 7이라는 숫자가 한 번도 등장하지 않기 때문이다.(숫자 7대신 '1주일과 0일'이라고 표기한다) 가운데 덧셈 문제는 세로줄 하나하나를 8진법에 기초한 부셸, 갤런, 파인트(영국의 야드파운드법에 따른 단위)라고 적으면 옳은 계산이 된다. 마지막 곱셈 문제는 각기 2스톤 3파운드 무게가 나가는 어린이 5명의 몸무게를 합친 14진법 계산이라고 보면 된다.

7진법과 8진법의 사칙연산을 좀 더 연습한 다음에 바로 2진법으로 넘어간다. 2진법에서는 전자회로의 '켜짐', '꺼짐'에 해당하는 숫자 0과 1만 등장한다. 2진법을 10진법(10을 기본으로 하는 일반적인 수 체계) 언어로, 다시 10진법을 2진법으로 바꾸어보는 것도 좋은 연습이다. 2진법을 쓰는 컴퓨터는 23×5를 다음과 같이 계산한다. 계속해서 2로 나누고, 나머지는 손대지 않고 그대로 놔둔다.

```
2)2 3          2)5
2)1 1  1       2)2 1
2)  5  1         1 0
2)  2  1
    1  0
```

따라서 $23_{(10)} = 10111_{(2)}$

그리고 $5_{(10)} = 101_{(2)}$

따라서 긴 곱셈은

```
      1 0 1 1 1
  ×       1 0 1
---------------
1 0 1 1 1
      1 0 1 1 1
---------------
1 1 1 0 0 1 1
```

이를 다시 10진법으로 바꾸려면, 왼쪽부터 시작해서 2를 곱하고 다음 숫자를 더하는 과정을 반복한다.

```
1 1 1 0 0 1 1
  3
    7
    1 4
      2 8
        5 7
        1 1 5
```

예상대로 23×5가 나온다. 이것을 보면 컴퓨터의 계산 방식이 일반적인 인간의 방법과 비교할 때 얼마나 말도 안 되게 고된 작업인지를 알 수 있다. 물론 인간과 달리 컴퓨터는 문제가 입력되는 순간부터 엄청난 속도로 작업하기 때문에, 복잡한 문제에서도 인간이 그런 과정으로 계산했을 때와 비교도 안 되게 짧은 시간 안에 답이 나온다.

2진법 연습을 위한 문제를 몇 개 더 소개한다.

1) 10101, 1101, 11001을 더하시오.

2) 101110에서 11100을 빼시오.

3) 10011에 111을 곱하시오.

4) 1011011을 111로 나누시오.

5) 이 4개의 답을 십진법으로 표시하시오.

6) $63_{(10)}$을 이진법으로 표시하시오.

답: 1101, 10010, 111011, 111111, 10000101, 13, 18, 59, 133

NICOLAVS COPERNICVS TORNÆVS BORVSSVS MATHEMAT. NAT. ANNO 1473 OB 1543

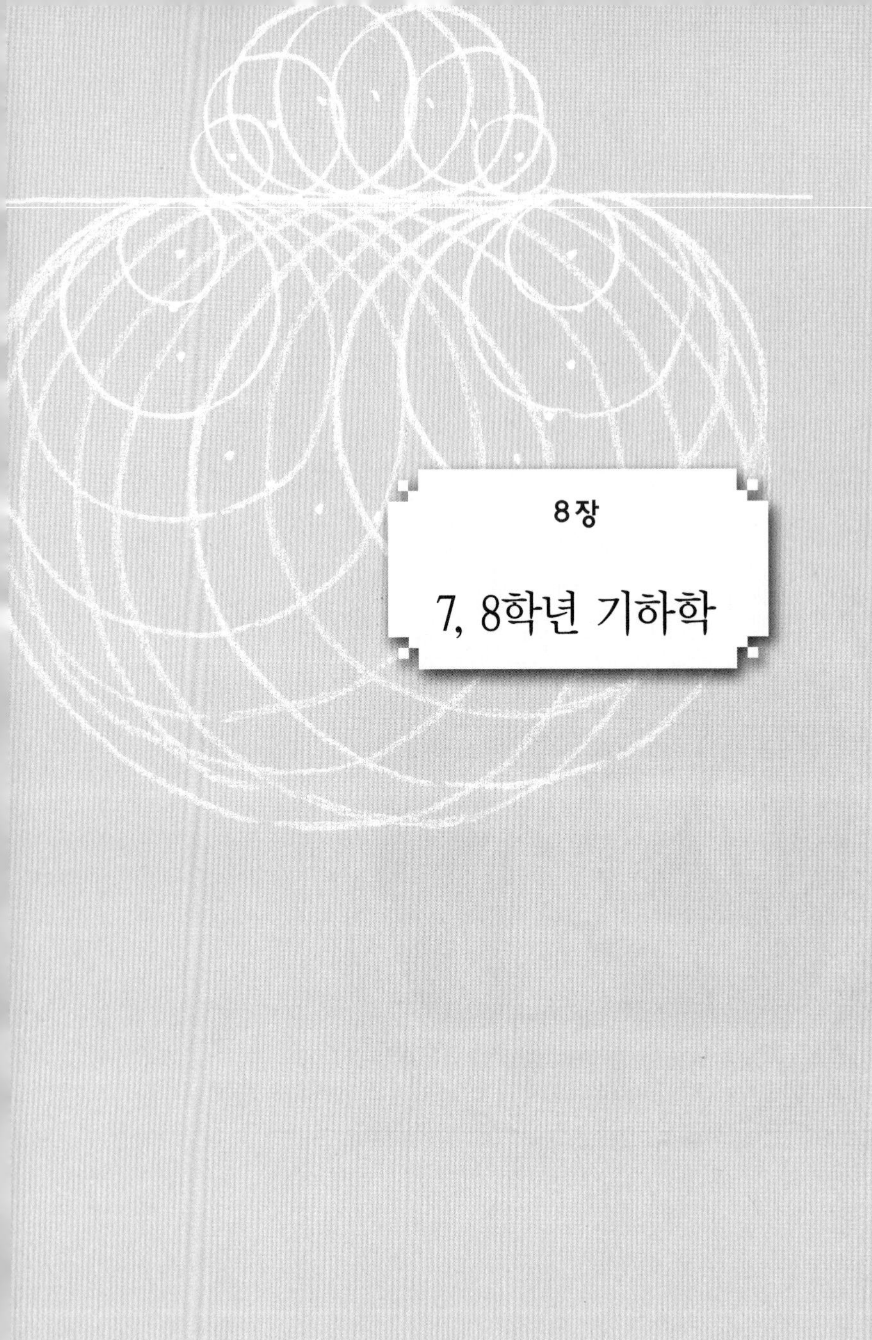

8장

7, 8학년 기하학

차원의 성장

지금까지 살펴본 여러 주제에서 세 단계가 종종 등장했다. 1학년 산술에서는 실물 시연, 상상, 계산이라는 3가지 발달 단계가 있었다. 6학년에서는 돈의 3가지 쓰임새와 그에 상응하는 3가지 덕목을 배웠다. 6~8학년 3년 동안에는 대수를 각각 사고, 감성, 의지의 관점에서 바라보는 대수의 세 단계를 차례로 경험했다. 새로운 지식을 습득할 때마다 지각, 사고의 표상, 개념이라는 세 단계를 거친다는 점도 빼놓을 수 없다.

교육학 서적에서도 '삼중성'을 심심찮게 만날 수 있다. 예를 들어 장 피아제Piaget[1]는 어린이의 수 개념이 다음의 세 단계를 거친다고 설명한다.

(i) 관계성 증식의 구조 인식

(ii) 2가지 연속된 변형을 하나로 축소할 때 동등성 인식

(iii) 일반화_두 사물 관계의 직관적 파악에서 여러 사물의 조작적 대응으로 넘어감. 비대칭적 증식을 하는 두 묶음을 동등하게 만들 수 있음

낯선 용어의 의미를 이해하고 나면 이것이 서로 연결된 '삼중적' 발달 단계에 대한 설명임을 알 수 있다.

공간에도 3가지 차원이 있다. 1학년에서 아이가 맨 처음 배우는 것은 척추와 연관된 수직 방향이다. 똑바로 서서 칠판에 수직선을 그으면서 아이는 의식적 사고하기를 경험한다. 수직평면은 이 '척추 선'과 눈앞으로 쭉 뻗어나가는 수평선을 모두 포함하며, 이 또한 의식 및 사고하기와 밀접한 연관이 있다. 높이 있는 물체건 아래에 있는 것이건 정상의 직립 자세에서 눈은 언제나 이 수직면 위에 놓인 물체에 초점을 맞춘다.

양쪽 눈의 시선은 하나의 초점에서 교차한다. 여기엔 항상 의지가 관여한다. 눈의 초점을 조절하는 것은 섬모체근이라는 근육의 역할이기 때문이다.(TV 시청은 해당되지 않는다. 이 경우에는 모든 의지 활동을 카메라가 대신 해주기 때문에 TV에 중독되면 게으르고 무기력해진다)[2]

의지 선will line은 앞뒤로 움직인다. 의식적 활동 역시 대부분 이 방향을 따라 진행한다. 어깨와 옆으로 뻗은 팔, 얼굴을 포함한 의지 면will plane은 의지 선과 수직을 이룬다. 전진할 때 우리는 이 의지 면과 함께 움직인다.

반면 감정 면feeling plane은 수평이다. 말을 하면서 팔과 손을 위 아래로 움직인다면, 사고보다 감정이 표현되고 있다는 뜻이다. 프랑스 사람들은 손목, 어깨, 눈썹을 정교하게 사용하면서 몸짓을 섬세한 예술의 경지로까지 발전시켰다. (이에 비해 영국 사람들은 아직도 '뻣뻣한 윗입술'을 가진 사람들로 유명하다) 느낌 선feeling line은 왼쪽에서 오른쪽으로 수평 이동한다. 때로 신체의 왼쪽은 방어적, 오른쪽은 공격적이라고 느낀다. 이런 인식은 과거 기사들이 방패와 칼을 든 자세에서도 드러난다. 이렇듯 공간의 여러 차원은 우리의 신체 인식 속에 깊이 뿌리 박혀 있다. 거꾸로 그런 느낌을 개념화시켰다고도 볼 수 있다. 서로 직각을 이루는 임의의 3개의 선은 분석 기하학에서 x, y, z축이 된다.

1, 2, 3학년을 거치면서 형태그리기와 조소 작업이 1차원에서 2, 3차원으로 변형된 것처럼, 6, 7, 8학년에서도 비슷한 변화가 일어난다. 이때는 기하학적 정확함의 차원에서 일어나는 변형이다. 6학년에서는 각도와 길이 측정(1차원)을 배우고, 7학년에서는 면적으로 넘어간다. 면은 선보다 훨씬 느낌에 가깝다. 선을 이용해서 자연이나 사람을 그린 소묘보다 크고 작은 면적의 색채들이 부딪치고 섞이고 대조를 이루는 회화가 느낌을 훨씬 강하게 자극한다.[3] 기하 공간은 이미 5학년 때 느낌의 측면

에서 경험해보았다. 6학년에서는 페리갈Perigal의 방식을 이용한 피타고라스 사각형 증명으로 이를 한 단계 더 발전시킨다. 이를 통해 피타고라스 정리를 좀 더 사고의 측면에서 다가갈 수 있다. 하지만 아래 그림의 5가지 숫자를 5가지 색깔로 대체할 때 비로소 우리는 사고 행위로 알아낸 진리의 색조를 느낄 수 있다.

맨 아래 사각형의 사선은 네 변의 중점을 통과하며, 직각삼각형의 빗변과 평행하다.

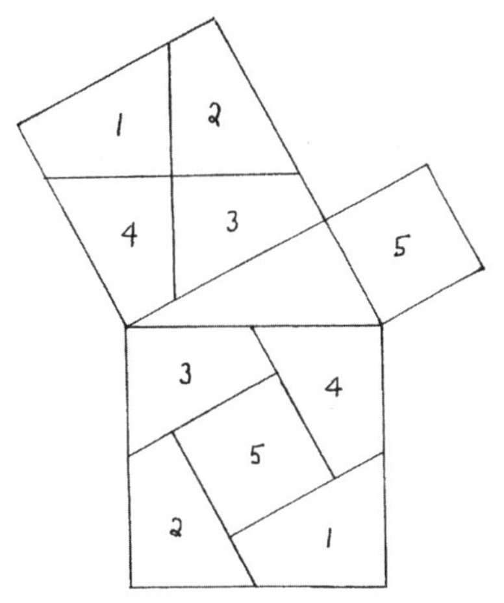

맨 위 사각형 내부의 선은 사각형의 중점(대각선이 교차하는 지점)을 통과하며, 직각삼각형의 빗변과 평행하면서 수직이다.

레오나르도 다빈치의 공책에는 아래 형태가 여러 번 등장한다. 다빈치는 분명 두 '활꼴(초승달 모양의 형태)'의 면적을 합하면 직각삼각형의 면적과 같다는 사실에 크게 놀라고 감동했던 것 같다. 그 이유와 원리를 8학년 기하 수업에서 배우게 된다.[4] 두 반원형의 원의 중심은 각각 삼각형 두 변의 중점이다.

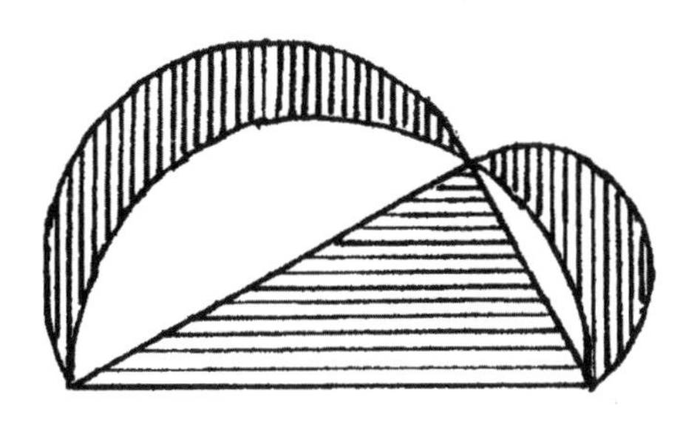

이 형태는 바람을 맞아 돛을 활짝 펼친 배를 연상하게 한다.

8학년에 이르러 3차원 형태를 다루면서 의지의 영역으로 들어간다. 작도 방법을 찾는 것 못지않게 입체 도형을 실제로 조소하고 만들어보는 것도 중요하다. 하지만 7, 8학년 기하 수업은 단지 형태를 만들고 그려보는 것에 머물러서는 안 된다. 사고가 형태 속에 들어있는 기하 법칙을 통찰하고 응용할 수 있어야 한다. 진짜 원근법뿐만 아니라 캐비닛 투영과 직각 투영 모두 8학년 과정에 속한다. 미술 시간에는 도구 없이 맨손으로 원근법 그림을 그리지만, 그 뒤에는 직선 외에 하나의 원과 두 개의 보조 호를 이용해서 기하학적으로 정확하게 작도하는 그림도 그려본다. 이 방법의 타당성은 뒤에서 설명할 것이다.

강 위에 놓인 다리를 원근법적으로 바라본 다음의 투시도에는 작도 과정에서 그린 보조선이 아직 남아있다.

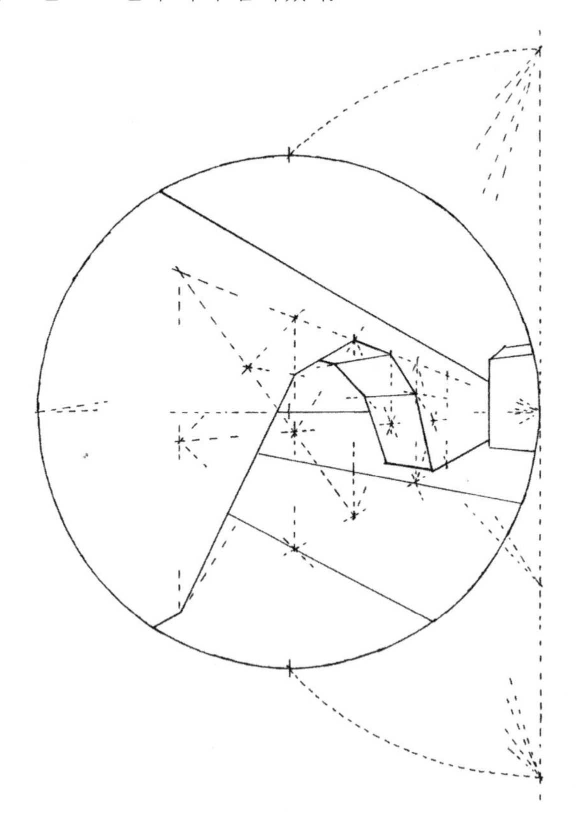

이 그림은 눈의 위치가 원의 중심에서 정확히 원의 반지름만큼 떨어진 곳에 있을 때만 바르게 보인다. 이 원은 원뿔형 시야의 외곽선을 의미한다.

이런 그림을 직각으로 회전시키거나 위아래를 뒤집어보라. 관점에 따라 전혀 다른 사물이 보일 것이다.

7학년 기하학

합동인 삼각형을 찾는 문제까지 풀었으면 6학년부터 시작한 기하 증명의 기본 단계는 일단락된다. 이제 7학년 과정의 핵심인 피타고라스 정리의 증명과 응용으로 수월하게 넘어갈 수 있다.

유클리드는 딱하게도 『원론』에서 피타고라스의 정리를 너무나 길고도 지루하게 증명했다. 11, 12세 때 그 증명을 암기하느라 애를 먹었던 것이 기억난다. 그보다 피타고라스가 원래 사용했던 방법이 훨씬 간단하고 좋다. 그는 정사각형의 나무틀과 합동인 직각삼각형 타일 4개를 가지고 자신의 이론을 입증했다. 직각을 이루는 두 변의 길이를 더하면 사각형의 한 변의 길이와 같다. 왼쪽 그림에서 타일을 어떻게 놓았는지를 볼 수 있다. 기하학에서는 4개의 꼭짓점을 사각형의 각 변에 돌아가면서 표시한다.

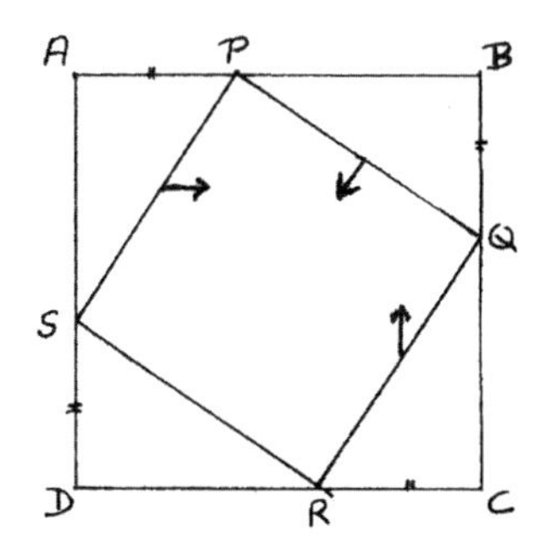

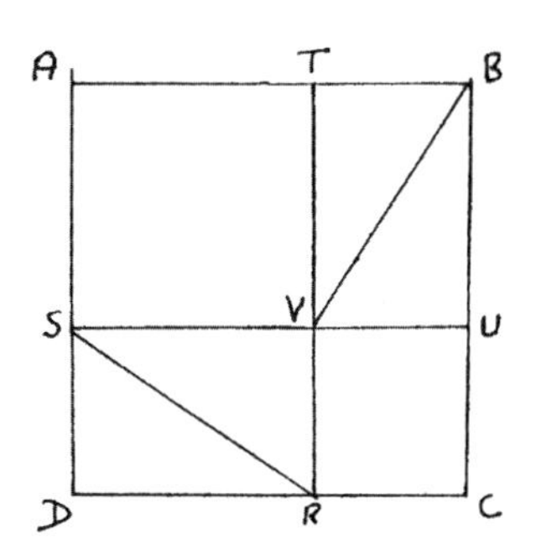

따라서 AP=BQ=CR=DS이고, PB=QC=RD=SA가 된다. 직각이 4개이므로 4개의 삼각형은 합동일 수밖에 없다.(두 변과 사이 각)

이로써 PQ=QR=RS=SP임을 알 수 있다.

또한 $\angle ASP = 180° - \angle SAP - \angle APS$ (삼각형의 각)

$= 90° - \angle APS$ (합동 삼각형이므로)

$= 90° - \angle DSR$

그러므로 $\angle PSR = 180° - \angle ASP - \angle DSR$ (인접각)

$= 90°$

따라서 사각형 PQRS는 모두 직각이다. 4각이 모두 직각인 도형은 사각형이다. 오른쪽에 ABCD를 다시 그린다. R과 S는 왼쪽 그림과 같다. T와 U는 BT=RC와 CU=DS를 증명하기 위해 찾은 점이다. TR은 SU와 V에서 교차한다. B와 V, R과 S도 연결한다.

처음 4개의 삼각형과 합동인 또 다른 삼각형 4개가 있음을 증명하기란 어렵지 않다. 왼쪽 그림에서 오른쪽 그림으로의 변화는 직각삼각형 타일을 움직여 확인할 수 있다. SDR은 움직이지 않는다. PBQ는 SVR 위치로 이동하고, RCQ는 VUB 자리로 올라가며, APS는 오른쪽 TBV 자리로 이동한다. 화살표는 이동 방향을 나타낸다.

4개의 삼각형 타일에 적당한 색을 입히면 아이들의 공책 그림도 자연히 풍성해질 것이다. 증명은 색을 칠하지 않은 두 그림의 ABCD 속 형태를 관찰하는 것으로 완료한다. 왼쪽 그림에서는 사각형이 직각삼각형의 빗변에 있는 반면, 오른쪽 그림에서는 다른 두 변에 접하고 있다. 이런 식으로 관찰을 이어나간다. AP의 길이는 임의로 정할 수 있으므로, 위의 정리는 모든 형태의 직각삼각형에 대하여 참이다.

이제 이 결과를 이용해서 실용적인 문제를 풀어볼 차례다. 기본 얼개는 모두 수직선이지만 그 중 하나가 다른 것에 비해 비스듬히 기울어진 구조물의 길이 값을 구하는 상황에서는 예외 없이 피타고라스의 정리가 꼭 필요하다. 이 정리의 실용적인 가치와 함께 재미있는 측면을 보여주는 문제 하나를 소개한다.

어느 산중턱에 깊고 험한 낭떠러지를 사이에 둔 두 개의 마을이 있었다. 산길을 이용하게 되면 저 아래 계곡까지 내려갔다 올라가야 하기 때문에 두 마을을 오가기란 상당히 멀고도 위험한 일이었다. 마을 장로들은 계곡 위에 다리를 놓기로 결정했다. 올가미를 이용해서 처음엔 밧줄 한 줄을, 계속해서 여러 줄을 한데 엮어 A부터 B 구간을 연결한다. 그런 다음 더 많은 밧줄을 이용해서 한쪽 마을 산등성이에서 자라는 가장 큰 나무를 베어 만든 길고 튼튼한 발판을 미리 고정시켜둔 밧줄 위로 밀어서 제자리에 놓고 A와 B 위치에서 나사와 콘크리트로 고정시킨다. 다리가 생긴 건 좋았지만 그 다리를 걸어서 건너기란 여간 오금저리는 일이 아니었다. 양 옆에 아무런 보호 장비도 없이 깊은 낭떠러지 위를 걸어가야 했을 뿐 아니라, 체중이 무거운 사람이 지나가면 다리가 휘어지며 출렁거렸기 때문이다. 그러다가 어떤 사람이 다리 중간에 양쪽으로 기둥을 세우고 위에 가로대를 댄 다음, 그 위에 그림처럼 비스듬하게 긴 들보를 놓자는 멋진 제안을 했다. 문제는 들보의 길이를 구하는 것이었다.

아이들에게 잘 생각해보라고 한다. 들보를 수직 기둥 위에 걸쳐지도록 길게 만든 다음 끝을 잘라내는 것은 별로 현명한 생각이 아니다. 과정 중에 위험한 상황이 벌어질 가능성이 높다. 다리의 축소 도면을 그려보는 것도 물론 가능하다. 아이마다 각자의 도면을 그리게 한다. 이제 아이들끼리 정답을 놓고 갑론을박을 펼칠 것이다.

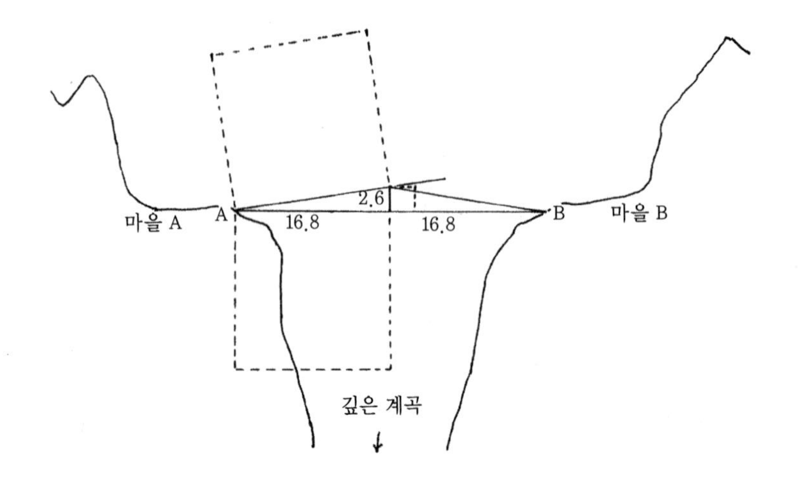

수평으로 놓인 다리의 길이는 33.6m이고, 수직기둥의 높이는 2.6m라고 가정해 보자. 정확한 수치를 구하는 유일한 방법은 다리 위, 다리 아래(일부가 산에 겹치게), 마지막으로 허공에 가상의 사각형 3개를 그리는 것이다. 건축물 위에 덧그린 거대한 사각형에 피타고라스의 정리를 적용한다.

다리 길이의 절반은 16.8m, $16.8^2 = 282.24\ m^2$ 는 아래쪽 정사각형의 면적이다.

수직 기둥의 높이 2.6m, $2.6^2 = 6.76\ m^2$ 는 제일 작은 정사각형의 면적이다.

피타고라스의 정리에 따라 두 수를 더한다.

그러므로 가장 큰 사각형의 면적은 $289.00\ m^2$ 이다.

들보의 길이는 정확하게 $\sqrt{289} = 17$m이다. 실제 건축에서는 정사각형을 그리지 않고 $\sqrt{a^2 + b^2}$ 이라는 공식을 이용해서 답을 구한다. 하지만 이 공식이 어떻게 나오게 되었는지를 경험하는 것은 교육적으로 매우 중요하다.

배의 항로 문제 역시 이 방법으로 해결할 수 있다. 적도 근방에서 P에서 Q까지의 거리를 37마일의 속도로 운항한다고 가정해 보자. 태양의 위치와 시계를 통해 처음 위치보다 동쪽으로 35마일 멀어졌음을 알게 되었다. 이 배가 북쪽으로 항해한 거리는 얼마인가?

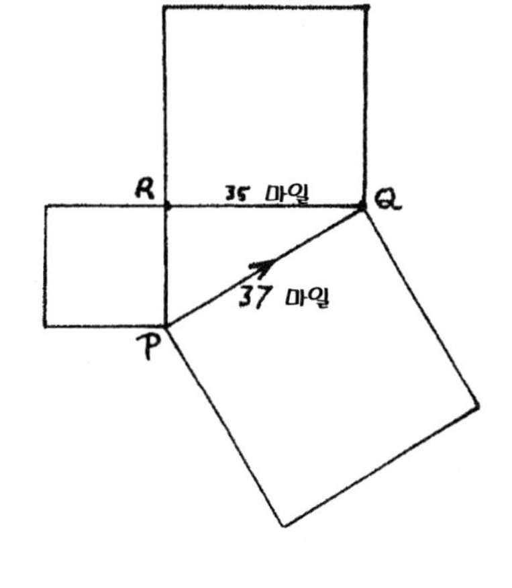

$$\begin{aligned} \text{작은 정사각형 면적} &= 37^2 - 35^2 \\ &= 1369 - 1225 \\ &= 144\text{제곱마일} \end{aligned}$$

따라서 PR, 즉, 북쪽으로 항해한 거리=12마일

피타고라스의 정리를 포함한 7학년 기하 문제는 조금 뒤에 소개한다. 아침 수업이 끝날 무렵 이처럼 어려운 문제를 푸느라 고생한 아이들에게 들려주면 좋을 재미난 붉은 인디언 옛이야기가 있다. 어떤 부족의 추장이 커다란 흰색의 원형 오두막에서 두 명의 아내와 함께 살았다. 그는 뭔가 새로운 변화를 원했다. 어느 날 다른 추장이 힐러리(다른 추장의 하나뿐인 아내)와 함께 곧 방문할 거라는 전갈을 듣고 즉시 손님맞이를 준비했다. 추장은 자신의 두 아내가 앉을 자리에 물소 가죽을, 힐러리가 앉을 자리에 하마 가죽을 펼쳐놓았다. 손님 부부를 만난 추장은 그만 힐러리에게 한 눈에 반해버렸다. 길고 긴 환담을 나누며 평화의 담배를 여러 번 나누어 피운 뒤, 두 추장은 서로의 아내를 맞바꾸기로 뜻을 모았다. 그러면서 하마 가죽에 앉은 부인이 다른 두 가죽에 앉은 부인들을 합친 것과 가치가 같다고 선언한다!

이 이야기가 엄마들 귀에 들어가 교사 중에 남성 우월주의를 선동하는 사람이 있다는 경계경보가 발령되지 않도록 그 뒷이야기를 한번 만들어보겠다.

졸지에 두 아내를 얻게 된 추장은 사실 항상 자기가 더 우월한 존재라고 여기고 있었다. 먼 조상 중 하나가 잉글랜드 변방에 있는 이스트 앵글리아의 왕이었기 때문이다. 그는 앵글족 혈통임을 과시하고자 자기 영토의 가장 높은 산을 잉글랜드 더비셔 지방 산봉우리 이름을 따서 '하이 토르High Tor'라고 명명하고, 그곳에 웅장하고 높고 고급스러운 천막을 쳤다. 하지만 두 아내는 무섭도록 높은 곳(altitude 고지, 수직거리)에 집을 지은 것과 여성의 권리와 자유를 짓밟는 추장의 하늘 높은 콧대를 벌하기로 마음먹고, 새 남편의 형편없는 행실수준(base line 기준선)에 딱 맞는 복수를 계획했다. 두 사람은 교대로 밤마다 시끄러운 소리를 냈고 한숨도 자지 못한 추장은 얼마 안 가 탈진해버렸다. 한편 힐러리는 하얀 오두막 안에서 일체의 흡연을 금지하는 규칙을 만들었다.(이 소문은 몇 백 년 후 워싱턴 DC까지 전해진다) 일주일 뒤 더 이상 견딜 수 없었던 첫 번째 추장은 친구 추장을 찾아가 신세를 한탄했다. 하지만 잠을 자지 못해 쇠약해진 친구는 고작해야 힘없이 허공에 "아!"하는 소리를 뱉을 뿐이었다. 나중에 그의 두 아내는 쇠약해진 앵글(Angle 각도)족 후손의 가냘픈 '아'는, 하이 T(High-t 높이) 즉, 수직거리와 기준선의 소산이라고 주장했다.*

뭐, 나로선 최선을 다해 만든 이야기다!

극과 극은 통한다고 했으니 실없는 농담에서 장엄함으로 넘어가보자.

---

* '각도(를 표시하는 점A)는 기준선과 수직높이를 연결한 것'이라는 각도의 성질을 이용한 말장난

큰 종이에 피타고라스 사각형의 변형을 보여주는 다음 그림을 작도한다.

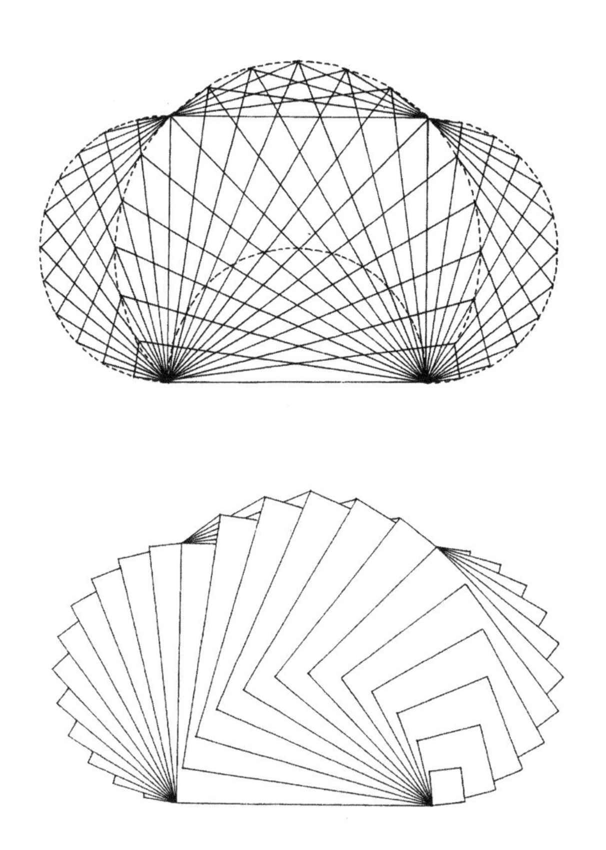

두 번째 그림은 여성용 부채나 펼쳐 쥔 카드를 연상하게 한다. 이 그림에서 가장 멋진 부분은 사각형 꼭짓점이 둥그스름하게 늘어선 모양일 것이다. 연속된 색으로 칠하면 그 효과를 더욱 강조할 수 있다. 모든 곳에서 정사각형의 일부가 보인다는데 주목하라.

피타고라스의 정리 외에 7학년에서 중요하게 다루는 명제는 일반 삼각형의 넓이를 구하는 공식이다. 이제는 다음과 같은 정확한 문장으로 정리한다.

'삼각형의 넓이는 임의의 한 변의 길이와 맞은편 꼭짓점에서 그 변(혹은 그 변의 연장선)까지 수직으로 내려 그은 길이의 곱의 $\frac{1}{2}$ 이다.' 경우에 따라선 수직선이 삼각형 외부에 만들어지는 경우도 있다.

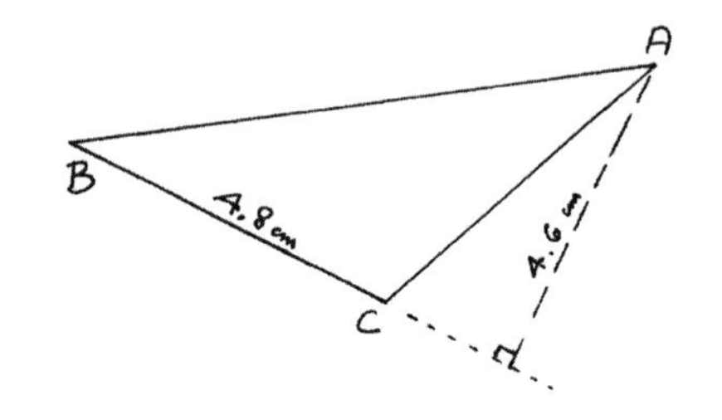

예를 들어, 이 그림에서

면적$=\frac{1}{2}\times4.8\times4.6=11.04\text{cm}^2$ 이다.

평행선 작도와 함께 이 공식을 이용하면 일반 사변형과 넓이가 같은 삼각형을 작도할 수 있다. 예를 들어 PQRS라는 사변형이 있다면, Q와 R을 중심으로 하는 두 원을 그려 X점을 찾고 평행사변형 QPRX를 작도한다. QX와 SR의 연장선이 교차하는 교점 T를 P, S와 연결하면 바로 우리가 찾는 삼각형 PST가 된다

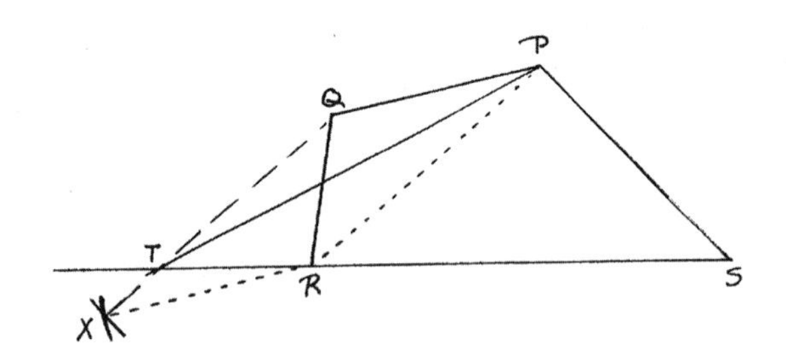

점선 PR과 RX는 필요하지 않은 선이다. 작도를 통해 원하는 결과를

얻을 수 있는 이유는 삼각형 PQR과 PTR의 넓이가 같기 때문이다. (두 삼각형은 밑변 PR을 공유하며 QT는 PR에 대해 동일한 수직거리를 갖는다)

특성에 따른 사변형 분류는 삼각형의 경우보다 훨씬 복잡하다. 기본적인 사변형은 정사각형을 변형시키면 만들 수 있다. (화살표 머리처럼 안으로 움푹 들어간 모양은 예외) 먼저 직사각형과 마름모를 작도하고 이어서 평행사변형을 작도한다. 조금 더 변형하면 사다리꼴과 방패연 형태가 나온다. 각각의 형태를 작도할 때마다 주요 특성을 찾고 정리해 둔다. 예를 들어 마름모는 네 변의 길이가 모두 같은 사변형이고, 방패연 형태는 인접한 두 변끼리 길이가 같다. 이등변 사다리꼴은 마주 보는 한 쌍의 변은 평행하며 다른 두 변은 길이는 같지만 평행하지는 않은 사각형이다.

물론 이밖에 다른 특성도 있다. 마름모와 방패연의 경우에는 두 대각선이 서로 수직을 이루지만, 이등변 사다리꼴에서는 두 대각선의 길이가 같다.

7학년 기하학 문제

1) 나머지 두 변의 값이 다음과 같을 때, 직각삼각형의 빗변을 구하라.

① 3인치, 4인치　　　　② 14cm, 48cm

2) 나머지 두 변의 길이가 다음과 같을 때, 직각삼각형의 가장 짧은 변을 구하라.

① 15피트, 17피트　　　　② 3.5m, 3.7m

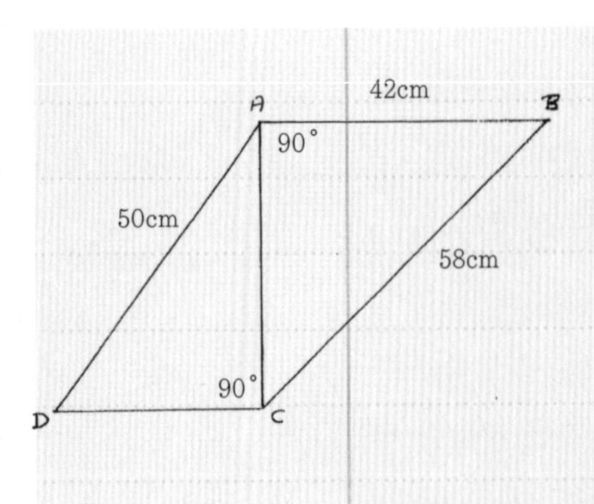

3) 왼쪽 그림에서 ABCD는 어떤 사변형인가? 그 이유는? 먼저 AC와 CD의 길이를 구하고, 사변형 ABCD의 면적을 구하라

4) 세로 90야드, 가로 60야드인 직사각형 운동장이 있다. 한쪽 꼭짓점에서 맞은편 꼭짓점까지 걸어갈 때 두 변을 거치지 않고 대각선으로 간다면 얼마나 단축할 수 있는지 야드로 반올림하여 근사치를 구하라.

5) 이 건물의 지붕 높이는 얼마인가?

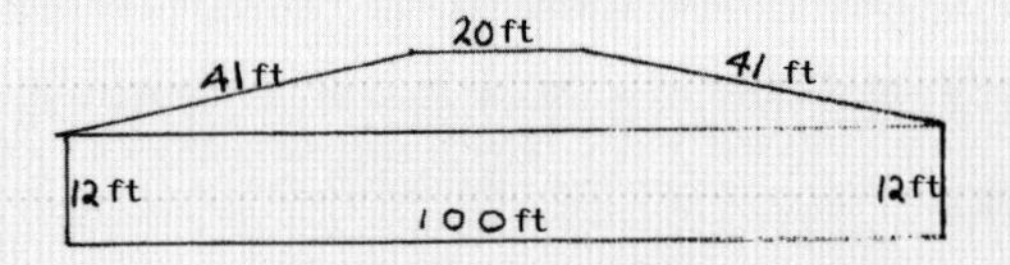

6) 어떤 마름모의 대각선은 각각 18인치와 14인치이다. 이 마름모의 둘레를 피트와 인치로 $\frac{1}{10}$ 인치까지 계산하라.

7) 어떤 배가 적도를 따라 동쪽으로 126마일 간 뒤 정북 방향으로 32마일을 갔다. 처음 출발지점에서 지금 있는 지점까지는 얼마나 떨어져있는가? (단, 지구가 평평하다고 가정)

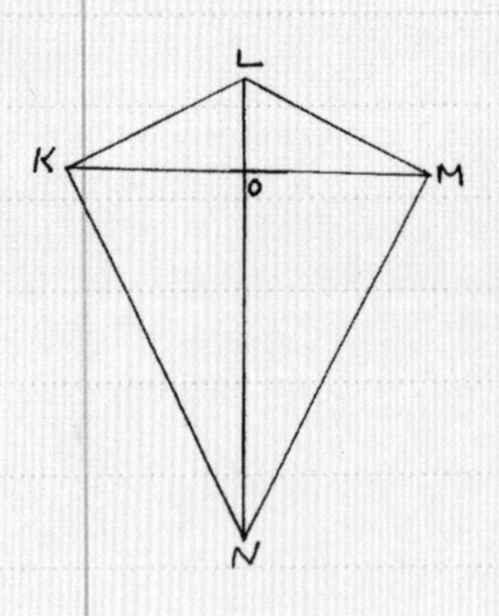

8) 방패연 모양 사변형 KLMN에서 KL=12cm, KN=25cm이다. K와 M은 모두 직각이다. 대각선 LN과 KM 길이를 소수 첫째 자리까지 계산하라.

9) 두 요건을 모두 만족시키는 가장 일반적인 형태의 사변형은 각각 무엇인가?

① 방패연 모양이면서 평행사변형

② 평행사변형이면서 이등변 사다리꼴

③ 첫 번째 답이면서 두 번째 답

10) 한 변이 7cm이고, 각 Q는 120°, 각 P는 90°인 볼록 오각형 PQRST을 작도하시오. 각각 T와 R을 지나면서 SP와 SQ에 평행한 선을 작도해서 오각형과 면적이 같은 삼각형 SUV를 찾으라. UV의 길이는 얼마인가?

11) TV 안테나의 장대 높이가 84m이다. 장대 높이보다 딱 1m 더 긴 와이어로프로 장대 꼭대기에 연결해 바닥에 고정하려고 한다. 장대에서 얼마나 떨어진 곳에 와이어로프를 고정해야할까?

12) OA=AB=2cm이고 ∠OAB가 직각인 삼각형 OAB를 그려라. 그런 다음 ∠CBO, ∠DCD, ∠EDO… 모두가 직각이고, BC=CD=DE=…=HI=2cm가 되도록 점 C, D, E, … I를 작도하라. 이렇게 하면 나선형의 시작 부분이 만들어진다. OI의 길이는? 그 길이가 옳다는 것을 증명할 수 있는가? 점 B, O, I가 하나의 직선 위에 놓이는가?

13) 반지름이 6cm인 원에 24개의 점을 똑같은 간격으로 작도하고, 0에서 23까지 번호를 붙인다. 구구단 2단에 따라 점 1을 점 2에, 점 2를 점 4에, 점 3을 점 6에… 연결한다. 점 24와 점 26은 점 0과 점 2와 같을 것이다. 점 23이 점 46과 연결될 때 멈춘다. 이 그림에 나타난 곡선을 전에 어디에서 보았는가?

14) 다시 13)번 문제처럼 그림을 그린다. 이번에는 구구단 3단을 이용하라.

15) 계속해서 이 방법으로 다른 곡선을 더 찾아보라. 그러나 큰 수는 사용하지 말고 원한다면 $1\frac{1}{2}$ 또는 $1\frac{1}{3}$ 단을 이용해서 그린다.

16) 앞 문제의 연속. 움직이는 선의 한쪽 끝은 시계 방향으로 돌고 다른 쪽 끝은 시계반대 방향으로 돈다고 가정해 보자. 그러면 어떤 일이 일어날까?

답과 풀이

1) ① 5인치, ② 50cm

2) ① 8피트, ② 1.2m

항등식 $(a^2+b^2)^2=(a^2-b^2)^2+(2ab)^2$ 을 이용하면, 교사는 '정수'로 된 직각삼각형이 나오는 문제는 얼마든지 원하는 만큼 만들어낼 수 있다. a와 b가 공통인수를 가지고 있지 않거나, 두 수 모두 홀수가 아닐 때마다 형태가 달라진다. 따라서

a	b	a^2+b^2	a^2-b^2	2ab
2	1	5	3	4
3	2	13	12	5
4	1	17	15	8
4	3	25	7	24
5	2	29	21	20
5	4	41	9	40
6	1	37	35	12
6	5	61	11	60
7	2	53	45	28

마지막 세 줄의 숫자는 삼각형의 세 변의 길이이다. 맨 아랫줄 숫자에 2를 곱하면 106 90 56이 된다.

따라서 아이들에게 두 변의 길이로 106과 56을 준다면, 8100의 제곱근을 어렵지 않게 구할 수 있을 것이다.

3) 사다리꼴. 엇각이 동일하므로 AB와 DC는 평행하다.

$AC=\sqrt{58^2-42^2}=\sqrt{1600}=40\,cm$ 이고, $DC=30cm$이다.

사각형 ABCD 면적$=\frac{1}{2}\times40\times42+\frac{1}{2}\times40\times30=1440\ cm^2$

4) 대각선$=\sqrt{11700}=108$야드. 따라서 단축할 수 있는 거리는 42야드이다.

5) 그림에서 $\frac{1}{2}(100-20)=40$

따라서 삼각형 41, 9, 40을 얻는다. 높이는 12+9=21피트.

6) 각 변 $\sqrt{9^2+7^2}=\sqrt{130}=11.40$인치, 따라서 둘레=45.6인치이다.

7) 130 마일

8) $LN=\sqrt{144+625}=27.7\,cm$

삼각형 LMN의 면적$=\frac{1}{2}LM\times MN$이고, 또한 $\frac{1}{2}LN\times OM$이다.

따라서 $OM=\frac{12\times25}{27.7}$이고, KM=2, OM=21.7cm이다.

9) ①마름모, ②직사각형, ③정사각형

10) UV는 약 13.7cm

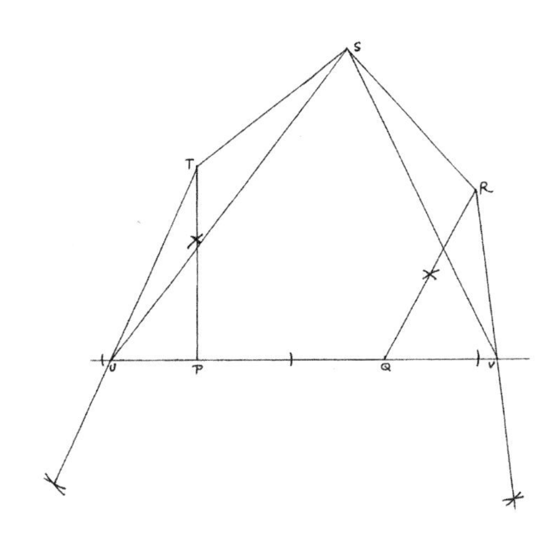

11) $\sqrt{85^2-84^2}=\sqrt{169}=13\,\text{m}$

12) 정확하게 OI=6cm이다. 이것은 피타고라스의 정리를 여러 번 반복해서 적용한 결과이다

$OB=\sqrt{8}$, $OC=\sqrt{12}$, $OD=\sqrt{16}$, $\cdots$ $OI=\sqrt{36}$

점 B, O, I는 동일선상에 있지 않다. 실제로 ∠BOI=178.3°, 그리고 ∠AOG=183.6°이다. 계산이 빠르고 정확한 아이들에게는 이를 더 발전시켜보라고 할 수 있다. 그러면 OX는 정확하게 10cm가 될 것이다.

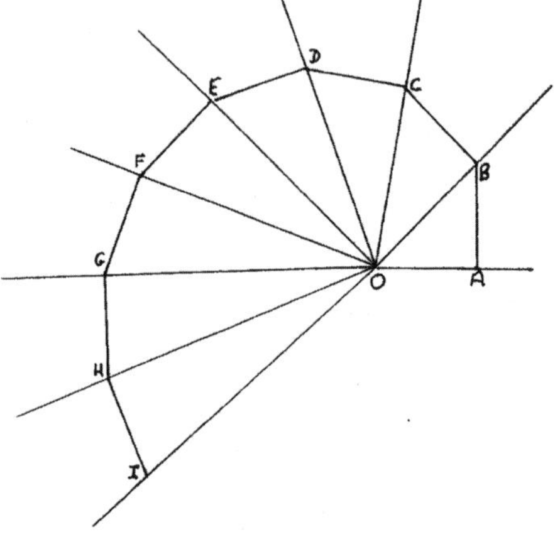

13) 이런 곡선은 컵에 담긴 차나 커피의 표면에서 볼 수 있다. 엄밀하게 말하자면 광원이 점 O 바로 위에 있고 컵의 원통모양 내부가 그 빛을 반사할 때 나타난다. 그림에서 어두운 부분이 컵에서는 밝은 부분에 해당한다. 선의 모양에서 빛의 반사의 법칙(입사각과 반사각이 동일하다)을 볼 수 있다. 그러나 이는 사고 활동에서 나온 선이다. 사고 자체는 완료된 사고를 관찰하는 것과는 전혀 다르며, 빛의 작용과 본질적으로 동일하다.

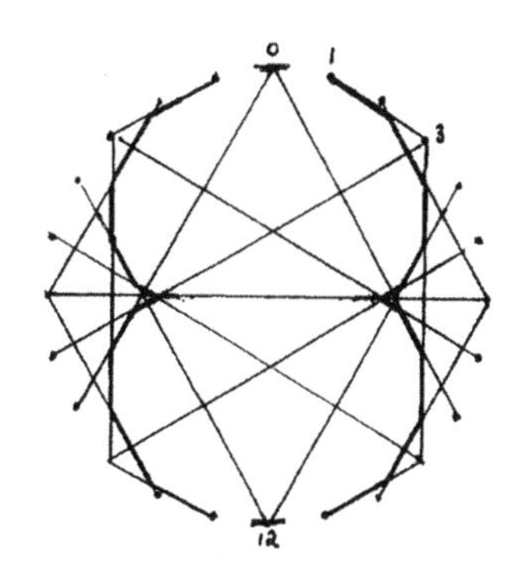

14) 이것은 첨점(뾰족한 부분)이 두 개 있는 곡선이다. 인수가 4일 때는(4단을 이용하면) 첨점이 세 개 나올 것이다.

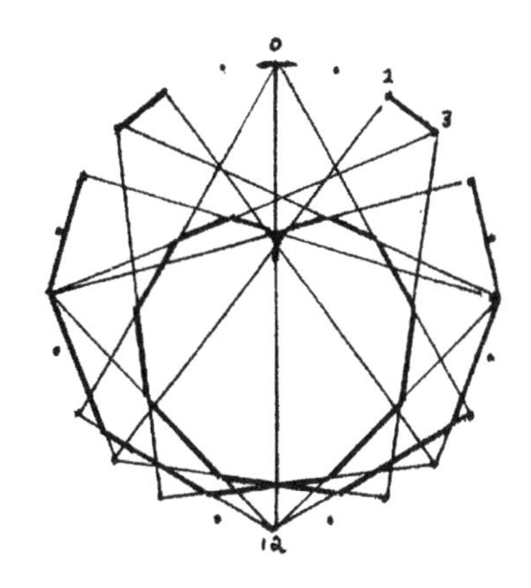

15) 인수가 $1\frac{1}{2}$ 인 경우($1\frac{1}{2}$ 단을 이용하면)에는 첨점 외에도 두 선이 교차하며 만드는 고리 또는 마디점이 생긴다.

16) 인수가 음수일 때, 즉, 선의 끝이 반대 방향으로 움직이는 경우에는 원 안에 아무런 꺾은 선이 생기지 않는다. 모든 선이 원 바깥으로 연장되다가 결국엔 뾰족한 부분이 바깥으로 향한 형태가 나온다. 호기심을 느낀 아이들은 인수가 양수나 음수, 정수, 분수인가에 따라 뾰족한 부분이나 접점이 몇 개 나오는지 알아보려 할 것이다.

7학년에서 다룰 수 있는 기하 작도의 범위는 거의 무한하다. 이 나이 아이들은 특히 직선 및 원의 포락선이 만드는 곡선에 관심을 보인다. 이는 사춘기의 문턱에 선 아이들이 지형을 만드는 바다나 강, 탐험가와 그 뒤를 이은 사람들로 인해 생겨난 새로운 문명, 자기 신체의 건강과 위생 등 세상을 형성하는 힘에 대해 큰 관심을 갖는다는 사실과 밀접하게 연결되어 있다.

마지막으로 두 개의 그림을 소개하면서 7학년 기하를 마무리한다.

7학년 화학 수업에서는 결정의 형성과 용해를 배운다. 다음은 기하학적으로 용해되는 삼각형이다. 가장자리를 따라 1cm씩 축소된다. 8번의 움직임 끝에 삼각형은 감쪽같이 사라져버린다!

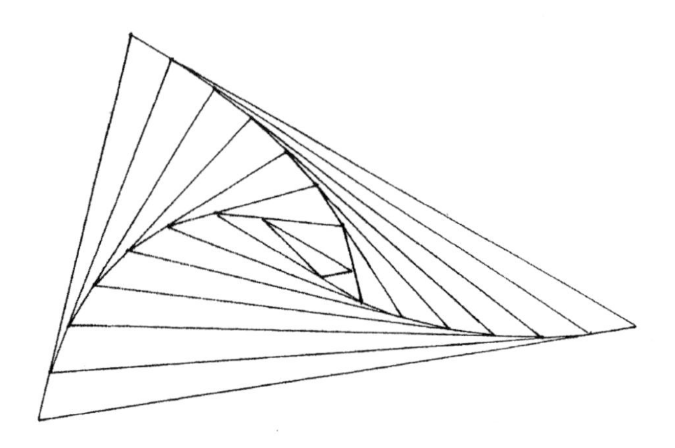

7학년 교과과정에는 음식 조리법도 포함된다. 다음은 고정된 직선에 접하는 원들의 중심이 고정된 한 원을 만드는 원의 포락선으로 이루어진 경단 모양 도형이다.

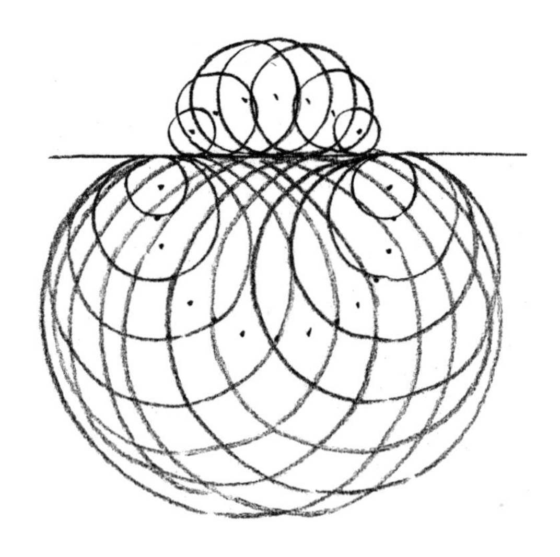

고무공 같은 탄력이 느껴진다. 미쉐린 씨*가 만든 경단일지도 모르겠다. 직선이 좀 더 높은 곳에 있으면 어떻게 될까? 직선이 점으로 이루어진 원에 접한다면? 그 원의 바깥으로 나간다면? 이 역시 아이들이 스스로 탐색하면서 새로운 사실을 발견해볼 수 있는 종류의 문제다.

8학년 기하학_ 자취

7학년에서는 포락선을 이용해서 곡선을 만들었지만, 그렇게 번거로운 과정 없이도 곡선을 만들 수 있다. 8학년 수업의 중심인 '자취'를 이용하면 된다. 인접한 점들을 예술적으로 연결하면 곡선이 나온다.

사춘기 남학생들은 일을 할 때 어떤 방식으로 하든 결과만 나오면 된다고 생각하는 경향이 있다. 이는 아직 그들이 길어진 팔다리를 어떻게 써야할지 모르며 균형감을 새롭게 터득해야 하는 상황과 무관하지 않다. 여학생들은 다르다. 그들에게는 일 자체보다 얼마나 맵시 있게 하느냐가 훨씬 중요하다. 자취로 인해 생기는 형태를 그려보고 이해하는 연습은 이들 모두에게 중용과 균형을 되찾는데 도움이 된다. 또한 서로가 중요하게 생각하는 요소가 무엇인지, 어떤 태도로 일하는지를 인식하는 것도 각자의 한계를 극복하는데 도움이 된다. 이런 차이를 배울 수 있는 것도 남녀공학의 장점 중 하나다.

자취에서 가장 중요한 것은 원의 자취다. 먼저 아이들에게 종이 한가운데에 점 하나를 찍고, 거기서 이쪽저쪽으로 8cm 떨어진 지점을 찾아 계속 점을 찍으라고 한다. 약 50개쯤 점을 찍으면 차츰 원이 모습을

* 타이어 회사 사장

드러내기 시작한다. 여학생들은 이쯤에서 너나할 것 없이 예쁜 색깔 색연필을 꺼내들고 가능한 한 완벽한 곡선이 되도록 정성껏 점을 연결하기 시작할 것이다. 반면 대부분의 남학생들은 60, 70, … 100개까지 계속 점만 찍는다. 한 번은 영국 발도르프학교의 8학년 남학생 두 명이 무려 200개 이상 계속해서 점을 찍은 적이 있다. 누가 더 많이 찍을 수 있는가를 놓고 둘 사이에 경쟁이 붙은 것이다. 한 녀석은 커서 대학의 물리학 교수가 되었고, 다른 한 명은 유럽 오케스트라의 수석 바이올린 연주자가 되었다.

다음 날 아이들은 전날의 작업을 "고정된 한 점에서 동일한 간격으로 떨어진 점의 자취는 원이 된다."는 문장으로 정리해서 공책에 적는다. 곧이어 3차원 공간에 이렇게 점을 찍으면 어떻게 될까라는 질문을 던진다. 이로써 구의 정의 역시 문장으로 정리할 수 있게 된다.

이제 원의 특성을 하나씩 알아볼 차례다. 이미 이전 학년에서 작도나 계산을 통해 "호의 길이가 같으면 원주각의 크기도 같다" 등의 속성을 다루었다. 이를 증명하는 방법에는 두 가지가 있다. 먼저 '움직이는' 방법을 이용해보자.

원 위에 A, P, B, C라는 임의의 점을 찍는다. 우리의 목적은 $\alpha = \beta$임을 증명하는 것이다. 호 BP의 중점을 P^1이라 하자. 이제 호 AA^1=호 CC^1=호 PP^1가 되도록 점 A^1과 C^1을 찍는다. $\angle APC$를 원 내부에서 이리저리 이동할 수 있는 V자 모양의 단단한 닭 가슴뼈라고 상상하라. 첫 번째 그림을 보면 두 각의 호가 동일하므로, P가 P^1로 이동하면 A와 C도 따라서 A^1과 C^1점으로 이동한다. 칠판 위에서 직접 '닭 가슴뼈'를 밀어 움직이면서 보여준다.

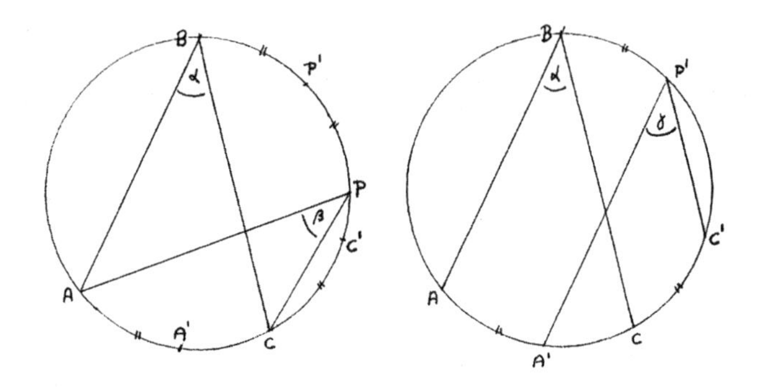

두 번째 그림을 보면 원을 가로지르면서 합동인 원호의 양끝에 이르는 선들과 원이 대칭을 이루고 있으므로, 직선 AB는 A^1P^1에 평행하고 직선 BC는 P^1C^1에 평행함이 분명하다. 1학년부터 3학년까지 연습했던 '대칭 형태그리기'가 새롭게 빛을 발하는 순간이다. 두 번째 그림처럼 서로 평행한 두 쌍의 직선이 만드는 각의 크기는 동일하므로, $\alpha = \gamma$ 이다. 동일한 각을 밀어 움직였기 때문에 $\beta = \gamma$ 이다. 따라서 $\alpha = \beta$ 이다.

두 번째 방법은 먼저 원의 중심각이 원주각의 2배임을 증명하는 것으로 시작한다. 여기에는 점 B가 점 A, C, 및 원의 중심점 O에 대해 어떤 위치에 있느냐에 따라 3가지 경우가 있다.

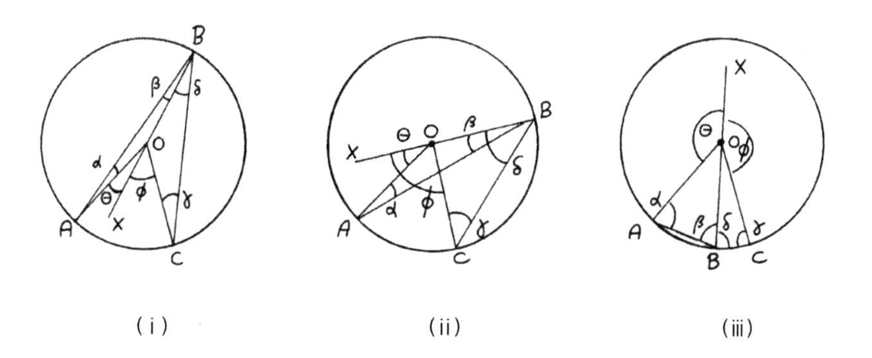

(i) (ii) (iii)

동일한 크기의 각을 같은 색으로 칠하면 당연히 증명과정을 따라가기가 훨씬 쉬워질 것이다.

AOB는 이등변 삼각형이다. ⇒ $\alpha = \beta$ 이고 $\theta = \alpha + \beta = 2\beta$ 이다. 마찬가지로 $\varphi = 2\delta$ 이다. (i)과 (iii)의 경우에는 두 값을 서로 더하고, (ii)의 경우에는 빼기를 한다. $\angle AOC = 2\angle ABC$ 이다, 그러나 (iii)에서 $\angle AOC$는 우각*이다.

모든 원주각은 중심각의 절반이므로, 크기가 같은 호의 원주각의 크기는 같다.

이 결과에서 각의 다른 잘 알려진 특성을 이끌어낼 수 있다.

예를 들어,

a) 원에 내접하는 사각형에서 마주보는 각의 합은 180°이다.

b) 원에 내접하는 사각형에서 한 외각의 크기는 마주보는 내각의 크기와 같다.

이런 속성에 따라 아래 그림에서 $\alpha = 45°$, $\beta = \gamma = 135°$를 구할 수 있다.

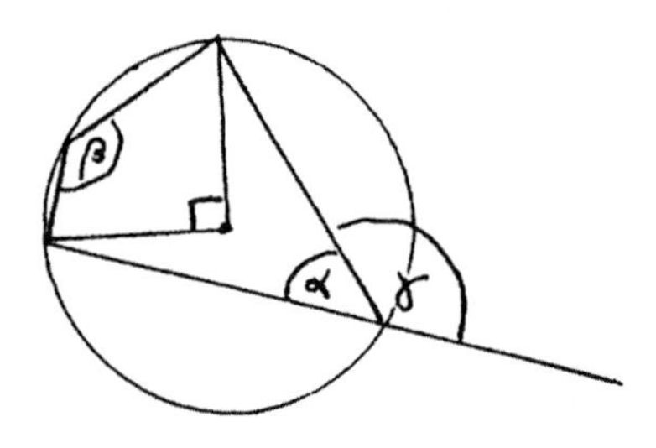

8학년들에게 과제로 내줄 원에 관한 문제는 자취 문제와 함께 다음 장에서 소개할 예정이지만 몇 개만 미리 살펴보자.

* reflex angle_한 점에서 나온 두 반직선이 이루는 각 가운데 큰 쪽의 각

직선의 자취에는 (i) 고정된 두 점에서 같은 거리에 있는 점들의 자취, (ii) 고정된 점을 고정된 선으로 바꾼 것만 제외하고 나머지는 동일한 자취가 있다.

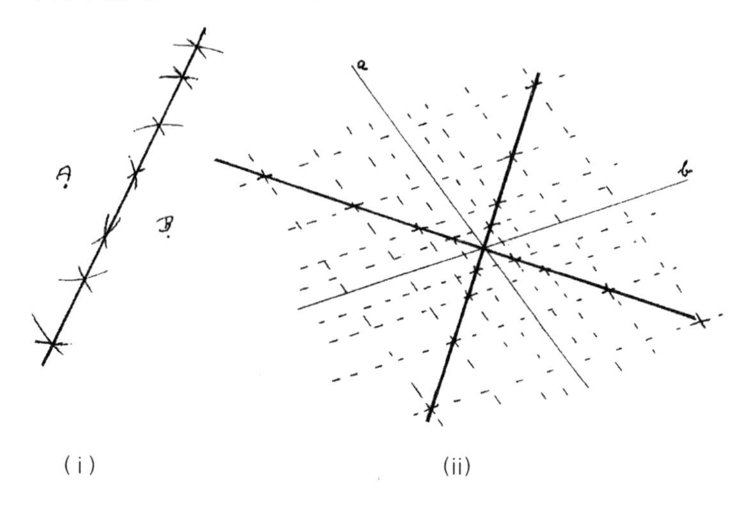

(i) (ii)

(i)에서는 A와 B를 중심으로 반지름이 같은 호가 겹치는 지점에서 자취가 결정된다. 아이들은 이 그림을 보는 즉시 6학년에서 배운 선분의 중점 작도를 떠올릴 것이다. (ii)에서는 직선 a, b에서 0.5, 1, 2, 3.5cm 떨어진 위치에 점선을 그렸다. 완전한 자취로 이루어진 두 직선이 서로 수직임을 증명하는 것도 좋은 문제다. (합동인 삼각형을 이용해야 할 것이다)

움직이는 한 점이 있고, 고정된 두 점에서 그 움직이는 점까지의 거리의 합이 언제나 동일할 때 생기는 자취에 대해 생각해보자. 칠판에 압정 A, B를 꽂고 그 위에 가느다란 실로 만든 고리를 걸어 시연한다. 고리 안에 분필 C를 넣고 실을 팽팽하게 당기면서 칠판 위에서 분필과 실을 함께 움직인다. 이제 아이들에게 각자 실험해보게 한다. 압정 위치에 변화를 주면 또 다른 결과를 얻을 수 있다.

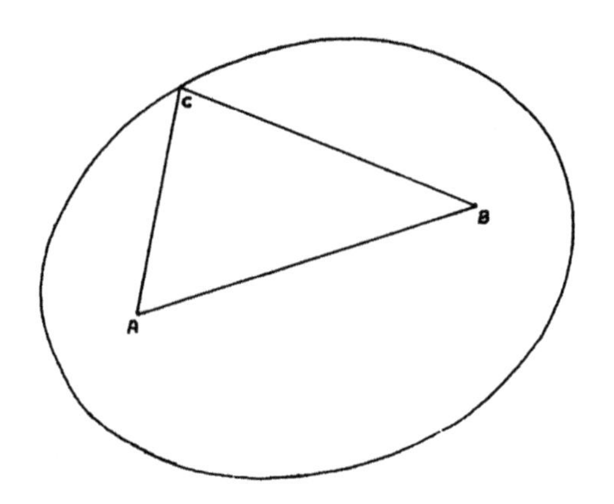

압정 위치는 그대로 두고 줄의 길이를 바꿔볼 수도 있다. 여러 형태의 타원이 나오게 될 것이다. 이 연습은 9, 10학년 과정의 맛보기이기도 하다. 그 때는 A, B점에서 동일한 거리의 합의 자취 대신 연속된 차나 곱하기와 나누기 자취를 배우게 될 것이다.

8학년에서 자취 주제를 좀 더 심화시키고 싶다면 기계장치의 움직이는 부품을 관찰한다. 예를 들어 왕복운동을 하는 증기기관(8학년 물리학 시간에 배우고 실험하는 종류의 엔진)의 연결봉 위에 점을 찍는다면 어떤 자취가 나올까? 아이들이 흔히 틀리는 문제 중에 "벽에 수직으로 기대놓은 사다리가 조금씩 미끄러져 내려오다가 마침내 바닥에 완전히 누워버리면, 어떤 아이가 사다리 중간쯤에 걸터앉아 있었다면 엉덩방아를 찧을 때까지 어떤 자취를 그리게 될까?"가 있다.

틀리는 이유는 사다리의 포락선을 그리려는 데서 발생한다. 이는 12학년 수업에서 다루게 될, 첨점(뾰족한 끝)이 네 군데 있는 대단히 복잡한 곡선의 일부이기 때문이다. 문제의 자취가 원의 $\frac{1}{4}$ 임을 증명하는 것은 좋은 연습이다.

앉아 있는 사다리 발판의 위치가 달라지면 어떻게 될까? 이때는 어떤 곡선의 $\frac{1}{4}$ 형태가 나올까?

다음 그림에는 사다리의 처음, 마지막 위치와 더불어 4가지 기울어진 형태가 나온다.

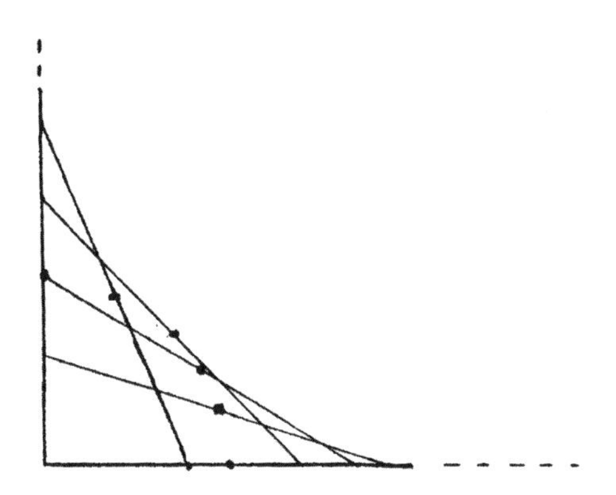

8학년 기하학_ 입체

미터법으로 부피를 잴 때 정육면체를 이용한다는 것은 7학년 과정에서 이미 설명했다. 정육면체의 모든 꼭짓점과 면은 각각 합동이다. 또한 정육면체는 정다면체 중 가장 익숙한 도형이다. 정다면체에는 정육면체 외에 4개가 더 있으며, 플라톤은 『티마이오스Timaeus』에서 정다면체를 시각적으로 훌륭하게 설명하고 있다. 그 내용을 요약하면 다음과 같다.

세상에 인간의 거처를 창조하고자 마음먹은 신은 가장 먼저 불이라는 원소를 만드셨다. 이를 위해 정다면체 중 가장 단순한 정사면체를 이용하였다. 정사면체란 네 개의 면을 가진 도형이란 뜻이다. (이를 정면에서 바라본 모습은 5학년 때 처음 컴퍼스로 작도했던 그림의 시작 부분을 반복하면 가장 쉽게 그릴 수 있다) 다음으로 신은 삼각형으로 이루어진 두 번째로 단순한 정팔면체를 이용하여 공기 원소를 만드셨다. (이 역시 두 원이 서로의 중심을 통과하는 형태를 이용하면 가장 쉽게 그릴 수 있다) 마지막으로 흐르는 요소로 이루어진 세계 창조를 완성하기 위해 신은 삼각형으로 이루어진 정다면체 중 가장 복잡한 정이십면체를 사용했다. 이로써 물이 창조되었다.

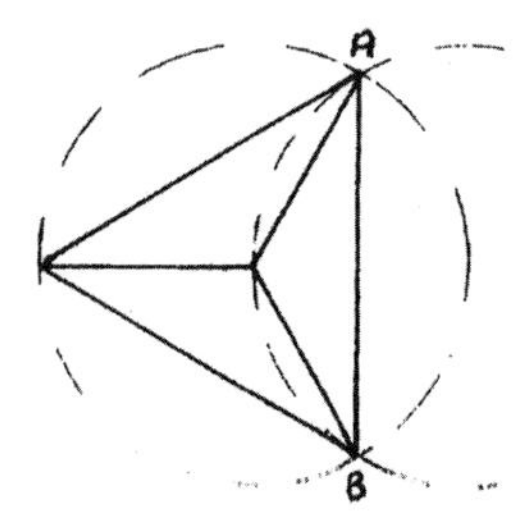

정사면체TETRAHEDRON

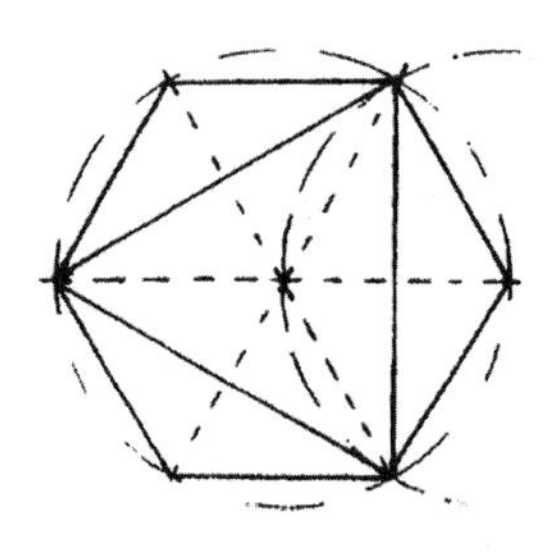

정팔면체OCTAHEDRON

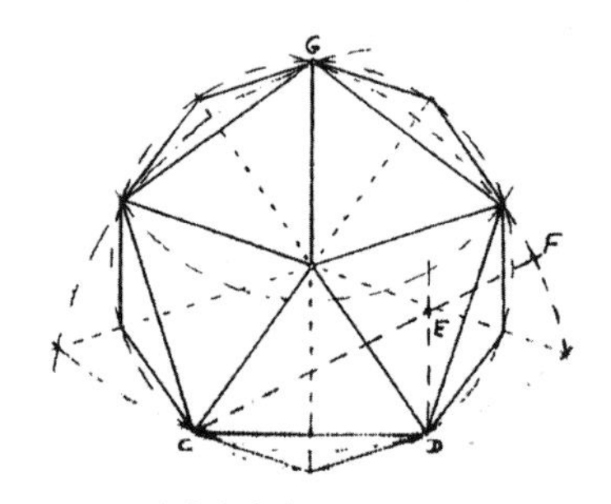

정이십면체ICOSAHEDRON

(정면에서 바라본 그림(정사영)에서는 모든 변의 길이가 같다. 따라서 CD=AB이다. 세 번째 그림에서 DE=$\frac{1}{2}$CD이고, DE는 CD에 수직이며, EF=DE이다. 점 C, D, G를 중심으로 하는 큰 호들의 반지름은 CF이고, G를 중심으로 하는 작은 호의 반지름은 CD이다.)

삼각형으로 이루어진 정다면체는 더 이상 만들 수 없다. (꼭짓점에서 3, 4, 5개의 변이 모일 때는 위에 설명한 3가지 도형이 나오지만, 변의 수가 6개로 늘어나면 입체가 아니라 삼각형이 벌집모양으로 무한히 연결되는 납작한 형태가 된다) 따라서 신은 흙 요소를 창조할 때 사각형으로 이루어진 정육면체를 이용했다.

(여기서도 역시 두 원을 기본 골격으로 이용한다. 하지만 앞의 도형처럼 모든 변의 길이를 동일하게 유지하기 위해 반지름을 길게 했다. HJ는 시점 때문에 왜곡되지 않은 사각형 대각선의 실제 길이이다.)

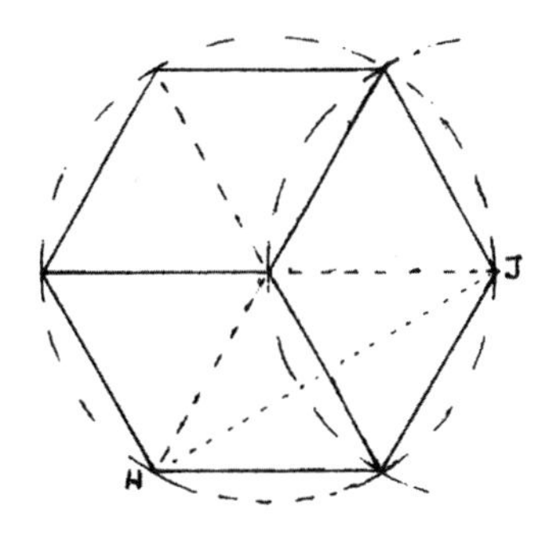

정육면체CUBE 또는 HEXAHEDRON

사각형으로 이루어진 정다면체는 더 이상 나올 수 없으므로(꼭짓점에서 만나는 변의 수가 4개가 되면 사각형이 벌집 모양으로 무한히 연결되는 납작한 형태가 나올 것이다), 신은 생명 요소 또는 생명의 본질을 창조할 때 오각형으로 이루어진 정십이면체를 사용했다. 그래서 정십이면체는 제5원소*라고도 부른다.

(오각형과 그 중심은 정이십면체와 동일한 방법으로 작도한다. 꼭지점 K는 I를 통과하는 수직선과 C를 통과하는 반지름의 연장선이 교차하는 지점이다. dodeca는 그리스 어로 12를 뜻한다.)

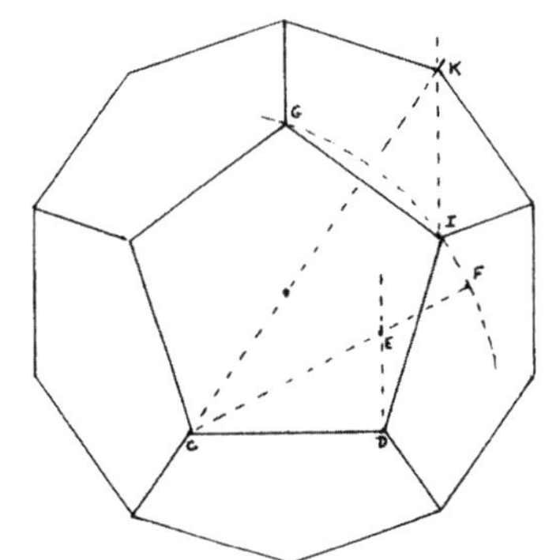

정십이면체DODECAHEDRON

정다면체는 이 5개가 전부다. (4개의 오각형을 한 꼭짓점에서 만나게 할 방법은 없다. 서로 포개질 것이기 때문이다. 육각형으로도 불가능하다. 한 꼭짓점에서 3개의 변이 만나면 육각형이 벌집 모양으로 무한히 이어지는 납작한

* quintessence_quint('5번째'를 뜻하는 라틴어) + essence(정수, 진수). 사물의 완벽한 전형 혹은 정수를 의미한다.

형태가 나오기 때문이다. 실재 꿀벌 집이 이렇게 생겼다. 6개 이상의 변을 가진 다각형으로 한 꼭짓점에서 3개의 변이 만나게 하는 것도 불가능하다. 형태가 서로 겹칠 수밖에 없다) 따라서 정다면체(또는 플라톤 입체)는 오직 5개뿐이다. 세상에 인간의 거처를 짓기 위해 신이 필요로 했던 모든 요소 또는 정수는 이제 다 창조되었다.

『구약성서』와 그리스 신화에 빠질 나이는 이미 지나 이제는 모든 관심이 물질세계에 쏠린 사춘기 아이들이라도 다름 아닌 플라톤이 천지창조를 이렇게 설명했다고 하면 귀 기울여 들을 것이다. 특히 '제5원소'라는 단어에는 각별한 관심을 보인다. 또래 집단이나 미디어를 통해서 만나는 세상은 물질주의적 시각에 국한된 경우가 대부분이라도 청소년들은 이 세상에 단지 고체, 액체, 기체 상태의 물질과 핵융합 및 핵분열로 현시되는 에너지 이상의 무언가가 존재함을 인식하기 때문이다.

하지만 유감스럽게도 이는 고대 그리스의 자연계 사상을 연구하는 일부 현대 학자들에게는 해당되지 않는다.[5]

5개의 정다면체(플라톤 입체)의 정면도를 그려보았으니 직접 만들어 볼 차례다. 다음은 원을 이용해서 두꺼운 도화지나 마분지에 전개도를 작도한 것이다. F, V, E는 각각 면face, 꼭짓점vertex, 모서리edge를 의미한다.

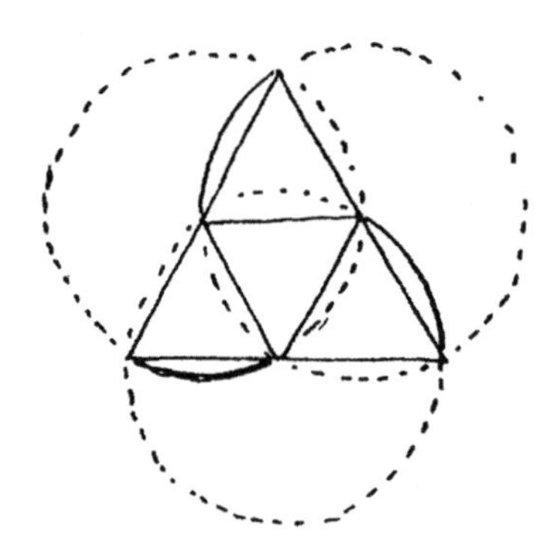
정사면체_ 불(날개 3장) F4, V4, E6

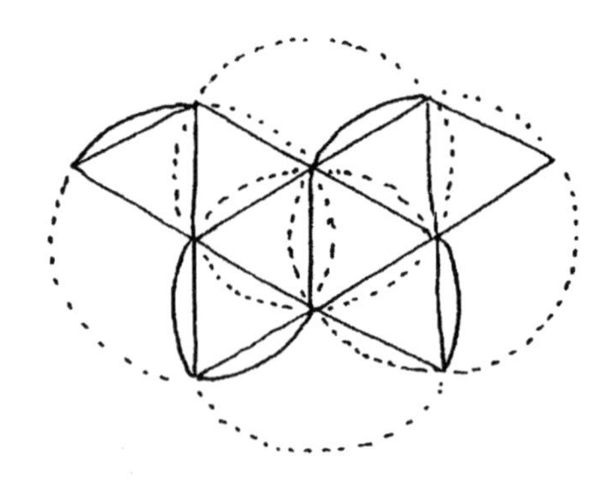
정팔면체_ 공기(날개 5장) F8, V6, E12

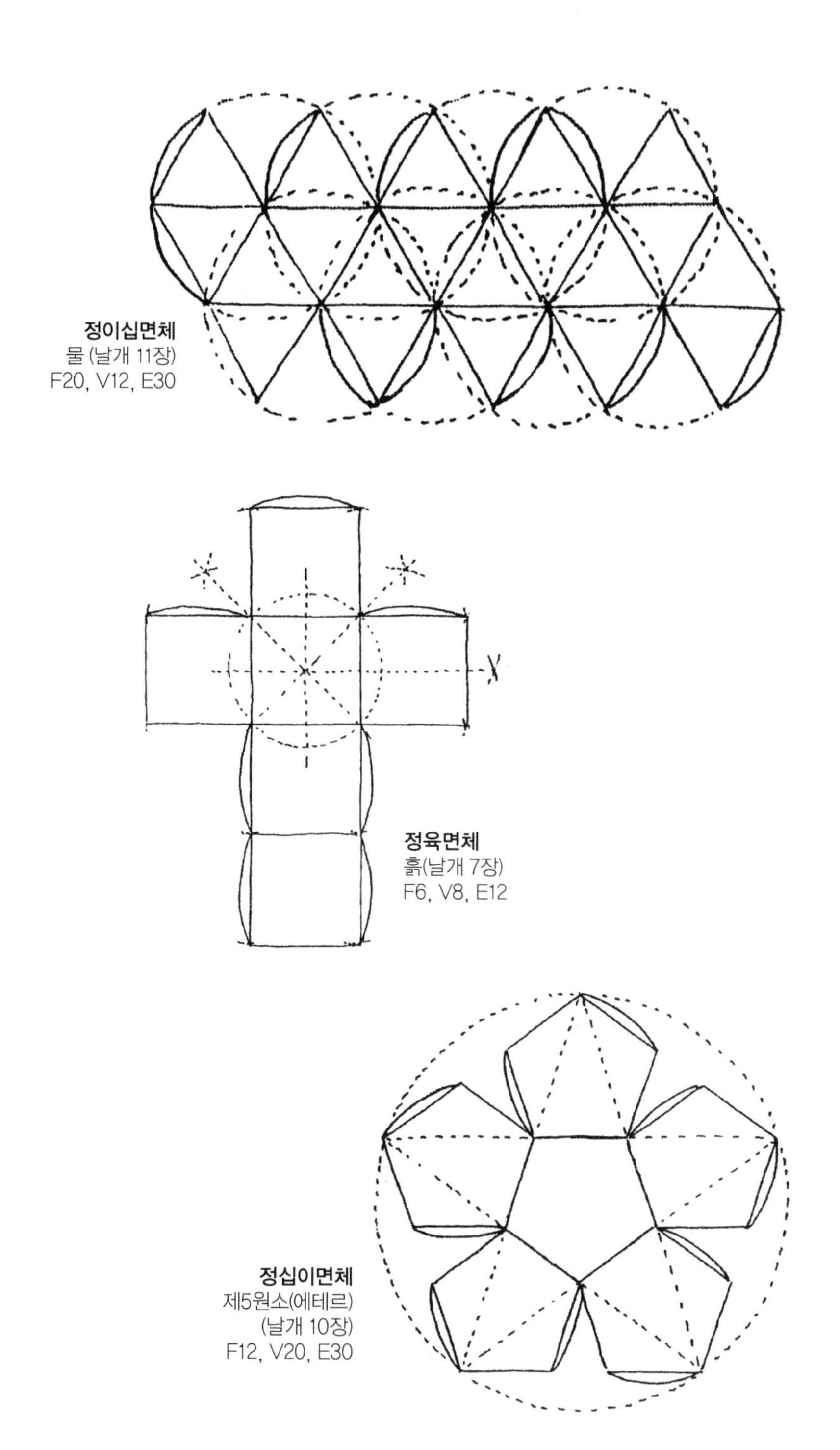
정이십면체
물 (날개 11장)
F20, V12, E30
정육면체
흙(날개 7장)
F6, V8, E12
정십이면체
제5원소(에테르)
(날개 10장)
F12, V20, E30

위쪽 3개의 그림에서도 5학년 때 처음 연습했던 작도가 쓰이고 있음에 주목하라. 전개도 형태에서 각각에 상응하는 자연 요소의 특징을 볼 수 있다. 모닥불의 불꽃은 삼각형 모양으로 올라간다. 두 번째 그림은 어딘지 하늘을 나는 새를 닮았고, 세 번째 그림은 파도를 연상하게 한다. 다음 그림은 세상의 구원자가 처형되었던 십자가를, 마지막 그림은 살아있는 인간의 형상을 떠올리게 한다. 마지막 그림으로는 정십이면체의 절반 밖에 만들지 못한다. 전개도를 온전하게 그리고 싶다면 똑같은 형태를 위아래만 바꾸어 오른쪽 아래에 붙이면 된다.

천문학자인 요하네스 케플러Johann Kepler는 5개 정다면체의 존재와 그에 대한 플라톤의 설명을 알고 뛸 듯이 기뻐했다. 케플러는 수많은 모형을 직접 만들어보고 도형 위에 색을 칠하거나 그림을 그리기도 했다. 다음은 그 중 몇 장의 그림이다. 케플러는 제5원소를 태양, 달, 별과 밀접하게 연결된 힘으로, 열매와 곡식의 수확은 흙의 생명으로 묘사했다.

8학년 아이들도 직접 모형을 만들고 색칠해서 교실 천장에 모빌처럼 걸어놓고 싶어 할 것이다.

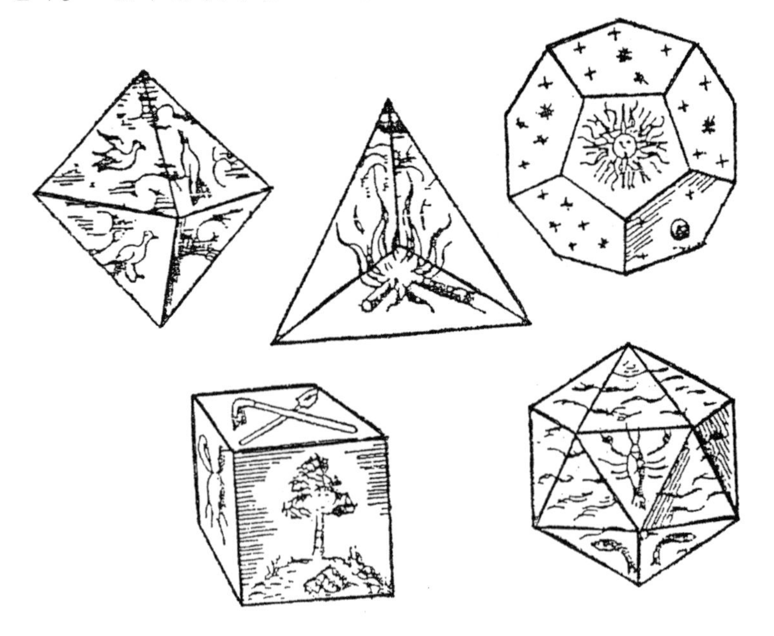

다른 방법으로도 가능하다. 특히 좋은 것은 찰흙이다. 도구 없이 처음부터 끝까지 손으로만 만들 수도 있고, 납작한 나무판으로 찰흙 덩어리 한쪽을 평평하게 누른 다음 방향을 바꾸어 또 누르는 방식으로 만들 수도 있다. 5가지 입체 중 3개는 플라스틱 빨대의 끝을 연결해서도 쉽게 만들 수 있지만, 나머지 2개(정육면체와 정십이면체)는 지지대를 받쳐야 모양이 유지된다.

모형이 완성되면 면과 꼭짓점, 모서리의 수를 세어보라. 어떤 아이들은 이 숫자만 보고도 (i) 정육면체와 정팔면체, (ii) 정이십면체와 정십이면체가 서로 정반대 또는 상보적인 한 쌍임을 알아낼 것이다. 이에 관해서는 10, 11학년 사영기하학의 쌍대의 원리 수업에서 더 자세히 배우게 될 것이다.

동일한 계산을 면과 꼭짓점, 모서리로 이루어진 모든 3차원 도형[6]에 적용할 수 있다. 그러면 예를 들어 아래와 같은 목록이 나온다.

이름	면(F)	모서리(E)	꼭짓점(V)
육면체	6	12	8
사면체	4	6	4
십이면체	12	30	20
삼각기둥	5	9	6
육각뿔	7	12	7

아이들에게 연구해보라고 내주기에 좋은 과제가 있다. 이 표를 주면서 5개의 도형을 추가하고 면, 모서리, 꼭짓점에 언제나 적용되는 공식을 찾아본 다음, 한두 가지 예를 이용해서 그 공식이 참임을 증명하라는 것이다. F+V=E+2라는 공식을 찾고 그 결과가 참이라는 것을 증명하는 아이가 한두 명쯤 나올 수도 있다. 이는 스위스 수학자 오일러Euler가 처음 발견한 공식이다.

7학년에서는 전단 변형shearing 현상*을 이용해서 평행사변형과 삼각형의 면적을 구했고, 8학년에서는 삼각뿔과 원뿔의 부피를 구했다. 또 다른 기하 변형으로는 팽창(혹은 확장) 변형이 있다. 이들 두 변형은 평행이동 등과 함께 호몰로지homology**라 부르는 변형이론의 한 축을 이룬다. 호몰로지는 교과과정에서 행렬을 배우는 10, 11학년에 소개하는 것이 좋다.

하지만 도형의 닮음에 관한 간단한 문제는 8학년 기하 수업에서 7학년 비례, 비율 문제의 연장선으로 풀어볼 수 있다. 도형의 크기를 확대 또는 축소하되 모양은 그대로 둔다면, 각 변의 길이는 같은 비율로 늘거나 줄 것이다. 이를 배율이라고 부르며, 여기서는 소문자 s로 표기한다. 예를 들어 어떤 삼각형을 사진으로 찍은 다음 확대했더니 다음과 같이 되었다고 가정해보자.

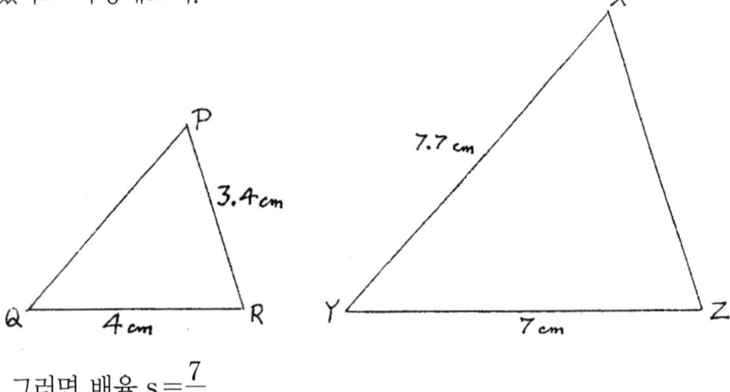

그러면 배율 $s=\frac{7}{4}$

따라서 XZ $=3.4\times\frac{7}{4}=5.95\text{cm}$

거꾸로 계산하면, PQ$=7.7\div\frac{7}{4}=4.4\,\text{cm}$

* 반대방향의 두 힘을 물체에 평행하게 작용시켜, 원래 직각이었던 육면체 요소가 한쪽으로 밀리는 현상

**위상기하학topology에서 서로 다른 도형이나 함수에서 비슷한 역할을 하는 원소들 사이의 대응관계

다음 그림에는 2개의 직각삼각형이 나온다. 둘은 서로 닮은 삼각형이다.

$$s=\frac{17+8.5}{17}=\frac{3}{2}$$

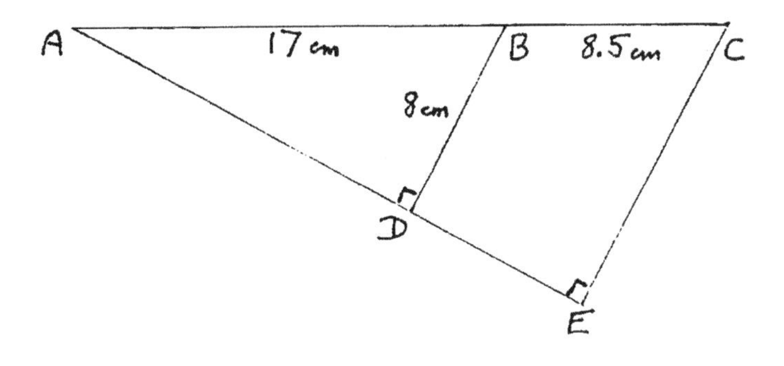

피타고라스의 정리에 의해 $AB=\sqrt{17^2-8^2}$
$=15\text{cm}$

따라서 $AE=\frac{3}{2}\times 15=22.5\text{cm}$ 이고,
$CE=\frac{3}{2}\times 8=12\text{cm}$ 이다.

삼각형ABD의 면적 $=\frac{1}{2}(15\times 8)=60\text{cm}^2$ 이고,
삼각형ACE의 면적 $=\frac{1}{2}(22.5\times 12)=135\text{cm}^2$ 임을 주목하라.

따라서 면적의 배율은 s^2 이다.

$$\frac{3}{2}\times\frac{3}{2}=\frac{9}{4}=2\frac{1}{4}$$

오각형이 포함된 도형에서 황금비를 언급하지 않았다면 온전한 수업이라 할 수 없다. 황금비 자체는 상급과정에서 배울 내용이지만 미리 조금 맛보게 하면 미래에 대한 건강한 기대감을 일깨울 수 있다. 먼저 정오각형을 쉽게 작도하는 방법을 찾아보자. 전에 소개한 것은 기하학적으로 엄격하고 정확한 방법이지만 기술자들은 그렇게 복잡하게 작도하

지 않는다. 그들은 시행착오 방식을 선호한다. 사실 이 방식이 물리적으로 훨씬 정확한 결과를 낳는 경우가 많다. 다음의 방법은 모든 정다각형의 작도에 적용할 수 있다.

원 둘레를 5등분할 때 $\frac{1}{5}$에 해당하는 길이를 컴퍼스의 반지름(컴퍼스를 임의로 벌린 길이)으로 가늠한다. 어림으로 길이를 잡아 원을 5등분하면 당연히 오차가 생길 것이다. 이 오차의 $\frac{1}{5}$ 길이를 가늠해서 그만큼 컴퍼스로 반지름을 조절한다. 다시 한 번 원을 5등분한다. 필요한 만큼 같은 과정을 세 번 (혹은 네 번) 반복한다. 손쉽게 만족스런 결과를 얻을 수 있을 것이다.

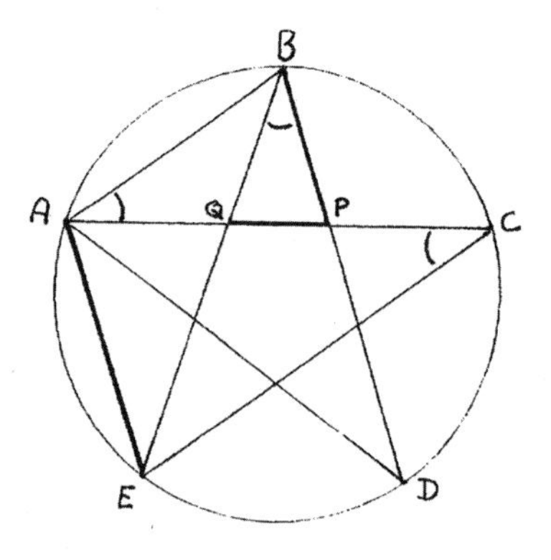

물론 아무래도 마음이 안 놓인다면 각도기를 이용해서 원의 중심 주위로 72°를 표시할 수도 있다.

위 그림에 표시된 각들이 합동임은 쉽게 증명할 수 있다. (앞에서 증명했던 것처럼 하나의 원에서 길이가 같은 호에 대한 원주각의 크기는 모두 같기 때문이다) 또 대칭의 특성에 따라 3개의 삼각형 PAB, QBP, ACE는 모두 이등변 형태를 지닌다. 모든 삼각형의 한 변 길이의 비율이 동일하기 때문에 이제 서로 닮은 삼각형의 속성을 이용할 수 있다.

삼각형의 긴 변 쪽을 보면, $\frac{AP}{PB}=\frac{AC}{AE}$

PB=PC이고 AE=AB=AP이므로, $\frac{AP}{PC}=\frac{AC}{AP}$이다.

따라서 AC 위에서 $\frac{\text{큰 부분}(AP)}{\text{작은 부분}(PC)}=\frac{\text{전체}(AC)}{\text{큰 부분}(AP)}$이다.

이 비율을 황금비라고 부른다. 위 그림에서 작은 삼각형은 이 배율로 확대되었다. 황금비는 건축, 회화, 음악에서 아주 중요한 의미를 지닌다.[7] 점P는 선분AC를 황금 분할한다고 한다. 점Q 역시 선분AP를 황금 분할함을 증명하기는 어렵지 않다. 오각형으로 이루어진 오각별은 형태가 더 확장되어도 모든 부분에 황금비가 존재한다.

황금비를 숫자로 나타내면 어떻게 될까? 정확한 값은 9학년에서 이차방정식을 배운 다음에야 알 수 있겠지만, 8학년에서도 길이를 측정하여 비교하고 긴 나눗셈을 풀어볼 수는 있다. 그렇게 소수점 셋째 자리까지 구하면 1.62가 나올 것이다. 하지만 이 답을 '한 방에' 얻을 수 있는 마법 같은 방법이 있다. 여기서도 짜릿한 '발견'을 경험할 수 있다. 먼저 임의의 정수 두 개를 선택한다. 둘을 서로 더한다. 그 답에 두 수 중 하나를 더한다. 새로 구한 답에 아까 구한 답을 더한다. 이 과정을 마음 내키는 대로, 예를 들어 다음의 예처럼 12번째 숫자까지 반복한다.

3
7
10
17
27
44
71
115
186
301
487
788

```
       1.618
487 ) 788
      487
      3010
      2922
        880
        487
       3930
       3896
         34
```

이제 마지막 숫자를 바로 앞 숫자로 나눈다.

처음에 어떤 숫자를 선택했든지 항상 같은 답이 나온다. 1.618은 황금비를 소수점 넷째 자리까지 구해서 나온 값이다.

이 계산의 근거는 11학년에서 '극한'의 개념을 배운 이후에 이해하게 된다.

8학년 기하학 문제

※ 아래 그림에서 그리스 문자로 표시된 각을 계산하라.

1)

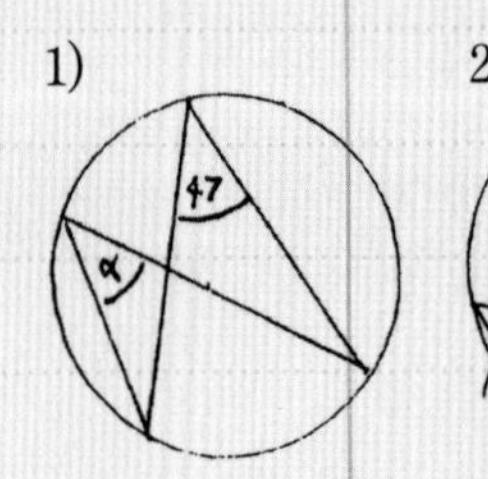

2)

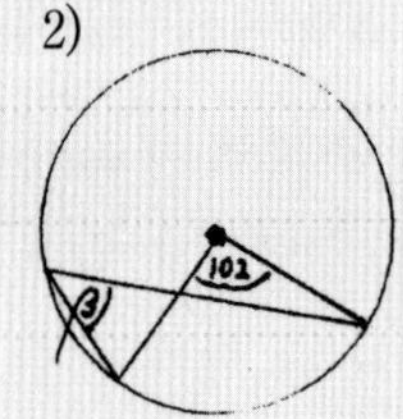

3)

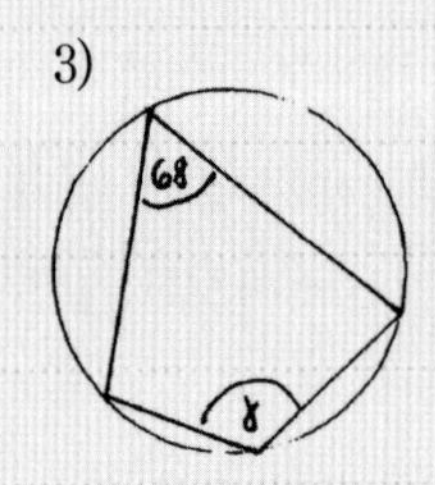

4)

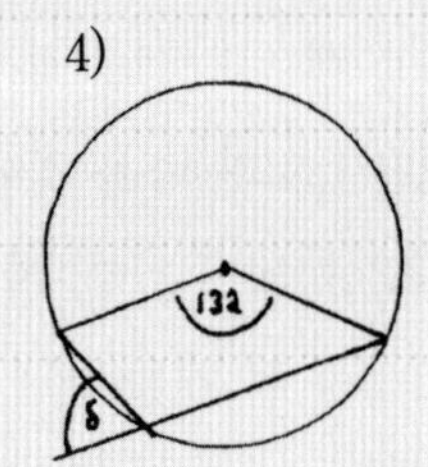

5) 염소 한 마리를 고리에 밧줄을 걸어 매어놓았다. 고리는 지면 가까이 설치된 수평 레일을 따라 움직이게 되어있다. 밧줄 길이는 3m, 레일 길이는 10m이다. 염소가 먹을 수 있는 풀밭의 면적을 미터 당 1cm의 배율로 정확하게 작도하고, 그 면적을 소수점 아래 3자리까지 계산하라.

6) 평평한 나무판자 위에 두 개의 핀을 고정시켰다. 30－60－90의 삼각자를 핀 사이에 끼워 넣고, 양쪽 핀과 닿은 상태를 유지하면서 최대한 여러 방향으로 움직인다. 한쪽 꼭짓점의 두 변이 둘 중에

한 핀과 닿아있을 때 삼각자의 세 꼭짓점은 어떤 자취를 만드는가?

7) 종이의 맨 아래에서 3cm 올라온 지점에 가로로 직선 l을 그린다. 다시 맨 아래 중앙에서 8cm 위에 점 P를 찍는다. 직선 l 위에 1cm 간격으로 나란히 점을 찍고 차례로 점 P와 모두 연결시킨다. 이 선들 위에 직선 l에서 1cm되는 지점에 또 다시 점을 찍는다. 가로 방향으로 해당 점들을 연결하면 부드러운 곡선이 나온다. 이를 콘코이드 또는 나사선이라고 부른다. (그림을 그려보라)

8) 삼각형 ABC의 세 꼭짓점에서 같은 간격으로 떨어진 점들의 자취인 3개의 선을 작도하라. 각 변의 길이는 AB=4″, BC=5″, CA=6″이다. 세 선이 만나는 점 O에 '외심'이라고 적는다. 삼각형에 대해 점 O가 갖는 특별한 기능은 무엇인가?

9) 8)번처럼 세 선을 작도하되, 이번에는 삼각형 ABC의 세 변에서 같은 거리만큼 떨어진 점들의 자취를 찾는다. 세 선이 삼각형 내부에서 만나는 점 I에 '내심'이라고 적는다. 점 I의 특별한 기능은 무엇인가?

10) 8), 9)번 문제와 똑같은 삼각형에서 AP와 BC의 관계를 항상 수직으로 유지하면서 움직이는 점 P의 자취를 작도하라. BP⊥AC, CP⊥AB인 다른 두 경우에 대해서도 자취를 작도하라. 세 선이 만나는 점 H에 이번에는 '수심'이라고 적는다.

11) 두꺼운 종이로 앞 문제와 같은 모양의 삼각형을 잘라 컴퍼스의 뾰족한 끝에 올려놓을 때 균형을 잡을 수 있는 지점을 찾아보라. 그 균형점 G를 통과하면서 한 꼭짓점에서 맞은편 변으로 이어지는 세 개의 선을 그린다. 어떤 사실을 발견했는가? G는 삼각형의 '무게중심'이라고 부른다.

12) 인간에게도 여러 가지 중심이 있다. 지금까지 찾아낸 삼각형의

중심점 G, H, I, O 중에서 어떤 것이 인간 심장의 중심, 관찰하는 머리의 중심, 무게의 중심, 직립의 중심에 해당한다고 생각하는가?

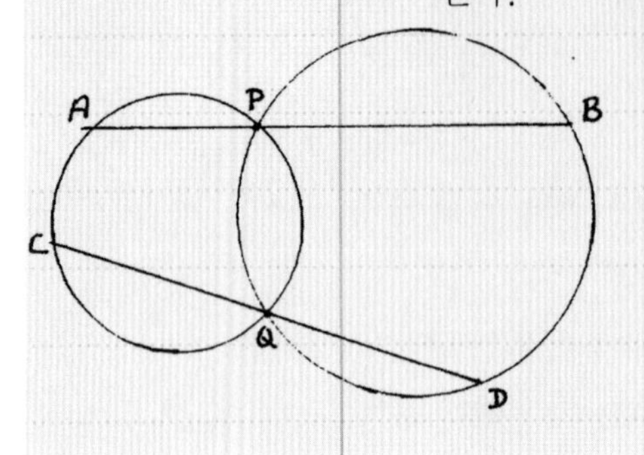

13) 옆의 그림과 똑같이 작도하라. (수치는 중요하지 않다) 그런 다음 AC와 BD를 연결하라. 어떤 사실을 알게 되었는가? 관찰한 내용이 선분 APB와 CQD를 어디에 그리는지에 상관없이 항상 참일까? 그렇다면 왜 그럴까? (힌트: PQ를 연결해보라)

14) 선분 DC는 O를 중심으로 하는 원과 점 T에서 접한다. 점 B는 원 위에 있으면서, 점 C에 대해 선분 TA의 반대편에 있는 임의의 점이다.

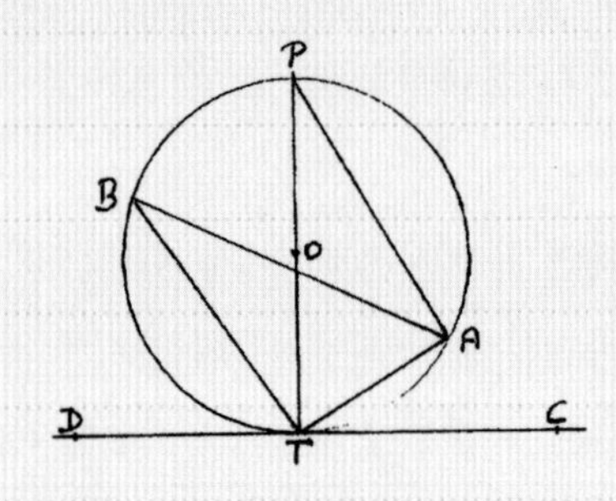

① ∠PAT가 90°임을 증명하라.

② PT에 대한 원의 접선의 대칭성을 이용해서 ∠ATC=∠APT 임을 증명하라.

③ ∠ATC=∠ABT임을 증명하라.

15) 14)번 문제의 결과인 '접선과 현 사이 각은 맞은편 호에 대한 원주각과 같다'를 이용하여, 다음 그림의 L, M, N에서 원과 접하는

삼각형 XYZ의 세 각을 계산하라.

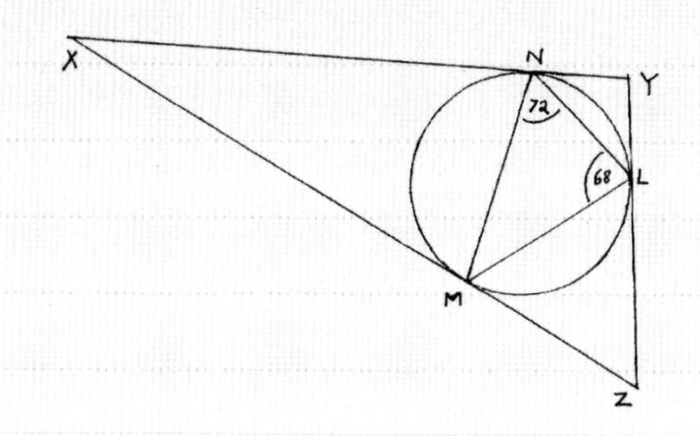

16) 사각형 ABCD는 E, F, G, H에서 원과 접한다. BF=15cm, FC=53cm, AH=16cm, HD=15cm이다.
AB와 DC의 길이를 계산하라.
ABCD는 어떤 종류의 사각형인가?

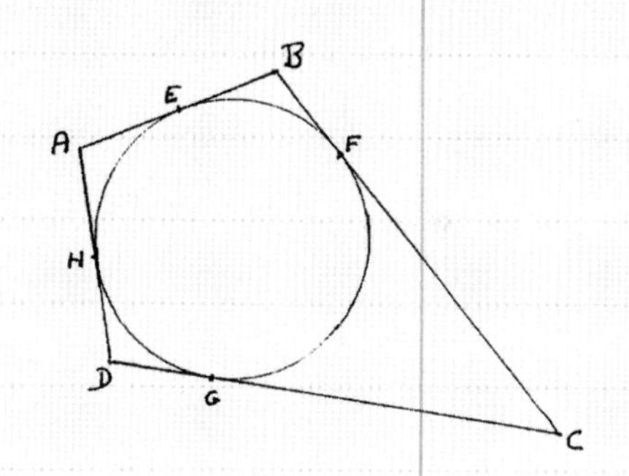

17) 밑면이 정십이각형인 수직기둥 위에 정십이각뿔이 올라가있다. (정십이각기둥의 윗면과 정십이각뿔의 밑면은 일치한다) 각뿔의 경사면은 각기둥의 수직면과 기둥 윗면 정십이각형의 모서리에서 만난다. 입체도형 전체의 모서리는 모두 몇 개인가? 이 도형에서 오일러의 법칙이 성립함을 증명하라.

18) 17)번 문제에서 기둥의 밑변이 n개의 변을 갖는 다각형일 때 면F, 변E, 꼭짓점V을 대수식으로 적고 다시 한 번 오일러의 법칙을 증명하라.

19) 한 변의 길이가 4cm인 정팔면체의 부피를 소수점 셋째 자리까지 계산하라.

20) 정팔면체를 한 꼭짓점이 반대편 꼭짓점의 바로 앞에 있는 방향으로 바라본 정사영을 그려라. 팔면체와 사면체를 사용하여 전체 공간을 빈틈없이 채우려면 어떻게 해야 하는가?

21) 한 꼭짓점에서 만나는 모든 변의 중심을 지나도록 정육면체의 꼭짓점을 모두 깎아내서 '육팔면체'라는 입체를 그린다. F, E, V의 값은?

22) 정사면체를 가지고 위 문제처럼 꼭짓점을 잘라내면 어떤 모양이 나올까?

23) 반지름이 5cm인 원을 이용한 작도로 정팔면체의 정사영을 그린다. 다음의 그림처럼 a=5.35cm, b=3.09cm인 지점에 9개의 새로운 점을 찍는다. 이는 9개 선분을 황금 분할하는 점들이다. 빨강 등 다른 색깔을 이용해서 네 개의 영역에 각각 삼각형이 나오도록 점들을 서로 연결한다. 빨강으로 6개의 선을 더 그려서 점들을 마저 연결하면 또 다른 정다면체의 투시도가 나온다. 이 정다면체는 무엇인가? (구분할 수 있도록 '빨간' 선을 점선으로 표시했다)

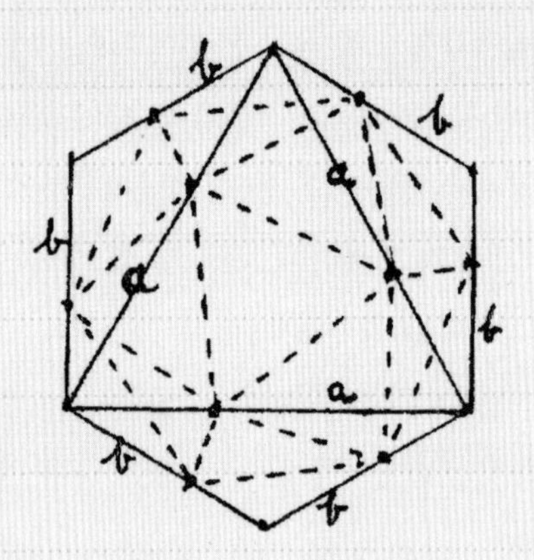

24) 정십이면체의 간단한 정사영을 그려라. 다른 색깔을 이용해서 그 안에 정육면체를 그려 넣는데, 정십이면체의 꼭짓점과 정육면

체의 꼭짓점이 딱 들어맞게 한다. 이런 정육면체를 몇 개나 그려 넣을 수 있는가?

25) 황금비율에 가까워지도록 연속해서 덧셈을 해나가는 과정에서 첫 번째 숫자를 8, 두 번째 숫자를 2로 선택한다면, 그 숫자를 바로 앞의 숫자로 나누어 얻는 소수가 정확히 1.618이 되는 단계를 구하라. 이렇게 될 때까지 총 몇 개의 숫자를 적어야 하는가?

답(숫자만):

5, 12, 13, 13, 24, 30.2, 31, 36, 44, 47, 48, 51, 88.3, 66, 68, 100, 112

나머지 답 및 추가 설명

6) 원의 호

8~12) O는 꼭짓점을 지나는 원의 중심(외심)이고 I는 변에 접하는 원의 중심(내심)이다. G를 통과하는 선은 변을 절반으로 나눈다.

G는 무게의 중심에 상응한다. (물질육체)
I는 심장에 상응한다. (에테르체)
O는 관찰의 중심에 상응한다. (아스트랄체)
H는 직립의 중심에 상응한다. (자아)

물론 괄호 안의 단어들은 아이들에게 이야기하지 않는다. 설명 끝에 삼각형의 4개의 중심을 보여주는 그림을 실었다.(이 외에도 몇 개의 중심이 더 있다) 그 중 3개의 중심을 가로지르는 중요한 '척추' 선이 있는 것과 점 I가 인간의 심장처럼 중심선에서 살짝 비껴나 있음에 주목하라.

13) AC는 항상 BD에 평행하다. 그림에서 크기가 같은 각들을 찾아보면 알 수 있다.

14) $\angle PAT = \frac{1}{2}\angle POT$

18) E=4n, F=2n+1이고, V도 2n+1이다.

20~22) 이 문제를 가장 잘 이해하는 방법은 찰흙으로 모형을 만들어 보는 것이다.

이번 25개 문제는 8학년 아이들에게 어느 날 한꺼번에 내주거나 복습용 시험으로 낼 문제가 아니라, 문제가 얼마나 다양하게 구성될 수 있는지를 보여주기 위함이다. 담임교사는 자신이 가르치는 학생들의 능력과 상황에 맞춰 직접 문제를 구성해야 한다.

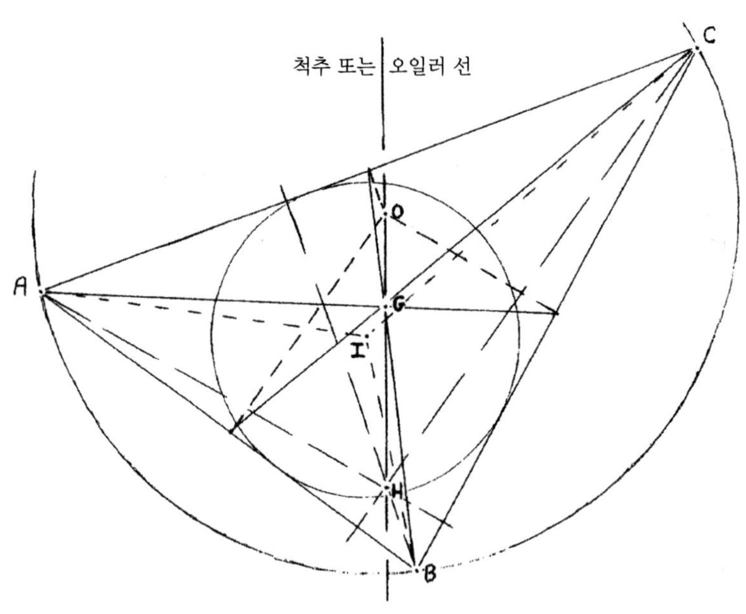

〈삼각형의 4가지 중심〉

원근법

7학년 역사 수업은 신세계를 찾아 나선 대탐험의 시대와 예술과 학문이 꽃을 피운 르네상스 시대까지 다룬다. 현대문명까지 이어지는 새로운 시대는 15세기부터 시작되었다. 그 전까지는 회화에 시선(원근)이라는 것이 존재하지 않았다. 예를 들어 지오토Giotto가 그린 초상화의 배경에는 아름다운 황금색이 아무런 입체감 없이 평평하게 칠해져있다. 그러다가 알베르티Alberti와 레오나르도 다빈치 같은 사람들을 통해 원근이라는 전혀 새로운 과학이 회화 예술 속으로 밀려들기 시작했다. 이런 맥락에서 볼 때 원근법 수업은 7학년에서 시작하는 것이 지극히 타당하다. 처음에는 도구 없이 맨손으로 그리되, 평행선은 그저 수평방향에서 서로 가까워지도록, 수직선은 그림에서 수직을 유지하도록 그린다. 이렇게 하면 그림의 장면 속으로 깊이 들어갈수록 사물의 길이가 줄어들어야 한다. 따라서 이 기법을 '단축법'이라고 부른다. 7학년이나 8학년에서는 수평 방향으로 바라보는 그림이면 충분하다. 지면에서 60° 시선으로 높은 건물을 올려다보는 원근법 그림이나 비행기에서 비슷한 각도로 내려다보는 그림은 10학년에서 배우게 된다.

맨손 그림에서 정확한 기하학적 원근법 그림으로 넘어가기 전에 단순한 2차원 형태로 연습해보는 것이 좋다. 이미 2학년 때 그려보았던 형태지만 지금은 더 정확하게 그릴 것을 요구하며, 왼쪽 그림처럼 몇 단계 더 확장시킨다. 네 쌍의 평행선을 안쪽으로 계속 연장할 수 있지만, 얼마 안 가 그리기 어렵거나 불가능한 순간이 올 것이다.

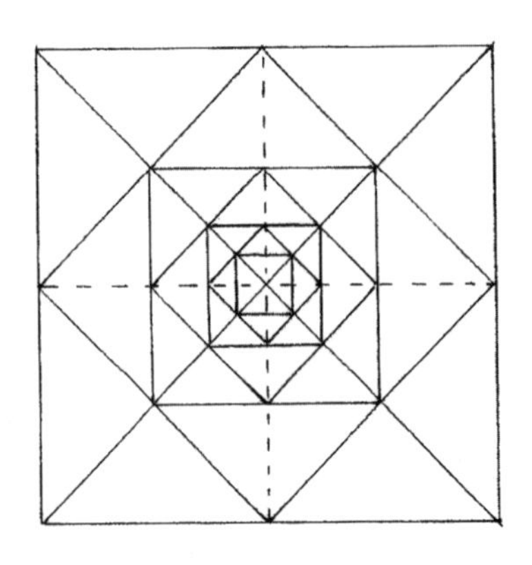

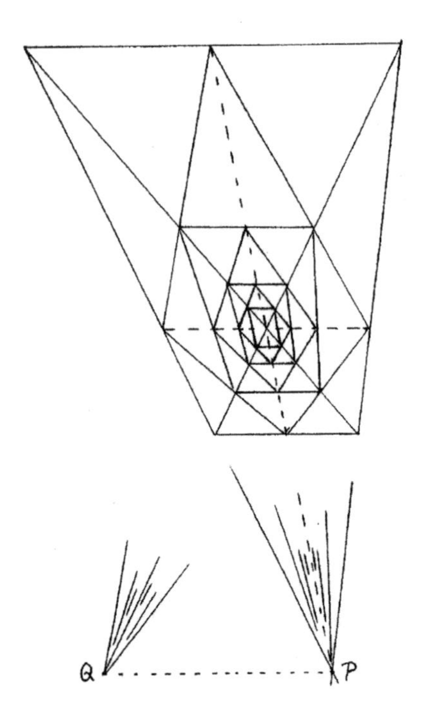

오른쪽 그림의 첫 번째 도형은 정사각형이 아니라 사다리꼴이다. 이 그림에 앞서 직사각형과 이등변 사다리꼴이라는 두 중간 단계가 존재할 수 있다. 아이들에게 이 두 단계도 그려보라고 하는 것이 좋다. 수평선이 가로 방향으로 나란히 놓이겠지만 선 사이의 거리는 훨씬 다양할 것이다.

오른쪽 두 번째(아래) 그림의 점선을 그리려면 사다리꼴의 왼쪽과 오른쪽 변을 한 점(P)에서 만나도록 연장해야 한다. '아래쪽으로 향하는' 선을 연장시키면 모두 점 P를 통과한다는 것을 알게 될 것이다. 더욱 놀라운 점은 처음엔 45° 기울어져있던 선들을 연장시키면 점 P와 같은 높이에 있는 점 Q에서 만난다는 사실이다. 맞은편에 있는 45° 기울어진 선들을 연장하면 점 R(위 그림에는 없다)에서 만나며, 점 R은 점 P의 오른쪽에, 점 Q는 점 P의 왼쪽에 위치한다.

첫 번째 그림에는 두 종류의 사각형(직사각형과 마름모)이 나온다. 중간 단계 그림에는 각각 이등변 사다리꼴과 방패연 모양이 나올 것이며, 두 번째 그림에서는 사다리꼴과 사변형이 나온다.

아이들에게 두 번째 그림을 보면 무엇이 생각나느냐고 묻는다. "창문처럼 생겼어요." "경사진 동굴 속으로 들어가는 것 같아요." 이제 다시 질문한다. "좋다, 그러면 너희들이 그린 그림을 거꾸로 뒤집어 보면 어떻게 될까?"

두세 명의 아이들은 이쯤에서 벌써 무슨 말인지 감을 잡을 것이다. 하지만 모든 아이들이 함께 감을 잡도록 위아래를 바꾼 그림을 그린다. 먼저 RQ를 연결하는 가로 방향 점선을 그리고, 제일 아래쪽 점을 찍은 다음, 적당한 임의의 사각형을 그린다.

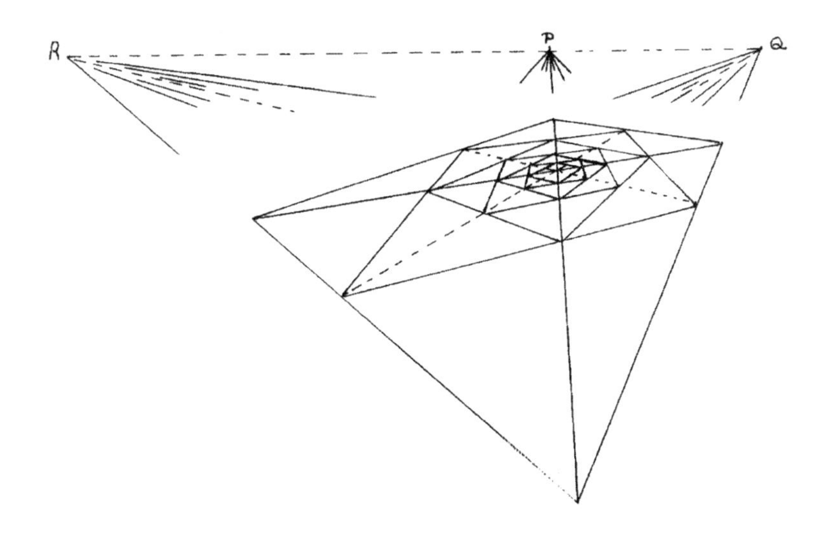

"자, 이제 모두 감을 잡았니?"

"네, 잡았어요. 이제 먹어도 되나요?"

"이런 녀석들 같으니라고!"

"에이, 선생님, 무슨 말씀인지 알아들었어요. 이건 첫 번째 사각형 그림을 옆에서 바라본 그림이에요."

이제 됐다. 아이들은 자기가 그린 그림을 눈높이로 들어 올려 실눈을 뜨고 이쪽저쪽에서 바라본다. 마지막으로 교사는 선 RPQ가 사실 무엇일까 질문한다. "수평선이에요!" 이 수업 뒤에 숙제로 원근법으로 체스판을 그리고, 한 칸 건너 하나씩 검정으로 칠해오라는 숙제(사춘기 아이들은 검정을 무지하게 좋아한다)를 내주어도 좋다.

다음 단계는 3차원 입체와 수직선 도입이다. 이제 각뿔 형태의 지붕이 있는 직사각형 건물을 그려본다.(왼쪽 그림) 하지만 정육면체를 원근법으로 그리면 어떻게 될까?

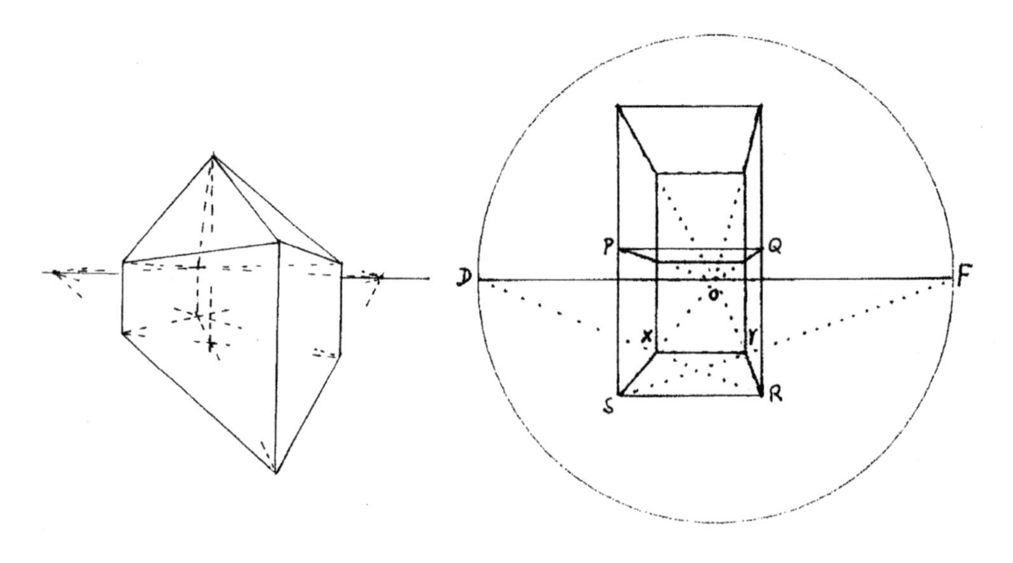

오른쪽 그림에는 똑같이 생긴 투명한 정육면체 두 개가 관찰자를 향해 위아래로 포개져있다. 이것이 가장 간단한 경우다. 제일 먼저 시각원뿔을 그려야 한다. 눈을 원의 중심 바로 위, 반지름만큼 떨어진 곳에 댄다. 위 그림보다 반지름을 훨씬 더 크게 그려야 눈이 피곤하지 않을 것이다. 그렇게 놓고 보면 원 바깥쪽(사실은 눈과 원을 연결하는 시각원뿔)에 있는 사물은 흐릿하게 보인다는 사실을 알게 될 것이다. 이 때 반칙은 금물이다. 시선의 초점이 항상 원의 중심에 있어야지 눈을 이리저리 굴려서는 안 된다. 왼쪽 그림이 잘못된 것처럼 보이는 이유는 눈이 그림에서 너무 멀리 떨어져 있기 때문이다. (눈을 가까이 대고 잠시 동안 가늘게 뜨고 바라보라. 그러면 그림이 바르게 보인다) 원근법으로 그린 모든 그림은 어떤 하나의 위치에서만 제대로 감상할 수 있다. 사람들이 미술관에서 그림을 감상할 때 앞뒤로 움직이는 이유가 바로 이 때문이다. (최소한 자기가 왜 그렇게 움직이게 되는지는 알고 있어야 하지 않겠는가) 올바른 감상 위치가 측면인 경우도 있고, 그림의 위나 아래인 경우도 있다.

점 D와 F는 원격시점이라 부른다. 두 점은 모두 시선의 중심에서 같은 거리만큼 떨어져있다. 먼저 사각형 PQRS를 원하는 곳에 그린다. 점 D와 F는 눈에 대하여 수직방향에 있으므로, ∠FSR과 ∠DRS의 실제 크기는 45°이다. 또 ∠ORS와 ∠OSR의 실제 각도는 90°이다. 점선에서 사각형 RSXY가 완성된다는 것을 분명히 볼 수 있다. 하지만 원근법으로 바라본 정육면체 작도는 8학년 과정으로 넘기는 편이 나을 것이다.

일반적인 위치의 정육면체 투시도를 그리기 전에, 원을 투시도로 그리면 어떻게 보이는지부터 알아야 한다. 원이 땅 위에 있다고 가정해보자. 시각원뿔의 경계를 12등분한다. 이것은 5학년 때부터 연습해왔기 때문에 아이들은 모두 식은 죽 먹기로 해낼 것이다.

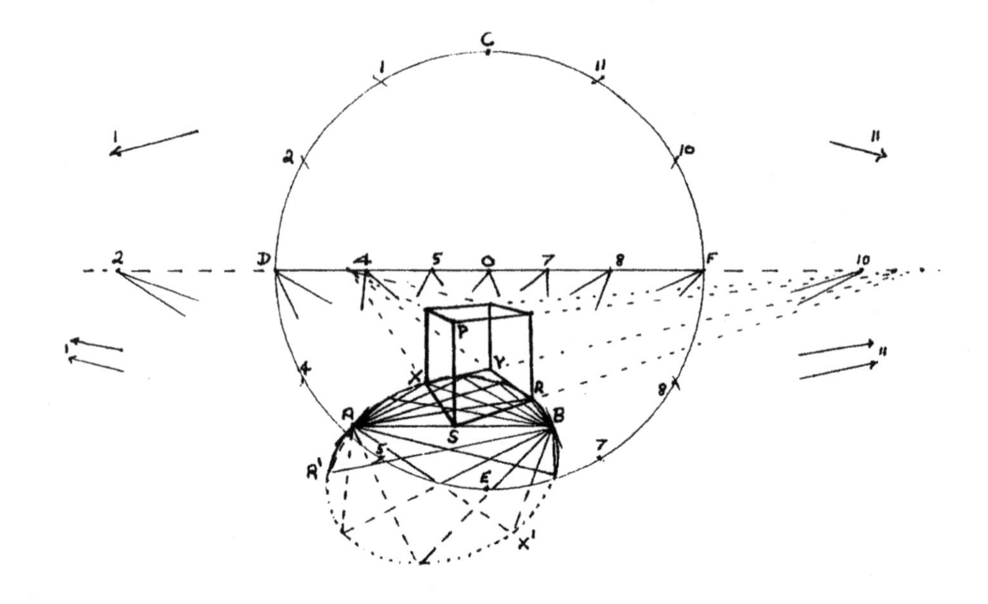

앞서와 마찬가지로 점 D와 F는 원격 시점이고, C는 위, E는 아래에 있는 점이다. 점 S는 아까처럼 임의로 선택하지만, 이번에는 점 A, B, P를 S에서 동일한 거리에 찍는다. 원 둘레의 번호 적힌 점과 점 C를 한 줄로 연결하고, 그 선이 수평선과 만나는 지점에 번호를 옮겨 적는다. 시각원뿔에서 마주 보고 있는 점들은 당연히 눈에 대해서 수직이다. 점 5와 11을 예로 들어보자. 수평선에 찍힌 점 5와 11 역시 눈에 대해서 수직이어야 한다. 이 두 점을 A와 B에 각각 연결한다. 이 네 선이 서로 교차하는 곳에서 점 R과 R^1을 얻는다. 점 2와 8에 대해서도 같은 방법으로 선을 그으면 점 X와 X^1이 나온다. 다른 숫자로 얻은 X와 R에 해당하는 모든 점들은 원의 원근법 그림 위에 있어야 한다. 반원에 있는 각들이 모두 직각이며, AR은 RB에 대해서 원근법적으로 직각이며 다른 점들도 마찬가지이기 때문이다. 원근법으로 그린 원의 실제 중심은 점 S이다.

따라서 실제 SR과 SX는 SP와 동일하다. 시각원뿔 위에 찍힌 점 2,

5, 8, 11은 그것의 사분면을 이룬다. 여기서도 역시 직각이 유지된다. 따라서 위의 도형은 원근법으로 그린 정육면체다.

대부분의 8학년들은 실제 작도는 할 수 있어도, 이 논리 자체는 이해하기 힘들어할 것이다. "상급에 올라가면 다 이해할 수 있을 거야!" 담임교사는 진땀을 흘리며 아이들을 달랜다. 이 상황에서는 지극히 타당한 설득이다. 지금 우리는 9, 10, 11학년에 속한 두 가지 주제를 건드렸기 때문이다.

하나는 9학년 수학 수업에서 아주 중요하게 다룰 원추 곡선이다. 위 작도에서는 타원이 나오지만, 점 A와 B를 S에서 멀리 떨어뜨려 정육면체를 더 크게 만들면 포물선이나 쌍곡선이 나올 수도 있다. 땅 위에 아주 큰 원을 그리고 그 안에 서 있을 때, 우리가 원을 바라보는 수평 투시도는 항상 쌍곡선을 이룬다. 두 번째 주제는 10학년에서 시작해서 12학년까지 계속 이어지는 사영기하학이다. 중요한 것은 사춘기가 바닥을 치기 전까지는 사영기하학을 시작하지 말아야 한다는 점이다. (사춘기 아이들을 가르쳐본 경험이 많은 교사라면 이 말의 의미를 이해할 것이다) 사영기하학은 아이들이 사춘기를 빠져나올 수 있도록 도와주는 한편, 싹트기 시작하는 이상을 북돋아서 내면의 자아가 그 이상의 힘으로 아이들에게 힘을 주게 하는 멋진 도구가 될 것이다. 사춘기의 밑바닥에 이르기 전에 먼저 해야 할 과제는 아이들이 지상적이면서 실용적인 영역을 경험하게 하는 것이다. 측량과 무게의 특성을 완전히 터득하기 전에 사영기하학의 비측량적 특성을 너무 일찍 만나면, 사고가 비현실적인 방향으로 촉진되어 이 땅에 발붙이고 살아야한다는 생각이 희미해질 위험이 있다. 하지만 지금까지 모든 학년에서 그래온 것처럼 앞으로 배울 내용을 아주 가볍게 살짝 맛보여주는 것은 이들에게 아주 큰 도움이 된다.

마지막 연습은 8, 9학년 모두에게 좋은 그림자 작도다. 태양의 위치를 알고 있을 때, 사물의 그림자는 어디에 놓일까? 수직 기둥 몇 개를 가지고 생각해보자.

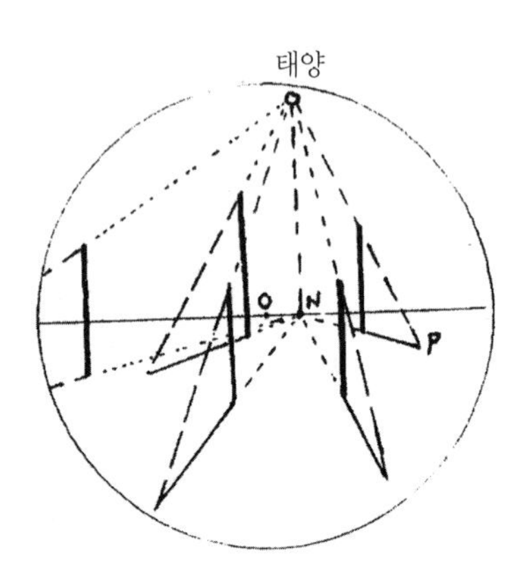

그림에서 태양의 위치에서 수평선까지 내려 그은 수직선의 끝을 점 N이라고 하자. 머리를 기둥 꼭대기 및 태양과 일직선상에 (예를 들어 점 P 위치에) 두고 바닥에 누워있다고 상상해보자. 조금만 생각해보면 이렇게 그린 그림이 옳다는 것을 인정하게 될 것이다. 이제 재미있는 경우를 생각해보자. 아래의 그림자를 잘 관찰한 다음, 태양이 정확히 어디에서 빛나고 있는지 찾아보라.

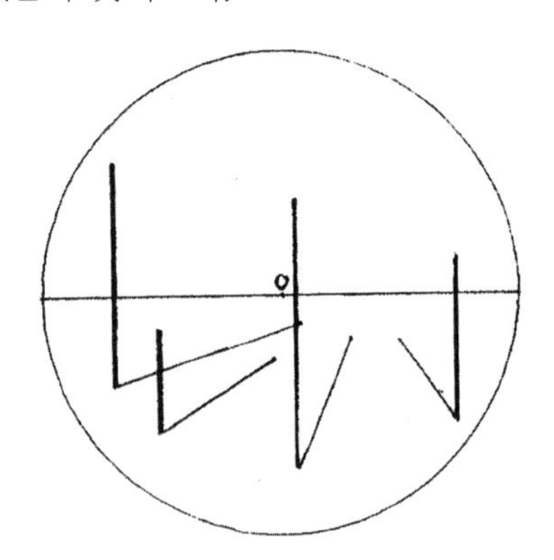

앞의 그림에서처럼 모든 기둥의 꼭대기를 기둥 그림자의 끝부분과 연결해보면, 연결선이 하나로 만나는 지점이 수평선보다 훨씬 앞쪽에 있다는 것을 알게 될 것이다. 어떻게 이런 위치에 태양이 있을 수 있을까? 사실 이것은 당신 눈의 그림자 위치다. 실제로 태양은 당신의 뒤쪽, 당신의 눈과 그 그림자의 일직선상에 있다.

이 네 개의 그림자 선을 수평선까지 연장시켜보면 앞서 N이라고 이름 붙였던 점에서 만난다는 사실을 알게 될 것이다.

지금까지 소개한 그림들에 원근법 그림에서 중요한 뼈대는 다 들어 있다. 이제 필요한 것은 예술적 기교로 그 뼈대에 살을 붙이는 것이다. 실제 높이에 가까운 나무가 한 줄로 늘어선 그림[8], 언덕, 인간 또는 동물 형상, 구름, 건물의 세부 묘사 정도면 원근법 그림에 필요한 것은 다 그려보았다고 할 수 있다. 이 수업의 마무리로 반 전체가 함께 큼직한 크기의 레오나르도 다빈치 〈최후의 만찬〉을 감상하는 것도 좋다. 이 그림이 가지고 있는 안정된 구도에 새삼 감탄하게 된다. 그리스도 바로 옆 왼쪽과 오른쪽에는 각각 담즙질과 우울질이 있다. 그들 너머에는 다혈질과 점액질이 역시 셋씩 무리지어 앉아 있다. 하지만 원근의 중심인 천장의 들보들이 하나로 모이는 지점은 그리스도의 두 눈 사이, 코 뿌리가 있는 곳이다.

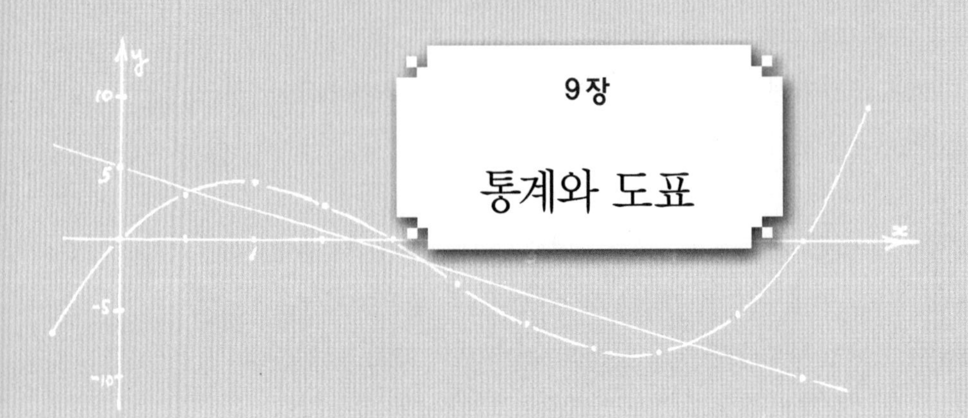

9장

통계와 도표

세상에서의 가치와 역할

통계자료는 알고 보면 아주 질 나쁜 거짓말인 경우가 많다. 정보를 모으고 분석하고 정리하는 방법에 따라 조만간 강력한 파장을 미칠 어떤 일이 생길 거라는 분위기를 조장할 수도, 대중이 그것을 강하게 확신하게 만들 수도 있다. 광고의 흔한 수법은 다른 사람들은 이미 어딘가를 향하고 있으니 혼자만 낙오되고 싶지 않으면 '빨리 서두르라'고 종용하는 것이다. 요즘 통계자료 대부분은 어떤 식으로든 이윤이나 이익으로 귀결된다. 돈 문제와 직접 연결되지 않는 소수의 예외도 인간 개별성을 고양시키는데 도움이 될 정보란 인상은 주지 못한다. 사실 통계 자체가 개별성이 아닌 일반론에 근거하므로 이런 느낌은 대부분 사실이다. 통계를 낼 때는 개별 정보에서 특이 사항을 모두 무시해야 한다.

그렇다고 인류의 진보와 성장에 통계가 아무 짝에도 쓸모없다는 말은 아니다. 오히려 통계가 왜, 어떻게 우리를 기만할 수 있는지를 알아야 진정한 통계의 가치와 의미를 찾을 수 있다. 통계 정보는 쉽게 그래프로 나타낼 수 있다. 원그래프, 막대그래프 또는 두 수치의 관계를 알려주는 (또는 그런 척 하는) 사각형 수직축 그래프 등 다양한 형태가 있다.

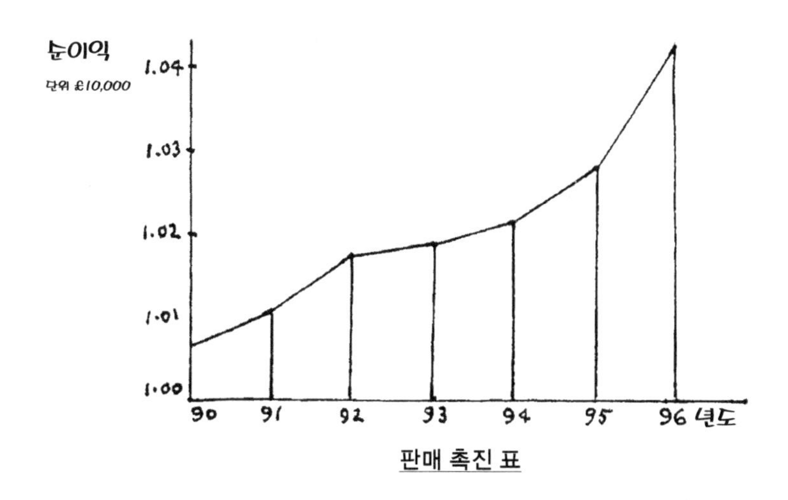

판매 촉진 표

이 '판매 촉진 표'를 보자. 대놓고 눈속임을 하려들지 않는가. 이 그래프를 작성한 사람은 정신없이 바쁜 요즘 사람들이 왼쪽 작은 글씨를 자세히 들여다보지 않을 거라 가정 또는 희망한 것이 틀림없다.

몇 년 전 인구 통계자료다.

【1989년 인구 자료】

1. U.N. 및 여러 공식 자료를 근거로 1989년 중반의 인구를 백만 명 단위로 추정
2. 연간 자연증가율(출생률-사망률, 인구 천 명당)
3. 출생 시 기대수명
4. 결혼 또는 '동거'상태 가임 여성이 다음을 사용하는 비율
   (i) 현대적 피임도구 (알약, 자궁 내 피임기구 등)
   (ii) 구식 피임법 (생리주기 중 '안전한' 시기 등)

	1.	2.	3.	4(i)	4(ii)
전세계	5234	1.8	63	46	7
아프리카	646	2.9	51	11	4
아시아(러시아 제외)	3061	1.9	62	48	5
북아메리카	275	0.7	75	64	4
라틴아메리카	438	2.1	66	46	9
유럽(러시아 제외)	499	0.3	74	47	26
러시아	289	1.0	69	?	?
오세아니아 (오스트레일리아)	26	1.2	72	48	8

대륙 내에서 인구가 많은 나라의 자료(●은 예외)

	1.	2.	3.	4(i)	4(ii)
나이지리아	115	2.9	47	1	4
이디오피아	50	2.1	41	?	?
남아프리카	39	2.6	63	45	3
이라크●	18	3.8	66	12	2
터키	55	2.2	64	64	29
이란	54	3.4	62	?	?
인도	835	2.2	58	32	8
파키스탄+방글라데시	225	2.8	53	13	17
인도네시아	185	2.0	56	44	4
중국	1104	1.4	66	73	1
일본	123	0.5	78	60	4
오스트레일리아	17	0.8	76	47	20
캐나다	26	0.8	76	69	4
미국	249	0.7	75	63	5
멕시코	87	2.4	68	45	8
브라질	147	2.0	65	56	9
아르헨티나	32	1.4	70	?	?
영국	57	0.2	75	75	8
프랑스	56	0.4	76	51	24
독일	78	0.0	75	68	10
폴란드	38	0.6	71	26	49
이탈리아	58	0.0	74	32	46
스페인	39	0.3	76	38	21
아이슬란드●	0.3	1.0	78	?	?

목록별로 가장 큰 수와 가장 작은 수 두 개씩을 뽑아 설명해볼 수도 있다.

2열의 수치를 이용해서 서기 2000년의 인구수를 예측할 수 있다.*
물론 이 비율이 바뀌지 않는다는 매우 의심스런 가정을 전제로 할 때 가능한 일이다. 이렇게 계산하면 2000년의 세계 인구는 6,320,000,000명, 이라크 인구는 27,200,000명이다.

당시 예측 중 일부의 오류는 이미 드러났다. 기아, 에이즈 확산, 전쟁으로 인해 1997년 수치는 예상과 다르게 전개되고 있다. 게다가 일부 수치는 무작위 표본 추출법으로 뽑았다. 이는 요즘엔 많이 개선되기는 했지만 질문을 어떻게 구성하는지에 따라 표본 추출 과정에서 답변이 크게 달라질 수 있는 방법이다.

이런 수치가 과연 어떤 가치를 지닐까? 이 자료를 일인당 식량 소비량 수치와 연결시키면 영양 결핍으로 목숨이 경각에 달린 사람들에게 식량을 공급하기 위해 전 세계가 발 벗고 나설까? 미국에서 한 해 동안 낭비되거나 버려지는 음식의 양과 에티오피아에서 한 해 동안 필요로 하는 식량의 양을 비교하는 자료를 만든다면 구체적인 행동을 이끌어 낼 수 있을까? 4(i)열의 수치를 가지고는 무엇을 할 수 있을까? 요즘 영국이 각종 시험이나 올림픽에서 도통 좋은 성적을 거두지 못했는데 그래도 어떤 분야에선 세계 1위에 올랐으니 좋아해야 할 일일까? 이 항목에서 영국은 75%로 2위인 중국보다 2% 앞서 있지만 다른 항목에서는 한참 뒤져 있다. 지금도 영국이 금메달인지, 아니면 이제는 다시 동메달 수준인지도 궁금한 일이다.

자료 수집과 정리과정에서 왜곡이 일어날 수 있다는 우려 외에도, 통계는 미래의 지침으로 삼기에 치명적인 결함이 있다. 특히 외삽법**은 대단히 위험하다.

---

* 이 책은 1998년에 출판되었다. 2000년의 세계 인구는 60억, 이라크 인구는 2천3백만 명
** 이전 경험이나 과거 실험에서 얻은 자료에 비추어 미래를 예측하는 기법

예를 들어보자.

4 5 6 7 8 9

다음에 어떤 수가 올까? 10이라고? 나는 12가 와야 한다고 주장한다. 증명해보라고? 어렵지 않다! 두 수의 차를 구하고, 다시 그 값끼리의 차를 구하는 과정을 반복해보자.

(4) 4 5 6 7 8 9 12 (26)
(0) 1 1 1 1 1 3 (14)
(1) 0 0 0 0 2 (11)
(-1) 0 0 0 2 (9) (25)
(1) 0 0 2 (7) (16)
(-1) 0 2 (5) (9)
1 2 3 4 5

수열의 7번째 단계, '겉으로 드러난 현상의 참된 원인이 존재하는' 가장 깊은 곳에 자연수의 순행이 존재한다. 표면의 현상에서는 12 다음에 26이 온다. 다음 수인 76도 쉽게 구할 수 있다. 사실 어떤 수열에 어떤 임의의 숫자를 연결해도 그것을 정당화할 수 있다. 꼭 숫자끼리의 차를 분석해야 하는 것도 아니다. 비율처럼 복잡한 기준을 이용할 수도 있다. 기준치(밑바닥)에서 시작해 거꾸로 거슬러 올라갈 수도 있다. 또 다른 예를 들어보자. 인구와 관련된 아래 수열에서 다음에 올 숫자는 무엇일까? 정보가 충분하지 않아 판단할 수 없다고 답할 수도 있다. 하지만 불연속 수치는 아무리 많아도 결코 충분하지 않다.

2 1 3 6

이것은 약간의 하락 뒤에 이어진 인구 폭발의 시작일까? 위와 동일한 방법으로 분석해보자.

2 1 3 6 (9) (12) (16) (23) (36)
−1 2 3 (3) (3) (4) (7) (13)
3 1 (0) (0) (1) (3) (6)
−2 (−1) (0) (1) (2) (3)

표면에 드러나는 수치는 분명히 빠르게 증가한다. 하지만 수열의 유형을 이루는 숫자 계승 법칙은 전혀 다를 수도 있다. 주어진 4개의 숫자에서 4씩 빼보자.

−2 −3 −1 2

뒤의 수에서 앞 수를 빼면 다음 수가 나온다. 즉, −3−(−2)=−1 이고, −1−(−3)=+2다. 이 과정을 반복하면 다음의 결과를 얻는다.

−2 −3 −1 2 3 1 −2 −3 −1 2 3 1 −2 −3 −1

순환수열이다. 4씩 더해보자.

2 1 3 6 7 5 2 1 3 6 7 5 2 1 3

따라서 인구수는 최고치와 최저치 사이에서 규칙적으로 반복하며 움직일 것이다.[1] 세계 인구에서 실제로 이런 현상이 일어날 가능성이 과연 얼마나 될지도 물을 수 있다. 세계 인구가 최대치에 도달할 것으로 예측되는 해까지는 아직 한참 남았지만 서기 2000년에 가까워질수록 상승하고 있는 것은 분명하다.

서기 800년부터 1000년 사이에는 최저점에 도달했던 것으로 보인다.

기록이 존재하지 않은 그 이전 시대는 어땠을까? 고고학에서는 지금은 버려진 숲이나 불모지에서 한때 엄청난 인구가 거주했던 유적을 발굴하기도 한다. 이것으로 그런 흥망의 리듬을 계산할 수 있을까? 사실 삶의 다른 측면들도 비슷하다. 예를 들어 인간은 하루에 약 16시간 동안은 활발히 움직이다가 8시간 동안은 밖에서 볼 때 움직임이 아주 적은 수면 상태에 들어간다. 그런 상태 변환은 갑작스럽게 일어나지 않는다. 두 상태 사이에 꿈이라는 중간 지역이 있다. 또 잠자리에 들기 얼마 전부터 피로감이 증가하고 활력은 감소한다. 한 가지 사실만큼은 분명하다. 통계는 이런 질문에 대답해 줄 수 없다는 것이다. 지극히 중요하지만 통계가 대답하지 못하는 질문에 대한 통찰력 있는 (그러면서도 대단히 재미있는) 시각이 궁금하다면 수스만Soesman의 책[2]을 읽어보기 바란다.

보간법*은 좀 다르다. 여기서는 그래프를 작성하고 그것을 설명하는 근사 함수를 구하는 것이 기술적으로 대단히 중요하다. 자료의 위아래 극한이 충분히 신뢰할 만 하다면 그 사이 문제에 대한 해결책은 완전히 정당하다.

그러나 여기에도 함정이 있다. 특정한 시간마다 라디오 일기예보를 들어본 사람이라면 전국 날씨가 대체로 좋든 나쁘든 바닷가 지역에 대해선 항상 기압이 내려간다는 것을 알 것이다. 하지만 다른 시간대에 라디오를 들어보면 그 지역의 기압이 대개 올라간다. 자료의 수치가 주기적으로 달라진다면 추론 전에 반드시 이 점을 고려해야 한다.

* 보간법(補間法) 또는 내삽(內插,interpolation)법_어떤 자료에서 주어진 부분의 사이에 있는 값을 평균하여 추정하는 방법

학교에서 배우는 모든 내용은 반드시 학생들에게 실용적 가치와 의미가 있어야 한다. 아이들에게 공책을 들고 길모퉁이에 서서 30분 동안 지나가는 화물차, 트럭, 버스, 승용차 대수를 기록하라는 것은 어이없을 정도로 한심하고 시시한 과제다. 세탁 세제 설문 조사('슈퍼타이', '비트' 같은 세탁 세제 인기도 조사를 목적으로 작성한)가 숨겨져 있는 집합 문제도 마찬가지다. 다행히 요즘 들어 '새로운 수학' 열풍이 시들해지면서 그런 과제가 조금씩 사라지고 있다.

초등 저학년 수업에서는 자료 수집과 정리라는 사전 단계가 자연스럽게 진행된다. 1학년 산술 수업에서 도토리나 돌멩이를 모으는 것도 여기에 해당한다. 청소 시간에 반 아이들의 신발을 정돈할 때 크기 순서대로 벽을 따라 가지런히 정돈하라는 과제를 준다던가, 벽에 세로로 긴 종이를 붙이고 아이들의 신장을 적는 것도 마찬가지다. 책을 꽂을 때는 선반 높이에 맞춰 크기별로 분류한다. 3학년 때는 꽃병이나 물병을 용량에 따라 분류하는 연습도 한다. 화폐 종류도 마찬가지다. 5학년 때는 원그래프, 6학년에서는 그림그래프와 막대그래프를 도입한다.

하지만 나중에 윗학년에서 통계 작업을 할 때 필요한 기술은 주로 기하와 기하 작도의 기초를 닦는 과정을 통해 습득한다. 다른 많은 학교에서는 대개 단순한 통계 작업과 전개, 컴퓨터 조기교육에 많은 시간을 할애하지만, 발도르프학교에서는 그 시간과 정성을 온통 기하에 쏟는다. 발도르프 교육에서 언제 컴퓨터가 등장하는지는 뒤에 설명할 것이다.

6학년 물리 수업에서도 매일 일정 시간에 교실의 온도(와 기압)를 측정하고 기록하는 활동을 하지만 본격적인 통계는 7학년부터가 적절하다. 7학년 지리 시간에 대서양 주변 국가의 기후 변화를 배운 다음, 수학 시간에 그 자료를 이용해 추론하는 활동을 하면 통계의 실용적 의미를 느낄 수 있다. 또 방정식의 해를 구하는 대수 수업(특히 거듭제곱과 제곱근을 다룬 후에)에서는 당연히 그래프를 그리게 한다. 수증기 응축에 필요한 대기조건 및 아르키메데스 원리와 수압도 7학년 교과과정에 속한다. 전인교육에서는 모든 과목을 해당 학년에서 만나는 다른 과목과의 연계성 속에서 가르친다.

산술 그래프(대수학이 없는 종류)부터 소개하는 것이 좋겠다. 가로축을 따라 늘어선 자연수는 시간의 흐름을, 세로축은 특정 시간에 무슨 일이 일어났는지를 보여준다. 병원에서 하루 혹은 며칠 동안 환자들에게 일어난 변화를 기록한 체온 도표도 7학년들에게 흥미로운 주제다. 그 시기에 배우는 또 다른 과목인 위생학과 연결되기 때문이다. 가슴-허리-엉덩이 둘레 수치 및 몸무게 추이에 관심을 갖는 아이들도 있고 (꼭 성별과 상관없다!), 좋아하는 축구팀의 주간 프리미어 리그 순위를 알고 싶어 하는 아이들도 있을 것이다. 그리고 아마 상당히 많은 아이가 '인기 가요'의 순위 변화를 매주 찾아 기록하고 싶어 할 것이다.

음악 얘기를 해보자. 이 나이면 악보라는 그래프에 아주 익숙해졌을 것이다. 노래를 부르거나 악기를 연주하려면 악보를 보면서 음의 높낮이를 따라가야 한다. 음표가 배열된 모양이 볼록(보통 장조가 많다)할 때도 있고 오목(단조)할 때도 있다. 이런 곡선을 언덕의 옆모습이라고 상상해 보면, 가파른 산등성이를 힘들게 오르는 것은 단조의 느낌과, 완만한 산등성이는 장조의 느낌과 상통한다. 이 때 그래프의 세로 좌표는 진동수를 나타낸다. 이 또한 7학년 물리학 수업의 주제다.

헨델의 가단조 가곡 도입부를 보자. 이 곡에는 오르락내리락 하는 부분이 많으며, 음표를 일반적인 경우처럼 높은음자리표로 배치하지 않고 낮은 도를 기준 음으로 그 위에 온음과 반음으로 표시했다. 16분 음표 부분은 빈 공간으로 남겨두었다. 가사는 다음과 같다.

> 의기소침하지 말라 젊은 연인이여, 슬픔으로 수척해지지 말라,
> 한숨은 결코 그녀의 마음을 움직이지 못하고,
> 비탄은 광기에 불과하며,
> 사랑은 환……희 속에서 기뻐하며,
> 눈물은 헛된 것이니.

시작 부분의 단조 아르페지오(오목)와 '사랑은 환……희' 가사와 함께 내려가는 다장조 볼록을 주의해서 보기 바란다.

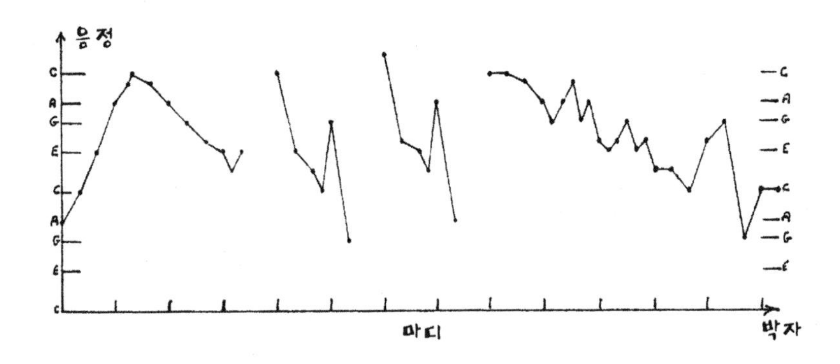

아무래도 통계에는 애정이 가지 않는다는 사람도 위 노래 가사의 조언은 생각해볼 만하다. 이제 인간의 얼굴을 따라 흐르는 눈물에서 하늘에서 내려오는 눈물로 시선을 돌려보자. 7학년 지리 수업에서는 대서

양과 그 인접 국가의 지리를 배운다. 대서양 주변 항구도시의 월별 강수량 통계자료를 보면 그 지역 기후를 구체적으로 알 수 있다. 한낮과 한밤의 월별 평균기온 자료가 있으면 더 분명해지겠지만 다음 도표에 나오는 위도만으로도 어느 정도 짐작은 가능하다. 맞은편 숫자는 강수량(소수점 첫째 자리까지)이다. 아이들에게 맨 윗줄의 알쏭달쏭한 알파벳이 뭘 가리키는지 알아 맞춰보라고 하라!

맨 위 칸의 네 도시는 대서양 서쪽 해안에, 두 번째 칸의 네 도시는 동쪽 해안에 있다. 나머지 두 도시는 대서양에 인접한 도시는 아니지만 양극성을 비교하기 위해 추가했다. 적당한 비율로 가로 좌표는 12달로 나누고 세로 좌표에는 도시별 연간 강수량 추이를 나타낸다.

이제 재미있는 질문 몇 개를 준비해서 아이들에게 묻는다. 예를 들어,

도시	J	F	M	A	M	J	J	A	S	O	N	D	합계	위도
부에노스아이레스	3.1	2.8	4.3	3.5	3.0	2.4	2.2	2.4	3.1	3.4	3.3	3.9	37.4	35°S
카라카스	.9	.4	.6	1.3	3.1	4.0	4.3	4.3	4.2	4.3	3.7	1.8	32.9	10°N
뉴올리언스	4.6	4.2	4.7	4.8	4.5	5.5	6.6	5.8	4.8	3.5	3.8	4.6	57.4	30°N
헤브론	.9	.7	.9	1.1	1.6	2.1	2.7	2.7	3.3	1.6	1.1	.6	57.4	58°N
오슬로	1.7	1.3	1.4	1.6	1.8	2.4	2.9	3.8	2.5	2.9	2.3	2.3	26.9	60°N
푼살	2.5	2.9	3.1	1.3	.7	.2	0	0	1.0	3.0	3.5	3.3	21.5	33°N
라고스	1.1	1.8	4.0	5.9	10.6	18.1	11.0	2.5	5.5	8.1	2.7	1.0	72.3	7°N
케이프타운	.6	.3	.7	1.9	3.1	3.3	3.5	2.6	1.7	1.2	.7	.4	20.0	34°S
리마	0	0	0	0	.2	.2	.3	.3	.3	.1	.1	0	1.5	12°S
싱가포르	9.9	6.8	7.6	7.4	6.8	6.8	6.7	7.7	7.0	8.2	10.0	10.1	95.0	2°N

대서양 주변 항구도시의 강수량(단위: inch)

- 도시별로 사계절 중 가장 습한 계절과 가장 건조한 계절은 언제인가? 휴가를 간다면 어디로, 그리고 몇 월 달에 가고 싶은가?
- 어떤 옷을 가지고 가겠는가? 왜 그런가? 도표에서 당신이 택한 도시와 정반대라고 여겨지는 곳을 같은 시기에 간다면 어떤 옷을 가지고 가겠는가? 도표에서 가장 습한 곳은 가장 건조한 곳과 비교했을 때 몇 배나 더 습한가?
- 다음의 식재료를 어느 지역에서 구할 수 있을까?_설탕, 바다코끼리 고기, 쌀, 밀, 카사바, 오렌지와 복숭아

물론 아이들은 도표나 질문을 읽기 전에 세계지도에서 이 도시들을 찾아보아야 할 것이다.

물리, 화학 수업과 관련해서도 (또는 그 수업의 일부로) 흥미로운 통계 도표를 작성할 수 있다. 특정 온도에서 여러 가지 금속 또는 물질의 팽창계수를 비교해서 도표와 그래프를 작성한다. 물을 약 8℃에서 0℃ 이하로 냉각시키는 과정에서 일어나는 특이한 현상(특정 온도에서 부피가 최고조에 이른다)을 관찰하면서 부피 변화를 측정하고 기록한다. 물의 부피는 4℃ 부근에서는 최소가 되지만, 0℃를 향해 내려가면서 조금씩 늘어나다가 얼음으로 변하는 순간 급격히 팽창한다. 이를 통해서 물의 특별한 성질이 인간뿐 아니라 연못의 물고기, 새, 식물 등 지구의 생명체에 미치는 영향을 주제로 흥미로운 토론을 벌여볼 수 있다.

8학년 통계 수업에서는 좀 더 까다로운 문제를 다룬다. 평균, 최빈값, 중앙값의 차이에 대해 배운다. 8인승 배에 탄 선수들의 몸무게를 스

톤*으로 잰 값이 다음과 같다고 하자.

키잡이	6
정조수	11
7번	15
6번	16
5번	18
4번	15
3번	14
2번	11
축수	11

이 도표를 그래프로 그려보면 몸무게가 제일 많이 나가는 선수를 배의 중간에 배치하는 것이 왜 중요한지를 시각화할 수 있다. 9명의 몸무게를 더하고 그 수를 9로 나누면 평균 몸무게인 평균값이 나온다.(13스톤)

최빈값은 가장 많이 등장하는 몸무게를 말한다.(11스톤) 중앙값은 자기보다 가벼운 사람이 4명, 무거운 사람이 4명 있는 사람의 몸무게를 말한다. 따라서 중앙값은 14스톤이다.

몸무게를 적당히 줄여 여자 선수들을 주인공으로 한 비슷한 문제를 만들 수도 있다. 의복(모자 크기 또는 수영복 가격)이나 농사(젖소와 우유 생산량 또는 농업연구소에서 조건을 다양하게 해서 키운 밀의 수확량) 등을 이용해서 평균값, 최빈값, 중앙값 구하는 문제를 만들 수도 있다. 자동차 성능(리터 또는 마일 당 연비), 비행기 안전 기록 등 산업 분야에서도 좋은 문제를 많이 만들 수 있다. 문제 작성에 필요한 정보는 교과서보다는 신문이나 잡지에서 찾는 것이 훨씬 낫다. 반 아이들의 출결, 지각 기

* stone_14파운드

록을 가지고도 여러 가지 유용한 문제를 만들 수 있다. 국회의원들의 의회 출석 기록도 흥미로운 사실을 많이 보여줄 것이다.

대수 그래프

순수한 수학 방정식에 따른 그래프는 통계자료에 근거한 그래프와 전혀 성격이 다르다. 둘의 질적인 차이는 역학에 나오는 속도와 힘의 평행사변형[3] 관계와 유사하다. 전자에서 도출하고 있는 기하학적 과정의 모든 요소에 대해 우리는 완전히 의식하며 깨어있지만, 후자에서는 경험적인 데이터의 내용을 만드는 과정에 우리의 사고 활동이 전혀 관여하지 못한 채 그냥 받아들일 수밖에 없다. 이제 7학년 대수 수업에서 큰 비중을 차지하는 주제인 방정식을 그림으로 표현해보자. 잠깐 시간을 내서 간단한 방정식(일차방정식)을 기하학적 형태로 변환시켜보자. ('잠깐'이라고 한 이유는 기술적으로 '간단'하지 않은 방정식이 훨씬 흥미롭기 때문이다) 예를 들어 다음의 간단한 방정식을 보자.

$$3(x-1)=3-x$$

변수 x가 들어가는 두 변(방정식의 좌변과 우변)을 하나로 결합한 것이다.(알 자브르) 각 변을 분리해서 생각할 수도 있다. 그 변의 값(y)을 이용하면 $y=3(x-1)$과 $y=3-x$라는 두 개의 공식이 나온다. 각 공식에서 y 값은 x 값의 변화에 따라 결정된다. 그 결과를 먼저 표로 정리한 다음 그래프로 그린다.

	x	-1	0	1	2	3
	$x-1$	-2	-1	0	1	2
좌변	$y=3(x-1)$	-6	-3	0	3	6
우변	$y=3-x$	4	3	2	1	0

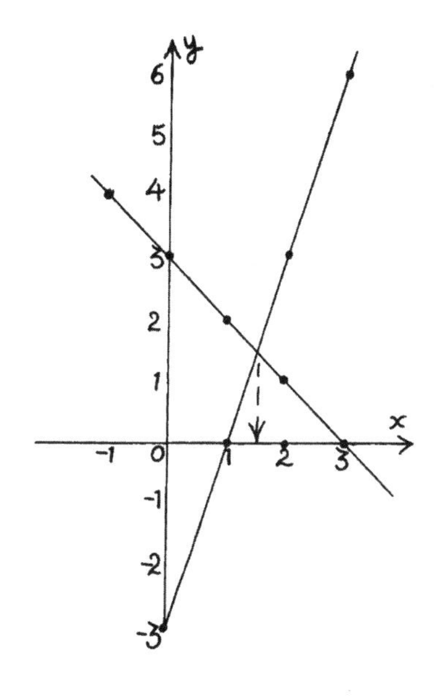

기울어진 두 직선은 $x=1.5$에서 교차한다. 이것이 방정식의 해다.(알 무콰발라)

여기서는 교점의 y값인 1.5를 양변에 대입하는 방법으로 검산한다.

일차방정식은 모두 직선 그래프로 나오며, 그 직선들의 교차점이 모든 일차방정식의 해가 된다. 이런 방법으로 방정식을 푸는 것은 8학년 이상에 적합하지만, 7학년에서도 이처럼 간단한 유형은 소개해도 좋다. 7학년들에게는 x^2 이나 x^3 이 나오거나, 분모에 x가 나오는 약간 복잡한 공식의 그래프가 더 흥미로울 것이다.

쉬운 예로 아름다운 곡선이 나오는 $y=10-x^2$ 을 보자.

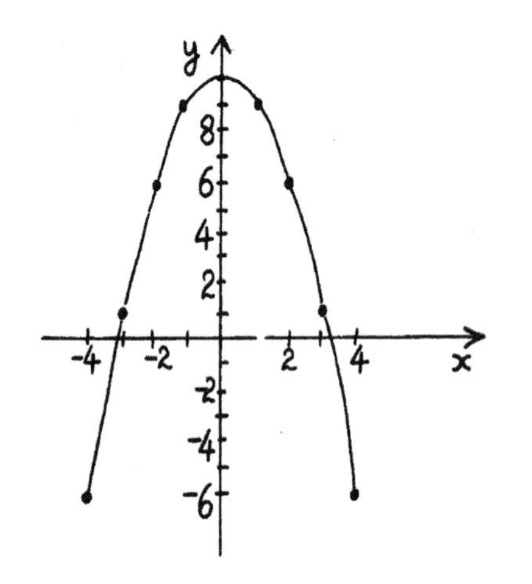

−4에서 0을 지나 +4까지 x 값을 차례대로 대입해서 계산한다. 이때 기억해야 할 것이 있다. 바로 '(−)×(−)=(+)'이다.

8학년 역학 수업에서 공중에 물건을 던지면 왜 곡선(포물선)이 생기는지 배우게 될 것이다.

7학년들은 이런 매끈한 곡선에서 테니스 경기나 공놀이를 떠올릴 것이다. 가로 눈금과 세로 눈금이 똑같지 않아도 된다는 점에 주의하라. 수학을 잘하는 학생들에게 이 곡선이 정확히 x축의 어느 지점을 지날지 물어보라. 수학을 잘 못하는 학생들은 x축의 정수 값만 구하고, 소수 값은 나중에 계산이 빠른 아이들이 도와줄 수도 있다. 여학생들은 몇 백 년 전의 한 여성 수학 교수가 발견한 대수 곡선을 아직까지 그 이름을 따서 '아녜시의 마녀Witch of Agnesi'라고 부른다는 이야기에 귀를 쫑긋 세운다. 남학생들 역시 다음 방정식 안에 어떤 곡선이 숨어있는지 알아내고 싶어 한다.

$$y=\frac{10}{x^2+1}$$

수학이 느린 학생들도 −3과 3 사이 x값에 대한 y값은 쉽게 구할 것이다. 곡선의 뾰족한 부분을 부드럽고 둥글게 연결하려면 x값을 더 세분하고 추가로 값을 구해 점을 찍는다.

x	0	±1	±2	±3	±4	±5	±0.5	±0.2	±0.1
y	10	5	2	1	0.59	0.38	8	9.62	9.9

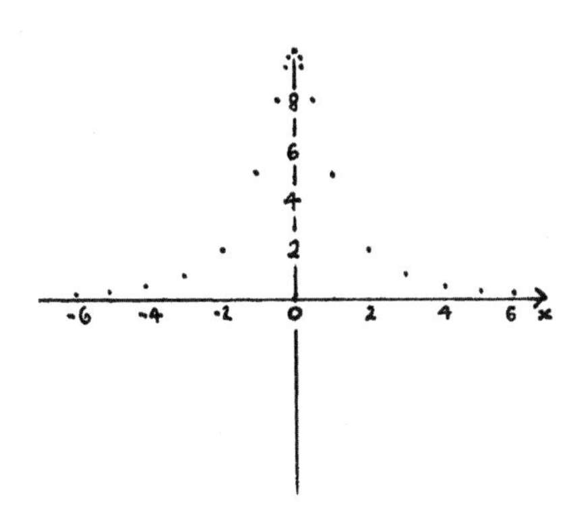

물론 아녜시 교수가 생각한 건 마녀의 모자이다. 이 곡선은 11학년에서 확률 이론과 관련해서 배우게 될 '정규 분포 곡선(오차 곡선)'의 동생뻘쯤 되지만 정규 분포 곡선의 방정식은 좀 더 복잡하다.

$$y=e^{-x^2}$$

다음 방정식에서는 흥미로운 형태의 그래프가 나온다.

$y=\frac{4}{x}$ (쌍곡선)　　　$y=x^2+\frac{1}{x}$ (삼지창곡선)

$y=\frac{x(x+2)(x-3)}{10}$ (물결모양 곡선)

$y=\frac{x^2(16-x^2)}{10}$ (두 개의 혹이 있는 언덕 모양)[4]

어려워하는 아이들에게는 쉬운 문제로 $y=x^2+1$을 준다. 이것은 골짜기 모양 포물선으로 x축보다 y축 눈금을 작게 그리는 것이 좋다.

센티미터와 밀리미터 단위의 눈금 종이는 센티미터를 소수점 첫째자리까지 표시하기에는 무난하다. 하지만 인치와 1인치의 $\frac{1}{10}$이 표시된 종이를 이용하면 눈금 사이가 비교적 넓어서 인치를 소수점 둘째자리까지 표시할 수 있다. 영국식 단위(야드파운드법)를 이용하면 유럽식 단위(미터법)보다 훨씬 정확하게 작도할 수 있다.

(아마도 다음 학기인) 8학년에서는 그래프를 이용해서 일차연립방정식의 해를 구할 수 있다. 그래프를 몇 번 그려보고 일차방정식 그래프가 직선이라는 것을 인식했다면 점을 두 개씩만 찍어서 직선을 그리면 된다. 7장에서 소개한 벽 쌓는 문제에서는 $7x+6y=47$과 $3x-y=\frac{1}{2}$의 교점을 찾으면 된다.

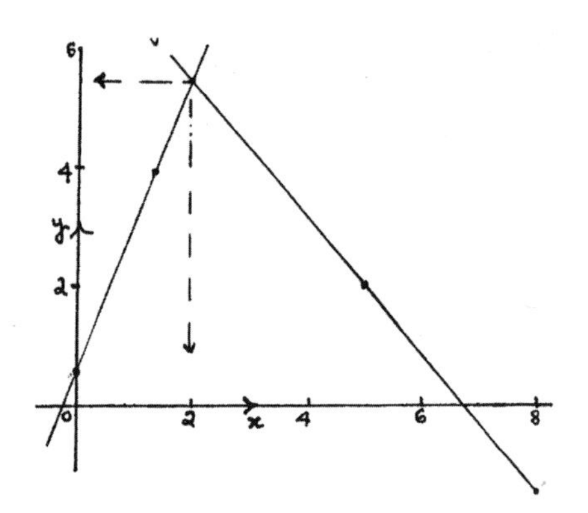

사실 x나 y에 어떤 수를 대입해도 상관없지만 쉽게 나눌 수 있는 수를 선택하면, 첫 번째 방정식에서는 $y=2$일 때 $x=5$이고, $x=8$일 때 $y=-1.5$이다. 두 번째 방정식에서는 $y=4$일 때 $x=1.5$이고, $x=0$일 때 $y=0.5$이다.

그래프는 $x=2$, $y=5.5$에서 교차한다.

마지막으로 그래프를 이용한 방정식 수업에서 자주 제기되는 3가지 질문에 대해 언급하겠다.

1. 왜 8학년 수업에서 한 단계 더 나아가, 하나 이상의 답을 가진 방정식 풀이를 소개하지 않는가?

이 문제에 관해선 이미 앞에서 말했다. 이차방정식 풀이는 9학년 수업에 해당한다. 그 나이(15세) 이후에야 아이들은 하나의 문제에 하나 이상의 정답이 존재할 수 있음을 (인생에서도 마찬가지로) 심리적으로 받아들일 수 있기 때문이다. 따라서 그런 내용의 수학 문제는 그 때 가서 배우는 것이 타당하다. 하지만 학급마다 나름의 특성이 있기 때문에 교사의 판단에 따라 $x(x-2)(x-5)=5-3x$ 같은 방정식에는 3개의 답이 가능함을 보여줄 수도 있다.

좌변은 x축을 따라 0.5 간격으로 구성해서 곡선을 그렸고, 우변은 두 점만 필요로 하는 직선이다. 두 선은 세 곳에서 교차한다. 따라서 이 방정식의 답은 3개다.

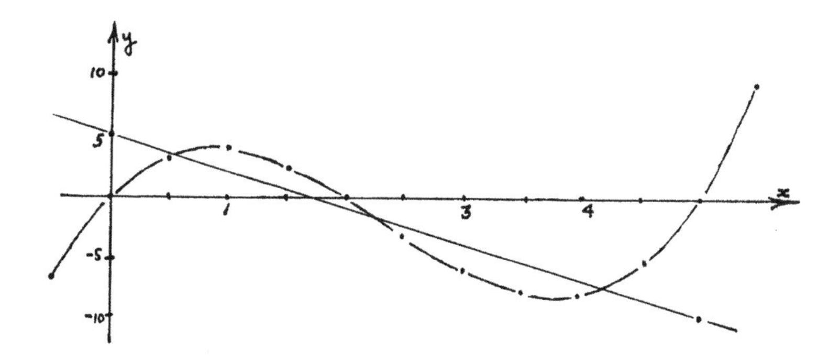

2. 부등식도 아직 소개할 때가 아닌가?

위 질문과 동일하다. 성장의 중간단계인 7~14세 시기에 아이들은 단호하지만 친절한 권위를 필요로 한다. 그들은 '약간 더 많이'나 '조금 적게' 또는 '그 중간' 같은 모호한 답이 아니라 분명하면서도 명확한 답을 듣고 싶어 한다. 부등식은 14세 이후 단계에 해당한다.

3. 8학년에서는 데카르트 좌표계(직교 좌표계)를 엄격히 고수해야 하는가?

한 쌍의 수직 축은 이 시기 청소년들이 '지구적으로 성숙'하도록 돕는 역할을 한다. 하지만 타당한 이유가 있다면 쌍극 좌표계를 소개해도 전혀 문제되지 않는다. 앞서 이런 차원에서 순수 기하를 소개한 적이 있다. 두 개의 핀과 실을 이용해서 작도했던 타원이 바로 그것이다. 타원에서 두 점 사이 거리의 합은 일정하다. 일반적인 그래프처럼 두 선이 아닌 두 점에서의 거리를 잴 수도 있고, 일정한 합 대신에 일정한 곱을 사용할 수도 있다.

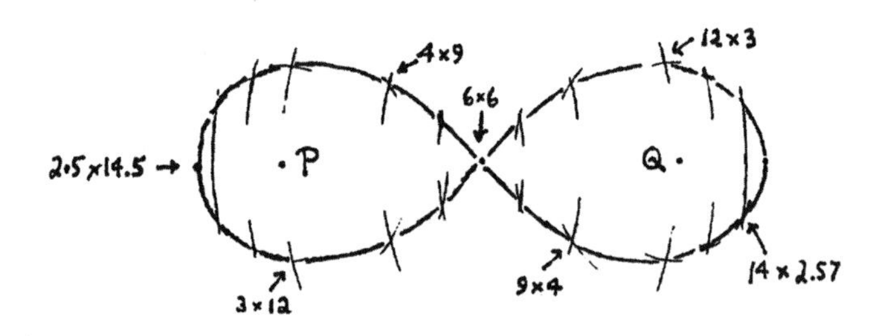

12cm 떨어진 두 개의 고정된 점을 찍는다. 그런 다음 두 점 사이 거리의 곱이 36 cm^2 인 모든 점을 찾는다. 8자 또는 무한대 모양이 나타날

것이다. 36보다 작은 수를 택하면 두 개의 타원이, 36보다 큰 수로 하면 하나의 타원이 나오게 될 것이다. 이런 문제를 금방 파악하는 영리한 학생들은 스스로 새로운 사실을 탐색하는 종류의 과제를 통해 많은 것을 배울 수 있다. 하지만 나머지 곡선들은 이후 학년에서 자세히 만나게 된다.

$$
\begin{aligned}
36 &= 6\times6 = 9\times4 = 12\times3 \\
&= 2.5\times14.5 = 13\times2.77 \\
&= 14\times2.57 = 7.25\times1.25 \\
&= 4\times9 = 3\times12 \quad \text{등등}
\end{aligned}
$$

모눈종이를 구할 수 없을 때는 컴퍼스를 이용해서 작도(자취 작도)하면 된다. 점 P에서 한 점을 지나 점 Q까지 이르는 거리를 p, q라고 하면, 쌍극 방정식 pq=36이 된다.

10장

현대 발도르프 수학 교과과정 요약(7~14세)

초기 교과과정(1919-1925년)과 이후의 발달

독일 울란스훼에 있는 발도르프학교(첫 번째 발도르프학교)는 슈투트가르트에 있는 발도르프-아스토리아 담배 공장 사장인 에밀 몰트Emil Molt의 노력으로 건립되었다. 그는 자신의 공장에서 일하는 노동자의 자녀들을 위한 학교를 세우고자 과거 식당이었던 빈 건물을 사들였다. 루돌프 슈타이너에게 담배 창고에서 직원 대상 대중 강연을 요청한 것을 계기로 학교 건립 계획이 빠르게 진행되었다. 이틀 후 슈타이너는 그 도시에서 일하는 다른 회사 직원들을 위한 강연을 마치고 돌아와 학교 교과과정의 윤곽을 잡았다.

슈타이너의 생애 마지막 5, 6년 동안 유치원부터 대학 입학 전까지 어린이와 청소년 교육의 전 과정이 이 학교에서 수립되었다. 슈타이너의 교과과정 강연과 콘퍼런스 자료는 여기에 다 열거할 수 없을 정도로 많지만, 그 중에서도 특히 중요한 것은 『교과과정을 위한 세 번의 강의』[1]다. 칼 슈톡마이어Karl Stockmeyer는 슈타이너의 수많은 강의를 과목별 교과과정으로 나누어 깊이 있고 자세하면서도 쓸모 있게 정리했다.[2] 카롤린 폰 하이데브란트Caroline von Heydebrand의 소책자[3]는 초기 발도르프학교 교사들이 정부의 공식 감사를 받기 전 지방교육청에 제출한 보고서를 정리한 것이다. 하지만 감사가 진행될 거라는 공지가 너무 늦게 온 탓에 교과과정 설명 중에 빠진 부분도 있고, "8학년에서 수학은 이론적이면서도 실용적으로 계속되어야 한다."는 식의 내용 없는 문장들도 가끔 나온다.

그로부터 100여년이 지난 지금의 교과과정은 당연히 달라지고 발달했지만, 그 때나 지금이나 본질적으로 전혀 달라지지 않은 것이 하나 있다. 학년별 교과과목의 단계와 주제는 그 연령에 이른 인간 자체의 발달하고 변화하는 본성과 밀접하게 연결되어야 한다는 점이다. 이는 아이들의 나이를 단순히 7년 혹은 3년 단위로 나누어 한 덩어리로 뭉뚱그리는 대신, 한 해 한 해 나이(생활 연령)에 따른 고유한 요구와 특징을 중요시한다. 현대 교육학자들 중 많은 이가 과거 70년 남짓한 기간 동안 아동기에 일어난 변화를 지나치게 확대 해석하는 경향이 있다. 그들은 현대에 접어들면서 기계 문명의 확산, 가족 문화의 해체, 훨씬 앞당겨진 성적 성숙 등으로 인해 과거와는 삶의 조건이 완전히 달라졌다고 주장한다. 하지만 실제로 학교에서 어린이나 청소년을 만나는 사람들은 그 시기의 근본적인 특성은 거의 달라지지 않았다고 느낀다. 요즘 아이들이 과거 아이들에 비해 전자 기기 사용에 훨씬 능숙한 건 분명한 사실이다. 이들은 처음 보는 기계장치 손잡이나 스위치에 별로 당황하지 않는다. 하지만 사실 이는 전혀 새로운 현상이 아니다. 모든 세대의 아이들은 언제나 주변에 존재하는 사물들을 다루는 법을 쉽게 터득했다. 아주 어린 아이들조차 젖소와 염소의 젖을 능숙하게 짜던 시절도 있다. 지금은 어른이건 아이건 그럴 수 있는 사람이 과연 몇이나 될까? 이차성징의 시작이 70년 전보다 조금 빨라진 것이 사실일 수 있다. 하지만 그걸 계산한 통계학자들이 표본으로 추출한 아이들의 인종적 특성의 차이를 모두 고려했을까? 지중해 연안과 아프리카, 인도, 카리브 해 연안 사람들은 언제나 서유럽 사람들보다 훨씬 성적으로 빨리 성숙했지만, 그린란드나 시베리아처럼 북극 가까운 지역에서는 신체 성숙 시기가 늦었다. 과거 바다 건너 제국에서 건너온 사람들의 뉴브리튼 섬 정착과 그것이 토착민이던 '백인'들에 미친 영향 또한 무시할 수 없다. 하지만 이런 차이와 상관없이 신체 성숙은 '성적 성숙' 또는 '지상적 성숙' 과정의 일부에 불과하다. 아이들에게 필요한 것은 사랑과 이해(연령에 따라 특성은 조금씩 달라진다)다. 그것은 부모가 함께 사는지 이혼했는지, 또는 부모를 아는지 모르는지와 아무 상관이 없다. 과학기술(텔레비전, DVD, 컴퓨터, 자동차 포함)이 아이들 성장에 지나치게 강한 영향을 미치는 상태를 방관하면 아이들 본성이 크게 달라지겠지만 그런 변화를 인간 천성에 맞는 건강하고 정상적인 발달이라고 부를 수는 없다.

1950년대의 발도르프학교 교과과정이 1920년대 초기의 교과과정과 유사한 부분이 많다는 점을 들어, 실제 교육현장에서 일하지 않는 교육학자와 사범대학 교수들은 슈타이너학교가 1930년에는 다른 학교보다 훨씬 앞선 교육이었는지 모르지만 지금은 한참 뒤처졌다고 단정 짓곤 한다. 1990년 영국 국정 교과과정이 새롭게 개편되었을 때 많은 학교와 교육청 관리들이 그것을 이해하느라 쩔쩔매고 있을 때다. 하지만 우리가 제출한 발도르프 수학 교과과정이 새로운 교과과정 요건을 대부분 충족시키고 있음을 증명하는 보고서를 교육기술부에 제출했을 때 그들은 그 보고서를 대단히 훌륭하고 유익한 사례라고 환영하며, 다른 학교들에게 무엇을 어떻게 시도하면 좋을지 알려주는 지침[4]으로 소개했다.

발도르프학교에서는 당연히 현대 과학기술의 성과도 빼놓지 않는다. 물리학과 역학 수업은 증기기관에 그치지 않고 20세기 들어 개발된 휘발유 엔진과 디젤 엔진까지 확대했다. 1920년부터 타자와 속기를 가르쳤지만 이제는 워드프로세서로 수업한다. 첫 번째 발도르프학교에서는 전보와 전화 원리를 중요하게 다루었다. 지금의 교육과정에는 텔레비전, 통신망, 팩스, 인터넷, 컴퓨터 프로그래밍을 가르친다. 하지만 언제나 그렇듯 "이런 내용을 어느 학년에 소개하는 것이 학생들의 생활 연령에 가장 건강하고 적절할까?"를 가장 먼저 고려한다. 마찬가지로 역사, 현대 분자생물학, 외국어 같은 과목의 교과과정도 계속 변화 발전한다. (특히 외국어는 100여 년 전 처음 도입되었을 때부터 지금까지 세계 모든 발도르프

학교에서 만 5세부터 정규 교과목으로 가르치고 있다.[*])

그렇다면 수학 교과과정은 그동안 어떻게 달라졌을까? 먼저 분명히 해둘 것이 있다. 상대성 이론, 양자역학, 카오스 이론 등 20세기 이후의 중요한 연구 성과들은 14세 이하 아이들 수업에는 적절하지 않다. 기초 자료 분석 이상의 통계학도 마찬가지다. 이에 관해선 14세 이후의 수학 수업을 중심으로 한 이 책의 후속편에서 자세히 소개할 예정이다. 이런 내용은 독립적 판단력과 예리한 분석능력, 인간 지성의 통합 능력이 깨어난 15~18세 사춘기 교육에서 다루는 것이 타당하다. 사고 능력은 세 번째 7년 주기에 이르러서야 비로소 제 힘을 발휘하기 때문이다.

요즘에는 교실과 학교 곳곳에 컴퓨터와 TV를 설치하는 것이 대세지만 발도르프학교들은 처음부터 이런 경향에 강한 반대 의사를 표명해 왔다. 발도르프학교에서는 컴퓨터를 일상 수업이나 의사소통을 위해 교실에서 다목적으로 사용하지 않으며, 상급과정[**]부터 그 용도로 특별히 마련한 컴퓨터실에서만 이용한다.

휴대용 계산기도 9학년 중반(15세) 이전에는 수업에서 사용하지 않는다. 기업에서 끝없이 압력을 행사하고 마거릿 대처와 후임자들이 아무리 목청을 높여도, 성인이나 청소년은 한 달 정도만 투자하면 컴퓨터 이용에 필요한 기술과 프로그래밍 언어를 충분히 터득할 수 있다는 사실은 달라지지 않는다. 컴퓨터 이용 기술을 문자 학습에 빗대어 '컴퓨터 문맹 탈출'을 해야 한다며 호들갑을 떠는 것은 정말로 한심하고 어리석기 짝이 없는 짓이다. 하지만 이제 컴퓨터는 최신형 세탁기나 침실, 거실, (아마도 조만간) 화장실에 설치한 TV처럼 성능 좋고 많을수록 바람직한 사회적 지위의 상징이 되었다. 최근까지도 우리 집에 매년 날아오

---

* 대부분의 경우 1학년부터 두 개의 외국어를 가르치기 시작한다.

** 여기서 상급과정은 9~12학년을 말한다.

는 TV 수신료 고지서에는 "왜 전파 수신이 가능한 TV를 설치하지 않으십니까?"라는 질문(정말 웃기는 사람들이다!)과 TV가 없는 사람들이 각자의 이유를 쓰는 빈 칸이 있었다. 나는 그 때마다 "TV는 똥이다."라고 써 보냈는데 이제는 그 빈칸이 없어졌다. 혹시 내 험한 말이 조금은 기여를 했는지 궁금하다.

상급과정 전까지는 컴퓨터를 배우지 않는다고 해서 아이들이 그 전까지 그쪽으로는 아무 준비도 하지 않는다는 뜻은 아니다. 산술과 대수 수업, 연역 기하에서 배우는 논리가 가장 기본적인 준비과정이며, 9학년에서 집중적으로 배우는 순열, 조합, 이항정리를 통해 튼튼한 기본기를 갖추게 된다. 집합론(이 또한 1920년 수학 교과과정에는 없던 내용이다)에서도 쉬운 문제는 7학년 수업에서 다룰 수 있다. 앞장에 나왔던 간단한 문제 하나를 살펴보자.

$$\{직사각형\} \cap \{마름모\} = \{정사각형\}$$

담임과정 후반부에 아이들 전부가 일반적인 십진법 구구단을 완벽하게 숙지했다면 수 체계(여러 가지 진법)도 소개할 수 있다. 휴대용 계산기가 수업에 도입된 이후에는 계산 과정에서 누른 단추를 순서대로 적어본다. 컴퓨터 프로그래밍 언어를 이해할 수 있는 좋은 연습이기 때문이다. 영국의 몇몇 공과대학에서는 주변 학교에 고등학생들에게 프로그래밍 언어를 가르치지 말아달라는 요청을 보낸다는 사실도 이참에 꼭 언급해두고 싶다. 고등학교에서 다양한 교육을 받고 온 학생들을 가르쳐보니 프로그래밍 언어를 많이 배운 경우에는 지금까지 배운 것을 다 지우느라 더 많은 시간과 노력이 든다는 것이다. 새로운 기술이 하루가 다르게 발전하기 때문에 과거에 배운 것이 오히려 방해가 되기 때문이다.

7~14세 시기 발도르프 수학 수업에서 초기 교과과정과 달라지거나

발달한 부분은 대개 구체적인 요소가 보강되거나 스스로 탐색하고 '발견'하는 교수법이 강화된 것(물론 1920년대 교과과정에도 있었다)과 상관있다. 또한 전인교육을 추구하는 발도르프 교육에서는 수학 수업과 다른 수업의 연계성을 항상 중요한 과제로 여기는데, 특히 지난 2, 30년 동안 학년별 교육내용은 훨씬 더 유기적으로 통합되었다. 과학기술이 발전하고 세계 여러 나라의 사회상이 달라지면서 예로 드는 문제의 범위 역시 달라졌다. 기하 수업의 내용은 슈타이너 사후에 그의 연구를 계속 이어갔던 사람들의 사영기하학 연구 성과에서 많은 영향을 받았다. 책의 말미에 수록한 미주에 참고 서적 몇 권을 소개한다.[5] 하지만 컴퓨터 공학과 카오스 이론의 경우처럼 여기서도 기하의 새로운 측면을 몇 학년에서 가르치는 것이 적절한지를 가장 먼저 고민해야 한다. 사영기하학은 어느 모로 보나 상급과정에 해당한다. 그 전에는 약간의 맛보기 정도로만 소개하는 것이 좋다.

하지만 8학년 자취 수업에 앞서 7학년에서 포락선을 가르치는 것은 최신 연구의 중요한 성과를 반영한 결과다.

학년별 수학 교과과정의 주요 요소

본문에 들어가기에 앞서 필자의 의도는 결코 "어떤 나이나 학년에서 반드시 다음에 적힌 내용을 모두 가르쳐야 한다!"가 아님을 분명히 밝혀둔다. 같은 연령의 학급끼리도 서로 능력이나 흥미 분야가 다르며, 교사도 저마다 특성이 있다. 교육 관료들이 정한 교과과정을 교장의 권위로 모든 수업을 하나의 표준에 끼워 맞추려 한다면 오히려 교육적 질병(심하면 사망)을 낳을 수 있다. 동료들끼리는 수시로, 그리고 적어도 1년에 두 번(한 번은 발도르프학교들끼리, 또 한 번은 제도권 안팎의 다양한 교사를 위한 콘퍼런스에서)은 다른 교사들과 만나 의견을 주고받고 토론하는 것이 교육 당국의 상명하달식의 강요보다 훨씬 좋은 성과를 낼 수 있다. 발도르프학교에서는 전 과목에 걸쳐 나이 많고 경험이 풍부한 교사들이 상대적으로 젊고 경험이 부족한 교사들을 멘토링(관리감독이 아니라)하는 형태로 교사들 간의 의사소통을 활성화해왔으며, 이는 발도르프학교의 장점이자 자산으로 점차 뿌리내리고 있다.

이제부터 제안하는 수업 주제 중에서 아이들이 지금 소화하기 어렵다고 느끼는 부분을 1, 2년 뒤로 미루어도 된다. 하지만 한 주제를 건너뛰면 나중에 많은 내용을 한꺼번에 가르쳐야 할 수도 있음은 인지하고 있어야 한다. 작은 주제 몇 개는 아예 빼도 되겠다고 생각할 수도 있다. 자신의 학급에 가장 필요하고 좋은 것이 무엇인지는 교사가 자유롭게 결정할 몫이다. 하지만 8학년을 마칠 때까지 아이들이 수학에서 중요한 부분을 배우지 못하거나 중요한 능력을 키우지 못한다면, 9학년 교사들이 수습해야 하는(적어도 수습해보려고 안간힘을 써야하는) 매우 안타까운 상황이 벌어질 수 있다.

◈ 1학년

a) 곧은 선(직선)과 굽은 선(곡선) 경험. 몸의 자세로, 직선과 곡선을 따라 걸으면서, 칠판이나 큰 종이 위에 크레용으로 그리면서. 수채화나 조소로도 가능하다.

b) 자연수 도입. 전체에서 부분으로(예: 나뭇가지 부러뜨리기)
각 숫자를 세상 어디에서 찾을 수 있는지 생각해보기.

c) 수 세기_먼저 10까지, 다음엔 20까지, 마지막엔 100까지. 처음엔 운율 있는 노래나 시에 맞추어, 나중엔 숫자만 연속해서. 콩 주머니나

공을 던지고 받으면서, 특히 손가락(발가락도 가능)을 이용해서. 뜀뛰기, 줄넘기, 노래, 머리 어깨 등 신체를 짚으면서, 눈 감고 속삭이거나 큰 소리로, 둥글게 서서 앞뒤로 움직이면서 등 다양한 방식으로 계속 변형.

d) 조개껍데기나 돌멩이, 도토리 무더기의 크기 가늠하기. 이런 사물을 화폐 삼아 가게 놀이. 여러 개의 작은 무더기로 나누거나 기준에 따라 정렬하기.

e) 직선, 곡선이 결합한 형태.(알파벳 문자 포함) 형태를 따라 팔이나 다리를 움직이면서, 차츰 로마숫자 쓰기, 마지막엔 아라비아숫자로.

f) 사칙연산의 특징 경험. 계산식에서 눈에 보이지 않는 3번째 숫자에 대한 상상력 키우기. 손가락 꼽아보기와 조개껍데기 등 자연물 이용 모두 가능.

g) 암산 연습 많이. 교사가 들려주는 이야기 속 사건에 대해 아이들이 말로 대답하는 방식과 답만 적는 방식 병행. 암산을 이용한 게임.

h) 사칙연산 종이에 쓰며 계산하기. 처음에는 물질적으로 지각할 수 있는 시연 유형의 계산, 다음에는 상상 유형의 문제, 마지막으로 순수한 계산 유형의 문제로 진행.

i) 연속선 문양 그리기. 처음에는 크게, 나중에는 작게.

j) 대칭 형태그리기. (단, 수직축 대칭만)

k) 평면과 곡면이 모두 있는 자유 조소.

l) 길이와 무게 비교. 자나 저울을 이용하지 않고 아이들이 자신의 팔 다리 등 신체를 이용해서. 개별 작업과 집단 작업 병행. 긴 줄넘기와 시소 도입 가능.

m) 구구단 2단, 3단, 10단 리듬 있게 외우기.
합계 20까지 숫자 묶음 외우기.

◈ **2학년**

a) 나머지 구구단(12단까지) 리듬 있게 외우기. 12는 4의 세 배, 4가 셋 있으면 12, 12 속에 4는 세 번 들어간다 등 여러 방식으로 3, 6, 9, 12… 또는 7, 13, 19, 25… 등의 수열을 앞뒤로 걸으면서 손뼉 치기, 말하기 등.

b) 암산 연습 강화. 암산을 사용해야 하는 실용적인 문제 연습. '절반', '나머지' 등 일상어 사용. 대용 화폐로 가게 놀이하기.

c) 1의 자릿수, 10의 자릿수, 100의 자릿수, 1000의 자릿수 필산. 덧셈, 뺄셈, 짧은 곱셈, 나눗셈.('받아 올림과 받아 내림' 포함)

d) 간단한 돈 계산

e) 대칭 형태그리기

① 같은 종이에 하나의 수직 대칭축을 사이에 두고 여러 개의 형태 그리기.

② 수평축+수직축으로 확장

③ 수평축만 가진 형태

f) 다양한 대칭 형태그리기_타원, 오각형, 오각별, 서로 엮인 형태.

g) 동서남북 방위 경험.

h) 인수 곱셈과 나눗셈.

i) 실제 계산 전에 어림셈으로 답 추측하기.

j) 아라비아숫자로 된 큰 수 읽기, 반대로 하기.

◈ **3학년**

a) 긴 곱셈과 긴 나눗셈. 나머지. 역순으로 계산하며 검산하기.

b) 사칙연산 문제를 100의 자릿수 또는 1000의 자릿수로 어림셈하기.

c) 규칙적인 암산 연습(구두, 필산 모두) '9×8', '42에는 6이 몇 번 들어

가는가?', '27+31'처럼 간단한 문제는 본능적으로 대답할 수 있도록 연습.

d) 개별 구구단과 12단 전체 144개 숫자를 직사각형으로 배열한 표를 보고, 그 속에 들어있는 유형 찾아보기.

e) 시계(아날로그, 디지털 모두), 속도계 읽기.

f) 악보 표기법 (8분 음표, 2분 음표 등) 및 한 마디 안의 박자 수 찾기.

g) 시간 측정, 액체 용량, 길이, 직사각형 면적, 무게와 양, 실물 조작. (숫자 문제에 앞서 양동이에 담긴 물을 컵으로 재기, 건물 모형 만들기 등) 측정과 계산으로 확인하기 전에 결과 어림하기.

h) 숫자가 아닌 문장형 측정 문제.

i) 쇼핑 목록과 돈 계산. 정확한 잔돈 계산.

j) 복잡한 선대칭과 회전대칭 형태그리기. 거울상 게임. 직각(수직) 경험하기.

k) 위-아래 방향 경험_동서남북, 앞, 뒤, 옆과의 관계 속에서.

◈ 4학년

a) 수의 속성. 인수와 소수.

b) 과잉수, 부족수, 완전수. 360이라는 수.

c) 분수_진분수(보통분수)와 가분수, 추가로 대분수.
더 이상 나눌 수 없을 때까지 약분하기.

d) 분수가 들어간 사칙연산.
사칙연산을 연결하지 말고 별도의 문제로 분리할 것.
도입 순서_~의 몇 분의 몇, 곱하기, 나누기, 더하기, 빼기.

e) 분수의 특별한 형태인 소수. 자연수 사칙연산을 소수로 확대.

f) 소수점이 있는 돈 계산. 외국 화폐 포함. 상품안내 책자에서 가격 찾

아보기.

g) 미터법 체계 속 소수의 쓰임. 자를 이용하여 다양한 단위의 길이 측정. 거리와 무게 어림하기.

h) 도구 없이 맨손으로 정확한 원을 그리고, 눈짐작으로 호를 12, 16, 20 등분하기. 여기서 출발해서 오각형, 육각형 같은 정다각형 그리기.

i) 비대칭적 대칭. 예술적, 기하학적 디자인.

◈ 5학년

a) 산술의 사칙연산을 암산으로 역산하기. 한 숫자에 사칙연산 중 무엇을 적용해야 다른 숫자를 구할 수 있는지 알아내기.

b) 분수의 혼합 계산. $6\frac{1}{2} \div \left(8\frac{1}{2} - 6\frac{5}{8}\right)$ 같은 난이도의 문제까지.

c) 분수를 소수로, 소수를 분수로 변환하기.

d) 숫자에 0이 들어가는 곱하기와 나누기 계산.(소수 포함)

한 자리 또는 100의 자리 등으로 근사값 어림하기.

e) 길이, 돈 같은 실생활 문제를 이용해서 '삼단논법' 또는 귀일법 연습.

f) 삼각수와 사각수.

g) 원 그래프. 원을 360 등분. 각도기 사용법.

h) 지도의 지점표시 기호 이해하기 및 축적 읽기 연습.

전기 사용량을 알려주는 미터기 눈금 읽기 연습.

i) 컴퍼스와 자 사용법. 7개의 원이 서로 겹친 형태와 그 확장형. 삼각형, 사각형, 다각형과 원의 관계를 보여주는 크고 정확하며 채색된 그림.

j) 피타고라스의 정리를 경험하기 위해 정확한 그림을 그리고 오려내기. 그러나 이론은 다루지 않는다.

k) 간단한 포락선 작도.

◈ 6학년

a) 백분율.

백분율을 분수와 소수로, 분수와 소수를 백분율로 변환하기.

b) 이윤과 손실. 단리. 돈의 세 가지 쓰임.(구입, 대부, 증여)

c) 대수 공식, 공식에 숫자 대입하기. $I=\frac{PRT}{100}$ 에서 시작해서 상업, 기하, 물리 등 다른 분야 공식으로 확장.

d) 대수의 사칙연산.

e) 막대그래프와 그림그래프.

f) 기하 작도_선과 각의 이등분, 직각, 평행선, 삼각형 작도.

g) 정다각형 작도. 컴퍼스, 각도기 또는 '시행착오' 방법으로.

h) 정확한 연역 기하 도입. 특히 삼각형의 내각을 모두 더하면 180°임을 증명하는 문제.

각도에 관한 숫자형태의 많은 문제풀이.

i) 선형, 원형 포락선을 포함, 큰 규모의 기하 작도.

j) 삼각형의 합동. 증명을 위한 간단한 응용.

◈ 7학년

a) 순환소수. 나중에는 π 값까지.

소수점 자릿수와 유효숫자의 이해 및 비교.

b) 괄호, 분수, 음수를 포함한 일차방정식. 실생활 문제해결에 적용.

c) 공식 만들고 변형하기.

d) 직선과 원호로 이루어진 도형의 면적 계산.

e) 제곱과 제곱근. 제곱근의 정확한 값 구하기.

f) 피타고라스의 정리 연역 추론. 공학, 항해 등의 문제에 피타고라스의 정리 응용.

g) 사각형의 종류와 대칭성. 간단한 집합 이론과 교집합 개념으로 발전.

h) 다각형과 면적이 같은 삼각형 작도.

i) 난이도 높은 포락선 작도.

j) 복리.

k) 평면 도형의 변형. 특히 정사각형에서 일반 사각형으로 변형과 간단한 투시도까지.

l) 그래프 형태의 간단한 통계자료와 추론.

m) 직선 및 간단한 곡선으로 이루어진 대수 그래프.

n) 비율과 비례.

◈ 8학년

a) 항등식. 항등식을 이용해서 빠르고 쉽게 계산하기.
대수의 계산법칙, 결합법칙, 분배법칙.
두 사각형을 구분하는 요소와 실제 문제에 적용.

b) 직사각육면체, 각뿔, 삼각기둥, 원기둥, 원뿔의 부피.
고체의 밀도와 무게.

c) 일차연립방정식과 문제 풀이.

d) 대수식에서 복잡한 괄호의 해체.

e) 자취 작도. 원 자취에서 각도의 속성.

f) 5가지 정다면체(플라톤 다면체) 작도. 그 정사영 그리기.
오일러의 법칙. 황금비.

g) 삼각형 주요 중점의 속성.

h) 정육면체와 삼차원 구조의 투시도 그리기.
원근법으로 본 그림자 작도하기.

i) 통계자료 분석 심화. 평균값, 최빈값, 중앙값.

j) 좀 더 복잡한 곡선의 그래프. 그래프로 일차연립방정식 풀이.

k) 대차대조표와 대출 간단하게 살펴보기.

l) 수 체계.

이진법 계산과 컴퓨터에서 사용하는 수 체계 간단하게 살펴보기.

m) 닮은 도형, 특히 삼각형.

수학 수업과 숙제에 얼마나 많은 시간을 배정할까?

슈투트가르트에 있는 첫 번째 발도르프학교에서는 수학 주요수업에 다음과 같이 시간을 배정했다.

1~5학년 : 1년에 12주씩

6~8학년 : 1년에 10주씩[6]

6학년부터는 주요수업 과목이 수학이 아닐 때 추가로 매주 1시간씩 복습과 문제 풀이를 했다.

그로부터 7, 80년이 지나면서 많은 것이 달라졌다. 영국에서 일어난 변화의 가장 주된 요인은 1950년대 이후로 토요일 오전 수업이 폐지된 것이다. 이에 더해 많은 발도르프학교가 2시간이었던 아침 주요수업 시간을 1시간 50분 혹은 그 이하로 축소했다. 1~6학년까지 오전 간식 시간 이후에 주 2회 40분의 '주요수업 보충 시간'을 추가로 배정해서 줄어든 수업시간을 보충하고, 주요수업 과목이 수학이 아닐 때는 그 시간에 수학 연습을 한다. 6~8학년에는 '보충 시간'이 주 3회로 늘어난다. 이렇게 되면 다른 주요수업 과목에서 더 이상 수학 복습과 문제 풀이에 매주 1시간을 할애하지 않아도 된다. 계산해보면 일 년 동안 수학에 배정된 전체 수업 시간이 예전과 거의 동일한 수준임을 알 수 있다. 이를 연간 수업 일수로 나누면 평균 주 4시간에 해당한다.

또 다른 방식은 1~8학년까지 해마다 12주씩 수학 주요수업을 하고 '보충 수업'도 모두 주 2시간씩 배정하는 것이다. 이 방식의 장점은 1년 3학기 학제의 경우 학기마다 4주씩 수학 수업을 하게 된다는 것이다.

전인교육에서는 역사 수업에 수학이 등장하고 수학 수업에서 물리 문제를 푸는 일이 흔하다는 점 또한 염두에 두어야 한다.

요약해보면 오늘날의 주 5일 수업체제에서는 수학 수업에 다음과 같이 시간을 배정한다.

1~5학년 : 주요수업으로 12주
(3학기×4주), 추가로 주 2회 40분씩 수업

6~8학년 : 위와 동일하게 또는 10주의 주요수업
(2×5 또는 3+3+4), 추가로 주 3회 40분씩 수업

교사와 '접촉'하는 시간 외에 아이들에게 숙제는 얼마나 주는 것이 바람직할까? 사실 이 질문은 모든 과목에 해당한다. 5학년 말까지 모든 형태의 공식적인 숙제는 실질적으로 아무 가치가 없다. 12세 이하 아이들에게 가장 중요한 일은 방과 후 집으로 돌아가 부모나 형제자매, 친구들과 집 안팎에서 신선한 공기를 쐬며 즐겁게 일하고 노는 것이다. 아이들이 TV 앞에 앉아있는 시간을 줄여주는 것이 바로 숙제의 역할이라고 주장하는 사람들도 있다. 이런 식의 삐딱한 시선은 교육으로 아이들을 건강하게 성장하게 하는데 아무런 도움이 되지 않는다.

해야만 하는 숙제가 아니라 자발성에 근거하여 뭘 해보라고 제안할 수는 있다. 이는 아이들이 정말 좋아서 하는 일이어야 한다. "원하는 사람은 공책을 집에 가져가서 부모님께 수업시간에 뭘 했는지 보여드리세요. 그리고 공책의 다음 장에 오늘 들었던 이야기를 예쁘게 그림으로

그려보세요." 외국어 교사라면 수업 내용 중 기억나는 단어나 구, 짧은 문장을 간단한 그림으로 그려보라고 제안할 수도 있다. 다음 시간에 교사는 그림을 그려온 아이들에게 그림 밑에 해당 단어 쓰는 법을 가르쳐 준다. 3학년이라면 이런 제안도 가능하다. "오늘 배운 새로운 방식으로 긴 나눗셈을 몇 개 더 해보고 싶은 사람은 아무 수나 하나 선택해서 그 수의 구구단을 적어보세요. 여러분이 집에서 한 것을 내일 학교에 와서 선생님께 꼭 보여주세요."

4, 5학년 정도면 아이들이 먼저 그림이나 글을 좀 더 덧붙이고 싶다고, 또는 우연히 읽은 시를 적거나 심지어 자작시를 쓰고 싶다며 공책을 집에 가져가도 되느냐고 묻기도 한다. 수학을 좋아하는 아이라면 8128의 인수를 찾고 그것을 전부 더해서 이 수가 완전수[7]임을 증명하고 싶어 할 수도 있다. 수업에 컴퍼스를 도입했다면 교사가 크게 독려하지 않아도 많은 아이가 공책을 가져가서 다음 날 아주 멋진 기하 그림을 제출할 것이다. 5학년까지는 흥미와 열정에 뿌리를 둔 자기주도성을 키워주는 것이 공식적인 숙제보다 교육적으로 훨씬 바람직하며 가치 있다. 어떤 아이는 나무 열매와 잎사귀, 또는 이끼와 조개껍데기를 수집해서 빈 구두 상자에 가지런히 정리해두었다가 식물학이나 지리 시간에 가져오기도 한다. "오늘 저녁에는 여러분 모두 ○○를 숙제로 해 와야 합니다!" 같은 지시에 수동적으로 따르는 것보다 이편이 훨씬 낫지 않은가?

하지만 반 아이들 모두가 루비콘 강을 건넌* 12세 이후에는 분명한 과제를 숙제로 내주어야 한다. 6학년 역사 수업에서는 그리스 역사, 신

* 루돌프 슈타이너는 7~14세 시기 동안 아이들에게 일어나는 세 가지 큰 변화를 루비콘 강을 건넌다는 비유로 설명했다. 7세 무렵 젖니가 영구치로 바뀌기 시작하는 것처럼 9~10세 무렵에는 의식의 차원에서 중요한 전환이 일어난다.
9세 즈음의 '루비콘을 건넌' 아이들은 동화의 세계를 빠져나와 세상을 객관적인 눈으로 바라보고 자신을 독립된 존재로 인식하기 시작한다.

화 세계를 떠나 로마 문화를 배운다. 로마의 하수관을 짓기 위해서는 분명한 지시와 명령이 필요했고, 원로들은 일에 명확한 절차를 정했다. 6학년 첫 반모임 때 부모들에게 이제부터 무엇이 어떻게 달라질지 안내한 이후에 일주일에 한 번씩 약 30분 분량의 숙제를 낸다. 부모들에게는 아이들이 숙제에 1시간 이상 매달리지 않도록 지도하고, TV 소리나 음식 등으로 방해받지 않고 30분가량 조용히 집중해서 숙제를 할 수 있게 도와달라고 한다. 6학년 말이면 매일 30분씩(주중 5일 동안)으로 숙제가 늘어난다. 7학년에는 하루의 숙제양이 45분, 8학년에는 1시간으로 늘어난다. 발도르프학교에서는 보통 주 5일 중에 주요수업 숙제 이틀, 2개의 외국어 숙제 각각 하루, 수학 숙제 하루 (주요수업이 수학일 때는 국어 숙제)로 배분한다. 상급 학년이 되면 매일 해야 하는 숙제 시간이 더 늘어날 것이다.

숙제를 연습 공책에 할지 다른 종이에 할지는 과목 특성과 교사 성향에 따라 달라질 것이다. 중요한 것은 펜이나 만년필을 이용해서 단정하고 깔끔하게 써오는 것이다. 다음날 제출한 숙제가 이런 요건을 충족하지 못했다면 다시 해오라고 되돌려 보내고, 부모나 보호자에게 즉시 이 사실을 통보해야 한다. 단정한 글씨로 깔끔하게 정리한 숙제를 시간 내에 제출하도록 지도하는 것은 부모의 책임이기 때문이다. 아이들이 집에서 하는 일을 관리하는 것은 교사의 책임이 아니다.

수학 숙제는 학급에서 가장 영리한 아이들이 정해진 숙제 시간 내내 집중해서 풀어야 할 분량과 수준으로 낸다. 수학을 어려워하는 아이들에게는 모든 문제를 다 풀지 않아도 된다고 말해준다. 하지만 담임교사는 아이들 개별에게 적당한 수준과 분량을 파악하고 있어야 하며, 아이들은 교사가 숙제 검사를 한 후 공책에 써준 말을 보고 자신에게 적당한 양이 어느 정도인지 알게 된다.

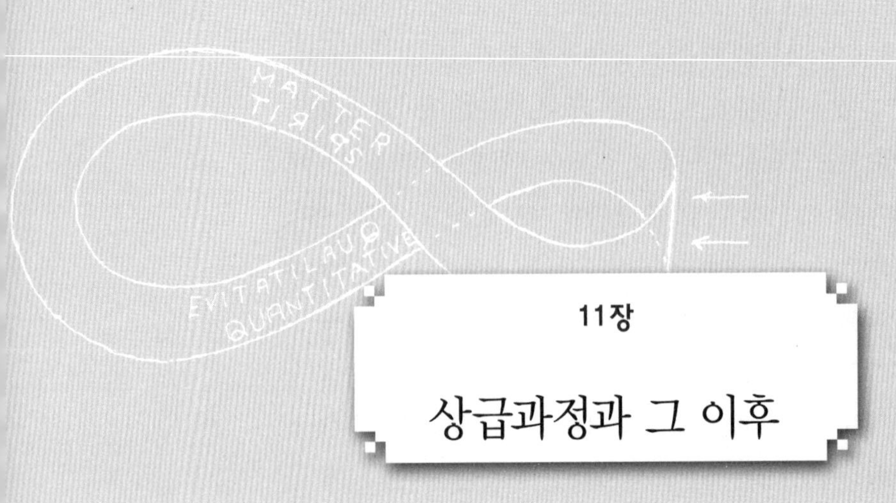

11장

상급과정과 그 이후

상급과정 수업

앞에서 성장의 세 번째 단계(대략 14~21세)에 이르면 사고 활동이 영혼의 수장(자아)에게 가장 중요한 부관이 된다고 설명했다. 하지만 사실 이 마지막 단계는 영혼 활동의 세 부분(사고, 느낌, 의지) 모두가 크게 성장하는 시기이기도 하다. 고유의 아스트랄체가 탄생하면서 아이들은 외부 세상과 자기 내면에서 일어나는 모든 일을 지금까지와 전혀 다른 눈으로 바라보게 된다. 사춘기는 이로 인해 내적 혼돈을 겪으면서 점차 극복하는 법을 배워나가는 시기다.

9학년들은 수학을 비롯한 모든 과목을 전부 새롭게 경험하기를 원한다. 교사 한 명이 전 과목을 가르치던 담임과정과 달리 이제부터는 학문적 깊이와 인생 경험을 갖춘 전문가가 각자의 과목을 가르치게 되며, 아이들은 이런 변화를 기쁘게 맞이한다. 상급과정 청소년들은 2, 30대 젊은 교사들과 호흡이 잘 맞는 경우가 많다. 9학년들은 새로운 교사가 덧셈과 긴 나눗셈을 어떻게 하는지를, 계산식 과정마다 이유를 분명히 파악하면서 의식적으로 만나고 싶어 한다. 문제에 선생님이 동그라미를 쳐주면 그것으로 만족하던 시절은 지났다. 이제는 자신이 쓴 답이 맞거나 틀린 이유를 직접 판단할 수 있기를 바란다. 지금까지는 담임교사의 권위를 믿고 그것을 따라왔다면 이제는 진실 자체를 체험하며 그것이 이끄는 대로 스스로 길을 가려는 것이다. 새빨간 거짓말, 절반의 진실, 사기와 위선이 세상에 만연함을 모르지는 않는다. 그럼에도 불구하고 청소년들은 '세상이 진실'[1]함을 확신하고 경험하게 해줄 영역을 간절히 찾고 싶어 한다. 아주 어린 아이들에게는 '세상이 근본적으로 선하다'는 확신이, 7~14세 무렵에는 '세상이 아름답다'는 확신이 필요하다. 첫 7년과 두 번째 7년 동안에는 각각 의지와 느낌이 주로 성장했다. 이제 세 번째 7년을 지나는 아이들은 세 번째 확신의 도움을 받아 자신의 개별성이 뿌리내릴 지상적 토대를 찾는다.

인간 개별성은 본질적으로 성별이 없다. 성차별에 반대한다면서 성을 구별하기 위해 '그'와 '그녀'라는 대명사를 사용한 경우와, 보편적 인간을 '그'라는 대명사로 지칭한 경우를 전혀 구별하지 않고 무조건 비판하는 사람들도 있다. '개별성'이 무슨 뜻인지 모르기 때문이 아닐까 싶기도 하다. 추측컨대 그들은 개별 인간을 지칭할 때 '그것'이라는 대명사를 사용할 것 같다. 그런 어른들과 달리 청소년들은 위에서 지적한 차이가 무엇인지 분명히 이해하고 있다.

최근 미국 농무성 산하 농업연구소 직원들에게, 이제부터 동물은 지금까지와 마찬가지로 수소, 암소, 수탉, 암탉 등으로 불러도 좋지만, 사람은 남자나 여자가 아닌 그저 '사람people'이라고만 지칭해야 한다는 지시가 내려왔다고 한다. 성차별적인 단어를 전면 금지시키겠다는 것이다. 이제 "직원은 그의his 개인 소유 차량을 이용한다."라는 문장은 틀린 것이고, "직원은 그들의their 개인 소유 차량을 이용한다."라고 써야 올바른 문장이 된다. 이는 1996년 9월 1일자 워싱턴 포스트에 실린 기사다.

이 문제를 깔끔하게 해결하기 위해서는 문법에서 성별에 관한 부분을 아예 없애버리는 수밖에 없을 것 같다. 이 마지막 장에서는 성차별을 피하기 위해 남성형 단어와 여성형 단어를 둘 다 쓰는 요즘의 관행에 신경 쓰지 않았다. '그'라는 남성형 대명사가 사용되었더라도 독자들이 문맥 속에서 그것이 보편적인 인간을 지칭하는 것인지 어려움 없이 구별하리라 믿는다.

루돌프 슈타이너는 '사고는 세상 만물에 깃들어있는 보편적 세계 존재'[2]라고 했다. 사고 활동의 발달, 강화에는 4단계가 있으며, 이는 9, 10, 11, 12학년으로 이어지는 과정과 분명히 상통한다.

9학년 수업의 중심은 대조, 양극성이다. 양극성(대조)을 인식하면서 의식이 깨어나고 그 속에서 사고가 성장한다. 예술 수업에서 가장 좋은 매체는 흰 종이 위에 검정 목탄 또는 물감이다. 물리 시간에는 전자기학을 배우면서 전동기차와 전화 송수신기의 전력 단위를 대조 비교한다. 원리는 동일하지만 전류량에서는 극과 극을 달리기 때문이다.

기차에서 사용하는 전기는 대증요법, 전화의 전기는 동종요법이라고 비유해볼 수도 있을 것이다. 다른 과목에서는 희극과 비극, 판 구조론과 화산, 올림픽 체조와 민속 무용 등으로 양극성을 경험한다. 이런 요소들은 모두 양극적인 동시에 큰 공통점을 지닌다. 수학 수업의 양극성은 순열과 조합이다. 사실 이 둘은 음악에서 말하는 선율과 조화의 유질동상이다. 기하에서는 타원과 쌍곡선을 대조한다. 둘의 차이를 비교하면서 각각의 형태와 기능을 머리, 사지의 관계와 연결한다. 이밖에 머리와 사지를 연결해주는 가슴 순환체계도 있다. 기하에서는 포물선이 이에 해당한다. 이를 통해 양극적 집단이 어떻게 변형되는지를 알 수 있다.

10학년에서는 대조를 이루는 한 쌍과 둘 사이의 상호작용을 살펴보며 사고 인식을 한 단계 더 끌어올린다. 10학년 고대사 수업의 정점은 그리스 문명과 소크라테스의 대화법이다. 자연의 4요소를 습함-건조함, 따뜻함-차가움의 양극성과 연결시킨 피타고라스-플라톤의 관점을 소개하면서, 이를 토대로 수학이 어떻게 발달했는지(1장 참조)도 함께 언급한다. 4가지 기본 나선(아르키메데스 나선Archimedean, 등각 나선Equiangular, 역 나선Reciprocal, 점근원Asymptotic Circle)을 작도해보면, 바탕이 되는 4가지 수열의 특징과 그것이 물질에서 세상에 대한 순수한 개념으로 넘어가는 과정을 보여주고 있음을 이해할 수 있다. 10학년 수업의 중심은 독립된 판단이다. 삼각법trigonometry에서 좋은 예를 찾을 수 있다. 세 가지 수치를 알고 산에서 충분한 거리를 두고 떨어져 있다면 굳이 산을 오르지 않고도 그 높이를 계산할 수 있다. 나의 일이라는 개인적 감정에 휘둘리지 않고 객관적인 판단을 내리려 할 때 인간 지성에 어떤 요소가 필요한지를 잘 보여주는 상황이다. 이는 9학년 때는 아직 갖기 힘든 자질이다.

11학년 무렵이면 아이들은 주요수업 과목인 음악사, 파르치팔 신화와 그 의미, 원자론, 유기 분자 구조론, 컴퓨터 공학 등 모든 과목에 깊이 파고들 힘과 준비를 갖춘다. 11학년 수업의 핵심은 분석이다. 따라서 수학에서는 미분학을 소개하고, 기하에서도 사영기하학(미분과 마찬가지로 극한소에 이를 때까지 계속 쪼개는 과정을 거쳐야 한다)의 기본 공리를 증명하고 응용한다. 동시에 쌍대성 원리는 점 개체가 유효성이나 중요도에서 점 개체와 동등하며 식물을 비롯한 유기체 세상의 모양과 구조를 만드는 면 개체와 상호보완 함을 보여준다.

이 나이에는 삶에 대한 순수 이성적 차원의 인식과 함께 지성을 예리하게 갈고닦을 수 있다.

마지막 학년(**12학년**)에서는 그동안 분석과 경험으로 습득한 많은 결과를 하나로 모으고, 자신의 진정한 본모습인 고차적 자아를 발견할 수 있다. 지성이 닦아놓은 토대 위에서 이제는 이성이 활동한다. 분석이 물러나고 통합이 전면에 나선다. 과학과 예술 작업을 통해 경험했던 다양한 관점은 아이들 마음속에 진정한 겸손과 경외심을 일깨웠다. 이는 자신이 살아갈 세상의 본질과 인간됨의 진정한 의미에 관해 자신만의 관점을 형성해나가는 시기에 반드시 필요한 기본 자질이다. 아이들은 자신이 고유한 개별성을 지닌 존재임을 인식하는 한편, 거기에 낮은 차원의 자기중심주의(이기심)가 흘러드는 것을 방치하면 개별성은 결국 녹슬고 빛바래게 됨을 깨달으며, 인간 사회가 도달하고자 애쓰는 최고의 가치를 자기 자신과 더 높은 단계에서 통합시키려 노력한다. 이에 따라 물리학 수업에서 12학년들은 색채의 세계를 이해하는데 모든 노력을 집중한다. 뉴턴, 괴테, 오스트발트 등의 다양한 과학적 견해를 분석하고, 그들이 색채라는 주제에 미친 영향을 통합한다. 하지만 아직 하나의 결론을 내리지는 않는다. 그것은 어른이 되어 충분한 경험을 쌓은 뒤에야 가능하기 때문이다. 같은 맥락에서 미술 수업에서는 건축가와 함께 르네상스와 현대 미술을 만난다.

12학년 수학 수업도 통합을 중심으로 진행된다. 미분에서 적분이 탄생한다. 이제 카오스 이론과 프랙털을 이해할 수 있을 만큼 이성이 성장했다. 지상적 기하학(유클리드기하라고 부르던 것)은 사영유클리드 기하(또는 포물선기하)의 제한된 부분일 뿐이며, 사영기하학 역시 거리나 각처럼 자신만의 측정 기준을 가진 쌍곡선, 타원, 극 유클리드기하 등 수많은 기하의 한 종류에 불과하다고 본다. 6학년에서 화폐의 쓰임을 세 가지 방식으로 살펴보았던 것이 12학년에서는 깊이 있는 경제학 수업으로 발전한다. 경제학 수업을 통해 아이들은 세계 경제의 문제는 지금까지의 모든 시도보다 훨씬 더 통합적이고 전체적인 시선으로 접근하기 전에는 결코 해결되지 않을 것임을 깨닫게 된다.[3]

다음은 9학년부터 12학년까지의 수학 교과과정 요약이다. 자세한 설명, 방법, 문제는 이 책의 후속편을 기다려주기 바란다.

＼ 수학 수업 주요 주제

9학년 - 담임과정 전체 복습 및 문제 풀이.
휴대용 계산기 도입 및 연습.
- 순열, 조합, 이항정리에서 이차방정식의 해법과 문제.
근사값까지 삼각형의 닮음을 이용해서 원의 속성 알아보기.

- 평면도와 입체도를 이용한 직원뿔의 절단, 원뿔 곡선의 속성(이심, 초점 속성)까지. 그 밖에 다른 원뿔 자취와 포락선 작도, 해당 그래프 그리기.
- 외국 화폐와 환율. 할인과 세금.

10학년
- 삼각법, 6가지 삼각비. 직각삼각형의 해.
  sin, cos 법칙을 이용해서 일반삼각형 풀이 구하기. 그래프.
  항해, 토목공학, 천문학 실용 문제에 삼각법 적용 및 조사.
- 계산기 사용훈련. 계산기를 이용한 계산과정에서 사용한 프로그램 순서대로 적기.
- 4가지 수열, 관련된 나선 형태와 기하학적 상동.(평행 이동, 절단 변환, 확대와 아핀변환, 공선 변환), 데자르그의 정리를 사영기하학으로 증명.
- 분수지수, 음수지수, 지수 0. 로그의 개념.
- 새로운 수학: 벤다이어그램, 부등식, 프로그래밍.

11학년
- 행렬. 산술 계산, 사영기하 변환 대수에서 행렬 응용. 벡터.
- 지수 법칙. e^x와 logx 그래프.
- 허수와 복소수. 삼각법에서 e와 i 의 쓰임.
  위도와 경도 삼각법.
- 다항식의 미분.
- 사영기하학의 기본 정리.
  파푸스Pappus, 파스칼Pascal, 브리앙숑Brianchon의 정리.
  연속성 원리와 쌍대 원리.
- 곡선과 그 쌍대곡선 큰 종이에 작도.

기본 공리를 보여주기 위해 긴 막대 이용해서 레굴루스작도, 간단한 컴퓨터 프로그래밍.

12학년 – 미분 심화. 그래프의 변곡점과 역학, 생물학적 성장 요인에 미분 응용.

– 적분. 면적과 부피 계산에 적분 응용. 확률론과 응용. 수론 소개.

– 드 무아브르De Moivre 정리. 초월수와 초월복소수.

– 여러 가지 기하학(유클리드기하, 타원기하 등)과 그 척도. 경로 곡선 작도와 식물, 동물, 인간에서 드러나는 예.

– 해석기하 시작.

– 시대에 따른 수학 발달사.

– 카오스 이론과 프렉털 컴퓨터 중심 작업.

아래 학년과 마찬가지로 상급학년에서도 위의 모든 주제가 자신과 상관있다는 분명한 인상을 모든 학생이 받을 수 있어야 한다. 물론 상급과정으로 가면 수학 실력 격차가 더 커지기 때문에, 잘하는 아이와 그렇지 않은 아이들에 맞게 문제 난이도를 더 조절해서 내주어야 한다. 그럼에도 불구하고 생활 연령이 같은 아이들이 한 교실에서 같은 수업을 듣는 것은 사회적으로 아주 큰 의미와 파급력을 지닌다. 매일 수업에서 처음 30분 정도는 학급 전체가 여러 주제의 기본 내용이 실생활에서 벌어지는 다양한 인간 활동과 어떤 관계가 있는지를 함께 배운다. 그런 다음 개별 또는 소그룹으로 나누어, 어떤 아이들은 손발을 이용한 실용적이며 예술적인 방향으로, 어떤 아이들은 수학적으로 좀 더 수준 높은, 분석적이면서 동시에 통합적인 내용을 공부한다.

많은 영국 발도르프학교에서는 여러 해 동안 11, 12학년 교과과정을 축소할 수밖에 없었다. 정부에서 요구하는 시험에 응해야 했기 때문이다. 이런 제약으로 인해 필요한 내용을 짧은 시간에 욱여넣어야 했음에도 발도르프학교 학생들은 영국의 중등교육 졸업시험인 G.C.S.E General Certificate of Secondary Education와 대입 자격시험인A-level Advanced level 에서 전 과목에 걸쳐 우수한 성적을 받았다. 일부 국가에서는 발도르프학교 12학년들이 시험을 따로 치르지 않고 바로 대학에 입학하기도 한다. 대학에서 발도르프학교 학생들의 실력을 인정하면서 이런 경우가 더욱 늘어나고 있다. 유럽뿐 아니라 미국과 호주에서는 이미 (조만간 유럽 인근 국가들에서도) 이런 사례가 확대되고 있다. 대학들이 12학년 학생들의 졸업 프로젝트(발도르프학교에서는 12학년에서 여러 주제로 프로젝트를 발표하며, 수준이 상당히 높은 경우가 많다)와 교사들이 작성한 상세한 학업보고서를 보고, 학생들에게 획일적인 시험 대신 발도르프학교가 추천하는 과정을 채택하기를 희망한다. 그렇게 되면 다시 11, 12학년에서 온전한 발도르프 교과과정에 따라 수업할 수 있을 것이다.

다음은 11학년 기하 그림으로 아이들에게 특히나 많은 영감을 주었다. 이것은 원 안에 자유롭게 그린 곡선의 쌍대를 작도한 것이다. 곡선 위 점에서 원 밖에 있는 선이 나온다. 이 선들은 새로운 곡선을 감싼다. 원은 실선으로 그리지 않는다. 왕복운동으로 생긴 실제 원은 상상의 반지름을 갖기 때문이다. 곡선 모양이 크리스마스의 의미를 떠올리게 하여, 어느 해에는 다음 시와 함께 이 그림을 크리스마스 카드에 그리기도 했다.

달의 영역 속을 날던 가브리엘이
우리 인자한 마리아를 축복하러 오셨도다.
흙으로 만든 구유 위에
축복받은 아기를 뉘일 그분을.
비둘기에서 원으로 태어나
주변 성배 속으로 빛을 뿌린다.
대천사들 힘을 받아
우리 모두 자기 안의 그리스도-용기를 찾게 하소서.

1장과 2장에서는 수학의 본성을 소개했다. 순수 수학은 순수한 진리의 영역이다. 그것은 물질적, 신체적 세계로도, 영혼의 귀와 정신의 눈이 닫힌 사람들의 의식에 떠오르는 냉소적, 비관적 비판으로도 왜곡하거나 더럽힐 수 없는 세계다. 앞에서 설명했듯이 고대에는 피타고라스 학파처럼 수학적 사고를 존재의 심오하고 보편적인 영역에 이르는 수단으로 이용했다. 이런 명상은 시야를 넓혀주는 한편, 지금껏 상상했던 것보다 훨씬 통합된 세계에 유기적 일부로 참여하고 있음을 깨닫게 해준다.

그러나 여전히 (당연하게도) 많은 사람이 수학의 성과를 실생활에 끌어오는 것이 과연 건강한지 의심을 떨치지 못하고 있다. 사실 20세기 초반에 수학 공학이 그렇게 높은 수준으로 발달하지 않았다면 지금 원자폭탄 문제로 고민할 필요가 없었을 것이다. 수학적 두뇌의 소산인 컴퓨터는 인간의 하인이 아니라 주인이 될 수도 있다. 사람들이 불안하게 여기는 이유는 인간 머리에서 탄생한 아무런 감정 없이 논리로만 작동하는 사고 활동에는 인간이 진정으로 존재하기 위해 꼭 필요한 온기와 친밀함이 결여되었기 때문이다. 인류가 수학과 수학의 응용에 지나치게 매몰하면서 인간 사회뿐만 아니라 신선한 공기, 형형색색의 꽃과 동물을 품은 대지 역시 생존의 위협을 받고 있다.

순수 수학자들은 "아니, 절대 그렇지 않습니다! 공해나 원자 폭탄, 컴퓨터 중독은 우리 책임이 아닙니다. 비난 받아야 할 사람들은 물리학자 같은 다른 과학자들입니다." 라고 항변할지도 모른다. 물리학자나 화학자들은 비난의 화살을 정치인들에게 돌릴 것이고, 정치인들은 자기들이나 상대편 정당에 결정권을 위임한 유권자들에게 일차적인 책임이 있다고 발뺌을 할 것이다. 그러면 대중들은 요즘에는 선거에서 투표하는 것이 눈속임에 불과하며, 실질적인 결정은 막후에 존재하는 사람이나 권력이 내리지, 거짓을 일삼는 정치가나 자기 분야밖에 생각하지 못하는 과학자, 현실과 동떨어진 구름 위 세상에 사는 수학자들이 아니라고 주장할 것이다.

하지만 수학의 원천은 구름 위에도, 그 어떤 물질에도 있지 않다. 원천의 존재 자체는 의심의 여지가 없다. 수학자 웅거Unger는 "오늘날 우리는 수학 개념이 인간 정신의 자유로운 창조물임을 분명히 안다."[4]고 했다.

웅거를 비롯한 과학자들을 위한 강연[5]에서 슈타이너는 다음의 사실에 주목하라고 했다. 인간의 호흡 과정을 생각해보자. 우리는 생명을 주는 산소를 들이쉰다. 허파는 그 신선함과 활력을 동맥피에 전달하고, 정맥피에서 탄소를 제거한다. 그런 다음 생명이 아닌 죽음을 주는 이산화탄소를 내쉰다. 이는 지구에서 살아가기 위해 반드시 필요한 과정이다. 지금은 탄소라는 단순한 화학명칭으로 부르지만 한때 사람들은 그것을 철학자의 돌이라고 불렀다. 탄소는 다양한 형태로 존재한다. 그 중 셋만 예를 든다면 석탄, 흑연, 다이아몬드가 있다.

이 전체 호흡 과정은 수학을 자연의 세계에 적용할 때 일어나는 일과 비교할 수 있다. 우리는 외부 세상에서 일어나는 일을 관찰하고 그 지각을 내면으로 가져온다. 거기서 지각 내용을 영혼 내부에 구축해놓은 수학 체계에 통합시킨다. 이제 순수 수학이 응용 수학 안에서 구체화된다. 우리는 외부 세계의 법칙을 구축하고 그것을 적용한다. 현대 과학기술 전체가 이런 과정에서 탄생했으며, 그 성과는 참으로 놀랍고 경탄할 만하다.

하지만 한편으로는 아주 조심해야 한다. 현대의 광학과 색채 과학자들은 우리가 노랑이라고 경험하는 것은 그저 5875.6옴스트롱이나

0.000058756cm짜리 빛의 파장에 불과하다고 말할 것이다. 공학에서는 이렇게 말해도 문제가 되지 않지만, 우리 인간들은 이 숫자를 보면서 이렇게 되묻지 않을 수 없다. "광채를 지닌, 환하게 빛을 내뿜으며, 기쁨에 넘치는 노랑의 특성은 어디로 가버렸을까?" 과학기술의 효율성을 촉진하기 위해 노랑의 살아있는 본질을 어떤 의미에선 죽여야 했던 것이다.

세계 지각(빛과 색채뿐 아니라 소리, 냄새, 맛 등 모든 감각 지각)은 인간 존재 전체에 생명을 불어넣는다. 이는 호흡 과정에서 산소가 하는 역할과 같다. 수학은 탄소에 해당한다. 우리는 그것을 감각 지각과 통합하고, 지각 내용 속에 수학적 요소를 집어넣는다. 그렇게 응용수학이 생겨나고 물질세계를 실질적으로 통제하기에 이른다. 하지만 이는 이산화탄소 형성과 같은 과정이다. 지각된 현상이라는 생명을 주는 신선함 속에 죽음의 힘을 불어넣은 것이다.

물론 이것이 전부는 아니다. 죽음으로 끝나는 과정은 삶이 그러하듯 필연적인 귀결이다. 과학기술은 현대 생활이 이만큼 성장하기 위해 꼭 필요했다. 하지만 그 과정 어딘가를 조금 개선하면 죽음을 넘어 부활과 새로운 활력으로 다시 일어날 수 있지 않을까? 슈타이너는 탄소의 존재 형태 대부분이 완전히 새카만 색이라는 점과 함께, 완전히 투명한 다이아몬드로 변형될 수도 있음을 지적했다. 현대 기술은 압력과 열을 이용해서 인공 다이아몬드를 비교적 쉽게 만들 수 있을 정도로 진보했다.

수학에서도 죽음을 불러오는 활동(물질적 감각 지각에 적용했을 때)을 새로운 생명을 가져오는 부활의 활동으로 변형할 수 있다고 가정해 보자. 그리스도교 최대 윤리는 십자가의 죽음에서 부활로 이어지는 길이다. 흑연 같은 수학이 다이아몬드 같은 수학으로 변형하고, 그것을 통해 또 다른 종류의 빛이 비쳐 들 수 있을까? 다이아몬드도 완전히 투명하지는 않지만, 특별히 높은 굴절률을 가지고 있다.(물의 굴절률은 1.333,

창문 유리는 1.5, 다이아몬드는 2.417이다)

순수 수학은 순결한 것, 우리 내면의 자유로운 창조력이다. 지금 중요한 문제는 그것을 어떻게, 또 어디에 적용하느냐이다. 순수하게 양적인 측면에서 순수 수학은 물질세계의 정반대에 위치한다. 하지만 거기엔 순수하게 질적인 측면도 있다. 이 책에서 지금까지 설명했던 수학 수업 목표 중 하나가 수학의 질적인 측면에 익숙해지게 하는 것이었다. 하지만 양적인 측면 역시 아이들이 앞으로의 인생 과제를 준비하는데 있어 똑같이 중요하다. 수학의 질적인 측면을 갈고닦으면 정신으로만 이루어진 영역을 지각할 수 있다.(덧붙이는 글 참조) 이는 일상생활에서 경험하는 일반적인 주체-객체 대립과 전혀 다른 지각이다. 새로운 지각에서는 지각한 것과 우리 자신이 한 몸이 됨을 느끼며, 우리가 경험하는 것 내부에서 활발히 움직이면서도 개별 자아로 머물 수 있는 의식은 잃지 않는다. 이 점에서 자아가 보편적인 정신 속으로 용해되는 동양의 많은 정신 수행과 대조적이다.

여기서 말하는 길을 성공적으로 완수하면 천사, 대천사를 비롯한 온갖 신들의 활동을 인식하고 설명해주는 새로운 대수가 나온다거나, 엘로힘이나 데바, 요정이나 사티로스의 형상을 기하학적으로 규명할 수 있다고 상상하지는 말자. 수학이 변형되어 길을 안내하는 내적 능력으로 바뀌는 것이다. 물리적 세계에서는 공간 안에 분리와 구별의 법칙이 작동한다. 친구가 밥을 먹으려고 식탁 어딘가에 앉으면 나는 다른 자리에 앉아야 한다. 두 사람이 동일한 시간에 동일한 공간을 점유할 수는 없다.

반면 정신세계에서는 상황이 완전히 달라진다. 수많은 존재가 동일 시간에 동일한 공간을 점유할 뿐만 아니라 시간 역시 더 이상 단선적으로 과거에서 현재를 거쳐 미래로 흐르지 않는다. 그곳의 시간은 2차원이다. 일상생활에서 우리가 아는 단선적 측면은 엄청나게 큰 화폭에서 오려낸 한 조각에 불과하다. 정신세계에서는 시간의 방향성이 (정신)공간 속 방향성처럼 아무런 의미가 없다.

호주의 한 슈타이너학교에서는 적당한 연령의 아이들을 정기적으로 대초원에 데리고 가서 식량과 물, 나침반, 의복, 텐트를 주고 아이들 스스로의 힘으로 문명사회까지 찾아오게 한다. 혹시라도 길을 잃을 경우를 대비해서 신속하게 찾을 수 있는 대책은 당연히 미리 마련해둔다.

이런 훈련으로 갖게 되는 방향 찾는 능력은 질적이며 변형된 수학이 정신세계에서 발휘하는 능력과 다르지 않다. 그것은 더 이상 평소에 알고 있던 수학이 아니기 때문이다.

천문학

여기서는 천문학 교과과정을 간략하게 소개하고자 한다. 슈타이너학교에서는 모든 과목이 총체적 통합을 이루고 있기 때문이다. 천문학 수업이 수학 교과과정에 속하는 건 아니지만 당연히 겹치는 지점이 있으며, 그 중 일부는 앞서 본문에서도 이미 언급했다. 상급과정에서는 두 과목 간의 연관성이 더욱 뚜렷해진다. 수학책 마지막 장에 천문학 교과과정을 싣는 이유는 인류 역사와 의식 발달이 밀접하게 연결되어 있기 때문이다. 이 관계에 대해서는 뒤에서 설명한다.

1학년 등하교시 태양의 위치 인식. 해가 뜨고 지는 방향.

2학년 연중 태양의 경로 변화.(고도가 가장 높을 때와 낮을 때_하지, 동지) 4계절.

3학년 달의 경로. 일출, 일몰과 달 모양의 관계. 달의 위상 변화.

최적의 발아를 위한 씨뿌림 시기.

4학년 일식, 월식. 달 모양을 보고 태양이 지평선 아래 어디쯤 있는지 알기. 달의 위상 변화와 동물 및 조수간만의 관계.(예, 물고기의 산란)

5학년 북두칠성의 하루 및 일 년 운동. 북극성. 신화와 별자리 관계. 황도 12궁을 지나는 태양과 달의 경로. 식물학.(형태의 유사성_수성 경로-외떡잎식물, 금성 경로-쌍떡잎식물) 컴퍼스를 이용한 기하작도와 꽃.

6학년 북반구 또는 남반구(학교의 위도에 따라)에서 볼 수 있는 주요 별자리, 학습한 별자리 운동을 기록할 수 있는 평면 천체도 작도.(두꺼운 종이에 간단하게)

7학년 황도에서 춘분점의 점진적 변화(세차 운동), 행성과 행성의 공전주기, 항성의 각운동. 망원경. 행성의 밝기, 색깔, 위성. 천동설과 지동설.(이 학년에서는 천문학을 주요수업으로 진행할 수 있다)

8학년 은하수, 성단, 변광성. 유성. 광속 효과. 간단한 천체 거리 계산 이론.(태양, 달, 행성. 나중엔 '광년'까지)
현재 우주비행사, 우주탐사 로켓을 이용한 우주 탐험의 한계. 지구 문명사와 12궁도를 따라 달라지는 춘분점의 관계 및 그 상징성.(전체 내용을 역사, 물리, 기하, 지리로 나누어 수업할 수도 있다)

상급과정에서는 천문학을 깊이 있고 자세하게 배운다. 우주발생론, 시차, 적색 편이, 블랙홀, 전파망원경, 공상과학 소설의 오류, 점성술의 주장, 경로곡선 기하와 정확한 과학적 상관관계, 달-행성의 합과 충 및 식물 봉오리 형태(λ 상수*) 등을 다룬다. 열거한 주제를 더 깊이 파고들거나, 음악, 시, 민담, 식물학, 동물학 등으로 아예 범위를 확장한 개별 프로젝트를 연구해볼 여지도 충분하다.

아이들이 적당한 나이가 되면 별이 총총한 천구를 경험할 수 있도록 현란한 도시 불빛을 피해 밤중에 시골길로 산책을 나간다. 천막치고 야영하면서 야간 길 찾기 훈련까지 할 수 있다면 더 강렬하게 기억에 남는 경험이 될 것이다. 천문대를 방문할 수도 있다. 간접 관측 장비도 활용할 수 있다. 11학년에서는 별자리 그림판, 12학년에서는 비디오나 컴퓨터 스크린으로, 여건이 되면 천체 투영관을 찾아갈 수도 있다. 최첨단 장비의 현란함에 중심을 잃지 않도록 월트 휘트먼Walt Whitman의 시를 함께 낭송한다.

> 내가 그 박식한 천문학자의 강연을 들을 때
> 증명과 숫자가 내 앞에 줄지어 늘어설 때,
> 도표와 그래프를 보여주며, 더하고, 나누고, 측정할 때,
> 나, 앉아서, 그 천문학자가
> 우렁찬 박수를 받으며 강연을 하는 강연장에 앉아있을 때,
> 설명할 수 없을 정도로 급속하게, 나는 싫증나고 피곤해져서,
> 살그머니 일어나 강연장을 빠져나가 홀로 이리저리 걸었지,
> 밤의 신비롭고 촉촉한 대기 속으로, 그리고 때때로,
> 완벽한 고요 속에서 별들을 올려다보면서.

『풀잎과 민주주의 전망』 중에서

* 람다 상수, 우주 상수

하늘에 대한 인간의 이해는 시대에 따라 여러 차례 달라졌다. 하지만 육안으로 관측할 수 있는 별자리만큼은 엄청난 세월 동안 아주 조금씩 변했을 뿐이다. 고대 이집트 문명기 이전으로 시간 여행을 떠날 수 있다면 그 때의 큰곰자리가 지금의 국자모양과는 아주 다르다는 것을 확인할 수 있을 것이다. 리더스 다이제스트Reader's Digest 사에서 펴낸 멋진 별자리 지도를 보면 점진적인 별자리 변화가 한 눈에 들어온다. 하지만 고대 이집트 사람들도 그 자리에 있는 별을 지금과 똑같이 큰곰자리라고 불렀을 것이다. 별자리에 붙은 동물 이름은 결코 별에 숫자를 붙이고 상상의 화폭 위에서 순서대로 선으로 연결한 뒤에 지어 붙인 것이 아니다. 실제로 요즘의 유아용 도서에는 이런 식으로 (아주 시시한) 놀이를 하며 별자리를 만드는 것도 있다. 별자리 이름은 이렇게 만든 것이 아니다.

양떼와 함께 들판에서 잠을 자던 목동들은 꿈을 꾸다가 잠에서 깨는 경우가 많았다. 꿈에서 봤던 여러 동물이 선명하게 남아있는 상태에서 눈을 뜨면 밤하늘의 별무리가 눈앞에 펼쳐졌다. 같은 동물 꿈을 꾸고 잠에서 깨는 순간 동일한 별자리를 보는 일이 반복되자 그들은 동물 이름과 해당 별자리를 연결시키게 되었다. 이는 단지 한두 명의 목동만 겪는 일이 아니었다. 같은 부족뿐만 아니라 다른 부족 목동들도 같은 경험을 했다. 이를 사제 혹은 사제-왕이 확인한 다음 별자리 이름을 그 나라 언어로 공표했다. 다른 말로 하자면 그 시절에는 별자리의 본질과 '소통하는' 보편적인 꿈-지각이 존재했다는 것이다.

그 시절에 이런 일이 가능했던 이유는 당시 사람들의 의식상태가 지금과 전혀 달랐기 때문이다. 그들은 기억과 습관에서 주변 사람들과 본능적으로 훨씬 가깝게 연결되어 있었다. 현대에는 당연해진 개별 의식, 자아의식 대신 그들은 민족 및 조상과 연결된 집단의식을 지녔다. 이는 동물에서 관찰할 수 있는 집단 본능과 유사하다. 넓은 지역에 살면서 같은 언어를 사용하는 사람들은 집단 영혼을 공유했고, 독립된 개별 존재로 행동하기보다는 집단혼의 지도에 따라 살았다. 동물 세계에서 집단혼의 특성을 볼 수 있는 또 다른 예는 새들의 비행이다. 새들이 무리지어 회전하고 급강하하고 방향을 바꾸면서 하늘을 나는 모습을 관찰하다 보면, 무리를 이끌던 지도자가 자연스럽게 다른 새에게 주도권을 넘기고 조금 있다가 보면 또 다른 새가 무리를 이끈다. 어떤 '개인'이 지도자가 될지를 놓고 싸움을 벌이는 경우는 전혀 없다. 무리를 이끄는 실제 동력, 혹은 지혜의 원천은 눈에 보이지 않는 집단혼이기 때문이며, 개별의 모든 새는 집단혼에 속한 존재다.

별자리에 이름을 붙이거나 별자리 모양이 수천 년 동안 달라진 것과 별개로, 인류의 거처인 지구와 관련해서 태양의 운동을 어떻게 바라보았는지에 대한 문제가 있다. 다음은 이란에 있는 동굴 벽화로 지금부터 약 8000년 전에 그려진 것으로 추정하는 그림이다. 당시 사람들이 어떤 의식을 가졌는지를 보여준다.

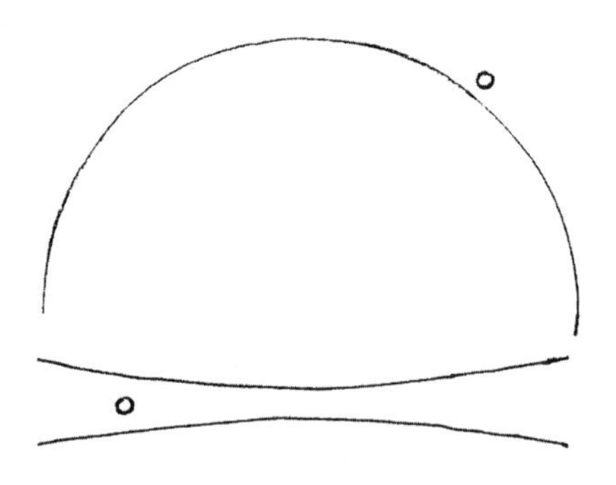

이 그림에는 두 개의 태양이 등장한다. 위쪽 낮의 태양은 천장을 지나 서쪽을 향해 서서히 내려간다. 지평선 아래로 내려간 다음에는 지하

터널을 지나간다. 아래쪽 태양은 동트기 전, 새로운 '운항'이 시작되기 직전의 위치다. 반원은 두개골과 비슷하며 가운데가 좁은 터널은 팔다리뼈 모양이다. 두개골 외부와 사지 뼈 내부는 서로 상응한다. 머리는 단단한 뼈가 부드러운 공간을 감싸고 있지만 사지는 거꾸로 단단한 뼈 주위를 부드러운 살이 감싸고 있는 점과, 인간의 사고와 의지는 각각 주로 머리와 사지에 집중되어 빛과 어둠, 잠과 깸의 양극성을 보여준다는 점을 떠올려보자. 오늘날 우리가 명확한 의식 속에서 사고하는 것을, 머나먼 과거에는 강렬한 느낌의 꿈-사고 속에서 꿈처럼 지각할 뿐이었다. 이렇듯 지금과는 판이하게 다른 의식 상태로 인해 그들은 뼈를 포함한 전체 신체 구조와 자신의 신체에서 잠들어있는 부분과 깨어있는 부분 사이의 양극적 차이를 직관적으로 파악할 수 있었다.

그리스 문명이 안정기에 접어들 무렵, 인간 의식은 태양뿐만 아니라 지구 역시 움직이는 것으로 파악하는 수준에 도달했다. 인간 다리가 움직임을 위한 것이듯 다리가 딛고선 지구 역시 그러하다고 생각했다. 태양이 황도 12궁을 따라 한 바퀴를 도는 일 년 동안 (이미 공처럼 둥글다고 여겼다) 지구는 자전축을 중심으로 제자리에서 밤하늘의 별과 한낮의 태양을 따라 한 바퀴를 돈다.

피타고라스(기원전 550년)는 이 모든 운동의 중심이 태양이나 지구가 아니라 중간의 한 점이라고 생각했다. 우리가 사는 이쪽 지구와 균형을 이루는 '반反-지구'가 태양 뒤에 숨어 있으며, 세상을 떠난 영혼들이 지구의 과제에서 해방될 때 그것을 통해 저 세상으로 간다는 것이다. 이로써 인간의 꿈-의식 대신 기하학적 명확성을 가진 의식이 들어서게 된다. 지구와 태양은 균형점인 '중앙의 불'을 중심으로 돈다. 이는 머리 움직임과 다리 움직임 사이에서 자유롭게 풀려난 팔 움직임이 균형을 잡고, 그 몸짓에서 인간의 감정이 표현되는 것과 다르지 않다.

문화권마다 우주에 대한 상, 특히 생명의 원천인 태양과 지구 관계에 대한 상이 각기 달랐다. 그리스 문화기 안에서도 지구-태양 관계에 대한 이해는 상대적으로 빠르게 변화했다. 기원전 280년 아리스타르코스Aristarchus는 태양을 우주의 중심으로 보는 초보적인 지동설 천문학을 제안했다. 하지만 서기 150년 프톨레마이오스Ptolemaeos 천문학에서는 지구를 우주의 중심에 두었다.

초기 그리스도교 인들은 그리스도가 지구로 왔다는 것이 지구가 진정한 중심이라는 증거로 여겼고, 그 후로 1500년 넘는 세월 동안 천동설에 기초한 천문학을 진리로 여겼다. 이상한 고리모양 경로로 움직이는 행성 움직임을 설명하기 위해 프톨레마이오스가 처음 제시했던 것보다 훨씬 복잡한 원과 주전원*으로 이루어진 가설이 등장했다. 그러면서도 지구가 우주의 물리적 중심이라는 생각에는 의문을 제기하지 않았다. 로마 가톨릭은 로마가 전체 기독교계의 중심이라고 선포한 것처럼 우주의 중심은 지구라고 선언한다. 유럽이 중세 암흑기를 거치는 동안 그리스 학문은 사람들 뇌리에서 사라졌다. 지구가 둥근 구체라는 것조차 진리로 받아들이지 않았다. 지구를 평평한 원반이라고 생각했기 때문에 원반 끝을 향해 먼 바다로 나간다는 건 상상도 할 수 없는 위험천만한 일이었다. 르네상스 시대에 마침내 인간 의식이 큰 도약을 할 때까지 인류는 그 상태에 머물러야 했다.

그동안 서아시아의 아랍(예를 들어 바그다드) 문화 속에서 명맥을 유지하던 그리스 과학은 한 세기가 못되어 (전과 다른 모습으로) 다시 유럽으로 돌아왔다. 문화 예술이 부흥하기 시작했고, 위대한 화가들은 그리스도교에 새로운 의미와 아름다움을 불어넣고, 선원들은 크나큰 용기

---

* 周轉圓_중심이 다른 큰 원의 둘레 위를 회전하는 작은 원

를 내어 대양을 건너 지구가 평평하다는 믿음은 한갓 허상에 지나지 않음을 행동으로 증명했다. 지구가 우주의 중심이라는 교회의 생각은 그대로였지만(사실 더 강해졌다), 태양이 빛과 생명의 중심이라는 관점을 결코 포기하지 않은 사람들도 있었다.

코페르니쿠스Copernicus는 초기 연구에서 이미 지구가 둥근 모양이며 북-남 축을 중심으로 회전한다는 것을 과학적으로 입증했고, 이로 인해 바스쿠 다 가마Vasco da Gama, 콜럼버스Columbus 같은 사람들의 탐험 여행이 빛을 발할 수 있었다. 코페르니쿠스는 임종 자리에서야 자신의 저서 『천구의 회전에 관하여De Revolutionibus orbium caelestium』 초판본을 손에 쥘 수 있었다고 한다. 코페르니쿠스는 생애 마지막 몇 년 동안 태양이 진정한 중심이며 그 주위를 지구와 다른 행성들이 돌고 있다는 혁명적인* 가설에 몰두했다. 주장의 요지는 프톨레마이오스와 후계자들이 그려 넣은 복잡한 주전원 중 일부는 완전히 빼도 된다는 것이었다. 당시 교황은 코페르니쿠스의 의견에 반대하지 않았다. 오히려 큰 관심을 보였고 두 사람 관계도 친밀했다. 교회 안에는 비판의 목소리가 있었고 특히 마르틴 루터Martin Luther는 말도 안 되는 소리라고 폄하했지만, 책이 출판된 16세기 중반에는 대부분 호의적인 관심을 보였다. 그러다가 몇 년이 지나 새로운 교황이 들어서면서 분위기가 냉랭해지고 금서 목록에 오르게 된다. 지오다노 부르노Giordano Bruno를 비롯한 수많은 사람이 지동설에 찬성했다는 이유로 화형을 당하기도 했다.

하지만 그들이 아무리 길길이 날뛰어도 손바닥으로 하늘을 가릴 순

* revolution_라틴어에서 유래한 단어로, 회전, 순환, 반복 등의 의미를 지닌다. 코페르니쿠스는 천체의 '회전'이란 의미로 사용했으며, 칸트는 획기적인 발상의 변화란 의미에서 코페르니쿠스적 '전환revolution'이라고 했다. 한나 아렌트는 17세기 영국 명예혁명부터 '혁명'이라는 정치적 용어로 사용되기 시작했다고 밝혔다. 한자어 '혁명'은 주역에서 나왔다.

없었다. 얼마 안가 태양이 우주의 중심이라는 관점이 보편하게 된다. 300년이 지나 망원경이 개발되고 뉴턴Newton이 자신의 중력 이론을 케플러Kepler 법칙에 적용한 결과, 하늘에 대한 인간의 이해는 또 한 번 큰 변화를 겪는다. 태양이 중심인 태양계는 지구와 같은 여러 개의 행성으로 이루어졌으며 그중 지구는 그다지 특별하지 않은 하나의 별에 불과할 뿐만 아니라, 그 태양마저 우주의 중심으로 볼 수 없음을 알게 된 것이다. 우리가 바라보는 태양은 각자의 태양계를 거느린 수백만 개 태양 중 하나이며, 그 모든 태양(별)이 모여 은하수라고 부르는 은하계를 이룬다. 게다가 하늘 어딘가에서 은하계의 수가 계속 늘고 있다는 것까지 알게 되면서, 마침내 현대에는 태양도 지구도 이 거대한 우주의 보잘것없는 한 점에 지나지 않는다는 (몇몇 사람들에게는) 대단히 우울한 결론에 이르게 된다.

하늘에 대한 물질주의적 관점에서는 관찰한 물리적 현상을 오직 물질(고체, 액체, 기체)과 그 안에서 일어나는 역학, 열역학, 전기, 원자핵의 활동으로 설명하려 한다. 하지만 세상에 존재하는 생명, 의식, 개별성을 함께 생각하는 덜 경직된 관점에서는 우울한 결론이 아니라 오히려 희망과 용기를 불어넣는 결론에 이르게 된다. 루돌프 슈타이너는 지구가 광물계의 중심이며, 빛과 전자기 영향의 측정 중심, 우리의 감각-지각에서 생겨난 물리 법칙이 형성되는 곳이라고 보았다. 비슷한 인식 활동이 화성이나 안드로메다은하에 있는 어떤 별(항성)에 딸린 한 행성에서 일어난다고 상상하는 것은 그저 과학적 추정에 지나지 않는다. 반면 슈타이너에게 우리 태양은 세계 에테르 계의 중심[6]이다. 그는 지구는 물질 공간의 중심이며, 태양은 에테르 공간의 중심이라고 설명한다. 식물은 싹을 틔우면서 물질적 지구의 토대 위에서 생명의 근원인 태양-중심을 향해 뻗어 올라간다. 들판의 꽃은 태양빛이 비치면 기계적이고 단순한 광합성 법칙에 따라 꽃잎을 펼치는 것이 아니다. 꽃의 개화는 햇빛의 광채를 통해 전달되는, 살아있는 온기와 빛에 바치는 인사다.[7] 과학에서 이런 관점은 점 중심으로 사고하는 유클리드와 데카르트의 측정 개념으로는 통찰할 수 없다. 이를 위해서는 점이 아닌 면으로 이루어진 극-유클리드 체계의 기하학적인 (그러면서도 정확한) 개념이 필요하다.

별세계를 배경으로 펼쳐지는 지구-태양 관계에 적용할 수 있는 상대성 이론의 여러 개념 중에서 슈타이너는 다음 그림[8]을 지목했다.

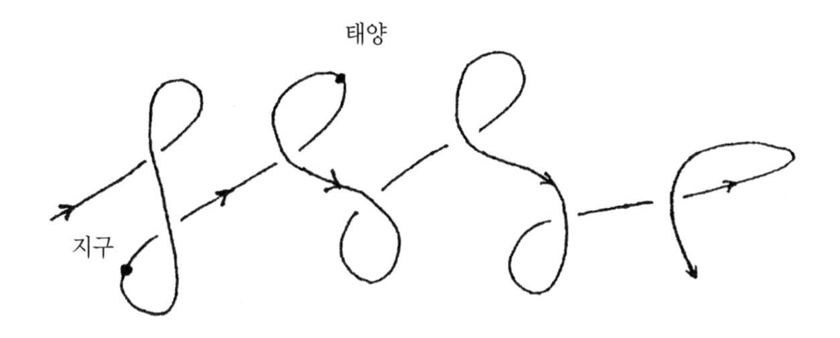

이 그림에서 태양은 렘니스케이트 나선으로 움직이고 지구가 그 뒤를 따른다. 측면도로 보면 둘이 대략 원 지름의 양끝 점에서 같은 방향으로 움직이고, 원이 조금씩 위치를 바꾸는 것처럼 보일 것이다. 이웃 별과 은하계 전체 구조 속에서 태양이 움직이는 일반적인 방향을 처음 알아낸 사람은 1783년 윌리엄 허셜 경Sir William Herschel이다. 그는 그것을 태양 향점solar apex이라고 불렀다. 별들은 향점에서는 멀어지고 그 반대쪽에 있는 배점antapex에서는 가까워지는 것처럼 보인다. 하지만 하늘에 있는 모든 것이 그러하듯 향점 역시 아주 느리지만 움직이고 있다. 슈타이너의 그림 역시 점-면 양극성을 함께 고려해야 한다. 위의 그림은 점 운동 중심이다. 즉 점(태양과 지구)이 곡선에 접하면서 움직인다고 상상한 것이다. 하지만 면 역시 곡선 위 모든 점의 접선 주위로 움직이고(회전하고) 있다. 필자가 아는 한에서는 지금껏 슈타이너의 개념을 이해하기 위해 필요한, 이렇게 복잡하고 어려운 수학 문제를 푼 사람은 아무도(아인슈타인의 특수상대성과 일반상대성 이론 포함) 없다.

인간 의식은 무수한 변화 발전을 거치면서 진정한 지구-태양 관계를 파악하기 위한 다양한 개념을 탄생시켰다. 이제 우리는 어떤 의미에서는 2, 3천년의 세월을 거치면서 한 바퀴를 돌아 고대 페르시아 및 칼데아 사람들의 지점으로 돌아온 것 같다. 그들은 지구와의 관계에서 하루 밤낮 동안 태양 움직임의 질적인 차이(위쪽 원과 아래쪽 터널, 두개골과 대퇴골)를 이미 인식하고 있었다. 하지만 그것은 꿈과 같은 종류의 인식이었다. 명확한 의식에서 이루어지는 진정한 사고 행위는 그리스부터 시작되었다. 인간 의식 발달의 주요 단계를 요약해보자.

1. 피타고라스는 태양과 지구 사이에 이상적인 지점이 있으며, 태양과 지구 모두 그 살아있는 불을 중심으로 회전한다고 했다. 그는 반-지구에 대해서도 말했다.
2. 아리스타르코스Aristarchus는 태양을 중심으로 택했다.
3. 프톨레마이오스는 지구를 중심으로 택했다.
4. 코페르니쿠스는 다시 한 번 태양을 중심에 놓았다.
5. 허셜Herschel을 비롯한 많은 19세기 천문학자는 태양의 움직임을 은하계 및 별들과의 전체 관계 속에서 살펴보았다.
6. 20세기 초 아인슈타인Einstein은 상대론적 시각이 훨씬 강화되어야 함을 증명했고, 슈타이너Steiner는 태양과 지구가 서로의 주위를 회전하면서도 태양이 지구를 이끄는 렘니스케이트 나선 그림을 제안했다.

7. 로렌스 에드워드Lawrence Edwards[9]는 행성에 살고 있는 식물 형태의 주기 변화와 그 행성의 태양, 달과의 결합 관계를 정확하게 규명했다. 에드워드는 우주에서 일어나는 일에 관해서는 전체적이면서도 물질주의에 국한되지 않는 사고가 필요함을 몸소 입증했다.

이야기는 여기서 끝나지 않는다. 상상, 영감, 직관 같은 새로운 형태의 의식(덧붙이는 글에서 설명)이 발달함에 따라 태양-지구 상대성의 본질이 더욱 명확해질 것이고, 희망컨대 그로 인해 영혼의 다른 영역(느낌과 의지)에서 우리 시대가 필요로 하는 치유가 일어나기를 바란다. 들숨 뒤에는 날숨이 따라오기 마련이다. 위에 서술한 7단계를 보면 천문학에 대한 인간의 표상에서도 들숨과 날숨의 리듬이 분명히 존재한다. 앞 단계에 등장한 것은 사라졌다가 새로운 형태로 다시 등장한다. 심지어 피타고라스가 말했던 '반-지구'도 1854년 덴마크 천문학자 브로르손Brorson이 역광채Gegenschein를 발견한 이후로 다시 제기되고 있다. 이는 하늘에 있는 희미한 타원 모양 빛의 점으로, 이번에는 태양의 정반대 자리에 있다고 가정한다. 역광채를 관찰하기 위해선 달빛도, 인공불빛 공해도 전혀 없어야 한다. 망원경으로 확대하면 타원의 광채가 줄어들고, 확대 배율이 클수록 그 현상은 시야에서 사라진다. 과학자들은 1960년대 이전까지는 이 현상에 대한 아무런 해명도 내놓지 못했다. 사실 지금도 물질주의적 관점에서 나온 모순투성이 가설만 있을 뿐이다.

피타고라스부터 슈타이너까지 약 2500년 동안 지구-태양 관계에 대한 천문학적 인식은 '한 바퀴를 돌아' 다시 제자리에 이르렀다. 하지만 이 발달은 단순한 반복의 과정이 아니었다. 한 해 동안 태양은 황도대의 12 별자리를 모두 거치고, 춘분점 또한 25,920년 동안 12 별자리를 한 바퀴 돈다. 시작점이 어디든 첫 자리와 마지막 자리는 분명히 유사하지만, 그 사이 다른 특성도 함께 성장한다. 제자리로 돌아온 것 같지만 이전보다 한 단계 높아지는 것이다. 스위스 산악 열차가 계곡 사이를 연결한 터널과 고가교를 따라 빙글빙글 올라가면서 반대편 산에 오르는 것과 같다. 슈타이너가 그린 렘니스케이트 나선을 눈으로 따라갈 때도 비슷한 과정이 일어난다. 이 문양은 은행장 케네스 펩피아트K. O. Peppiatt 의 서명이 있는 예전 영국은행 파운드 지폐에서 수백 번이나 반복된다.(요즘 지폐를 위조하려는 사람들은 이 문양 대신 마이클 패러데이Michael Faraday, 찰스 디킨슨Charles Dickens, 조지 스티븐슨George Stephenson 과 관련된 장면을 베껴야할 것이다) 작년 봄의 우리와 올 봄의 우리가 완전히 똑같은 사람이라고 볼 수는 없다. 26000년 전에 새들은 오늘날 서리Surrey 주가 있는 석회암 단층 위 활엽수림에서 노래하기 시작했지만(새는 '그 때 막' 파충류에서 진화했다) 그 때만해도 알프스도 히말라야도 안데스 산맥도 없었다. 지구 자전축은 밤 시간 없이 계속해서 태양을 마주하고 있는 대륙인 아프리카를 관통했다. 설치류 역시 진화의 무대에 등장하지만 아직 유인원은 생겨나지 않았다. 그 까마득한 시절의 인류와 조금이라도 가까운 존재의 화석은 지금까지 전혀 발견되지 않았다. 하지만 당시 인간의 신체 조직이 오늘날 해파리와 비슷했다고 가정한다면 그 화석이 지금까지 시간의 풍화를 견디고 남아있길 바라는 것은 허무맹랑한 기대일 것이다. 어쨌든 인간 문명의 진정한 진보는 태양 춘분점이 마지막 물고기자리에 있을 때부터 시작되었다는 데는 반박의 여지가 없을 듯하다.

피타고라스 시대에는 천문학 속에 당연히 신들의 행위와 본성을 밝히는 우주진화론이 포함되었다. 하지만 현대인의 의식은 그 시절에 획득한 모든 인식을 잃어버려야 했다. 신들의 세계에 완전히 젖어있던 당시 사람들은 아직 스스로 독립된 결정에 따라 행동하고 인식하는 진정한 자유를 획득할 수 없었다. 그것은 우리가 정신세계에 대한 지각을 잃은 직접적인 결과로 우리 이해 속에 들어오게 된 것이었다. 하지만 추락의 가장 밑바닥에서 다시 세계와 그 속에서 인간의 위치를 전체성 속에서 통합적으로 파악하기 위해 방향을 바꾸어 올라갈 수 있다. 현대 물질주의 과학은 생명과 인간 영혼의 세 가지 활동, 모든 인간의 내면에 존재하며 그 영혼 활동을 다스리는 개별성 또는 자아의 힘을 이해하는 데 실패했다. 이는 오직 상상과 전체적이며 순수한 이성적 사고로 다가갈 때만 가능하다. 루돌프 슈타이너는 평생을 바쳐 새로운 정신과학의 토대를 세웠다. 그것을 통해 인류는 고대 그리스에서는 신들의 세계, 북유럽 사람들은 아스가르드라고 부르던, 살아있는 존재로 가득 찬 창조적인 세계의 참의미를 이해하고 함께 만들어가는 일에 깊이 동참할 수 있을 것이다. 새로운 정신과학을 길잡이 삼아 21세기 인류가 미래를 향해 창조적으로 일하기 위해서는 새로운 정신과학의 길안내가 필요하다.

정신과학의 양분은 모든 과목과 인간 활동에도 필요하지만, 정신과학이 천문학을 변형하지 못한다면 힘찬 진보도, 진정한 확신도 이룰 수 없을 것이다. 구름 한 점 없는 밤하늘에 펼쳐진 광대하고 아름다운 별들의 세계는 세상 무엇보다 깊은 감명을 준다. 세상과 우리를 온전히 품고 있는 별들의 세계를 새로운 과학으로 통찰하기 전까지는 모든 노력이 헛수고에 지나지 않을 것이다. 월트 휘트먼처럼 천문학자의 강의를 견디지 못하고 강의장을 나가 '밤의 신비롭고 축축한 대기'를 느끼며 새로운 과학으로 그의 귀에 들려오는 것과 합일할 수 있을 때, 별을 올려다볼 때의 완벽한 고요 속으로 천천히 노래가 깃들 것이다.

두 가지 할 일이 있다. 첫째는 고작 600년 전 사람들이 천체의 본질을 상상하고 떠올리던 방식 속에 현대 의식을 유지한 채 들어가는 것이다. 그들에게 달은 그저 눈에 보이듯 약간 찌그러진 원 모양 물체가 아니라 태양빛을 되비쳐주는 반사체로, 계속 움직이면서 지구를 중심에 둔 거대한 구의 경계를 표시하고 있었다. 구를 채우고 있는 것은 대화를 나눌 때 친구가 내쉬는 공기처럼 눈에는 보이지 않지만, 출산과 수태를 가능하게 하는 힘으로 느꼈다. 이와 마찬가지로 수성의 구는 소화를 가능하게 하며, 금성의 구는 동화작용을, 화성과 목성, 토성은 각각 호흡, 감각 지각, 사고 형성을 가능하게 한다. 혈액의 순환을 다스리는 심장의 작용은 태양의 은총으로 여겼다.

우주선을 달 영향권 너머로 쏘아 보낼 수 있다면 우주비행사에게 어떤 일이 일어날지 상상해보자. 거기서 아이를 잉태하는 것이 가능할까? 수성의 영향권 밖에서 소화가 가능할까? 어쩌면 이 문제는 그리 심각하지 않을 수도 있다. 우주비행사들이 섭취하는 음식물은 소화 과정에서 반-중력으로 인해 생길 수 있는 문제를 방지하기 위해 소화과정이 별로 필요하지 않은 상태로 치약 모양 튜브 속에 담겨있기 때문이다. 화성 영향권 밖에서는 호흡을 조절하지 못하는 것이 사실로 밝혀지면, 당연히 우주비행사들에게 병원에서 벌써 오래 전부터 사용해오던 인공호흡기를 제공할 것이다. 목성을 넘어서면서 감각 기관이 제 기능을 못하기 시작하면, 피부 위 적당한 위치에 부착한 라디오와 텔레비전 연결선으로 해결할 지도 모른다. 우주선을 타고 어디로 가고 있는지도 볼 필요가 없다. 지상통제실과 기계 장치들이 다 알아서 할 것이다. 토성 영향권 너머로 간다 해도 전혀 걱정할 필요가 없다! 컴퓨터가 당신 대신 모든 문제를 해결할 것이다. 태양의 영향권 밖에서는 내장된 심박조율기가 심장의 정상 기능을 비슷하게 대체할 것이다.

그러면 해왕성까지 갔다 오는 여행에 참가할 사람이 있는가? 돌아오는 즉시 당신 주변에는 돈을 얼마든지 줄 테니 인터뷰 좀 하자고 매달리는 공상과학 소설가들이 줄을 이을 것이고, 그들은 당신을 보며 인간이 아닌 존재가 어떻게 생겼고 어떤 소리를 내는지 자기들 눈과 귀로 확인하고 싶어 할 것이다.

반면 호흡이나 생식 같은 신체작용(위에 언급한 것 말고 다른 것도 많다)에 대해 조용히 명상하면서 상상 속에서 행성 영향권으로 들어가면, 먼저 움직이는 별(행성)과, 다음에는 고정된 별(항성)과 합일하게 된다. 이는 우주공학이 아무리 발달해도 따라올 수 없는 경험이다.

둘째로 별들의 세계를 바라보는 새로운 수학적 방법을 개발해야 한다. 피타고라스, 프톨레마이오스 같은 사람들은 각도 측정 방식을 이용했다. 거리 계산은 훨씬 나중에야 등장했다. 태양계 외부에 있는 별들의 거리는 광속 효과에 관한 가설에 좌우된다. '광년'은 대단히 편리한 가설이며, 여기에서 아주 멋진 수학이 탄생했다. 하지만 실재에 더 가까이 다가가기 위해서는 타원, 쌍곡선, 극-유클리드 공간에서 만나게 되는 전혀 다른 종류의 측정을 이해해야 한다. 타원 곡선이 없었다면 아인슈타인은 결코 상대성 이론을 만들어낼 수 없었을 것이다. 극-유클리드 공간을 무생물계와 대조되는 생물계에 어떻게 적용할 수 있는지가 분명해질 때 비로소 새로운 천문학을 시작할 수 있을 것이다.

앞에서 간략하게 서술한 상상과 변형된 수학이 결합할 때만 새로운 천문학이 탄생할 것이다.

수학 교사들은 기술적 토대를 만드는 데 지대한 역할을 할 수 있다. 자신이 가르친 학생들이 언젠가 학교를 졸업한 다음에 (아주 먼 미래일 수도 있다) 순수한 수학적 상상력과 현상을 바라보는 통합적 시각을 획득하는 것이야말로 수학 교사들의 소망이다. 아이들이 여기에서 제기한 문제를 생각해본다면 적어도 모두가 내면 깊은 곳에서 소망하듯 숙고하고 조사할 자유를 찾을지도 모른다. 천문학을 직업으로 택하는 경우는 극히 드물겠지만, 모든 아이들이 인생을 살아가면서 터전인 지구를 둘러싼 천구에 관한 질문이 의식 속에 깨어나는 순간이 있을 것이다. 그런 순간은 인생에서 결코 무시할 수 없는 무게와 의미를 지닌다.

이런 내용은 주로 14~18세 아이들을 가르치는 교사에게 해당되지만, 아래 학년 교사들도 알고 있어야 한다. 본문에 나온 핵심 주제를 되풀이하고, 이후 학년에서 제대로 배울 내용을 몇 해 앞서 가볍게 맛보게 해주면서 기대를 불러일으킬 때 진정한 교육이 일어날 수 있다.

내가 그 박식한 천문학자의 강연을 들을 때
증명과 숫자가 내 앞에 줄지어 늘어설 때,
도표와 그래프를 보여주며, 더하고, 나누고, 측정할 때,
나, 앉아서, 그 천문학자가
우렁찬 박수를 받으며 강연을 하는 강연장에 앉아있을 때,
설명할 수 없을 정도로 급속하게, 나는 싫증나고 피곤해져서,
살그머니 일어나 강연장을 빠져나가 홀로 이리저리 걸었지,
밤의 신비롭고 촉촉한 대기 속으로, 그리고 때때로,
완벽한 고요 속에서 별들을 올려다보면서.

월트 휘트먼Walt Whitman

덧붙이는 글

수학과 비학 입문에 관한 보충 설명

고차 세계 입문에 대한 자신의 책[1]에서 슈타이너는 정신 영역을 통찰하고자 하는 누구나 이용할 수 있는 방법을 소개했다. 한편 『자연과학의 두 경계Grenzsen der Naturerkenntnis』[2]에서는 특별히 과학자들을 위한 방법이 나온다. 두 경계는 물질과 의식이다. 첫 번째 필수 요건은 수학의 정신을 완전히 숙지하는 것이고, 두 번째는 음악가가 악보를 읽을 때처럼 한 줄, 한 페이지도 허투루 넘기지 말고 명확한 사고 활동을 하며 『자유의 철학』을 숙독하는 것이다. 이런 연습을 하다 보면 자신이 지금껏 몰랐던 내면 세계에 속한 존재임을 깨닫게 되고, 감각에서 자유로운 순수한 사고 능력을 키워 수학(본질적으로 감각에서 자유로운)을 뛰어넘어 훨씬 멀리까지 뻗어나가기 시작한다. 순수한 사고 활동이 무엇인지 직접 체험하게 되는 것이다. 이것은 일상에서 흔히 하는 수동적 사고가 아니라 적극적 의지를 지닌 사고 활동이다. 이렇게 얻은 사고 능력은 분명히 두뇌에서 만들지 않은 것이다. 이는 물질이나 감각이 전해주는 것과 전혀 성격이 다른, 자기 자신 외에 아무런 근거를 필요로 하지 않는 순전한 정신 활동이다.

그러나 지금 단계에서는 이 능력을 한쪽 구석에서 조용히 끓고 있도록 내버려두어야 한다. 이 능력을 통해 정신이 존재함을 확신할 수는 있겠지만, 그것만으로는 정신세계를 지각하는데 충분하지 않기 때문이다. 우리는 또한 능동적으로 우리 자신을 순수한 지각에, 눈, 귀, 온기, 촉감 등 감각을 통해 전해지는 자극에, 우리가 스스로를 위해 만드는 상징적 변화에 내맡겨야 한다. 이 길은 순수하게 현상학적인 경로를 거치며,

보통 사고 과정에서 떠오르기 마련인 수많은 표상과 기억의 상을 의지의 힘으로 침묵하게 해야 한다. 그러면 우리 존재를 가득 채우는 지각 속에 들어가게 되고, 그 결과 아주 강력한 영혼의 힘을 획득한다. 신체(구성체)에 대한 새롭고 의식적인 경험, 정신적 실재로 충만한 경험이 그 뒤를 이을 것이다. 이것은 사춘기 청소년들이 겪는 경험과 어떤 면에서는 비슷하면서도 그보다 심도 깊은 경험이다. 전 우주에서 전해오는 색채, 소리, 온기가 사랑의 감각을 불러일으킨다. 이를 성적 욕구에 기인한 사랑으로 오해해서는 안 된다. 후자는 심리, 신체 발달과 함께 성장하지만, 전자는 정신(이는 우주에 충만한 힘인 동시에 인간 개별성 속에서 활동하는 힘을 말한다)이 영혼 속으로 비쳐 들어올 때 피어난다. 성적 충동을 가장 진실하면서 분명한 의식을 지닌 사랑으로 다스리지 못한다면, 그 결과로 발생하는 문제(우리 시대에 너무나 흔하고 익숙한)는 갈수록 심각해질 것이고, 결국엔 비인간적인 힘과 악의 힘에 지배를 받게 될 것이다. 사랑은 인간의 모든 감정 중에서 가장 의식적인 것이다. 이것은 사고와 분리시킬 수 없는 감정이다. 셰익스피어를 비롯한 많은 사람이 가슴에 이르는 길은 머리를 통해야 닿을 수 있다고 가르쳐왔다.

두 영혼 활동(사고와 감정)은 통합할 때 가장 풍성하게 피어오른다. 바로 이 상태에서 비로소 세 번째 영혼 활동인 의지 활동이 그 둘과 결합하고 가장 창조적인 차원에서 일할 수 있다.

명확하고 독립된 사고 활동만으로는 순수하게 정신적인 것을 전혀 지각할 수 없다. 감정이 함께 해야 한다. 이처럼 높은 수준에 이르면 사고의 일부분인 감정과 감정의 일부분인 사고를 인식하게 된다.

정신적 실재에 완전히 자신을 내맡기는 경험은 위대한 시에서 드러나는 특질과 아주 유사하다. 예를 들어 T. S. 엘리엇Eliot의 시구[3]를 보자.

그리고 새는 소리쳤다, 수풀에 숨겨진
들리지 않는 음악에 대한 화답으로,
그리고 눈에 보이지 않는 눈빛이 건너왔다,
장미에 누군가가 바라보는 것 같은 꽃의 표정이 있었기 때문이다.
거기서 그들은 우리의 손님이었다, 접대 받으면서 접대하는.

이 시를 인간 감정의 능동적인 현존 없이 이해할 수 있는 사람이 있을까? 머리가 사고 활동의 중심이듯 (물론 사고 활동이 머리에 국한되지는 않지만), 감정 활동의 중심은 심장과 허파의 리듬 체계다.

여기서 언어로 설명하려고 애쓰고 있는 정신적 경험[4]을 슈타이너는 상상[5]이라고 불렀다. 상상의 힘을 통해서만 두 번째로 필요한 능력을 획득한다. 이제 앞서 조용히 끓도록 한쪽으로 치워두었던, 변형된 다이아몬드 같은 수학적 능력(첫 번째 능력)은 슈타이너가 영감이라고 불렀던 새로운 힘을 펼치게 된다. 두 능력이 하나로 결합할 때 진정한 직관이 움직이기 시작한다. 마침내 개인은 세상 및 자신의 존재와 완전히 의식적인 차원에서 '하나'가 될 수 있다. 물질과 일상적 의식이라는 두 경계의 한계를 극복한 것이다.

사실 이 내용은 학교 교육을 받는 연령의 아이들에게는 해당되지 않는다. 몇몇 아이들의 마음에서는 여기서 소개한 질문들이 꿈틀대기 시작하는 경우도 있을 것이다. 이 아이들에게는 그런 문제를 파헤치려들기 전에 인내심을 갖고 학교 울타리 밖에서 성인으로서의 인생 경험을 풍부하게 쌓으라고 권하는 것이 현명하다. 하지만 아이가 단도직입적으로 질문을 던진다면 솔직하게 자신의 견해를 밝히는 것이 좋다. 슈타이너학교의 상급 학생이라면 슈타이너의 견해(예를 들어 재육화)를 어떤 식으로든 들어보았을 수 있다. 도서관을 뒤지거나 책 제목을 물어도 굳이 막을 필요가 없다. 대부분 몇 페이지 못 가 더 이상 못 읽겠다고 느끼고 접어두기 때문이다. 반면 상급과정 초기 아이들 중에 '슈타이너 물'이 들까봐 걱정이라고 농담처럼 말하는 경우도 당연히 많다. 사실 이는 건강한 반응이다. 그 아이들의 생각을 바꾸려고 노력할 필요는 없다. 발도르프 상급과정의 목표는 그들에게 인생이 어떤 모습으로 다가오더라도, 또는 그들이 인생을 어떤 방법으로 탐색하더라도 감당할 수 있도록 준비시키는 것이다. 어른이 되어 사회에서 어떤 식으로 자신의 의지를 펼치는가는 그들이 자유롭게 결정할 몫이다.

지금까지 내용을 다음과 같이 도표로 정리해볼 수 있다.

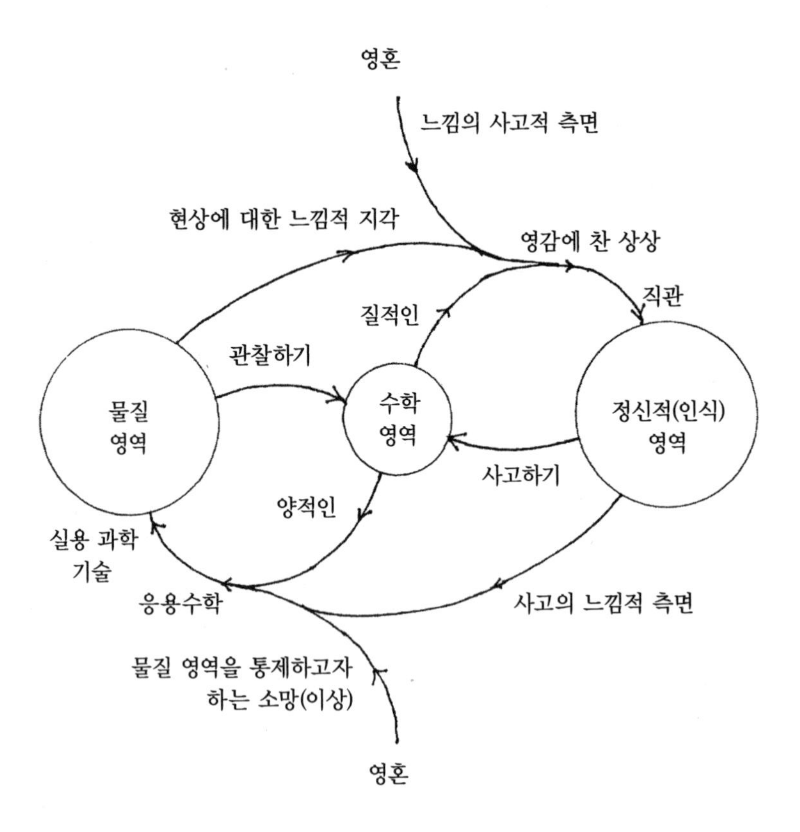

주의사항

1. 도표가 처음에는 총체적인 것처럼 보일 수 있다 하지만 주로 수학적 관점에서 작성된 것이며 보편적인 진리의 한 측면에 불과할 수 있다.
2. 물질 영역에는 신체적인 것(예를 들어 반드시 물질이라고는 할 수 없지만 우리 눈에 보이는 멀리 있는 별)과 우리 신체에 속한 감각기관까지 포함된다.
3. 이런 종류의 도표는 결코 완전할 수가 없다. 예를 들어, 영혼은 '무한에서' 점근선적으로 만나는 쌍곡선 가지의 일부처럼 양쪽에 놓을 수 있다. 신체, 영혼, 정신의 관계를 가장 잘 보여주는 도표는 슈타이너의 강의 『인간에 대한 보편적인 앎』[6]에 나온다. 하지만 모든 도표는 사실 일종의 공책 정리에 불과하다. 진정한 형태와 구조는 끊임없이 살아 움직이며, 결코 종이 위에 선으로 구현할 수 없다. 인간의 에테르체를 설명하려는 시도 역시 마찬가지다.
4. 직관은 실용 기술처럼 하나의 행위다. 모든 화살표는 의지의 현존을 가리킨다.
5. 카시니Cassini 난형선(384쪽 그림)이라는 기하학적 현상에 익숙한 독자들은 이런 곡선 사이를 따라 도는 것과 위 도표에서 의지의 화살표를 따라가는 움직임 사이에 일정한 유사성이 있음을 알아볼 것이다.

큰 타원은 물질과 순수 이성 영역을 '감정'으로 연결하는 것에 상응하며, 실용 과학기술과 직관을 포괄한다. 작은 타원(분리된 타원)은 물질과 순수 이성이라는 두 영역과 관련된 응용 인식에 상응한다. 그렇다면 렘니스케이트는 무엇에 상응할까? 우리는 자신의 사고 활동 관찰을 통해 최초의 정신적 지각을 획득한다. 즉, 사

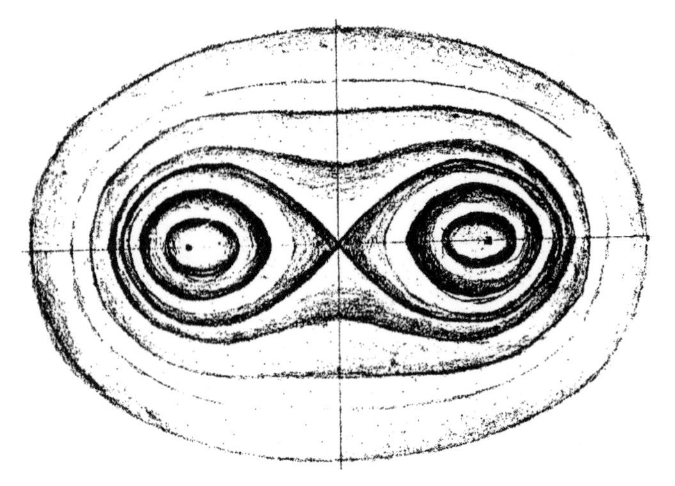

카시니Cassini 난형선

고가 정신 활동임을 인식한다. 곡선을 계속 따라가면서 순수 이성과 물질의 본질적 차이가 질적인 것과 양적인 것의 대조에 있음을 경험한다.

6. 이보다 훨씬 더 어려운 명상은 렘니스케이트 방향을 뒤집어 우리의 관찰을 사고하는 것이다. 여기에는 감각기관 하나하나의 작동 원리와 함께 그 감각기관의 창조에 대해 생각해보는 것도 포함한다. 마침내 물질과 정신이 상호 배타적인 두 영역이 아니라, 훨씬 더 포괄적인 전체의 두 측면이라는 경험에 이르게 된다. '정'과 '동'이 피타고라스 수학에서 중요한 양극성인 것처럼 '훨씬 더 포괄적인 것'이 고요할 때(정)는 물질을, 그것이 움직일 때(동)는 정신을 갖는다.

7. 이 도표에 담지 못한 진정한 움직임과 관계의 또 다른 측면은 2차원 모형이 아닌 3차원 모형을 이용해서 표현할 수 있다. 아래

그림은 뫼비우스의 띠로 처음에는 모서리가 둘인 것처럼 보이지만 사실 하나라는 특이한 기하학적 속성을 지닌다. 게다가 (더욱 중요한 것은) 안팎의 구분 없이 단 하나의 면만 지닌다. '앞면'을 따라 돌다보면 꼬이는 부분에서 앞면이었던 것이 뒷면으로 바뀐다. 이런 모형은 정신과 물질이 6번에서 언급한 포괄적인 영역[7]의 두 '측면'임을 암시한다. 마찬가지로 '질적인 것'과 '양적인 것' 역시 상호보완하며 연속성을 지닌다.

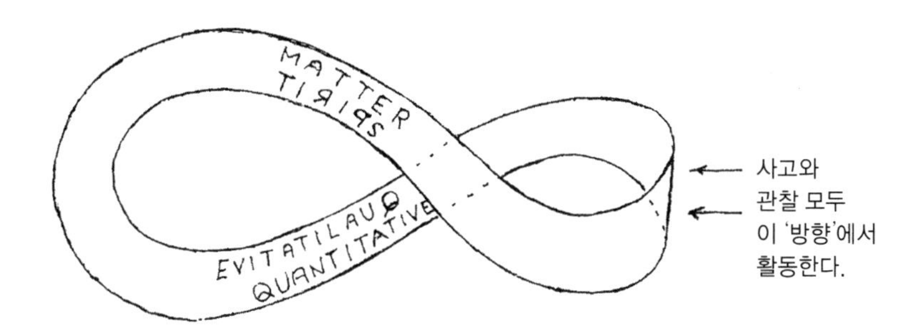

주석과 참고 문헌

- 참고 문헌 중 한국어 번역본이 있는 경우에는 그 책 제목을 소개했다.
- 슈타이너 저서에는 전집 목록인 GA 번호를 추가했다.

머리글

1. 『굴하지 않는다Invictus』 William Ernest Henley

2. Barfield O. 『영혼의 영역The Life of the Soul』 (루돌프 슈타이너의 『vom Seelenleben』의 번역본 수록)

3. Steiner R. 『교육예술 1: 인간에 대한 보편적인 앎』 (GA 293, 밝은누리, 2007)

다음은 슈타이너에게 영향 받은 사람들의 책 목록이다.

- Evans Dr.M & Rodger I.
  『인지학 의학Anthroposophical Medicine』 (Thorsons, London, 1992)
- Edmund F.
  『인지학-인생의 길Anthroposophy-a Way of Life』 (Crosby Press, Hartfield, East Sussex, 1982)
- Heider M. von
  『금빛 모래사장으로 와요Come Unto These Yellow Sands』
- Koepf H.H.
  『생명역동농업Biodynamic Agriculture』 (Anthroposophic Press, New York, 1976)
- Robinswood Press
  『우리 시대 움직임의 예술, 오이리트미Eurythmy an Art of Movement for Our Time』
- Sattler & Wistinghausen
  『생명역동 농업 실전Biodynamic Farming Practice』 (B.D.A.A. publications)

• Schaumburg Publications
『오이리트미-에세이와 사례Eurythmy-Essays and Anecdotes』 (Roselle, Illinois)
• Schilthuis W.
『농업Agriculture』 (Floris Books, Edinburgh, 1990)
• Shepherd A.P.
『비가시적인 것을 연구하는 과학자A Scientist of the Invisible』 (Hodder and Stoughton, London, 1975)
• Spence M.
『현대 세계 경제의 토대Foundations for a Modern World Economy』
『개혁된 경제를 위한 맥락A Context for Renewed Economics』 (Association of Waldorf Schools of North America, Fairoaks, CA, 1990)
• Thomson J.
『자연스러운 아동기Natural Childhood』 (Gaia Books, London & Stroud, 1994)
• Wilkinson R.
『발도르프 교육의 역사The History of Waldorf Education』
『슈타이너 교육의 정신적 토대The Spiritual Basis of Steiner Education』 (Rudolf Steiner Press, London, 1996)

4. 『자유의 철학: 자연과학적 방법에 따른 영적인 관찰 결과』 (GA 4, 밝은누리, 2007)

도입

1. 그밖에 포르피리우스Porphyrios, 디오게네스Diogenes, 헤라크레이토스Heraclitos가 있다.

2. Schure E. 『위대한 선지자The Great Initiates』 (St. George's Press, New York, 1981)

3. Bindel E. 『피타고라스Pythagoras』 (Verlag Freies Geistesleben, Stuttgart, 1962)

4. 역주: 알프레드 테니슨Alfred Tennyson의 시 『갤러해드 경Sir Galahad』 중에서

5. Verhulst J. 『맏아들Der Erstgeborene』 (Verlag Freies Geistesleben, Stuttgart, 1996)

6. 음정 전체를 이런 식으로 정리한 목록은 『그로브 음악 사전Grove's Musical Dictionary』 중 '음조Just Intonation' 장에서 찾을 수 있다.

7. 『당신의 뜻대로As You Like It』 중 "세상의 무대 전부가…"로 시작하는 자크 Jacque의 대사를 보라.

8. 자세한 설명은 4장 참고

9. 요한복음 21장

10. Bindel E. 『수학의 정신적 토대Die Geistigen Grundlagen der Mathematik』 (Verlag Freies Geistesleben, Stuttgart, 1991)

11. 라벤나Ravenna 지방의 모자이크 화, 산 아폴리나레 누오보San Apollinaire Nuovo 성당 <베드로와 안드레아를 부르시는 예수님>

12. Hardy G, Wright E. 『수론의 입문An Introduction to the Theory of Numbers』 (Clarendon Press, Oxford, 1988)

13. Gleick 『카오스Chaos』 (Abacus, London, 1993)

14. 이런 전통은 고유의 문화 및 일정한 세계 진화 단계 속에서 유효하다. 즉 그런 방식이 맞는 적절한 때와 장소가 있다는 것이다. 하지만 맥락과 상관없이 그것을 다른 문화와 현재 인류의 의식 상태 속에 그대로 받아들이는 것은 현재 우리의 요구와 필요에 도움을 주지 못한다.

15. 서구 사회에 적합한 현대적 깨달음의 길에서는 다른 방식으로 차크라를 열어나간다. F. Lowndes 『가슴 차크라의 활성Die Belebung des Herzchakra』 (Verlag Freies Geistesleben, Stuttgart, 1996) 참고

16. Steiner R. 『고차세계의 인식으로 가는 길』 (GA 10, 밝은누리, 2003)

17. 이와 관련한 좋은 참고자료는 불교 서적에서 찾을 수 있다.

18. Steiner R. 『신비학 개요Die Geheimwissenschaft Im Umriss』 (GA 13)

19. Edwards L. 『생명의 소용돌이The Vortex of Life』 (Floris Books, Edinburgh, 1993)

20. Stewart I. 『신은 주사위를 굴리는가?Does God Play Dice?』 (Penguin Books, London, 1990)

21. 하지만 이들도 정신세계에서는 살아있는 존재들이다.

22. Cayley A. 과학 발전을 위한 영국협회에서 했던 개회사. 1883

23. Locher-Ernst L. 『공간과 반공간Raum und Gegenraum』 (Birkhauser, Basel, 1980)

1장

1. Kant I. 『순수이성비판Kritik der Reinen Vermunft』

2. Steiner R. 『진실과 앎Wahrheit und Wissenschaft』 (GA 3)

3. Steiner R. 『교육 예술의 정신-영혼적 기본이 되는 힘Die Geistige-Seelische Grundkraefte der Erziehungskunst Spirituelle Werte in Erziehung und Sozialem Leben』 (GA 305, 1922년 8월 16~25일까지 영국 Oxford에서 행한 9회의 강의 중 다섯 번째 강의)

2장

1. M. Winn 『전자 마약The Plug-in Drug』 (Bantam Books, New York, 1978)
Large M. 외 공저 『누가 아이들을 양육하는가?Who's Bringing Them Up?』 (Hawthorn Press, Stroud, 1997)
Large M. 『TV의 무서운 진실Set Free Childhood』 (황금부엉이, 2012)

2. Steiner R. 『신지학Theosophy』 (GA 9)

3. Steiner R. 『창조적 말씀의 교향곡인 인간Der Mensch als Zusammenklang des schaffenden, bildenden und gestaltenden Weltenwortes』 (GA 230)
역주: 물, 불, 흙, 공기(자연의 4대 요소)의 정령 중 하나. 흙의 정령인 놈Gnome(땅 속 난쟁이), 불의 정령 살라만드라Salamandra, 물의 정령 운디네Undine, 공기의 정령 실프Sylph. 앞서 본문에서 정령이라고 번역했던 genius와 동일한 존재는 아니다.

4. Steiner R. 『인간 기질의 신비Das Geheimnis der menschlichen Temperamente』 1909년 3월 4일 Berlin 강의 (GA 57)

5. Agrippa von Nettesheim (1486~1535) 『수의 권세와 힘에 관하여On the Might and Power of Numbers』. Andrews W.S. 『정사각형과 정육면체 마방진Magic Squares and Cubes』 (Dover Publications, London, 1960)도 참조하라.

6. Clausen A, Riedel M. 『그리기 보기 배우기Zeichnen Sehen Lernen』 (Mellinger Verlag, Stuttgart, 1989)

7. 오드리 맥알렌 『발도르프 도움 수업』 (슈타이너 교육예술 연구소, 2009)

8. Steiner R. 『자연관찰, 실험, 수학과 정신연구의 인식내용Naturbeobachtung, Experiment, Mathematik und die Erkenntnisstuffen der Geistesforschung』 (GA 324)

9. Steiner R. 『아카식 연대기와 다섯 번째 복음서Aus der Akasha-forschung. Das Fuenfte Evangelium』 (GA 148)

4장

1. Steiner R. 『신지학Theosophy』 (GA 9)

2. '움직이는 별'은 태양, 달 및 행성들을 말한다. 하지만 여기서 말하는 집중된 영역은 하늘에 떠있는 둥근 형태가 아니라 '고정되지 않은' 구체들이 운행하는 (궤도는 조금씩 변한다) 지구 중심적인 천구를 말한다. 이를 보면 불과 500년 전만 해도 사람들이 보편적으로 '움직이는 별'을 머나먼 하늘의 현상이 아니라 인간의 삶이 진행되는 영역이라 여겼던 이유를 이해할 수 있다.

3. Steiner R. 『창조적인 말씀의 교향곡, 인간Der Mensch als Zusammen Klang des schaffenden, bilden und gestaltenden Weltenwortes』 (GA 230)

5장

1. 부디 노동조합 간부들이 귀 기울이기를!

2. Steiner R. 『현대의 정신생활과 교육Gegenwartiges Geistesleben und Erziehung』 (GA 307)

3. 캘리포니아 사람들이 먹는 멋진 아침식사는 구운 베이컨 한 접시와 딸기로 장식한 소시지 옆에 복숭아를 올린 큼지막한 프렌치토스트가 나오고, 그 위에는 버섯과 살구로 만든 진한 소스를 듬뿍 뿌린 것이다.

4. Ball W. 『수학의 역사에 대한 짧은 이야기A Short Account of the History of Mathematics』 (Mamillan, London, 1947)

5. 『구약성서』 창세기 46장

6. 프란스 칼그렌 『자유를 향한 교육 6장』 (섬돌, 2008)

6장

1. 숙제에 관해서는 10장에서 이야기할 것이다.

2. Steiner R. 『세계 경제 과정. 새로운 경제학의 과제Nationaloekonomischer Kurs. Aufgaben einer neuen Wirtschafswissenschaft』 (GA 340)

3. Steiner R. 『괴테의 세계 인식에 암시된 앎의 이론Grundlinien Einer Erkenntnistheorie der Goetheschen Weltanschauung』 (GA 2)

4. 주어진 세 가지 요소 중 하나가 면적일 때는 예외다. 이 경우를 위해 전제 조건을 만들어두는 것이 좋다. 이 과제는 12학년에서 일반 공간 기하(포물선과 쌍곡선 공간 기하 포함)를 도입할 때 다루게 된다.

5. 커피 한잔을 준비해서 태양이나 조명이 컵 가장자리에서 비스듬하게 비쳐 들어오도록 놓는다. 마시기 전에 커피 표면에서 눈에 들어오는 현상을 잘 관찰한다. 본문 그림의 포락선은 커피 표면에 어린 빛과 어둠 사이의 경계 곡선과 같다. 7학년 광학 시간에 이 현상을 다시 만나게 될 것이다. 입사각과 반사각이 동일함에 주의하라.

6. 슈타이너의 『신비학 개론』 (머리글 미주 참고)을 공부했다면 지구 진화 과정에서 두 행성기 사이에 프랄라야pralaya 상태가 존재함을 기억할 것이다. 옛 것은 끝나고 새 것은 씨앗으로만 존재하는 상태다. 7번 문제의 기하학적 상황이 프랄라야 상태에 해당한다. 이런 비유는 당연히 수업시간에 아이들에게 말할 문제는 아니지만, 교사가 그런 생각을 가지고 수업을 했다면 미래의 어느 순간 그 아름다움과 상관 관계가 아이들의 영혼 속에 떠오를 것이다.

7. 그래프 수업의 사전 작업이기도 하다.

7장

1. Head, Heart, Hand. 페스탈로찌 교육에서 자주 사용하고 슈타이너 발도르프 교육에서도 동의하는 문구. 전인적 인간을 육성하고자 노력하는 교육 체계라면 지적인 능력이나 스포츠의 기량만 편향적으로 키우기보다 머리, 가슴, 사지라는 유기체의 세 부분을 함께 바라보아야 한다.

2. 이 세 단어의 정확한 의미를 알고 싶다면 루돌프 슈타이너의 『자유의 철학』 (밝은누리, 2007)을 읽어보라.

3. 『구약성서』 열왕기상 7장 23절, 역대기하 4장 2절

4. 이렇게까지 정확한 값을 얻기는 힘들다.

5. 태양중심설의 창시자인 코페르니쿠스는 『천구의 회전에 관하여De revolutionibus orbium mundi』라는 책을 썼지만 임종의 자리에서야 이 책의 인쇄본을 보았다고 한다.(서기 1543년)

케플러를 비롯한 다른 학자들은 태양중심설을 발전시키면서 제곱과 세제곱을 자주 활용했다. 그래서 후에 뉴턴이 만유인력 법칙을 이끌어내는 토대로 삼았던 '케플러의 제 3법칙'은 (태양과 행성의 평균거리)^3=(행성이 태양을 도는데 걸리는 시간)^{2}이라는 공식으로 표현한다. 여기서 거리의 측정단위는 A.U.(astronomical unit_천문단위. 천문학에서 사용하는 길이 단위로 지구와 태양의 평균 거리를 말한다), 시간의 단위는 1년이다. 이를 도표로 정리하면 다음과 같다.

행성	거리	거리^3	시간	시간^2
수성	0.387	0.0580	0.241	0.0581
금성	0.723	0.378	0.615	0.378
지구	1	1	1	1
화성	1.524	3.540	1.881	3.538
목성	5.202	140.8	11.86	140.7
토성	9.558	873	29.46	868
천왕성	19.30	7190	84.02	7060
해왕성	30.27	27700	164.8	27200
명왕성	39.75	62800	247.7	61400

8학년에서 영리한 아이들에게는 케플러의 제 3법칙이 얼마나 훌륭한지를 입증하기 위해 이 표의 제곱과 세제곱을 풀어보라는 과제를 낼 수 있다. 아이들은 7학년 천문학 시간에 이미 행성에 대해 배웠다. 아니면 9학년 때 계산기를 이용해서 풀어볼 수도 있다.

8장

1. Piaget J. 『아동의 수 개념The Child's Conception of Number』 (Routledge, London, 1980)

2. Large M. 『TV의 무서운 진실 』(황금부엉이, 2012)
『누가 아이의 양육자인가? TV 없이 살기Who's bringing them up? How to break the TV habit』(Hawthorn Press, Stroud, 1997)

3. 하지만 훌륭한 만화가들은 우리의 분별력과 지성의 벽을 넘어, 분명히 영혼의 느낌 영역에 해당하는 유머 감각을 자극한다.

4. 반원의 면적은 정확히 지름에 접하는 사각형 면적의 소수부분이다. (정확히는 $\frac{\pi}{8}$ 또는 소수점 네 자리까지는 0.3927이다) 따라서 작은 반원 두 개의 면적을 더한 값은 제일 큰 반원의 면적과 동일하다. 도형의 전체 면적에서 두 개의 작은 반원을 빼면, 삼각형만 남는다. 반면 전체 면적에서 제일 큰 반원을 빼면 두 개의 초승달이 남는다.

5. 저자 미상의 『수학의 위대한 아마추어들The Mathematics of Great Amateurs』이라는 책에서 주장하는 바에 따르면 처음에는 오직 4개의 정다면체밖에 몰랐기 때문에 그리스 과학의 기본 토대인 4대 요소에 아주 편리하게 끼워 맞출 수 있었다고 한다. 5번째 정다면체를 발견했을 때 아마추어 수학자인 플라톤은 속담에 이르는 것처럼 '뒤쳐지면 귀신에게 잡아먹히기'라도 할까봐 아주 신속하게 정십이면체에 신화적이며 아무런 근거도 없는 '제 5원소'라는 속성을 부여했다는 것이다. 이 책의 저자는 이런 방식으로 많은 사안을 아마추어들이 잘 모르고 한 일이라고 설명한다. 다른 사람들의 말이나 글을 그 나라 말로 즐겨 인용하는 저자이니 다음의 두 문장도 깊이 생각해보실 것 같다. ' Quien mucho abraza poco aprieta!' (역주: 스페인어 속담. 많이 품으려는 사람은 단단히 품을 수 없다) 'Plus aloes quam mellis habet.' (역주: 라틴어 속담. 달콤함보다 독이 든 가시를 품고 있다)

6. Cundy H.M.과 Rollett A.P.가 쓴 『수학적 모형Mathematical Models』(Clarendon Press, Oxford, 1970)은 다양한 입체 도형(면으로 이루어진) 작도 방법을 일목요연하게 잘 설명하고 있다. 좋은 사진 자료도 많이 실려 있다.

7. Kappraff J.가 쓴 『연관성Connections』(McGraw-Hill, New York, 1991)은 황금비와 다른 분야의 관계를 심도 있게 통찰한다. 내용도 훌륭하지만 수많은 도판과 함께 벨러 버르토크Béla Bartók가 황금비를 어떻게 사용했는지를 보여준다.

8. 요즘에는 컴퓨터로 프렉탈 기법을 이용해서 빠르고 쉽게 여러 그루 나무의 원근법 그림에 나뭇잎 하나하나까지 세밀하게 표현할 수 있다. 나무, 고사리, 소라껍데기, 꽃차례의 놀랍도록 선명한 칼라 도판을 수록한 책도 무수히 많다. 하지만 그것들은 모두 생명을 가진 유기체가 결코 만들 수 없는 죽은 형태에 불과하다. 그 어떤 성능 좋은 컴퓨터보다 예술가가 살아있는 실재에 훨씬 가깝게 접근

할 수 있다. 그렇다고 프렉탈이 쓸모없다는 의미는 아니다. 프렉탈 기법으로 카오스 이론을 보강하고 확장하면 카오스 이론은 물질주의 극복을 향해 힘차게 나아갈 것이다.

9장

1. 그래프에서 이것은 sine곡선으로 60°의 위상차를 보일 것이다
2. Soesmann A. 『영혼을 깨우는 12감각』 (섬돌, 2007) 2장 p.59를 보면 "왜 그 사람이 매일 아침 A지역에서 B지역으로 가는가?"라는 질문이 나온다.
3. Steiner R. 『첫 번째 과학 강의Erster naturwissenschaftlicher Kurs』 (GA 320)
4. Cundy H. 와 Rollett A. 『수학적 모형Mathematical Models』 (Clarendon Press, Oxford, 1970) 심화 예제가 수록되어 있다.
   Lockwood의 『곡선의 책Book of Curves』 역시 곡선 형태를 연구한 책이다.

10장

1. Steiner R. 『교육예술 3: 세미나 논의와 교과과정 강의』 중 세 개의 교과과정 강의 (밝은누리, 2011) (GA 295). 이 강의의 핵심은 Steiner R.의 『육체-신체의 건강한 발달에 기초한 영혼-정신의 자유로운 발달Die gesunde Eniwickelung des Leiblich-Physischen als Grandlage der freien Enrfalrung des Seelische-Geistigen』 (GA 303)에도 실려있다.
2. Stockmeyer K. 『발도르프학교를 위한 루돌프 슈타이너의 교과과정Rudolf Steiner's curriculum for waldorf schools』 (Steiner Schools Followship Publications, Ferest Row, Sussex,1982)
3. Heydebrand C. 『첫 번째 발도르프학교 교과과정Curriculum of the first waldorf school』 (Forest Rew, Sussex, 1982)
4. Jarman R.A. 『루돌프 슈타이너(발도르프)학교의 수학 교과과정 개요, 1~8학년, 특히 1990년 정부교과과정과의 관련성에 관해A Draft Curriculum in Mathematics for Rudolf Steiner (Waldorf) Schools, Classes 1-8, with special emphasis on its relationship to the National Curriculum, 1990』
5. ·Locher-Ernst L. 『공간과 반공간Raum und Gegenraum』 (Birkhauser, Ba sel, 1980)

- ·Adams G. 『물질 공간과 에테르 공간Physical and Etheral Spaces』 (Rudolf Steiner Press, London, 1965)
- ·Adams G.와 Whicher O. 『태양과 지구 사이의 식물The Plant between Sun and Earth』 (Rudolf Steiner Press, London, 1980)
- ·Edwards L. 『생명의 소용돌이The Vortex of Life』 (Floris Books, Edinburgh, 1993)

6. Stockmeyer. E.A.K (주3번 참고) 특히 Section 5의 Part Ⅳ

7. 8128 × 1 = 2 × 4064
4 × 2032
8 × 1016
16 × 508
32 × 254
64 × 127

1을 포함한 인수를 모두 합하면 8128(단 자기 자신인 8128은 제외)이 된다.
처음 5개의 완전수는 6, 28, 496, 8128, 33550336이다. 다음 3개는 각각 10, 12, 19자릿수 숫자다. 23번째 완전수는 6751 자릿수다. 완전수의 이런 우주적 측면에 관심이 있는 사람들에게는 간단하고 명확한 설명이 들어있는 다음 책을 추천한다.
Beiler A. 『수론의 재창조Recreations in the Theory of Numbers』 (Dover Publications, 1996)

11장

1. Steiner R. 『인간에 대한 보편적인 앎』 (GA 293, 밝은누리, 2007)

2. Steiner R. 『자유의 철학』 (GA 4, 밝은누리, 2007)

3. Steiner R. 『세계 경제 강의Nationaloekonomischer Kurs』 (GA 340)

4. Unger G.가 슈타이너의 저서 『인지학과 과학Naturbeobachtung, Experiment, Mathematik und die Erkenntnisstuffen der Geistesforschung』 (GA 324)에 붙인 서문. 웅거 박사는 여러 해 동안 스위스 괴테아눔의 정신과학 대학 수학-천문학 분야를 이끌었다.

5. 이 강연의 독일어 제목을 글자 그대로 번역하면 『자연 관찰, 과학 실험과 인지학의 관점에서 인식을 획득한 결과』이다. 이 제목이 본문 내용을 더 잘 설명해주고 있지만 책 제목으로는 너무 길다. 1917년 당시 영국군의 탱크 지휘관이었던 필

자 아버지에 따르면 참호를 지키던 영국군 보초는 적의 탱크를 발견하면 '조심해, 탱크다!'라고 소리쳤지만, 독일 군인들은 같은 상황에서 이렇게 소리쳤다고 한다. 'Achtung! Man kann da druben eine mobilgemachte Waffenplantzmaschine beobachten!'

6. Steiner R. 『천문학 강좌: 자연과학의 여러 분야와 천문학의 관계Das Verhaeltnis der Verschiedenen Naturwissenschaftlichen Gebiete zur Astronomie』 18강 (GA 323)

7. Adams G. 와 Whicher O. 『태양과 지구 사이의 식물The Plant between Sun and Earth』 (Rudolf Steiner Press, London, 1980)

8. Steiner R. 『천문학 강좌』 17강

9. Edwards L. 『생명의 소용돌이The Vortex of Life』 (Floris Books, Edinburgh, 1993)

덧붙이는 글

1. Steiner R. 『고차세계의 인식으로 가는 길』 (GA 10, 밝은누리, 2003)

2. Steiner R. 『Grenzen der Naturerkenntnis』 (GA 322)

3. Eliot T.S. 『네 개의 사중주Four Quartets』

4. 우리가 사용하는 단어는 주로 물질과 감각으로 지각할 수 있는 현상을 설명하기 위해 만들어졌다. 따라서 정신적인 경험이나 순수 이성적인 내용을 언어로 직접 옮기는 것은 사실상 불가능한 일이다. 시를 비롯한 예술로만 그런 경험과 내용을 인지하고 인식할 수 있다.

5. 이 단어의 일상적인 의미와 혼동하지 말기 바란다.

6. 『인간에 대한 보편적인 앎』 (GA 293, 밝은누리, 2007) 10장 참고

7. 이 표현은 레이 왈더 박사Dr.Ray Walder의 저서 『생산하는 자연Natura Naturans』 (Gardener's Books, 2004)에서 빌려왔다.

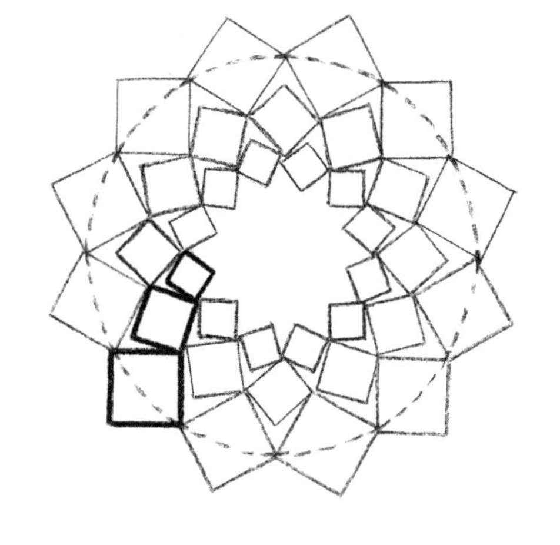

감수자의 글

이영미 / 청계자유발도르프학교 수학 교사

이 책은...

2002년 무렵 과천에서 수학 공부모임을 하면서 만나게 되었다. 과천자유학교의 첫 번째 담임인 김병직 선생님, 무지개 학교 선생님, 공립 초등학교 선생님과 함께 공부하면서 서로 경험도 나누고 질문도 하면서 해답도 찾았다. 도입부분은 김병직 선생님이, 1~6학년 부분은 내가 맡아서 번역을 하면서 모임의 자료로 활용하였다. 어쩌면 그때의 감동으로 발도르프학교의 수학 교사가 되었는지도 모른다. 이후에 7~8학년 부분은 학부모님들과 관심 있는 분들이 나누어서 번역을 하였었는데, 이번에 하주현 선생님이 처음부터 다시 작업을 하여 책으로 태어나게 되었다.

이런 의미에서 『발도르프학교의 수학』은 살아있는 책이다.

발도르프 교육을 접해 보지 못한 분들에게 이 책은 입문서가 될 수 있고, 아이를 발도르프학교에 보내고 있는 분들에게는 학생과 학교를 이해하는데 도움을 주며, 선생님들은 수업 지침서로서 활용할 수 있다.

다만, 발도르프학교에 다니고 있는 1~8학년 담임과정 학생이 직접 이 책을 읽는다거나 문제를 푸는 것은 추천하지 않는다. 9~12학년 상급과정 학생이 이 책에 관심이 있다면 수학 교사와 먼저 상의하는 것이 좋다. 공립학교 학생이나 홈스쿨링을 하고 있는 학생에게 적용하고자 할 때에도 직접 책을 주기 보다는 부모나 교사의 적절한 지도가 필요하다. 특히 교사가 학생들에게 적용하고자 할 때, 모든 학년별 내용들은 시기도 중요하지만, 학생들의 상황을 고려해야 한다. 예를 들어 원근법은 더욱 그렇다. 시기와 방법 등에 대해서 담임교사는 선배 담임교사들 뿐 아니라 상급 수학 교사와 의견을 나눈다면 수업이 좀 더 풍부해지고, 학년별 체계를 세우는데 도움이 될 수 있을 것이다. 책 뒤편에 9~12학년별 교과과정 내용이 간략하게 소개되어 있는데 상급과정은 특히 나라별 학교별로 차이가 많다는 점도 말해두고 싶다.

『발도르프학교의 수학』은 혼자 읽어도 좋지만, 여럿이서 공부모임을 하며 생각을 나누면 더 좋다. 실제로 여러 학부모님과 학교 선생님들이 공부모임을 하고 있으며 지금도 진행 중이라고 알고 있다.

연령대별 발달단계에 맞는 수학적인 특성과 내용, 실제 수업에서 적용해 볼 수 있는 예제가 모두 나와 있는 이 책은 발도르프학교 담임과정(1~8학년)의 전체적인 수학교육의 흐름을 이해하는데 도움을 준다. 뿐만 아니라 수학교육이 사고 영역 뿐 아니라 의지와 느낌 영역까지 모두 아우르고 있음을 깨닫게 해준다. 무엇보다 도입부분의 신비학파에 대한 부분은 과거의 수학 가르치기에 대한 감을 잡을 수 있고 마지막 장에서는 미래로의 지향점을 볼 수 있다.

감히 이 책을 통해서 감명과 영감을 얻게 되고 길 찾기를 할 수 있으리라 말해 본다. ●

옮긴이의 글

하주현

담임교사로 수업을 준비할 때 늘 곁에 두고 도움을 구하던 책이기에 시간 여유가 생기자마자 가장 먼저 출판을 위한 번역을 시작했습니다. 그것이 2006년이었는데 어찌된 일인지 계속 우선순위를 바꾸는 일들이 중간에 생겨 10년만인 2015년에야 번역을 완료할 수 있었습니다. 학창시절 수학을 어려워하던 역자가 수학의 의미를 새롭게 만나고 흥미와 함께 용기를 갖게 된 그 시간 동안 감수와 교정을 도와주던 백미경님은 푸른씨앗 출판사의 믿음직한 대표가 되었고, 출판사 역시 꾸준히 성장해왔습니다.

기계문명이 발달하면서 수학의 중요성은 갈수록 커지고 있지만 입시를 위한 기술 또는 현실세계의 쓸모로 범위가 국한되면서 학창시절 내내 주요 과목으로 열심히 공부하면서도 수학의 참 의미에 대해 의구심과 회의를 갖는 것이 현실입니다. 수학은 인간의 고유한 능력인 사고의 힘을 강화하고 순수한 사고의 영역으로까지 진입할 수 있도록 연마하는 수단이기도 합니다.

독일 최초의 발도르프학교 수학 교사였던 헤르만 폰 바라발에 따르면 발도르프학교의 수학 수업은 크게 3단계로 나눌 수 있습니다. 1~5학년에 해당하는 1단계는 여러 가지 수에 대한 감각을 키우는 시기입니다. 숫자를 자신과 아무 상관없는 추상적 개념이 아니라 자기 몸속에 살아있는 원리로 배우기 때문에, 저학년 때는 책상 앞에 앉아서 문제를 푸는 광경보다 교실에서 이리저리 움직이며 리듬과 함께 수를 만나는 모습을 더 자주 볼 수 있습니다. 2단계(6~8학년)는 실용적인 상황에 중심을 두고 진행합니다. 특히 9세부터는 이성적이고 논리적인 관점으로 방향이 전환됩니다. 3단계인 상급과정에서는 독립적이고 추상적인 사고를 발달시킵니다. 이 모든 바탕 위에서 논리적, 분석적, 통합적 사고를 연습한 아이들은 본격적인 학문과 진짜 수학, 스스로 책임지는 사고능력을 갖추고 세상으로 나아갑니다.

따라서 이 책은 단순히 수학을 재미있게 또는 효과적으로 배울 수 있는 방법론이 아니라, 우리가 성숙하고 균형 잡힌 존재로 세상을 살아가기 위해 수학이 어떤 역할을 할 수 있는가를 보여주는 책이라고 할 수 있습니다. 론 자만 선생님의 유쾌하면서 통찰력 있는 안내를 따라가며 수학의 이런 측면이 우리에게 좀 더 가까이 다가올 수 있기를 희망합니다.

바쁜 일정 중에 꼼꼼히 읽고 감수해주신 이영미 선생님과 학생의 입장에서 문제를 모두 풀어보고 문제 제기를 해준 10학년 박하준 학생, 아낌없는 구박과 함께 필요한 순간마다 믿음직한 조언을 주었던 동생 하정수, 수학 입력과 편집이라는 새로운 영역에 두려움 없이 도전하여 끝까지 해낸 디자인팀의 유영란님, 그 외 사랑하는 출판사 식구들에게 깊은 감사를 전합니다.

푸른씨앗 출판사에서는 앞으로도 발도르프 교육의 수학 수업을 소개하는 책을 계속 발간할 예정입니다. '수학 수업' 또는 앞으로 출판될 원서를 가지고 공부하고 연구하는데 관심 있는 분들의 능동적인 공부 모임이 여기저기 생기고 적극적인 교류가 일어나기를 소망합니다. ●